Niels Werber

Ameisengesellschaften

Eine Faszinationsgeschichte

S. FISCHER

Erschienen bei S. FISCHER

© S. Fischer Verlag GmbH, Frankfurt am Main 2013
Satz: Dörlemann Satz, Lemförde
Druck und Bindung: CPI – Clausen & Bosse, Leck
ISBN 978-3-10-091212-1

Inhalt

I. Von der Analogie zur Identität

Wie die Ameisen. Ein Topos der Selbstbeschreibung

Bill Gates und Michael Eisner nehmen diesmal nicht den Hubschrauber, sondern die Jet-Packs, als sie mit ihrem weltweit operierenden System privater Überwachungssatelliten den flüchtigen Brian Griffin lokalisiert haben. Jet-Packs machen einfach mehr Spaß. Gates freut sich wie ein Knabe, der von Q persönlich mit James-Bond-Equipment versorgt wird, und bedienen kann er sein Spielzeug sogar selbst. In einiger Höhe düsen die beiden Milliardäre Seite an Seite, weit unter ihnen zieht eine Stadtlandschaft aus Häusern und Straßen, Brücken und Fabriken voller winziger Menschen vorbei. Eine Perspektive der Vögel, Götter oder Überwachungskameras. Sie schauen herab. »Die Leute sehen *wie* Ameisen aus von hier oben«, bemerkt Eisner eher beiläufig. Aber Gates lässt ihm das nicht einfach durchgehen. Der erwidert umgehend mit ungewohnt hart klingender Stimme und passendem Gesichtsausdruck: »Nein Michael, es *sind* Ameisen.« Selbst wer wenig Cartoons schaut und Peter Griffins Hund nicht kennt, wird diese Szene aus der 41. Episode der Zeichentrickserie *Family Guy* unschwer verstehen.[1] So kinderleicht dieses Verständnis fallen mag: Um die wissens- und kulturgeschichtlichen Implikationen dieser Szene auch nur anzudeuten, wird einiger Raum nötig sein. Man könnte ein Buch darüber schreiben …

Die Topographie ist im Grunde simpel: Die beiden Herrscher über die Weltkonzerne *Microsoft®* und *Disney®* schauen auf den Rest der Welt von oben herab. Zwei Dinge, nämlich »der bestirnte Himmel über mir, und das moralische Gesetz in mir«, weckten Immanuel Kants »Bewunderung und Ehrfurcht«. Mit Eisner und Gates lässt sich diese Formel umkehren: Der »Anblick einer zahllosen Weltenmenge vernichtet« nun eben nicht ihre eigene »Wichtigkeit« als bloß vergängliche Wesen, sondern rückt sie vielmehr selbst in eine Position der »Erhabenheit«, von der aus sie auf das Gewimmel der im Grunde »tierische[n] Geschöpfe[]« herabblicken.[2] In Verkehrung der Ethik und Ästhetik des Erhabenen geht der Blick der beiden Wirtschaftsführer von erhobener Position nach unten. Nicht unsterbliche Werte, sondern die Gewissheit ökonomischer und technischer Omnipotenz gewährt ihnen das Gefühl der Überlegenheit gegenüber einer Welt, die ihnen zu Füßen liegt. Dies ist nicht gerade eine Situation, die zu Bescheidenheit nötigt, wohl aber zur Reflexion der eigenen Lage: ›den blauen Himmel um uns und die wimmelnden Ameisen unter uns‹. Das Bild dient der Selbstvergewisserung einer elitären Clique von Superreichen. Die Lagebeschreibung stiftet Identität durch Inklusion und Exklusion: wir hier oben / die da unten. Das geht ganz schnell, in Sekunden, die die beiden für ihren kurzen Dialog haben. Für diese Verortung von Gates und Eisner in der Gesellschaft ist nicht mehr nötig als ein prägnantes Bild: die anderen *sind* oder sind *wie* Ameisen. Das Bild impliziert eine Reihe von Annahmen über die Verfassung unserer Gesellschaft: dass wir es beispielsweise mit einer Industrie- und Massengesellschaft zu tun haben, deren Bevölkerung sich in Großstädten ballt. Wer von »Verameisung« spricht,[3] vergleicht nicht nur, wie Eisner es tut, sondern macht zugleich einen Vorschlag zur Beschreibung der herrschenden sozialen Ordnung.

Wenn dieses Bild, das der kulturellen Selbstverortung der Akteure in einer Gesellschaft dient, zu einer Formel geronnen ist, die wie ein Gemeinplatz abgerufen werden kann, verlaufen Selbstvergewisserung und Abgrenzung in einem so hohen Tempo, dass für *second thoughts* kaum Zeit bleibt. Das Bild des Ameisenhaufens als belebte Stadt ist schon seit der Antike ein Topos, und ein solcher Gemeinplatz überzeugt nicht deswegen unmittelbar, weil er zu raffinierten Überlegungen und kritischem Nachdenken anregt, sondern wirkt aufgrund seiner geradezu naturhaften Selbstverständlichkeit, die ohne weitere Reflexionen und Hinterfragungen unproblematisch Anschlussfähigkeit stiftet. *Topoi* wie die des Ameisenhaufens sind *populär*, das teilen sie mit dem Medium der Zeichentrickserie.[4]

Die Episode *Screwed the Pooch*[5] benötigt nur wenige Sekunden, um Gates und Eisner zu diskreditieren, wobei es keine allzu große Rolle spielt, dass sie Milliardäre sind. Den Ausschlag gibt vielmehr ihr dank des Ameisenbildes unübersehbarer Habitus, alle unter sich, also eigentlich fast jeden, zu verachten. Eisner erinnert das Gewimmel am Boden an Ameisen. In dieser Situation der eigenen Erhebung und der Erniedrigung aller anderen drückt der Vergleich der Großstadtbevölkerung mit Ameisen in einem einzigen Bild anschaulich aus, was Eisner daher gar nicht erst eigens erläutern muss: Die Leute da unten, *sie*, das sind viele. Nach den Marktgesetzen der klassischen Volkswirtschaftslehre führt diese überflüssige Menge zur Minderung des Wertes ihrer Bestandteile. Die vielen Menschen erscheinen nicht nur winzig, sondern sie sind auch belanglos.

Der moderne Massenmensch, so die gängige Forschungsmeinung gegen Ende des 19. Jahrhunderts, werde auf den Plätzen und Straßen der Großstadt zu einem »Automaten« ohne jede Individualität oder eigentümliche »Persönlichkeit«.[6] Der sprichwörtliche Mann auf der Straße wird bereits in der Massenpsychologie und frühen Soziologie von Herbert Spencer über Gustave Le Bon bis Gabriel de Tarde nicht als Individuum aufgefasst, sondern als Herdentier.[7] Es wär ein Irrtum, von der Individualität eines jeden auszugehen, denn es handelt sich bei der Anhäufung im Grunde, wie bei Ameisen auch, um eine Masse, gesichtslos und anonym. In dem Gewimmel wäre ein Einzelner ohnehin kaum auszumachen. Warum sollte man diesen Wesen irgendeine Qualität konzedieren? Nur die Masse selbst ist erheblich …

Wer einen der zahllosen Dokumentar- oder Naturfilme aus den letzten zwei Jahrzehnten über die *heimliche Weltmacht*, das *geheime Leben* oder die *verborgenen Welten* der Ameisen gesehen hat, weiß: Sie sind immer in Bewegung, einzelne Exemplare sind nur schwer über längere Zeit zu verfolgen. Dass Eisner die Szenerie, die ihn viele, winzig erscheinende Menschen jeweils nur kurz im Überflug sehen lässt, gerade mit Ameisen vergleicht, liegt aber *nicht nur* an seiner Perspektive. Hinzu kommt, dass die Analogisierung von Ameisen und Menschen seit langem etabliert ist: Bereits in der Antike werden Menschen und Ameisen verglichen, und zwar selbstverständlich nicht deshalb, weil es irgendwelche morphologischen Ähnlichkeiten gäbe, wie sie bei Menschenaffen zum Tragen kommen. Die Ameise mit ihren sechs Beinen, ihrer Chitinpanzerung, ihren Antennen und Zangen, ihrem modularen, zweifach geteilten Torso sieht denkbar anders aus als ein Mensch. Vergleichbar macht sie nicht ihr Äußeres, obschon hier Fabeln, Comics oder Animationsfilme mit mehr oder minder menschenähnlichen Illustrationen nachhelfen. Vergleichbar macht sie vielmehr ihre Sozialität.

Der auf Ameisengröße geschrumpfte Lukas im Gespräch mit seinem Mentor Zoc über die Vergleichbarkeit von Ameisen und Menschen. Im Hintergrund nimmt die Skyline Manhattans die Form eines Ameisenhügels an. Bei New York und dem Ameisennest im Vorgarten handelt es sich um eine *Polis*. Zocs Gesichtszüge sind, wie üblich in Animationsfilmen zum Thema sozialer Insekten, deutlich anthropomorphisiert. *The Ant Bully*, Warner Bros. 2006.

Politische Tiere

Die Anthropomorphisierung von Insekten ist weithin bekannt aus den vielen Ameisenfabeln, deren Varianten sich bis zu antiken Ausprägungen der Gattung bei Äsop, Phaedrus, Babrios oder Avianus zurückverfolgen lassen. Doch schöpft die Analogisierung von Mensch und Ameise aus einer weiteren, viel wichtigeren Quelle, die zu den abendländischen Gründungsakten einer Reflexion des Gemeinwesens zählt: Wenn nämlich Aristoteles in der *Politik* feststellt, dass es zu den substantiellen Eigenschaften des Menschen gehört, »von Natur aus« ein »staatenbildendes Lebewesen« zu sein: ein *zoon politikon*, dann eröffnet er damit eine ganz andere Ebene des Vergleichs jenseits der Morphologie.[8] Denn auch die Ameise ist für ihn ein *politi-*

11

sches Tier. Sie ist es für Aristoteles deshalb, weil sie wie der Mensch außerhalb einer πόλις nicht zu existieren vermag. Die Ameise lebt in Städten bzw. Staaten. Sie ist kooperativ oder gar nicht.[9] Im Unterschied zu unzähligen anderen Tieren und Insekten, die nur vorübergehend die Gemeinschaft suchen, etwa zur Zeugung des Nachwuchses, leben Menschen und Ameisen – als Gattung – dauerhaft in einer Gesellschaft. Deshalb errichten sie auch gemeinsam Gebäude. Politische Tiere haben nicht etwa in irgendeiner historischen Urzeit »alleine« existiert und dann nach und nach zu größeren Aggregationen zusammengefunden; vielmehr habe der Mensch, und eben auch die Ameise, »immer schon sozial gelebt«.[10] Diese unterstellte Gemeinsamkeit macht es seit der Antike plausibel und selbstverständlich, unter den Ameisen erstens nach vertrauten Sozialstrukturen Ausschau zu halten, um dann zweitens das, was man finden wollte, in der literarischen oder bildnerischen Repräsentation menschenähnlich zu gestalten und einzukleiden. Wie man es aus Walt Disneys *The Ant and the Grasshopper* aus dem Jahre 1934 (auf der Basis von Äsops antiker Fabel *Die Grille und die Ameise*), aus der *Biene Maja*-Zeichentrickserie oder aus neueren Animationsfilmen wie *Antz – Was krabbelt da?* (*Dreamworks* 1998) kennt, trägt die Ameisenkönigin eine Krone, und ihre Soldaten sind mit Helm und Speer gewappnet. Die ubiquitäre Anthropomorphisierung wäre mithin eine Konsequenz der aristotelischen Überlegungen zum politischen Tier und ihrer Resonanz in der politischen Theorie, und ob die Ameisen Speere tragen oder Mao-Anzüge, hinge vom jeweiligen Gesellschaftsentwurf ab, der dem *zoon politikon* im Laufe der Geschichte angepasst wird.

Das, was allen politischen Tieren gemeinsam eignet, eröffnet eine *politische Zoologie*, die entweder nach den biologischen Bedingungen der Gesellschaftsbildung fragen kann oder nach der Möglichkeit, eine soziale Ordnung auch für eine solche Spezies zu errichten, die »nicht fürs Soziale gemacht« ist und gerade deshalb zum geselligen Leben und seinen Spielregeln gezwungen werden muss.[11] Dass Menschen, Ameisen und natürlich Bienen, denn auch dieses Staatstier nennt Aristoteles, anders als Schafe, Pferde, Rinder oder Fische außerhalb der Gesellschaft gar nicht zu existieren vermögen, legt es ja keineswegs als einzig denkbaren Schluss nahe, Menschen, Ameisen und Bienen seien eben *von Natur aus* sozial. Denn wenn sie so friedlich nebeneinander weiden, grasen, schlafen oder schwimmen würden wie so viele Herdentiere, dann hätten sie ja womöglich eine Gesellschaft gar nicht nötig, die ihnen jene von Thomas Hobbes so bildreich beschriebene Angst nehmen müsste, dass bereits der nächstbeste Angehörige der gleichen Spezies uns alles nehmen könnte, was uns gehört: unsere Angehörigen, unseren Besitz, unser Leben. Aber gerade der Mensch sei ja dem Menschen ein Wolf, meint Hobbes. Der Mensch, heißt es im *Leviathan*, der ohne die »einschränkende Macht« des Staates auskommen müsse, friste seine Existenz im »tausendfache[n] Elend; Furcht, gemordet zu werden, stündliche Gefahr, ein einsames, kümmerliches, rohes und kurz dauerndes Leben«.[12] Ohne »Macht« und »Gesetz« sei »ein jeder eines jeden Feind«, denn die »Natur des Menschen« habe ihn durchaus »ungesellig gemacht«.[13] Von Natur aus, so ließe sich Hobbes gegen Aristoteles in Stellung bringen, ist der Mensch kein politisches Tier. Die Frage, wie ein so beschaffenes Menschengeschlecht dennoch zu einem geordneten und befriedeten Zusammenleben finde, hat die politische Philosophie von Hobbes bis Rousseau oder Kant mit Vertragsmodellen zu beantworten versucht;[14] der naturrechtliche Kontraktualismus kann aber schon im 19. Jahrhundert nicht mehr überzeugen und macht rechtspositivistischen Lehren Platz, deren vorgebliche Substanzlosigkeit und Beliebigkeit wiederum von politischen Theologen wie Carl Schmitt scharf kritisiert worden ist. Dieser rechtsgeschichtliche Wandel von natur- und vertragsrechtlichen Modellen der Gesellschaft zu existentialistisch-dezisionistischen Entwürfen der Gemeinschaft wird in allen Ameisenfilmen der letzten Jahre zum Thema: in *Das große Krabbeln*,[15] in *Antz*, in *Lucas, der*

Ameisenschreck[16] … Diese Werke haben keine Altersfreigabe und können von Drei- oder Vierjährigen gesehen werden, doch nehmen wir sie einmal gerade deshalb ernst: In diesen Filmen werden natur-, gewohnheits- und vertragsrechtliche Grundlagen der Gesellschaft suspendiert zugunsten einer Gemeinschaft, die aus einer erfolgreichen existentiellen Auseinandersetzung mit dem Feind hervorgeht. Ob dieser Feind nun als *Gang* von Grashüpfern auftritt oder als heruntergekommener Schädlingsbekämpfer – er wird bekämpft und besiegt. Zerfällt mit der Feinderklärung die alte Gesellschaft, so entsteht nach dem Sieg die neue Gemeinschaft. Ob sich in *Antz* die Arbeiter durch Kooperation aus einer tödlichen Falle befreien, die Kolonie in *Lucas, der Ameisenschreck* der Vernichtung durch chemische Massenvernichtungsmittel durch einen präventiven wie chirurgischen Schlag entgeht oder das von den Grashüpfern terrorisierte Ameisenvolk in *Das große Krabbeln* sich der potentiellen Macht ihrer schieren Menge bewusst wird und der Motorradbande widersteht: Das Überleben legitimiert genau die Organisation oder Ordnung, die das Überleben ermöglicht hat. Weder das Einhalten von Verträgen und Regeln noch das Bewahren von Traditionen und Gewohnheiten sichert die soziale Ordnung, sondern die pure Faktizität, den ›Kampf ums Dasein‹ aufgenommen, geführt und entschieden zu haben.

Die von diesen Filmen verbreitete Rechtsauffassung ist nicht nur aufgrund der ewigen Ameise-Mensch-Analogisierungen biologistisch, sondern in den Begriff des Politischen selbst eingewoben. Carl Schmitt stützt seine existentialistische politische Theorie bzw. Theologie auch auf biologische Untersuchungen.[17] Das Leben selbst, nicht nur eine historische Gesellschaft oder ihre politische Theorie, macht seine geopolitischen Grundannahmen evident. Die Lehre lautete: Ein Organismus muss den Raum nehmen und gestalten, um zu (über)leben; so will es die Natur.[18] Diese Rechtswissenschaft kann von der Biologie lernen, zumindest dann, wenn sie auch im Staat einen lebendigen Organismus zu sehen vermag.[19] Das Leben schließt keine

Verträge, es lebt. Und weil es lebt, hat es den darwinistischen *struggle for existence* (oft übersetzt mit *Kampf ums Dasein*) einstweilen für sich entschieden.

Vom *survival of the fittest* (etwa: *Überleben der am besten Angepassten*) spricht gerade mit Blick auf Gemeinschaften heute explizit niemand mehr. Die moderne Soziobiologie würde die Frage nach dem Grund der Gemeinschaft in Analogie zur Genese sozialer Insekten mit einer These zur *emergenten* Entwicklung beantworten, die der Gattung evolutionäre Vorteile verschafft. Darauf komme ich zurück. Auch für das *selfish gene* (das ›egoistische Gen‹), das uns samt seinen Promotor Dawkins ebenfalls noch genauer beschäftigen wird, lohnt sich die Kooperation seiner Träger, seien es Ameisen, seien es Menschen, denn sie erhöht die *inclusive fitness* (genetische Gesamtfitness) der Spezies. In den erhöhten Reproduktions- und Überlebenschancen der *kin selection* oder auch *group selection* (Verwandten- bzw. Gruppenselektion) habe man aus biologischer und zumal aus entomologischer Sicht die Grundlagen der sozialen Ordnung zu suchen. Das Leben erfinde die Gesellschaft als evolutionären Vorteil, und die Wissenschaft, die für die Erklärung der Genese sozialer Ordnung zuständig zeichne, wäre also die Biologie – und nicht etwa Philosophie, Politologie, Soziologie oder sonst eine ›Geisteswissenschaft‹ – und vor allem aber die *Entomologie*, die Insektenkunde. Gerade *soziale Insekten* sind seit 100 Jahren ihr bevorzugtes Thema. Speziell Ameisen gelten als »ungeheuer erfolgreiche« Spezies. Und der Grund für die im Vergleich zu anderen Arten »überwältigende Macht« der Ameisen liege in ihrer »Kooperation«.[20] Aus ihrer sozialen Ordnung resultiere die Überlegenheit im evolutionären *struggle for existence*. Welche Ordnung das sei, lautet das Preisrätsel der Soziobiologie, das im Verlauf des letzten Jahrhunderts auf verschiedenste Weise ›gelöst‹ worden ist.

Die Antwort, die Aristoteles in seiner *Naturgeschichte der Tiere* gibt, lautet *Stadtstaat*. Dort heißt es: »Eine Gemeinde [*Polis*] bilden diejenigen Thiere, welche alle ein gemeinschaftliches

Werk verrichten, was nicht bei allen Thieren der Fall ist; dahin gehören der Mensch, die Biene, die Wespe, die Ameise, der Kranich.«[21] Der Mensch teilt eine Errungenschaft mit den Insekten, die man eher für ein Alleinstellungsmerkmal menschlicher Kultur halten würde, nämlich die gemeinschaftliche Errichtung einer gemeinschaftlichen Einrichtung. Was sowohl Menschen als auch Ameisen in ihrer Gemeinschaft aufbauten, ist für Aristoteles offensichtlich: die *Polis*. Davon zeugen die Stadtstaaten der Griechen und jeder Ameisenhügel – und natürlich jede Bienenwabe oder jedes Wespennest. Es ist daher auch eine Stadt, die Gates und Eisner überfliegen, als sie auf Ameisen zu sprechen kommen.

›Staatenbildend‹ bedeutet in der griechischen Antike ganz selbstverständlich stets auch ›städtebauend‹. Die *Polis* ist Staat und Stadt zugleich, sie ist sowohl Institution als auch ein Ort. In der Gliederung der Stadt aus Plätzen und Häusern, Straßen und Palästen, Gärten und Festungen wird die Verfasstheit des Staates sichtbar. Im Begriff der *Polis* kommen Sozialordnung und Raumordnung zur Deckung. Jede Mauer, jedes Tor, jeder Platz, jedes Haus, jede Burg, jeder Wall, jeder Graben stehen für eine ihnen inhärente Rechtsordnung, die Schmitt *Nomos* genannt hat.[22] Diese durchaus nicht selbstverständliche Zusammenführung, die beispielsweise die Möglichkeit einer nomadischen Gesellschaft ausschließt, ist der Grund dafür, dass 1.) Ameisennester so beschrieben werden, als seien sie Städte. Bei Aelian etwa, einem um 177 n. Chr. geborenen Naturkundler, liest man in *De natura animalium* von den Straßen und Lagerhallen der Ameisenstädte, von ihren Friedhöfen und ihren Bauwerken, ihren unterschiedlichen Quartieren für Wohnen, Gebären, Speichern.[23] Ameisen gelten Aelian als »hervorragende, sparsame Haushälter«.[24] Und natürlich sind sie unermüdlich und froh bei der Arbeit: »Durch die Beschäftigung mit Ameisen konnte ich viel lernen. Sie sind unermüdlich, allzeit bereit zu arbeiten, und das ohne Ausreden und Freiheitsgesuch; nicht mal an Festtagen legen sie ihre Arbeit nieder.«[25] Aelian

16

kann sich einen Seitenhieb auf seine bequemeren Zeitgenossen nicht verkneifen: »Look at you men – devising endless pretext and excuses for idling!« Insbesondere die zahlreichen Feiern zu Ehren der Götter lieferten bloß faule Ausreden.[26] Die Städte der fleißigen Ameisen sind kunstvoll errichtet, voller »ägyptischer Galerien« und »Kretischer Labyrinthe«, doch Müßiggang herrscht in ihren Straßen und Tunneln nicht.[27] In seiner berühmten *Naturgeschichte* fügt Plinius Aelians Liste Forum und Markt hinzu.[28] Diese Ausschmückung des Bildes einer Ameisengesellschaft übersteht, *mutatis mutandis*, alle Zeitenwenden und Medienumbrüche. Auch wenn das Ameisennest heute nicht mehr als eine »Haushaltung« mit »Dienstboten und Gästen«, »Sommer- und Winterwohnung« beschrieben wird, wie Wasmann dies 1891 tut,[29] so spricht doch auch unsere zeitgenössische Entomologie von Ameisenstraßen, Brücken, Tunneln und Städten, und jeder einschlägige Film der letzten Jahre stellt es dem großen Publikum unübersehbar und selbstverständlich vor Augen.[30] Ein Bild, das Ameisen, staatliche Ordnung und soziale Infrastrukturen miteinander verbindet, ist in unserer Kultur mit hoher Evidenz ausgestattet.

Die Verschmelzung von sozialer Ordnung mit der Topographie der Stadt im Bild der *Polis* führt 2.) dazu, dass auch umgekehrt die Einwohner bevölkerter Städte mit Ameisen verglichen werden, ganz so wie Michael Eisner in der beschriebenen *Family Guy*-Episode es tut. Dass Ameisen zu den politischen Tieren zählen und daher in Städten wohnen, ist so sehr zu einem Topos geworden, dass im Falle einer Analogisierung von Ameisen und Menschen ein *tertium comparationis* gar nicht mehr erwähnt werden muss. Ameisen fungieren als »absolute Metapher«;[31] die Bildspende gelingt, ohne dass eine Ebene des Vergleichs ausgewiesen werden müsste. Auch die von Eisner lange Zeit geführte *Walt Disney Company* hat die Tradition des Bildes seit der filmischen Umsetzung von Äsops Fabel von der Ameise und der Grille fortgeschrieben: Der Animationsfilm *A Bug's Life* (Walt Disney 1998), der die Fabel neu ausdeutet, nutzt alle nur erdenklichen Analogien und Anthropomorphismen, damit wir Lehren aus dem Verhalten der Ameisen ziehen: Sie sind wie wir, im Guten wie im Schlechten. Und um ein verarmtes und verunsichertes Volk zu Wohlstand und neuer Größe zu führen, braucht es, wie bei uns, eine disziplinierte Jugend, eine zupackende Führung und eine innovative technische Elite. Dieses Inklusionsangebot wird durch Exklusion verstärkt. Die *outgroup* arbeitet nicht, sondern gibt sich – siehe Äsops *cicada* – der Musik hin *(la cucaracha)* und trinkt im Schatten eines Sombreros eine kühle *cerveza*. Die ethnische Inszenierung legt eine rassistische Rezeption nahe: Wie die anderen, in diesem Fall Grillen, deren fabelhafte Faulheit von ihrem mexikanischen Auftritt noch unterstrichen wird, wollen wir

Oben: Grillen beim Müßiggang bzw. der *Siesta*. Unten: Ameisen bei der Arbeit. Disneys *Das große Krabbeln* teilt die Spreu vom Weizen bzw. die Latinos von der heimischen Bevölkerung.

nicht sein. Wo immer eine Ameisengesellschaft als Bild kultureller Orientierung angeboten wird, wird über Ein- und Aus-
schlüsse Identität erzeugt.

Allerdings stehen die Ameisen in diesem Falle nicht – wie in
der *Family Guy*-Episode – für ein unübersichtliches Gewusel
subordinierter Massen. Ameisen veranschaulichen in *A Bug's
Life* ein klar strukturiertes, gut geordnetes, arbeitsteiliges Gemeinwesen, in dem eine Elite die Führung und die Verantwortung übernimmt und dem Tüchtigen ein Aufstieg in die Füh-
rungsschicht durchaus offensteht. Karrieren beruhen auf Mut
und Innovation, Identität auf Abgrenzung gegen den Anderen,
der hier ein mexikanisches Gewand trägt. Nicht jeder kann wie
Flic ein Erfinder sein und die Prinzessin heiraten, aber jeder
kann sich in die lange Schlange der hart arbeitenden Ameisen
einreihen und an einer Gemeinschaft teilhaben, die der faulen
wie gewaltbereiten Straßen-Gang unter dem Sombrero in jeder
relevanten Hinsicht überlegen ist.

Kontinuität und Variabilität eines Gemeinplatzes

»Wie die Ameisen« – der Topos ist einerseits sehr beständig
und andererseits höchst variantenreich. Ameisen – im Plural –
konnotieren immer eine soziale Ordnung, doch können diese
Gesellschaftsentwürfe die unterschiedlichsten Formen annehmen. Sobald man sich auf Details einlässt, wird deutlich, dass
der Gemeinplatz historischen und medialen Umbrüchen und
kulturellen Codierungen unterworfen ist. So kann zum einen
etwa der Wohlstand einer Kolonie auf den sprichwörtlichen
Fleiß jeder einzelnen Ameise zurückgeführt werden oder aber
auf evolutionäre Errungenschaften der Selbstorganisation.
Fleiß ist eine persönliche Tugend, von der die Fabel von der
Ameise und der Grille erzählt; Selbstorganisation dagegen gilt
als emergenter Prozess, der vom Wissen und Wollen einer individuellen Ameise gar nicht berührt wird.[32] Zum anderen verändert sich das Bild, das mit dem Topos verknüpft wird: Das

Spektrum reicht vom chaotischen Gewimmel eines Ameisenhaufens, dem die Ameisen im Französischen ihren Namen verdanken *(fourmis/fourmillement)*, bis zur soldatischen, fest geschlossenen, hierarchischen Formation des Ameisenstaates, die uns in der Welt der *Biene Maja* oder im *Arbeiter* Ernst Jüngers entgegenmarschiert. Die populäre Kultur verbinde mit der Ameise »stalinistische Stereotype«, meint Steven Johnson,[33] aber so zutreffend dies in einigen Fällen auch ist, so sehr greift es zu kurz. Michael Hardt und Antonio Negri halten eine Ameisenkolonie im Gegenteil für das lebende Beispiel einer »kollektiven Intelligenz [...] ohne zentrale Kontrolle«, deren »Schwarmintelligenz« als Blaupause der »Multitude« fungiert.[34] Dies wäre alles andere als Stalinismus. Was das Bild der Ameise alles zu konnotieren vermag: Stalinismus und Multitude, Faschismus und Anarchie ist äußerst heterogen und hat nur wenig miteinander zu tun. In jedem Fall wird aber eine Form sozialer Ordnung auf prägnante, anschauliche und faszinierende Weise ins Bild gesetzt. Welche das dann in einem konkreten Fall ist, bringt erst eine minutiöse Analyse der Implikationen des Bildes zum Vorschein. Die verschiedenen Formen, das enorme Spektrum und die Geschichte dieser Faszination machen das Thema meines Buches aus.

Legitimation durch Vergleich: Bienen und Ameisen

»Die Bienen bestätigen die Monarchie!«, ruft ein katholisch-monarchistisch gesinnter Diskutant einer Runde von Honoratioren in Gustave Flauberts *Bouvard und Pécuchet* aus, als sei dies ein unwiderlegbares Argument für die von ihm favorisierte Staatsform. Indes folgt die liberal-republikanische Antwort reflexartig und so blitzschnell, wie es der Gebrauch von Gemeinplätzen gestattet: »Aber die Ameisen die Republik!«[35] Die »Ameise« wird denn auch explizit als Topos vorgeführt, wenn sie in Bouvards und Pécuchets *Wörterbuch der Gemeinplätze* Einzug hält. Sie sei ein »schönes Beispiel, das man einem Verschwender vorhalten kann«.[36] Für ihr gutes, vorausschauendes Wirtschaften ist sie seit Äsops Fabel bekannt. Sie ist eben emsig, wie der dritte Stand, aber auch die Bienen sind fleißig. In der zitierten gesellschaftspolitischen Debatte dienen Ameise und Biene jedoch nicht dem Preisen von Sekundärtugenden, sondern der Legitimation von Staatsformen. Ameisen und Bienen sind gleichermaßen politische Tiere, und als Repräsentanten sozialer Ordnung machen sich die beiden Hymenopteren (Hautflügler) schwesterlich Konkurrenz. Ihre Natur kann dabei in jedem Fall ins Feld geführt werden, gleichgültig, für welche Gesellschaft die sozialen Insekten jeweils einstehen.

Die Republik sei deshalb die den Menschen angemessene Verfassung des Gemeinwesens, weil die Natur selbst in der Ameisengesellschaft ein Exempel statuiere. Nun hat Gott allerdings auch die Bienen geschaffen, die nicht nur fleißig, sondern auch noch monarchistisch gesinnt sind. »Und was sollen die Unterthanen von den Bienen lernen?«, fragt ein Ratgeber für Predigten aus dem Jahre 1618 und gibt die erwartbare Antwort, man könne an ihrem Beispiel lernen, was jeder der »Obrigkeit schuldig« sei, nämlich Dienst und Gehorsam. Das Verhalten der Bienen gegenüber ihrem »König« sei gottgefällig und nachahmenswert, so soll es in allen Kirchen von der Kanzel gelehrt werden.[37] In barocken Stellensammlungen der antiken Autoren und Kirchenväter finden sich Dutzende ähnlicher Stellen.[38] Es genügt, einige zu kennen, um sich über den in *Bouvard und Pécuchet* mitgeteilten kurzen Schlagabtausch nicht sonderlich zu wundern. Auch in Flauberts Roman ›bestätigt‹ der Bienenstaat selbstredend deshalb die Monarchie, weil er selbst von einer von einem weisen Monarchen konstituierten Natur ebenfalls monarchisch eingerichtet worden sein soll. Genau wie im Fall der Ameisen ist diese vermeintliche Binsenwahrheit wiederum selbst von historisch, kulturell und situativ bedingten und höchst wechselhaften Zuschreibungen abhängig. Wie die Ameisen »bestätigen« auch die Bienen im Verlauf ihrer Karriere als Bildgeber für Selbstbeschreibungsformeln der Gesellschaft beinahe alles Mögliche. Sehr häufig die Monarchie, gewiss, aber auch das Gegenteil. Für Kevin Kelly etwa repräsentieren die Bienen nicht weniger als die »wahre Natur der Demokratie und der Gewaltenteilung«.[39] Entomologen mit einer Neigung zur komparativen Soziologie haben ihm recht gegeben. Der Apidologe (Bienenforscher) Thomas D. Seeley hat kürzlich eigens eine Monographie mit dem Titel *Honeybee Democracy* veröffentlicht. In ihr sind Forschungen dokumentiert, die sich mit dem Problem der *nest site selection* (Standortwahl des Nestes) experimentell (und nicht etwa nur mathematisch, etwa spieltheoretisch) beschäftigen. Ein Schwarm, der einen Wohnort suche, würde »den Standort seines neuen Heimes auf demokratischem Wege auswählen«.[40] *Amazing* ist aber natürlich vor allem, wie Seeley es schafft, vom schlichten Zählen seiner Bienen zu dieser Behauptung zu kommen, sie wählten in einer »demokratischen Debatte« ihre neue Heimat. Sein Buch wendet sich dennoch mit dem nicht untypischen Selbstbewusstsein des Soziobiologen, der die Geheimnisse der Gesellschaft kennt, ausdrücklich auch an »social scientists«.[41] Der Biologe kommt zu fünf Lektionen, die für Bienen und Menschen gleichermaßen gelten sollen:

«Lektion 1: Das Kollektiv, welches Entscheidungen trifft, solle gemeinsame Interessen und gegenseitigen Respekt entwickeln.

Lektion 2: Die Führung solle so wenig wie möglich das Denken des Kollektivs beeinflussen.

Lektion 3: Man solle nach verschiedenen Lösungsmöglichkeiten eines Problems suchen.

Lektion 4: Das Wissen des Kollektivs durch Kontroversen erweitern.

Lektion 5: Bei Abstimmungen ein *quorum* nutzen, um Zusammenhalt, Sorgfalt und Schnelligkeit zu gewährleisten.«[42]

Die Bienen lieferten unserer Gesellschaft deshalb ein nachahmenswertes Vorbild, weil sich ihre demokratischen Verfahren im Verlauf »evolutionärer Zeit« bewährt hätten. Seeley weist an mehreren Stellen darauf hin, dass die von ihm beschriebenen Verfahren der Entscheidungsfindung »durch das Prinzip der Selektion geprüft und optimiert« worden seien.[43] Sie sind daher optimal, denn alle anderen Alternativen sind bereits samt ihren genetischen Trägern ausgemerzt worden. Was in Jahrmillionen dagegen immer wieder positiv selektiert wird, müsse daher »powerful and robust«, wenn nicht gar optimal sein.[44] Während menschliche Gruppen nicht gerade für ihre »smart decisions« bekannt seien, schlagen uns die Bienen eine »brillante Lösung« für alle Probleme kollektiven Handelns vor, die seit langer Zeit von der ›Meisterhand der Selektion‹ geprüft und für gut befunden worden sei.[45] Bienen, so Seeley, gelangten zu guten Entscheidungen »without working under the guidance of a leader«.[46] Dies gelinge ihnen seit »millions of years«.[47] Endlich hat uns die entomologische Forschung so weit gebracht, dass wir wissen können, »wie dieser geniale Selektionsprozess funktioniere«. Und endlich hätten wir die Möglichkeit, »dieses Wissen für die Verbesserung unseres eigenen Lebens zu nutzen«.[48] Demokratie als Schwarm. Diese Einschätzungen taugen heute offensichtlich für Parteiprogramme bzw. Wahlkampfslogans.

Die Bienenkönigin hat ihre Krone abgelegt, ihr Volk gilt nun als Muster des »Schwarmdenkens«, das ohne Hierarchisierungen und Zentralisierungen zu komplexem, koordiniertem Handeln und nachhaltigen Entscheidungen befähige. Wenn Bienen gemeinsam agieren, etwa zu einer bestimmten Blumenwiese ausfliegen oder einen neuen Wohnort wählen, dann sieht die zeitgenössische Forschung samt ihrer massenmedial verbreiteten Popularisierung nicht mehr das Walten eines fürsorglichen, vom Konzil seiner Granden gut informierten und beratenen Souveräns am Werke, der nach bestem Wissen die Geschicke seines Volkes lenkt, sondern einen sich selbst organisierenden Schwarm ohne Hierarchien und ohne zentrale Führung. Die »Königin« regiert nicht mehr, sie »folgt« dem Kollektiv.[49] Bei allen Unterschieden zu Flauberts Abbé und unendlich vielen anderen politischen Zoologen, die in den Bienen eine Affirmation der Monarchie durch die Natur selbst zu sehen gewohnt sind, erfüllt der Bienenstaat auch in Kevin Kellys Ausführungen zu einer Ökonomie *out of control* und in Thomas Seeley Deutungen der *nest site selection* die Aufgabe, eine bestimmte Einrichtung der Gesellschaft zu rechtfertigen. Legitimation durch Vergleich. Statt Monarchie ist es hier Demokratie; statt einer Ordnung mit einer Machtvertikale repräsentieren die Bienen nun ein Kollektiv mit horizontal verteilter Gewalt.

Dieser völlige Wechsel der politischen Koordinaten des Bildes scheint epistemologische Gründe zu haben: Die Entomologie hat im Verlauf des 20. Jahrhunderts einen epochalen Paradigmenwechsel vollzogen von Vorstellungen der Organisation durch Hierarchiebildungen, Zentralisierung, Planung und Top-down-Steuerung zu Konzepten der Selbstorganisation und verteilter Intelligenz. Es wäre leichtsinnig, in diesem Wechsel nur mehr einen Reflex auf gesellschaftlichen Wandel zu sehen, denn nach dem soziostrukturellen Pendant eines verteilten, dezentralen, sich selbst steuernden Schwarms wird man sich in der Gesellschaft des 20. Jahrhunderts wohl vergeblich umschauen.[50] Dem vermuteten Zusammenhang zwischen der Entomologie sozialer Insekten, ihrer Epistemologie und ihrer Funktion als Selbstbeschreibungsformel der Gesellschaft jedoch werde ich in den nächsten Kapiteln dieser Studie genauer nachgehen. In diesem einleitenden Überblick geht es mir zunächst darum, das Spektrum des Bildbereiches vorzustellen und aus seiner Bandbreite und Widersprüchlichkeit offene Fragen zu entwickeln, die mich zu dieser wissensgeschichtlichen, kulturwissenschaftlichen und philologischen »Ameisenarbeit« motiviert haben.[51] Auf Ameisengesellschaften – der Plural ist wichtig – konzentriere ich mich, weil die Transfers zwischen Entomologie und Soziologie besonders folgenreich, die Vielgestaltigkeit und soziale Resonanz des Bildes besonders groß und die ästhetischen Figurationen besonders eindrucksvoll sind.

Aber da nicht nur Flauberts Diskutanten von den Ameisen sofort zu den Bienen kommen, lohnt sich ein gelegentlicher Seitenblick auf diese zweite große Spezies der sozialen Insekten, die, anders als die ebenfalls in Gesellschaft lebenden Termiten, seit Jahrtausenden in der politischen Zoologie und ihren Bildern und Topoi einen festen Platz haben.

Laster der Bienen und Menschen.
Von Mandeville bis von Hayek

Bienen arbeiten fleißig am gemeinsamen Werk, vom Morgen bis zum Abend, berichtet Vergil in der *Georgica* (IV, 174–184). Alle arbeiten zusammen und ruhen gemeinsam nach verrichtetem Werk: »Omnibus una quies operum, labor omnibus unum.« (184) Aber nicht alle Bienen sind emsig. Die Drohnen lümmeln faul im Bienenstock herum und leben völlig skrupellos von der Arbeit anderer, »untätig an fremdem Mahl sich mästend« (244).[52] Verwehren nicht die Torwachen der Bienen ohnehin den trägen Drohnen den Zugang zum Stock (165ff), dann werden sie verjagt, wie Columella im neunten seiner *Zwölf Bücher von der Landwirtschaft* beobachtet (XV, 1), oder getötet, wie Plinius im elften Buch seiner *Naturgeschichte* (XI, 1) berichtet. Müßiggang ist nicht etwa aller Laster Anfang, sondern ein tödliches Risiko. Auch Bernard de Mandevilles berühmte *Fable of the Bees* von 1714 zitiert den Topos der fleißigen Bienen und faulen Drohnen. Er tut es jedoch nicht, wie bislang jeder gelehrte Kommentator der *loci classici*, um die Müßiggänger mit einem Hinweis auf die allfällige Drohnenschlacht zur Räson zu bringen. Vielmehr rechtfertigt er die Faulenzer mit der selbst zum Lehrspruch reüssierten Paradoxie: *Private Vices, Publick Benefits*.[53] Mandevilles Traktat, dessen Dialoge das spöttische Gedicht *The Grumbling Hive (Der unzufriedene Bienenstock)* aus dem Jahre 1705 kommentieren und fortschreiben, bestätigt mithin, siehe *Bouvard und Pécuchet*, keineswegs die Monarchie, sondern rechtfertigt einen ganzen Katalog von Lastern, ohne die eine große und mächtige, zivilisierte und prosperierende Gesellschaft nicht denkbar sei.[54] Drohnen im übertragenen Sinn zählen zu den Möglichkeitsbedingungen der Zivilisation, so wie es ohne Bienenmännchen auch keinen Bienenstaat geben kann. Legitimation durch Vergleich. Die Anthropologie und politische Theorie seiner Zeit stellt Mandeville mit der Behauptung in Frage, eine »gute Natur« des Menschen sei für eine gut eingerichtete Ordnung der Gesellschaft keineswegs nötig.[55] Ohne die reichen, bequemen, müßiggehenden Drohnen und ihren luxuriösen Aufwand gäbe es überhaupt keine Industrie, auf deren Erzeugnissen letztlich der Wohlstand aller beruhe. Daher reimt Mandeville: »Trotz all dem sündlichen Gewimmel / War's doch im ganzen wie im Himmel.«[56] Um *conspicuous consumption* zu betreiben, den Thorstein Veblen in seiner Theorie der *leisure class* untersucht hat, brauche es keine Massen, *feine Leute* reichten vollkommen aus.[57] Nicht einmal ein Monarch werde unbedingt benötigt. Der zur Sentenz gewordene Untertitel der Abhandlung Mandevilles: *Private Vices, Publick Benefits* weist dem egoistischen Streben nach Vorteilen in der liberalen Ökonomie positive Effekte auf die Produktivität, den Erfindungsreichtum und den Wohlstand der gesamten Gesellschaft nach. Wie in einer Theodizee werden die Sünden des Einzelnen durch die allerdings durch und durch diesseitigen wohltätigen gesamtgesellschaftlichen Wirkungen gerechtfertigt. Anders als bei Adam Smith und dessen Theorem der *unsichtbaren Hand* geht Mandeville aber nicht von der Natürlichkeit oder Göttlichkeit dieser Einrichtung der Gesellschaft aus, sondern weist immer wieder darauf hin, dass sie von Menschen gemacht und *daher* nicht notwendig und unabänderlich, sondern kontingent sei. Mandevilles *Bienenfabel* richtet eine Passage zwischen Menschen und Insekten ein, die einmal *nicht* eine bestehende Ordnung durch Analogien mit einer natürlichen Ordnung legitimiert;[58] sie stellt vielmehr, umgekehrt, die vorgeblich alternativlose, notwendige Ordnung der Natur bzw. der Schöpfung

26

in Frage.[59] »Das Leben dieser Bienen glich / Genau dem unsern, denn was sich / Bei Menschen findet, das war auch / En miniature bei ihnen Brauch«,[60] heißt es in *Der unzufriedene Bienenstock oder Die ehrlich gewordenen Schurken*. Doch folgert Mandeville daraus, dass dann doch wohl auch der Bienenstaat von unnützen Spielern und Schmarotzern, Betrügern und Verschwendern, Heuchlern und Müßiggängern nur so strotzen müsse.[61] Das Verhalten dieser »Knaves« (Schurken, Gauner)[62] hält Mandeville nun aber keineswegs für angeboren, sondern einen *habit*, eine »Gewohnheit«. Da dieser Habitus von Mandeville als eine Folge von Sozialisation und Erziehung betrachtet wird, erscheint er in einer Kontingenz, für die die Gesellschaft jedoch normalerweise blind ist, weil die Naturalisierung der Semantik die soziale Konstruktion der Verhaltensweisen verdeckt. Daher ist ihre Kraft so groß.[63] Es sei wiederum die Macht der Gewohnheit, die habitualisiertes Verhalten anthropologisiert und das Geläufige der Natur des Menschen zuschlägt.

Was Menschen und Bienen laut Mandeville tatsächlich gemeinsam haben und worauf sie ihre Gesellschaften errichten, ist das Verlangen nach Tauschwerten; *honey* reimt sich eben auf *money*. Wenn es ums Geld geht, wird der große Relativist schließlich doch noch substantiell. Jede Ordnung, diesseits aller historischen, kulturellen und sogar biologischen Rahmenbedingungen, baue auf dem Begehren ihrer Elemente auf,[64] den immer wieder angeführten »appetites«.[65] Mandeville folgert daraus, dass in einer »wohlgeordneten Stadt« auch Bordelle ihren guten Sinn haben,[66] aber man muss ihm hier nicht unbedingt folgen, denn auch diese Einrichtung ließe sich ja mit seinem eigenen Argument auf Kultur und Sozialisation zurückführen und so relativieren. Auch andere Einrichtungen würden ja diesem Begehren gerecht. Auch wenn man von *Private Vices* ausgeht, bleibt noch die Frage offen, wie die Gesellschaft so eingerichtet wird, dass *Publick Benefits* denkbar sind. Ob die Transsubstantiation der privaten Laster in allgemeinen

Nutzen gelingt, hängt nämlich vom »management of a skilful politician«[67] ab, kann also auch missglücken, sonst wären spezifische *skills* ja überflüssig. Wenn es in einer Gesellschaft schlecht oder auch gut läuft, läge das folglich nicht an einer wie immer gearteten Natur des Menschen, die üblicherweise als politische Anthropologie den Staatsverfassungen zugrunde gelegt wird.[68] Vielmehr wäre es vom Gouvernement der Gesellschaft zu erwarten, die Elemente zu einem Ganzen zu verbinden. Hier freilich ließe sich auf die Wohlfahrt des Bienenstaates verweisen, um so ein Vorbild für ein für alle vorteilhaftes Management egoistischer Interessen zu finden, womit sich der Kreis schließt, insofern die politische Theorie wieder in der Natur eine »Bestätigung« für ihre Modelle findet.

Der in der Geschichte der sozialen Insekten als Selbstbeschreibungsformel der Gesellschaft epistemologisch wie politisch entscheidende Schritt von der Führung zur Selbstorganisation wird von Mandeville noch nicht getan, aber immerhin vorbereitet. Es ist kein Zufall, dass ein abtrünniger Sozialist und desto überzeugterer Marktwirtschaftler und Gegner staatlicher Steuerungsversuche wie Friedrich von Hayek Bernard de Mandeville gewürdigt hat als einen Ökonomen, der es als einer der Ersten verstanden habe, die Fehlbarkeit und Irrationalität des Menschen zu erkennen und die Leistung sozialer Ordnung gerade darin zu sehen, diese Eigentümlichkeiten produktiv zu wenden.[69] Während der gute Freund und große Antipode seiner Londoner Zeit, John Maynard Keynes, sich das »totalitäre« Gegenbild zu seinem Wunschbild einer Gesellschaft unabhängiger Individuen als Ameisenstaat vor Augen stellt,[70] ist von Hayek davon überzeugt, in den »Gesellschaften von Insekten, wie Bienen, Ameisen und Termiten« ein »lehrreiches« Beispiel zu finden für jene »abstrakten und komplexen Ordnungen, die auf die Arbeitsteilung zurückgehen«. *Lehrreich* deswegen, weil gerade an den Insektengesellschaften zu beobachten sei, dass die Tätigkeiten oder Tätigkeitsänderungen der einzelnen Ameisen oder Bienen *nicht* »einem zentralen Befehl zuzuschreiben« seien, noch »einer ›Einsicht‹ von Seiten des einzelnen Mitgliedes in das zu einem bestimmten Zeitpunkt von der Gesamtheit her gesehen Notwendige«. Weder ist ein reibungsloser Befehlsfluss von oben nach unten notwendig, der zu jeder Zeit genau vorschriebe, was zu tun und zu lassen sei, noch ein vollständiges Wissen des Individuums darüber, was, wie und warum es da eigentlich etwas so und nicht anders tut. Denn es sind die »Regeln des individuellen Verhaltens«, die zu einer »Gesamtordnung« führen, nicht aber umgekehrt die Gesamtordnung, aus der sich die Regeln für das Verhalten des Einzelnen ableiten lassen.[71] Mandevilles kritisch-skeptischer Blick auf die Kontingenz menschlicher Institutionen entgeht zwar von Hayeks Aufmerksamkeit; doch kann er sich, anders als Mandeville, Ordnungen vorstellen, die auch ohne »skilfull management« funktionieren, wenn man die Teile des Ganzen nur sich selbst überlässt. Die sozialen Insekten werden hier nämlich, im Gegensatz zu der Assoziation von Keynes, aber auch zur älteren Naturkunde, zu einem *Exempel der Selbstorganisation*, das gleich zwei Überzeugungen der liberalen Schule zu bestätigen vermag:

Erstens findet die Ökonomie der Ameisen und Bienen trotz aller Komplexität und Arbeitsteilung zu einem geradezu idealen Gleichgewicht, *ohne dass dies auf die Eingriffe eines planenden Zentrums zurückzuführen sei.* Zweitens benötigen die einzelnen Akteure für ein Handeln, das dem Gemeinwohl dient, *keinen Überblick* über die gesamte Gesellschaft und ihre Nöte und Bedürfnisse, Ressourcen und Techniken, sondern allein ein lokales, situatives, Mandeville würde sagen: ›privates‹ Interesse an ihren jetzt und hier verrichteten Tätigkeiten. Vom Bild des Bienenkönigs, der, wenn auch nicht allmächtig und allwissend, aber doch persönlich und wirkungsmächtig als Regent die Wohlfahrt seines Volkes einrichtet,[72] ist diese Konzeption der Insektengesellschaft als selbstorganisierte, homöostatische, paretooptimale Ökonomie denkbar weit entfernt.

Aber obwohl es in der modernen Gesellschaft und ihrer

Wirtschaft um, wie von Hayek betont, *abstrakte* und *komplexe*, *arbeitsteilige* Ordnungen geht, liefern Ameisen und Bienen ein Vorbild, an dem sich genau dieser Ordnungstyp beobachten lassen soll. Daran ist überhaupt nur deshalb zu denken, weil die seit dem 19. Jahrhundert als Wissenschaft (statt als Zeitvertreib von Amateuren) betriebene Entomologie das Wissen über soziale Insekten erheblich erweitert und verändert hat, so dass die Beschreibungen von Insektengesellschaften selbst eine vergleichbare Komplexität erreicht haben; an diesem wissensgeschichtlichen Umbruch von der Insektenkunde zur Erforschung sozialer Insekten hat wiederum die entomologische Rezeption von ökonomischen Theorien und Metaphern eine bedeutende Rolle gespielt. Im Verlauf dieses Buches wird sich noch zeigen, dass soziale Insekten deshalb als Beispiel für eine komplexe, arbeitsteilige Gesellschaft fungieren können, weil sie von einer Entomologie modelliert werden, die aus den Sozial- und Wirtschaftswissenschaften die entsprechenden Konzepte von Komplexität und Arbeitsteilung übernommen und auf ihrem Forschungsfeld angewendet hat. Der Erfolg dieses Einsatzes sozial- und wirtschaftswissenschaftlicher Methoden und Theorien ist derart groß, dass es zu zahlreichen Rückkopplungen zwischen den Diskursen kommt, die sich auf soziale Insekten einlassen. Die entomologische Erforschung der sozialen Ordnungen des Ameisenhaufens oder Bienenschwarms kann dann zum Modellfall der Gesellschaftstheorie werden, und die Soziologie geht, wie Thomas Seeley es sich wünscht, bei der Entomologie in die Lehre. Kein Wunder, dass auch heute noch entsprechende Selbstbeschreibungsformeln der Gesellschaft kursieren, werden doch zahllose Parallelen zwischen Insekten- und Humangesellschaften von der zeitgenössischen Soziobiologie herausgestellt. Wenn schließlich die moderne, evolutionsbiologisch und kybernetisch informierte Forschung eine bestimmte Abstraktionsebene erreicht hat, werden Analogien zu Identitäten, da die augenfälligen Unterschiede in der entomologisch-soziologischen Perspektive gar keinen Informationswert erzeugen. Ob Mensch, Computer oder Ameise, spielt dann keine Rolle. Der Überflieger Bill Gates ist also auch epistemologisch auf der Höhe, wenn er Michael Eisner belehrt, die Menschenmassen *seien* Ameisen.

Bei aller Komplexität und Abstraktion, die nach von Hayeks eigener Auskunft im Bild der Ameisen und Bienen komprimiert werden, weist das Exempel doch zugleich zwei dem völlig entgegengesetzte, aber zentrale Eigenschaften auf, die ihm seit der Antike durch alle Epochenschwellen und Paradigmenwechsel hindurch unverändert zukommen: *Anschaulichkeit* und *Natürlichkeit*. Anders als eine nationale Ökonomie lassen sich das Gewimmel eines Ameisennestes oder eines Bienenschwarmes, ein Nest, ein Staat, ein *Hive*, ein Schwarm in einem Bild repräsentieren. Das Exempel reduziert Komplexität, und es tritt nicht abstrakt auf, sondern macht sich im Bild anschaulich. Und anders als die Ordnungen der Wirtschaft gelten Insektenstaaten *nicht* als gemachte und daher auch *nicht* als anders vorstellbare, kontingente Einrichtungen, sondern als Produkte der Schöpfung oder Evolution, jedenfalls aber der Natur.[73] Ihre im Bild augenfällige Ordnung, man denke nur an die Arbeitsteilung der Soldatinnen und Arbeiterinnen, Brutpflegerinnen und Scouts, sei *von Natur aus* so. Für die Geltung des Exempels in einem ökonomischen, soziologischen oder politologischen Argument ist dies von entscheidender Bedeutung, denn ihre Naturgegebenheit entzieht sie jeder Kritik. Der gute oder kritische Rat an Ameisen oder Bienen, es einmal anders zu versuchen, entbehrt jeder vernünftigen Grundlage. Anders als in den jüngsten Animationsfilmen, in denen sich Ameisenvölker für eine neue Ordnung *entscheiden*, ist die Organisation eines Nestes für seine Mitglieder tatsächlich *alternativlos*; und sie lässt sich in prägnanten Formeln oder suggestiven Bildern medial repräsentieren. Obschon *abstrakt* und *komplex*, fungieren die Ameisen- und Bienengesellschaften als Illustration; und obschon das, was von Hayek mit einem *lehrreichen* Exempel zu veranschaulichen sucht, nur als kontingente Einrichtung verstanden werden kann, vermitteln die Insektengesellschaften der zu illustrierenden liberalen Ordnung der modernen Ökonomie neoklassischer Färbung den Anschein nicht anders vorstellbarer Notwendigkeit. Darin liegt eine der zentralen rhetorischen und diskurspolitischen Funktionen des Bildes.

Evidenz und Kontingenz

Die Verknüpfung, die Ameisenhaufen und Bienenstöcke mit einem Gesellschaftstyp, einer Herrschafts- oder Regierungsform eingehen, ist nun, wie schon zu sehen war, selbst kontingent. Dies lässt sich dem Bild aber nicht ansehen. Es ist immer evident. Die Kontingenz der Verknüpfung lässt sich aber dann nur schwer übersehen, wenn wie im Falle Flauberts zwei Gemeinplätze angeführt werden, die ihre Selbstverständlichkeit schon dadurch gegenseitig in Zweifel ziehen, dass jeder Topos ganz auf die Gewissheit seiner Wahrheit setzt und so zugleich die Wahrheit der alternativen Formel bestreitet: »Die Bienen bestätigen die Monarchie!« Nun gut: »Aber die Ameisen die Republik!«[74] Dass hier zwei so unterschiedliche Staats- oder Regierungsformen gleichermaßen durch soziale Insekten beglaubigt werden sollen, verlängert entweder die Auseinandersetzung auf das Feld der Ameisen und Bienen. Dann würde man den politischen Gegner dadurch zu treffen suchen, dass man auf entomologischer Ebene den Nachweis führt, dass beispielsweise Ameisen keine Republikaner, sondern in Wahrheit Sklavenhalter sind oder Bienen keine gottgeschaffenen Monarchisten, sondern Anhänger eines Matriarchats oder einer Basisdemokratie. Oder die Konkurrenz der Bilder erzeugt Kontingenz und damit Skepsis gegenüber den rhetorischen Verfahren dieser Beglaubigung oder Affirmation. Entweder werden nun auch die Bienen oder Ameisen kritisiert oder verteidigt, wie es in der Zeit Flauberts beispielsweise Jules Michelet tatsächlich tut,[75] oder man stellt die Tauglichkeit der sozialen Insekten als Bestätigung für soziale Ordnungen schlechthin in Frage. Ameisen und Bienen, so könnte man kritisch folgern, besagen für unsere Gesellschaft gar nichts.

Erstaunlicherweise scheint es für diese Reserve gegen eine Gleichsetzung von Insekten und Menschen auf der, wie von Hayek schreibt, ›abstrakten‹ Ebene komplexer ›Ordnungen‹ kaum Beispiele zu geben. Im Vorgriff auf die folgenden Analysen und Lektüren, die auf der Sichtung von Hunderten von einschlägigen Verwendungsweisen des Bildes der Ameisengesellschaften aufbauen, lässt sich vielmehr sagen, dass es bis heute üblich ist, am Topos festzuhalten. Seine Evidenz ist eben *overwhelming*. Ein Insektenforscher, der sich zur Hygiene in urbanen Großräumen, zur nachhaltigen Wirtschaft, zum Umweltschutz, zur Organisation von Zeitarbeit, zur Überwachung von Menschenmassen oder zu Verkehrsleitsystemen äußert, hat beste Chancen, Gehör und massenmediale Resonanz zu finden. »Von den Ameisen lernen«, heißt die Devise,[76] was immer damit dann konkret gemeint ist. Dass sie einleuchtet, setzt die Wirksamkeit des Topos voraus, und tatsächlich hat er an Evidenz seit Aristoteles und Äsop, Plinius und Salomon nichts eingebüßt. Er zählt seit Jahrtausenden zu den bedeutenden Figurationen des Politischen. Allerdings verändern sich die Konnotationen des Bildes im Zuge wissenshistorischer Umbrüche. Heute würde man Flauberts Abbé entgegnen können, dass Bienen keineswegs die Monarchie, sondern gerade die Republik bestätigten. Die Bienenforschung selbst habe es gezeigt.[77] Und seinen Antagonisten könnte man selbstverständlich darauf hinweisen, dass Ameisen keineswegs ein Vorbild für die Republik darstellten,[78] sondern für eine auf »Mord und Totschlag« beruhende Alleinherrschaft einer Königin, die ungehorsame Arbeiterinnen »verprügelt« und diszipliniert. Auch dies habe, so *Die Zeit*, ein »Ameisenforscher« jüngst erwiesen.[79] Wie die Myrmekologie (Ameisenforschung) zeigt, bestätigt oder beweist auch die Apidologie alles Mögliche, ja, sogar das Unmögliche oder Phantastische. Die Entomologie bespielt das

Dystopische so gut wie das Utopische. Seit der Entdeckung des weiblichen Geschlechts der bislang als König geltenden größten Biene im Stock durch Luis Mendes de Torres im Jahre 1586 und der breitenwirksamen wissenschaftlichen Durchsetzung dieses Wissens durch Johann Swammerdam »mit unwidersprechlichen Beweisen« beinahe 100 Jahre später[80] affirmieren die Bienen einander widersprechende Deutungsmuster des Sozialen von der idealen Monarchie über die Republik bis zum staatlich organisierten Superorganismus und weiter zu Multitude und Schwarm. Dass dies nicht an den Bienen liegt, sondern an semantischen Zuschreibungen, liegt auf der Hand. »Unglaublich, wofür Bienen alles gut sind«, staunt in einer *Kulturgeschichte der Bienen* Ralph Dutli,[81] dem doch manches entgangen ist. Ein Blick auf Ernst Jüngers *Gläserne Bienen* etwa hätte erwiesen, dass der »Bienenstock für den Menschen« eben nicht »immerzu etwas Positives, Ideales, Utopisches« hatte,[82] sondern durchaus etwas Unheimliches, Schreckliches, Dystopisches.[83] Das Staunen über diese schier »unglaubliche« Variationsbreite steht einem aufgeschlossenen Beobachter der Bienen sicher gut zu Gesicht, eine Kulturgeschichte sollte es aber dabei nicht belassen. Denn der Variantenreichtum des Bienenstaates als »politisch-moralisches Exempel«, um Eva Johachs wegweisenden Beitrag zu zitieren,[84] lässt sich auf seine politischen, biologischen und poetologischen Konstituenten zurückführen. Es sind die Konjunkturen und Zäsuren in der Geschichte der politischen Vernunft, der Epistemologie, der Insektenkunde und der Ästhetik, die das Bild des Bienenstaates immer wieder umschreiben. Der Gedanke, es werde sich mit der Laufbahn der Ameise als politischem Tier ähnlich verhalten, liegt nahe.

Bei allen Parallelen zur Kulturgeschichte der Bienen kommt dem kulturellen Bild der Ameise jedoch eine eigene Zeitlichkeit zu, was nicht zuletzt von der Eigendynamik der jeweiligen entomologischen Forschung abhängt. Beispielsweise wird die Tanzsprache der Bienen 50 Jahre vor der Pheromonsprache der

Ameisen entdeckt. Die bahnbrechende Entdeckung des wahren Geschlechts des »Weisels«, der sich als Bienenkönigin entpuppt, findet in der Myrmekologie kein Pendant. Dies liegt offenkundig daran, dass das Ameisennest stets als Republik, Isokratie oder Demokratie betrachtet wurde, nicht aber als Monarchie. Niemand hat nach einem König in einem Staat gesucht, in dem eine »vollkommene Gemeinschaft der Güter« herrscht.[85] Das sprichwörtliche und immer wieder in Bildern wie Texten repräsentierte Gewimmel der Ameisen steht einer Zuschreibung zentraler Führung offenbar entgegen. Und so hat es auch nie sonderliches Aufsehen erregt, dass das wichtigste, da unersetzliche Exemplar im Nest ein Weibchen ist. Für *Ameisenkönig* gibt es keinen Eintrag im *Deutschen Wörterbuch* von Jacob und Wilhelm Grimm, nur im Märchen hat er gelegentlich einen Auftritt.[86] Eine ähnliche Irritation, die die Entdeckung des Geschlechts des *Bienenkönigs* ausgelöst hat, hat es in der Kulturgeschichte der Ameisen nicht gegeben, so dass auch ein *Ameisenweisel* mit männlichem grammatischen Geschlecht und femininen Sexus nicht eigens erfunden werden musste. Umgekehrt fehlt den Bienen, ein weiterer Unterschied, die morphologische Variationsbreite einiger Ameisenspezies, die die Forschung mit hoher massenmedialer Resonanz von Soldaten, Arbeitern, Scouts, Zofen, Türstehern oder Kellermeistern und einer entsprechenden Arbeitsteilung sprechen ließ. Die Ameisen kennen keine »Drohnenschlacht«, und die Bienen führen keinen Krieg[87] und halten keine Sklaven, jedenfalls nach dem aktuellen Stand der Forschung und den bislang kursierenden Bildern nicht.

Daraus folgt: Die skizzierten Unterschiede machen eine spezifische Wissens- und Kulturgeschichte der Ameisen unerlässlich. Sie muss wissenshistorisch informiert sein, da die Konjunkturen und Paradigmenwechsel der entomologischen und speziell der myrmekologischen Forschung an der Konstitution des Bildes der Ameisengesellschaft in bedeutender Weise mitwirken. Dass Leinwand, Farbpalette und Pinsel, die die Entomolologie für ihre Gemälde der Gesellschaft benutzt, selbst variieren, liegt aber nicht etwa an den Fort- oder Rückschritten auf diesem Forschungsfeld allein, sondern auch an der Attraktivität oder Evidenz einer hegemonialen Selbstbeschreibungsformel der Gesellschaft – sei es die Republik, sei es der totale Staat, sei es der libertäre Schwarm –, welche die Forschungen motiviert und an einem bestimmten Bild ausrichtet. Eine motiv- oder rhetorikgeschichtliche Untersuchung der sozialen Insekten, die nicht um die Entomologie und ihre wechselnden Epistemologien und Interessen wüsste, wäre genauso naiv wie eine Wissensgeschichte, die die poetologische und ästhetische Dimension ihres Gegenstandes missachtete. Denn die Faszination, mit der Ameisen unsere Gesellschaft über alle akademischen Grenzen hinweg in den Bann schlagen, stammt aus zwei Quellen: der attraktiven Gestalt des Bildbereiches und der Bedeutung der Forschung. Wie ein Blick in die Presse von der *Zeit* bis zum *New Yorker*, von der *Frankfurter Allgemeinen Zeitung* oder *Süddeutschen Zeitung* bis zum *New York Times Literary Supplement*, vom *Spiegel* bis zur *Neuen Zürcher Zeitung* der letzten Jahre erweist, haben Erkenntnisse über soziale Insekten offenbar eine weit über die Entomologie hinausgehende Relevanz. Über neueste Forschungen wird in Zeitungen und Zeitschriften dem breiten Publikum berichtet. Selbst hochspezifische Fachdiskussionen, wie sie etwa in jüngerer Zeit um die sogenannte Hamilton-Regel geführt werden,[88] die altruistisches Verhalten genetisch zu erklären sucht, werden personalisiert und popularisiert.[89] Ich gehe auf die aufschlussreiche Kontroverse um diese Regel und ihre Bedeutung für die Selbstbeschreibung unserer Gesellschaft noch ausführlich ein. An dieser Stelle mag es genügen zu konstatieren, dass in den Wissenschaften, in der Literatur, in den Massenmedien notorisch der Eindruck erweckt wird, die Erforschung sozialer Insekten betreffe stets auch den Menschen und seine Gesellschaft. Diese Suggestion einer Übertragbarkeit macht einerseits Ansichten des Bildes der Ameisengesellschaft einem breiten

Publikum interessant, andererseits zählt diese Bereitstellung von evidenten Analogien bereits zu den rhetorischen Effekten des Bildes. Beide Seiten stützen, ergänzen und verstärken sich gegenseitig. Die Kultur- und Wissensgeschichte sozialer Insekten muss daher stereoskopisch beobachten: mit zweifachem Blick auf die Poetik und auf die Epistemologie der Entomologie, auf die Bilder und Topoi und auf die Theorien und Modelle.

Auch dies gilt für Ameisen und Bienen. Naturkundlich unterfüttert und rhetorisch geschmückt, versinnbildlichen sie je unterschiedliche Möglichkeiten sozialer Ordnung. Alexander Pope unterscheidet 1734 »Der Ameis freyen Staat« von der »Monarchie der Bienen«[90] und betont ausdrücklich, dass die »Anarchie« der Ameisen von »Verwirrung frey« sei, ein jeder nehme die Gesetze der Republik wahr und erhalte sie zugleich. Voltaire setzt 1764 ebenfalls das Vorbild der demokratischen Ameise der von einer Königin regierten Bienenmonarchie entgegen: »Die Ameisengesellschaft gilt als eine hervorragende Demokratie. Sie ist allen anderen Staatsformen überlegen, da in ihr alle gleich sind und für das Wohl aller arbeiten.«[91] Die sozialkritische Spitze dieser Verbindung von Gleichheit und Arbeit ist hier schwer zu übersehen. Wenig später greift auch Gotthold Ephraim Lessing diese Unterscheidung auf und lässt seine Freimaurer *Ernst und Falk* von der »wunderbaren« Sozialordnung der Ameisen schwärmen. Auch in diesem Dialog werden die verschiedenen existierenden oder denkbaren Verfassungen der »Staaten« im Medium der sozialen Insekten abgebildet und erörtert. Es geht Lessings Diskutanten um die Frage, ob und wie sich die »Glückseligkeit des Staates« auch auf dessen »Glieder« erstreckt oder »einzelne Glieder« nicht vielmehr unumgänglich »leiden« müssten zum Wohle des Ganzen.[92] Die politische Philosophie von Aristoteles bis Hobbes hat in dieser Frage immer unbesehen für das Ganze und gegen die Teile optiert,[93] ganz als ob zu dieser Alternative keine Alternative bestünde und man sich allein zu entscheiden hätte zwischen der guten Einrichtung des Ganzen (auf Kosten der Teile) und dem Wohlergehen des Einzelnen (auf Kosten des Ganzen).

Als vorbildliche Architekten und gute Ökonomen führen die Freimaurer die Biene und ihren Stock im Wappen. Es liegt also nahe, dass »Gespräche für Freimäurer«[94] das Thema einmal streifen. Aber was haben Freimaurer mit Ameisen zu tun? Vor Lessing nichts, erst nach Bekanntwerden von Lessings *Gespräch* ist sie als Wappentier einzelner Logen nachzuweisen.[95] Der Auftritt des Topos in diesem Kontext wird denn auch – anders als etwa bei Flaubert – eigens motiviert. Ermüdet von einem »Rätsel«, das der Freimaurer Falk ihm aufgibt, zieht sich Ernst für einen Moment von dem Gespräch zurück: »Lieber lege ich mich indes unter einen Baum, und sehe den Ameisen zu.«[96] Ernst verspricht denn nun seinerseits Falk, ihn in einen »Zustande des stummen Staunens« zu versetzen. Er möge ihm nur Gesellschaft leisten und die Augen aufmachen: »Laß dich nur bei mir nieder, und sieh!« Was denn zu sehen sei, fragt Falk und erhält zur Antwort:

ERNST. Das Leben und Weben auf und in und um diesen Ameisenhaufen. Welche Geschäftigkeit, und doch welche Ordnung! Alles trägt und schleppt und schiebt; und keines ist dem andern hinderlich. Sieh nur! Sie helfen einander sogar.

FALK. Die Ameisen leben in Gesellschaft, wie die Bienen.

ERNST. Und in einer noch wunderbarern Gesellschaft als die Bienen. Denn sie haben niemand unter sich, der sie zusammen hält und regieret.

Die Bedeutung dieser Beobachtung erkennt Falk sofort und zieht, dank der längst etablierten Analogisierbarkeit von Ameisen und Menschen, eine äußerst politische Schlussfolgerung:

FALK. Ordnung muß also doch auch ohne Regierung bestehen können.

ERNST. Wenn jedes einzelne sich selbst zu regieren weiß: warum nicht?

38

FALK. Ob es wohl auch einmal mit den Menschen dahin kommen wird?

ERNST. Wohl schwerlich! FALK. Schade! ERNST. Ja wohl.[97] Die Schau der Ameisen rückt Ernst in eine kritische Position gegenüber der gegebenen Gesellschaft. »Sieh nur!«, ruft er Falk zu. Zu sehen ist das Offensichtliche: eine geordnete Welt der Kooperation und Solidarität, die offensichtlich ohne Führung auskommt. Sie benötigen keinen Souverän, der sie »zusammen hält und regieret«, und doch sind die Ameisen zu bedeutenden Gemeinschaftsleistungen fähig. »Sie helfen einander sogar.« Das »Sieh!« reklamiert die Evidenz, die das zu beobachtende Phänomen wie von selbst produziert. Wer nur recht hinschaut, wird prompt feststellen, dass die Ameisengesellschaft ein Exempel für eine Ordnung darstellt, die weder monarchisch noch auch nur hierarchisch ist. Dass eigens betont wird, dass auch Bienen in Gesellschaften leben, verdeutlicht die Funktion des Beispiels: Es profiliert eine Alternative zur Verfassung der Bienen und setzt damit die monarchische Staatsverfassung kontingent. Sie ist folglich weder gottgegeben noch alternativlos, weder notwendig noch unvermeidlich. Die Beobachtung der Ameisen wird hier zu einem Generator oder Katalysator von Aufklärung und Kritik. Sie leistet einen erheblichen und unterschätzten Beitrag zur Befreiung des Menschen aus der von Kant diagnostizierten selbstverschuldeten Unmündigkeit. Die Beobachtung sozialer Insekten kann umstürzlerische Folgen zeitigen wie sonst nur die Lektüre von Rousseau oder Voltaire. Denn sie macht deutlich, dass alle »Staatsverfassungen Mittel«, und zwar »Mittel menschlicher Erfindungen« sind. Ernst, der Beobachter der Ameisen, konstatiert: »Der Staatsverfassungen sind viele.«[98] Die Staatsgemälde der Ameisen und Bienen halten diese Diversität präsent. Gerade durch ihre jeweilige Evidenz erzeugen sie Kontingenz. Aus der unmittelbaren Anschaulichkeit (»Sieh doch!«) gelangen Ernst und Falk zur Einsicht in die Konstruiertheit menschlicher Ordnung. Dies unterscheidet Lessings Beitrag zum Topos der Ameisen-

und Bienengesellschaften von Pope und Voltaire und stellt ihn in eine Linie mit Mandeville. Keine Verfassung ist »unfehlbar«.[99] Der Bau der sozialen Welt kann also saniert, renoviert, aber auch umgestaltet oder gänzlich erneuert werden.

Forschungsprogramm

Auch wer noch viel genauer hinschaut als Ernst und Falk, unterstützt durch neue Instrumente und Modelle, Theorien und Methoden, sieht nicht unfehlbar die Wahrheit. Unhaltbar ist es daher, die Vorstellungen Lessings aus der Perspektive der neueren entomologischen Forschung zu »entmythologisieren« und doch zugleich anzunehmen, dass nun aber diese neuesten Forschungen sozusagen mythenfrei die *wahre Wahrheit* der sozialen Insekten enthüllten.[100] Vielmehr führen die Paradigmenwechsel der Myrmekologie nicht nur zu neuen Erkenntnissen und womöglich nachhaltigerem Wissen, sondern stets auch zu neuen Bildern und Narrativen. Pierre Huber ist es, der 1810 das von seinen Vorgängern von Plinius bis Karl von Linné generierte Wissen in seiner Einleitung nur erwähnt, um es zu übergehen und stattdessen eine *Geschichte der Ameisen* von der Wiege bis zur Bahre und von der Koloniegründung durch die befruchtete Königin bis zur imperialen Blüte und schließlich zum Untergang ihres Reiches zu schreiben.[101] Ameisen werden bei Huber überhaupt erst zum Subjekt einer Geschichte, die erzählt werden kann. Beim großen Taxonomen Linné wird man solche Zeilen vergeblich suchen:

> »Um zehn Uhr morgens am 15. Juli erreichte eine kleine Division von blutroten Raubameisen, die von der Garnison entsandt wurden, nach schnellem Marsch ein nahegelegenes Nest von grauschwarzen Sklavenameisen, ungefähr 20 Schritte entfernt, in dessen Umgebung sie sich formierten. Die Bewohner bemerkten die Fremden und attackierten sie, worauf mehrere Gefangene genommen wurden. So machten die Raubameisen keinen Fortschritt, es schien als

warteten sie auf Verstärkung. Von Zeit zu Zeit brachte die Garnison Unterstützung [...] Überall rund ums Lager fanden in regelmäßigen Abständen Kämpfe statt [...]. Als die Raubameisen ausreichend versorgt waren, stoßen sie in das Zentrum der Sklavenameisen vor, attackieren sie von allen Seiten und kommen zu den Toren ihrer Stadt.«[102]

Mit dem Beginn des Kampfes kommt der Text im Präsens an. Der Leser ist nun ganz nah dabei, wenn die Blutroten die Schlacht für sich entscheiden, die Stadt besetzen, ihren Reichtum beschlagnahmen und für den Abtransport der Beute in ihre eigene Hauptstadt sorgen. Eine kleine Besatzungstruppe verbleibt in der leeren und geplünderten Stadt.[103] Mit ähnlichen Worten hat Titus Livius die militärischen Großtaten Roms *ab urbe condita* beschrieben. Es fehlt nur, dass Huber dem Befehlshaber der Ameisendivision einen Namen gäbe. Dieses Versäumnis werden zahlreiche literarische Werke nachholen.[104] Ein weiteres Jahrhundert später wird man solche erzählerischen Passagen in der disziplinären Entomologie vergeblich suchen. Der *state of the art* ist nunmehr Wheelers These, die Ameisenkolonie als Einheit bilde einen Organismus, dessen Zellen die einzelnen Ameisen darstellten.[105] Nicht die Haupt- und Staatsgeschichte, sondern Darwins Evolutionstheorie liefert hier das Narrativ. Und am Ende des 20. Jahrhunderts liest man bei Kevin Kelly: »Die Ameisen *sind* eine parallelverarbeitende Maschine.«[106] Bildspender der Beschreibungssprache ist nicht länger der lebendige Organismus in seiner Umwelt, sondern eine digitale, elektronische Daten verarbeitende Maschine.

Bei aller Evidenz bleibt das, wofür das Bild steht, kontingent. Es variiert selbst unter Entomologen von Fach: Die Ameise firmiert, je nach Autor, Fachkultur und Epoche, als »Kriegerin«, die zu »Sklavenjagden« auf Raub auszieht und sich ihren Helotenvölkern gegenüber als »Herrin an Körpergröße, Kraft und Muth« auszeichnet;[107] oder sie gilt als altruistische, kooperative Spezies, deren soziale Ordnung Marx' Idealbild vom »Sozialismus« nahekomme.[108] Die Ordnungsvorstellungen umfassen die gesamte Bandbreite dessen, was überhaupt in einer bestimmten Epoche über die Gesellschaft gedacht und auch gesagt werden kann. Um genauer in den Blick zu bekommen, was das aufgerufene Bild eines Ameisennestes in einem literarischen Text, einem Film, einer kommunikativen Situation oder einem kulturellen Kontext präzise bedeutet und welche Funktionen es erfüllt, muss es wissensgeschichtlich referenzialisiert und soziologisch analysiert werden. Die Analyse der Analogie Ameise / Mensch führt uns damit

1.) auf das Feld der Wissensgeschichte bzw. der *science and technology studies*. Hier wird es darum gehen zu rekonstruieren, was in einer bestimmten Epoche, einer bestimmten Kultur und einer bestimmten Disziplin als wissenschaftliches Wissen über Ameisen gilt. Es ist dafür unumgänglich, sich zumindest so weit auf die entomologischen Methoden und Theorien, Hypothesen und Beobachtungen einzulassen, um ausmachen zu können, welchen Unterschied sie jeweils machen. Denn was das Bild der Ameisengesellschaft in einem konkreten Fall konnotiert oder impliziert, ist auch ein Effekt des in dieses Bild eingeflossenen und von diesem Bild mobilisierten entomologischen Wissens.

An einem Gemeinplatz wie diesem, Menschen seien Ameisen, sind aber noch weitere Aspekte aufschlussreich: Nämlich

2.) die *Entstehung* und die *Geschichte* des Topos. Dies führt die Untersuchung auf das Feld einer poetologisch und medienwissenschaftlich informierten Kulturgeschichte. Das Bild der Ameisengesellschaft wird eben nicht allein durch das entomologische Wissen einer Epoche formatiert, sondern auch durch die Medien und Formen, in denen es erscheint. Darauf ergibt sich, dass die Faszinationsgeschichte der Ameisengesellschaften nicht allein von epistemischen Revolutionen strukturiert wird, sondern auch von Medienumbrüchen. Die Erfindung der drahtlosen Telegraphie oder des Internets hat für die Ordnungsvorstellungen, die im Bild der Ameisen kondensieren, ebenso gravierende Konsequenzen wie die Einführung von Emergenztheorien oder kybernetischer Modelle zweiter Ordnung in die Entomologie.

3.) So hell das Bild der Ameisen als Abbild, Vorbild, Zerrbild oder Vexierbild der Gesellschaft auch seit Jahrtausenden leuchtet, es wirft einen entsprechend dunklen oder langen *Schatten*. In diesem Schatten verschwindet das, was nicht mehr beobachtet werden kann, weil die strahlende *Evidenz* des Bildes alles andere ausblendet. Im Schatten der Ameisenstadt verschwinden beispielsweise alle nomadischen Lebensformen, als könne alles gemeinschaftliche Leben jenseits der *Polis* nur asozial sein. Im Schatten des Bildes der Ameise als *simple agent* verschwinden Individualität und Intelligenz. In der Inszenierung einer hocheffizienten, funktionalen Ordnung der Arbeit haben Lebensweisen, die aus dem Rahmen dieser instrumentellen Rationalität ausscheren, keinen Platz. Was im Schatten liegt, wird dann sichtbar, wenn die entomologischen Konzepte hinzugezogen werden, die das Bild konstituieren. Die Analyse der rhetorischen, poetologischen oder ästhetischen Dimension eines Bildes muss daher mit der Rekonstruktion des je implizierten myrmekologischen Wissens einhergehen.

4.) Diese systemtheoretische Hypothese zur Evidenz als Ausschluss alternativer Möglichkeiten legt die Vermutung nahe, dass in dieser Kombination von Licht und Schatten auch eine *Funktion* des Bildes besteht. Es geht hier darum, welche *Selbstbeschreibungsformel* einer Gesellschaft hier promoviert oder desavouiert wird. In dem Ringen um die Frage, in welcher Gesellschaft wir leben und welche Kultur die richtige sei,[109] wird eine Antwort so hell ins Bild gesetzt, dass Alternativen außer Sicht bleiben müssen. Man sieht nicht, was sonst zu sehen wäre. Im Bild der Ameisengesellschaft werden bestimmte Formen sozialer Ordnung plausibilisiert und andere Möglichkeiten ausgeblendet.

Um das Beispiel einer deterritorialisierten, nomadischen Lebensform[110] erneut aufzugreifen: Wer seine Zelte nur vorübergehend aufschlägt, um schon bald zum nächsten Ort weiterzuziehen, fällt aus dem evidenten Bild heraus, das im Ameisenstaat Ort und Ordnung fest miteinander verbindet. Dass es auch Ameisenarten gibt, die ohne festen Wohnort auskommen, spielt dabei gar keine Rolle; es kommt allein auf das mit der Ameisengesellschaft verknüpfte Bild eines Stadtstaates an. Die von der Evidenz dieses Bildes eingerichtete Logik sozialer Exklusion verfährt dann so: Wenn Menschen wie Ameisen und Ameisen Stadtbewohner sind, dann sind folglich all jene, die der Polis nicht angehören, keine Menschen, sondern Wilde. Die gesellschafts- und machtpolitischen Konsequenzen sind immens. Das »wildeste aller Wesen« ist für Aristoteles nämlich jener Mensch, der außerhalb der staatlichen Ordnung lebt. Solche wilden Wesen werden, wenn sie von den zivilisierten Griechen aufgegriffen werden, mitleidlos versklavt und der Ökonomie der Polis als »beseelte Werkzeuge« zugeführt.[111] Jeder Leser von Pierre Huber könnte auf den Gedanken kommen, Sklavenhaltergesellschaften mit den gängigen Praktiken von Ameisenstaaten zu legitimieren.

5.) Ameisen sind politische Tiere, und Ameisennester werden seit der Antike als Gesellschaften beschrieben. Die Konsequenzen für die Biologie lassen lange auf sich warten. Erst mit dem ausgehenden 19. Jahrhundert rückt das soziale Verhalten der Hymenopteren ins Zentrum der entomologischen Forschung – zuvor begnügte sich die Zoologie mit der Taxonomie immer neu entdeckter Arten. Zur gleichen Zeit beginnt sich das junge Fach der Soziologie für Ameisengesellschaften zu interessieren. Die Frage, was eine Gesellschaft ausmacht und mit welchen Methoden sie zu untersuchen sei, wurde mit Blick auf die Gesellschaften der sozialen Insekten zu beantworten gesucht, hatten es doch beide Disziplinen mit komplexen Organisationen und großen Populationen zu tun. Ebenfalls im 19. Jahrhundert beginnt eine niemals erklärte, aber umso intensivere Kollaboration zwischen Entomologen und Soziologen. Das Forschungsfeld der Ameisengesellschaft ermöglicht einen gegenseitigen Austausch von Methoden und Theorien, zur Übernahme von Hypothesen und Unterstellungen an, der beide Fächer zugleich bereichert und belastet. Die Erkundung dieser Wechselwirtschaft verspricht einen völlig neuen Blick auf die Geschichte der beiden Disziplinen.

6.) Die Übertragungen zwischen Soziologie und Entomologie, die Transfers zwischen menschlichen Gesellschaften und Ameisengesellschaften, die Zirkulation von Metaphern und Modellen finden in einem Medium statt, das Michel Serres *Passage* nennen würde. Serres umschreibt mit diesem nautischen Bild die labyrinthischen Fahrwasser, die von den »Geistes- und Sozialwissenschaften zu den exakten Wissenschaften und umgekehrt« führen.[112] Bei der Passage handelt es sich, wie der Titel der Monographie *Nordwest-Passage* verrät, nicht um eine genau kartierte Schifffahrtsroute, sondern, bis weit ins 20. Jahrhundert, eher um einen spekulativen oder experimentellen Weg. Die Passage steht für überraschende »Verbindungen und Übergänge« zwischen »Wissensgebieten«, zwischen denen oft nur »eine dünne Trennwand besteht«.[113] Die *Trennwand* zwischen Ameisen und Menschen könnte gar nicht dünner sein, denn, aus einer bestimmten Perspektive betrachtet, sind Menschen Ameisen. Wie ich zeigen werde, ist es die entomologisch-soziologische Passage, die diese Perspektive einrichtet.

Menschen sind Ameisen

In der notorischen *Family Guy*-Sequenz hatte bereits Bill Gates Michael Eisners *Vergleich* vehement widersprochen und seinem begriffsstutzigen Kollegen klargemacht, dass die Leute da unten nicht etwa »*wie* Ameisen« seien. Die Wahrheit laute: »Sie *sind* Ameisen.« Gates gibt die Analogie auf und postuliert *Identität*. Der Unterschied ist immens, auch wenn ein erstes Verständnis wiederum leichtfällt: Gates überbietet seinen Poker-Freund Eisner wieder einmal und gewinnt im Wettbewerb darum, wer der zynischste Milliardär ist. Was kann man nicht alles mit

Dass eine gut kooperierende Gruppe jedem einzelnen Konkurrenten überlegen ist, begreift *Lucas der Ameisenschreck* während der Übungen und Wettkäpfe der Pfadfinder des Ameisennestes. Der Brückenbau, in dem jeder Einzelne zum Glied einer Kette wird, symbolisiert einerseits die Integration des Individuums in die Gruppe, anderseits eine der Kernkompetenzen der Blattscheiderameisen: Transportlogistik. (Warner Bros. 2006) Auf die Darstellung von Ameisen als Pfadfinder komme ich noch zurück.

ihnen machen, den vielen da unten, wenn sie nicht nur *wie* Ameisen sind? Vermutlich all das, was *Lucas der Ameisenschreck* im gleichnamigen Disney-Animationsfilm einem Nest im Garten seiner Eltern antut. Aber sie lassen sich nicht nur zertreten.

Lucas lernt im Laufe einer Metamorphose, in der er mehr und mehr zur Ameise wird und die Unterschiede schwinden, folgenden Lehrsatz: Wenn Menschen Ameisen sind, dann können sie auch wie sie zum Wohle der Gemeinschaft kooperieren. Und wohl auch so gut arbeiten und womöglich auch gehorchen wie sie. Dann könnten auch sie so diszipliniert und fleißig sein, wie man sich die Subkasten der Gesellschaft nur immer wünschen mag. Aus der Unzahl der Ameisen und den hohen Verlustraten im ›Kampf ums Dasein‹ kann der Zuschauer aber auch den Schluss ziehen, dass Ausfälle zu verkraften sind. Dank der hohen Fertilitätsrate sind die Ameisen immer mehr als genug. Es sind »Millionen«, eine »Armee aus Ameisen«, jede einzelne »blind« und »blöd«.[114] All dies mag Gates' Diktum nahelegen, aber selbst die kurzschlüssigsten Assoziationen, die das Verständnis der Sentenz orientieren, hängen wiederum davon ab, welches entomologische Wissen unsere Vorstellung von der Ameise prägt, die wir laut Derrida nun einmal selber sind.[115]

Geht man wie Jules Michelet davon aus, die Ameisen seien *das* republikanische Tier,[116] oder meint wie Peter Kropotkin, Ameisen handelten von Grund auf altruistisch,[117] dann ließe sich an Gates' Gleichsetzung womöglich, je nach weltanschaulicher Vorliebe, nicht einmal allzu viel aussetzen. Stellt man seine Äußerung dagegen in den Kontext von Entomologen wie Karl Escherich, der die »planvolle Arbeiterorganisation« des »Insektenstaates« als »Vorbild« für den totalen Staat des Nationalsozialismus empfiehlt,[118] oder vor den Hintergrund von eugenischen, sozialhygienischen Spekulationen eines so bedeutenden Forschers wie William Morton Wheeler,[119] dann fordert sie sicher eher zu Kritik heraus. Wenn wir Ameisen sind, sind Ameisen auch all das, was wir sind, sein wollen oder sein können: Faschisten und Kommunisten, Altruisten und Republikaner, Arbeiter und, wie in der berühmten Fabel von der Ameise und der Grille, Künstler und Kapitalisten oder Bohemien und Spießer.[120] Aber wann wird was konnotiert? Das Bild der Ameise funktioniert in den Massenmedien, ohne eine Hürde für die Rezeption darzustellen, als Metapher für soziale Organisation; dies gelingt aber nur deshalb so scheinbar mühelos, weil in diesem Bild völlig unbestimmt bleiben kann, welche Form der Gemeinschaft als Bildspender dient. Eine Motivgeschichte dieser absoluten Metapher würde nicht tief genug ansetzen: Erst ein wissenshistorischer Überblick über die Gesellschaftstypen, mit denen die Entomologie *das* paradigmatische soziale Insekt schlechthin ausstattet,[121] gibt der Skizze Kontur und Kolorit. Dies gilt für Ameisen als Analogien menschlicher Organisation wie für postulierte Identitäten der Organisationsprinzipien von Menschen und sozialen Insekten.

Gates' Behauptung, es *seien* Ameisen, die Eisner da unten zu sehen bekomme, geht über einen bloßen Vergleich, eine Analogie oder eine Metapher hinaus. Seine Identitätsbehauptung wird, so überraschend das anmuten mag, von bedeutenden Entomologen geteilt. Und wie noch zu zeigen sein wird, werden auch einige Soziologen mit der Vorstellung experimentieren,

Menschen seien Ameisen. Bei einem respektablen Myrmekologen wie Henry Christopher McCook ist jedenfalls im Jahre
1909 zu lesen:
> »Worin mögen sich Ameisengesellschaften hinsichtlich der
> allgemeinen Notwendigkeiten und Aufgaben, die Menschen
> in ihren Gemeinschaften zu lösen haben, nur unterscheiden?
> Es sind im Grunde die selben.«[122]

Fünfzig Jahre später schreibt der Gründervater der Kybernetik,
Norbert Wiener, in Erinnerung an die europäischen Faschis-
men und zugleich mit Blick auf die zeitgenössische Wirt-
schaftsorganisation in den USA (diese ist aus seiner Sicht for-
distisch und tayloristisch, geprägt von Fließband und Uhr
sowie der Differenzierung von *white collar-* und *blue collar*-Kas-
ten und der Absonderung der Unternehmensführung von der
operativen Arbeit) durch das leitende Management:
> »Der durchorganisierte Zustand vorherbestimmter Funktio-
> nen, den sie anstreben, ist der des Ameisenstaates. In der
> Ameisengemeinschaft führt jeder Arbeiter bestimmte Funk-
> tionen aus. Es gibt eine besondere Soldatenkaste. Bestimmte
> hochentwickelte Individuen erfüllen die Funktionen von
> König und Königin. Wenn der Mensch diese Gemeinschaft
> für sich übernähme, würde er in einem faschistischen Staate
> leben, in dem jedes Individuum im Idealfall von Geburt an
> für seine besondere Beschäftigung vorbestimmt wäre, in der
> Herrscher ewig Herrscher wären, Soldaten immer Soldaten,
> der Bauer nichts als Bauer und der Arbeiter verdammt, stets
> Arbeiter zu sein.«[123]

Der Humanist Wiener bekundet zwar seine Überzeugung,
diese Entwicklung ginge mit einer »Herabwürdigung der wahren Natur des Menschen« einher, doch sei es, so räumt er ein,
»natürlich möglich«, das »menschliche Individuum« zum
»menschlichen Material« zu degradieren und so »einen faschis-
tischen Ameisenstaat zu organisieren«.[124] Dass ausgerechnet
ein Kybernetiker die Zukunft menschlicher Gemeinschaftsbildung »im Gegensatz zur Ameise«[125] diskutiert, ist kein Zufall,

denn diese neue Wissenschaft von der Steuerung entwickelt derartig abstrakte Modelle von *communication, control* und *command*, dass sie grundsätzlich für »Ameisen und Menschen« gleichermaßen Geltung beanspruchen können.[126] Die von der Kybernetik ermittelten allgemeinen »Organisationsmechanismen« gelten für »Soziologie und Anthropologie«, für alle »sozialen Gemeinschaften«, und eben auch »für die der Ameisen«, schreibt Wiener 1963.[127] Die Frage der *differentia specifica* stellt sich daher gerade aufgrund der hier unterstellten zahlreichen Gemeinsamkeiten. Die Kybernetik, vermutet die Wissenschaftshistorikerin Charlotte Sleigh, verwandele Ameisen in »kommunikative und informatorische Einheiten«, an die dann ein »weites Set von Fragen über Kommunikation und Gesellschaft« gerichtet werde.[128] Ameisen werden so zu einem »epistemischen Ding« oder einem »Modellorganismus«,[129] an dem Probleme nicht nur der Entomologie, sondern auch der Soziologie und Anthropologie zu klären sind. Was an Ameisen beobachtet wird, gibt also Antworten auf soziologische oder anthropologische Fragen – und jenseits der Disziplinen auf die Frage, was der Mensch ist und was die Gesellschaft, in der er lebt. Wieners *Kybernetik* beschreibt die *Regelung und Nachrichtenübertragung in Lebewesen und Maschine*. Im Rahmen dieses neuen Paradigmas einer universalen Wissenschaft werden die Unterschiede zwischen Ameisen, Menschen und Maschinen eingezogen. Gerade weil die Kybernetik zwischen Menschen und Ameisen gar nicht unterscheidet, ist Wiener aus moralischen Gründen so besorgt, man könne mit entsprechenden Sozialtechnologien »das Leben der Menschen zu einem Ameisendasein« degradieren.[130] Aus Gates' Sicht, so könnten wir nun insinuieren, ist es freilich genau so gekommen.

II. Vom Leviathan zum Termitenstaat ... 1938

Verstrickungen einer Fußnote

Fußnoten haben immer Konsequenzen, ob man sie nun setzt oder vergisst oder ob man sie liest oder ignoriert. Eine Fußnote Carl Schmitts habe ich erst überlesen. Dann lieferte sie die Idee zu diesem Buch. Die Anmerkung, auf die es hier ankommt, findet sich in *Der Leviathan*, einer Hobbes-Studie Carl Schmitts aus dem Jahre 1938. Zu sehen, wie sich der Theoretiker des Ausnahmezustands und der Dezision fünf Jahre nach der Machtergreifung im Spiegel eines »politischen Symbols« positioniert, ist ohnehin der Lektüre wert. Für mich war der Text darüber hinaus wegen seiner literarischen Referenzen und Bildanalysen interessant. »Man kann [...] an der Hand eines der klassischen Fabelbücher von Aesop und Lafontaine eine klare und einleuchtende Theorie der Politik und des Völkerrechts entwickeln«, regt Schmitt an, und man ist ihm hier gefolgt.[1] Solche ›Veranschaulichungen‹ der Literatur sind aber nicht etwa neutrale didaktische Werkzeuge einer Wissensvermittlung, sondern selbst wie die Fabel seit ihren Ursprüngen hochpolitisch.[2] Denn wie etwas ›anschaulich‹, ›klar‹ oder ›einleuchtend‹ wird, hängt nicht allein von der in Frage stehenden ›Theorie der Politik‹ ab. Vielmehr muss die poetische Dimension der Fabel in Anschlag gebracht werden. Von der literarischen Darstellung hängt es ab, ob die Leser mit den Schafen, Wölfen, Füchsen, Löwen, Eseln, aber auch Ameisen und Bienen sympathisieren oder mit ihren Gegenspielern. Wenn die hungernde Grille entsprechend gezeichnet ist, verliert die geizige Ameise den Wettbewerb um Identifikation, und die ›kapitalistische‹ Ordnung, die sie vertritt, wird in Frage gestellt.[3] Daher kann eben »jedes Tier« der Fabel als unrechtmäßiger Aggressor inszeniert oder als legitimer Verteidiger gemalt werden.[4] Erst die Fabel setzt die Lehre ins Bild.

Auch der Leviathan ist ein politisches Bild, und es hat seine eigene Formgeschichte.[5] Es *veranschaulicht* nicht einfach eine politische Theorie, sondern verhilft dem Politischen zu einer Evidenz, die nicht der Theorie, sondern ihrer Inszenierung zu verdanken ist. Auch wenn Schmitt seine eigenen völkerrechtlichen Ansichten vorträgt, greift er auf ästhetische Verfahren zurück. Eine der wichtigsten Unterscheidungen seines völkerrechtlichen Denkens: *Land und Meer*[6] hat nicht nur eine politische, sondern genauso eine literarische Tradition. Wie Herman Melville in *Moby Dick* bestimmt Schmitt Land und Meer als grundsätzlich verschiedene Räume menschlichen Erlebens und Handelns; und wie Melville weist er ihnen den Elefanten und den Wal, Behemoth und Leviathan als Symbole zu.[7] Der Wal repräsentiert hier die Seemacht, die den unermesslichen Raum der Meere nicht besetzt, markiert, zu eigen nimmt oder kerbt, sondern diesen glatten Raum der See von Stützpunkt zu Stützpunkt, von Relais zu Relais durchkreuzt. Der Elefant, dieses vergötterte und königliche Tier,[8] steht für die Herrschaft über ein Territorium, für einen Raum voller Grenzen und Zeichen, in deren Topographie sich Eigentums- und Rechtsverhältnisse eingegraben haben. Während auf dem Meer eine Welle wie die andere ist und das Wasser als Medium der Schrift wenig taugt, bewahrt ein Ort an Land die Ordnung, die sich ihm im Laufe der Geschichte einschreibt: Zwinger und Stadtmauern, Gräben und Wälle, Schlagbäume und Mautstationen verweisen auf je bestimmte Herrschaftsverhältnisse. Der Verlauf des römischen Limes lässt sich noch heute aus der Luft nachvollziehen, die Ausdehnung der venezianischen Seemacht bei einem Flug über das Mittelmeer jedoch nicht. Die bis zur Unerreichbarkeit gestaffelten Hierarchien der Schlossbürokratie manifestieren sich für Franz Kafkas K. vom ersten Blick an in der topographischen und architektonischen Anlage von Dorf und Schloss.[9] Dem »ewig wogenden Meer«[10] lässt sich dagegen nicht ansehen, welche gute oder schlechte Ordnung an Bord der Schiffe herrscht, die es durchkreuzen.[11]

Die »Bilder«, die Schmitt analysiert, weil sie politische Alternativen, ja eigentlich grundsätzliche und vollkommen unterschiedliche Weisen der Einfügung des Menschen in das Dasein repräsentieren,[12] lassen sich auch als Effekte einer literarischen Konstitution des Raums lesen. Es sind deswegen »Symbole« – und keine indexikalischen Zeichen –, weil sie die geophysikalische Realität der Welt nicht einfach speichern und gleichsam ›so wie sie ist‹ wiedergeben, sondern eindrucksvoll, suggestiv, ja beinahe unwiderstehlich zu einer bestimmten Weise der Konstruktion einer Realität einladen. Dies ist mehr als nur *Veranschaulichung*, es ist *konstitutiv*. Mit und gegen Schmitt lässt sich lernen, dass die Topographien, in denen wir uns verorten, von solchen hochsymbolischen Differenzen wie der von Land und Meer erst fabriziert worden sind.[13] Gerade vermeintliche geopolitische Fakten verdanken ihre Selbstverständlichkeit den Bildern, Symbolen oder Fiktionen, die die Imagination des Raums organisieren. Ob sich jemand in der Wüste wähnt, wenn er in Polen einreist, oder in der deutschen Heimat, weil Felder und Fluren ›ordentlich‹ separiert sind, hat seinen Grund nicht in der Welt, wie sie ist, sondern in den Skripten, die die Raumwahrnehmung steuern.[14] Dies war mein Thema, als ich den *Leviathan* gelesen habe.[15] Die besagte Fußnote mit ihrem Verweis auf einen abgelegenen Text zu einem abgelegenen Thema schien zu alldem nichts beizutragen.[16]

»1) Karl Escherich, *Thermitenwahn. Eine Münchener Rektoratsrede über die Erziehung zum politischen Menschen*, München 1934«. So lautet die Anmerkung auf Seite 57 von Schmitts *Leviathan*.[17] Schmitt zitiert einen Entomologen. Es geht auf der besagten Seite des *Leviathan* um die Frage, inwieweit die »Staatskonstruktion des Hobbes auch heute noch modern« sei. Die Frage ist berechtigt. Wer sich mit den *Konstruktionen* des

Staates in der Geschichte Europas beschäftigt, kommt an Hobbes nicht vorbei;[18] und wie das Frontispiz einer aktuellen rechtswissenschaftlichen Monographie von Ulrich Haltern belegt, haben weder die politischen Wissenschaften noch die Protagonisten der politischen Repräsentation die Metapher des politischen Körpers ad acta gelegt.

Zur Modernität Hobbes' zählt Schmitt die These, dass das »schwierige Problem, den rebellischen und eigensüchtigen Menschen in ein soziales Gemeinwesen einzufügen, […] schließlich […] mit Hilfe der menschlichen Intelligenz gelöst« werde.[19] Es sei ein Glück, dass man es beim Menschen eben nicht mit »reinen«, sondern – wie in der Fabel – mit »Intelligenz begabten Wölfen« zu tun habe, denn diese seien zu einem vorteilhaften Friedensschluss qua Vertrag fähig.[20] Schmitts Freude über diesen glücklichen Aspekt der *conditio humana* ist allerdings ein wenig heimtückisch formuliert, wenn er schreibt, diese Überwindung eines gemeingefährlichen »Eigensinns des Individuums« mit der Hilfe des »Verstandes oder des Gehirns« leuchte »einem auch heute noch verbreiteten, im übrigen keineswegs utopistischen, naturwissenschaftlichen Denken ohne weiteres ein«.[21] Evident ist dies also nur für die anderen. Schmitt selbst leuchtet dies nämlich keineswegs ein, insofern er vom individualistischen Individuum nicht das Geringste hält[22] und dieser Erfindung einer modernen Semantik keinerlei Bedeutung für die Begründung des Staates zumisst.[23] Als Beispiel für die von ihm diagnostizierte, ebenso weitverbreite wie unhinterfragte Akzeptanz dieser Konstruktion führt Schmitt dann den Vortrag des Münchener Entomologen und Rektors der Ludwig Maximilians-Universität Karl Escherich an, der geeignet sei, »das Problem zu verdeutlichen«.[24] Was könnte aber ausgerechnet die Insektenkunde in einem Buch über den Leviathan *verdeutlichen*? Soll hier etwa nach den Wölfen und Lämmern der Fabel diesmal ein Insekt eine politische Lehre *veranschaulichen*?

Der Bereich der Fabeln wird hier jedoch verlassen. Entschei-

dend für die Antwort ist die Vergleichbarkeit von sozialen Insekten und Menschen im Hinblick auf ein Problem und seine
Lösung: Auch bei den sozialen Insekten, also den staatenbildenden »Ameisen, Thermiten und Bienen« stelle sich das Problem der Individualität und des Egoismus; und dabei handelt
es sich um Eigenschaften, die der Staatenbildung jedenfalls auf
den ersten Blick entgegenzustehen scheinen. Soziale Insekten
sind keine Fabelwesen, die mit Tugenden oder Lastern ausgestattet werden, um eine moralische Lehre zu veranschaulichen.
Bei Wolf und Lamm mag nach Lessings Überzeugung jeder
gleich Bescheid wissen, »wie sich das eine zu dem anderen verhält«. Der Wolf ist eben mächtig, das Lamm ohnmächtig, und
dass es offenkundig unschuldig ist, rettet es nicht vor dem
Hunger des Schurken. Was das »Recht des Stärkeren« bedeutet,
lehrt diese Fabel: dass es nämlich auch das »beste Recht« sei.[25]
Wolf und Lamm machen diese asymmetrische Konstellation
unmittelbar evident. Daher nutzen die Fabeln Tiere, denn
»diese Wörter, welche stracks ihre gewissen Bilder in uns erwe-
cken, befördern die anschauende Erkenntnis«.[26] Schmitt zitiert
nun aber an dieser Stelle nicht Äsop, La Fontaine oder Lessing,
sondern just Escherich, einen Naturwissenschaftler, keinen
Dichter. Im *Termitenstaat* wird auch nicht etwa eine Moral veranschaulicht, sondern ein Problem adressiert, das Menschen
und Insekten gemeinsam ist, insofern sie als politische Tiere
nicht anders als in Gesellschaften leben und als solche in einem
darwinistischen Konkurrenzkampf stehen. Jeder Staat, zeigen
sich Escherich und Schmitt überzeugt, muss sich allerdings
darauf einstellen, dass seine Bürger ganz im Sinne eines *survival of the fittest* der Einzelnen eher ihren eigenen Nutzen zu
mehren suchen, als dem Gemeinwohl zu dienen. Die Insekten
dienen in diesem funktionalen Vergleich auch nicht als Bild,
Symbol oder Allegorie. Soziale Insekten haben vielmehr aus
der Sicht eines »naturwissenschaftlichen Denken[s]«[27] *das gleiche Problem* bei Aufbau und Erhalt ihrer staatlichen Ordnung
wie die Gemeinschaften der Menschen, nämlich ob und wie

sich den offenbar *natürlichen*, also unvermeidlichen egoistischen Instinkten[28] oder gar »individuellen Perversitäten«[29] der Individuen zum Wohle aller Zügel anlegen lassen.

Die Überwindung des Individualismus im totalen Staat

Ein »Ameisenstaat kann [...] nie ein Rechtsstaat sein«, stellt Schmitt klar.[30] Aber dennoch ein Staat? Die Antwort, die im »Ameisen-, Thermiten- und Bienenstaat« auf das Problem gefunden worden sei, unterscheide sich daher von der »Staatwerdung beim Menschen«.[31] Denn die Insekten, diese wahrlich politischen Tiere, so referiert Carl Schmitt Karl Escherich, haben die »großen Hemmnisse«, welche die Natur der »Staatenbildung entgegenstellt«, gewissermaßen *biologisch* statt moralisch oder juristisch gelöst: durch die »organische Preisgabe der Individualität«.[32] Schmitts Forderung, dass das konkrete Individuum mit seinen Egoismen und Lüsten für den Staat nicht die geringste Rolle spielen solle, haben die sozialen Insekten längst erfüllt. Denn sie haben Ordnungen hervorgebracht, in denen »die Bedeutung des Individuums« allein nach »einer Aufgabe« oder »Funktion« bemessen werden kann, die es für den Staat erfüllt.[33] Dies ist ein politisch interessantes, hochbrisantes Modell, denn moralische Wesen haben sich seit dem Sündenfall als unzuverlässig erwiesen, während man sich auf biologische Programme recht gut verlassen kann. In Konditionierungsprogrammen Moral durch Reflexe zu ersetzen, zählt daher zu den Träumen totalitärer Utopien und Albträumen kulturkritischer Dystopien von Ernst Jünger bis Aldous Huxley; und wie noch zu lesen sein wird, sind diese Utopien / Dystopien denn auch entomologisch inspiriert.

Eine biologische Lösung der sozialen Grundfrage[34] wird hier verhandelt. Und die Insekten machen es in ihren Staaten vor – davon sind beileibe nicht nur Nazi-Entomologen überzeugt, wie noch zu sehen sein wird – wie das geht. Tatsächlich hat Escherich in seiner *Rektoratsrede* am Beispiel des Termitenvolkes die Fähigkeit dieser Spezies zur Staatenbildung auf ihre Fähigkeit zur »absoluten Unterordnung jedes einzelnen Individuums unter einen gemeinsamen Willen und die Ausschaltung jedes Individualismus und Egoismus« bezogen.[35] Die Formulierung ist verräterisch, lässt sie doch erkennen, dass »Individualismus und Egoismus« vorausgesetzt werden, um dann *ausgeschaltet* zu werden. Die Konditionierungsoption, die mit idiosynkratischen Verhaltensweisen gründlich aufräumt, wird in der Programmatik der Ausschaltung und Unterordnung schon mitgedacht.[36] Die bereitwillige »Selbstaufgabe und Selbstaufopferung jedes einzelnen für die Staatsidee«, die den Entomologen begeistern, verstehen sich also nicht von selbst,[37] sondern sind das Ergebnis eines zweifachen Prozesses der Überwindung der Individualität und der Unterwerfung unter die *volonté générale*. Der Rektor fügt in seiner Ansprache an die Münchener Studentenschaft eigens hinzu: »Das oberste Gesetz des Nationalsozialistischen Staates ›Gemeinnutz geht vor Eigennutz‹ ist hier bis in die letzte Konsequenz verwirklicht. Der Termitenstaat stellt [...] einen Totalstaat reinster Prägung dar, wie er bei den Menschen bisher noch nicht erreicht war.«[38] *Noch nicht* – aber dieser Totalstaat soll ja nun durchaus aus deutschem »Blut« auf deutschem »Boden« errichtet werden.[39] Aber wie soll dieses »hohe Ziel« erreicht werden, wenn der Mensch nun einmal keine Termite ist, sondern mehr oder minder bei Verstand und leider auch voller »Individualität«?[40] Denn diesen »Individualismus« hält Schmitt für »unsozial« und »gefährlich«.[41] Er müsse »verschwinden«.[42] Man könne es ja sehen: Wo Hobbes im Gewissen oder »Herzen« des Einzelnen einen »individualistischen Vorbehalt« gegen den Staat zugelassen habe,[43] sei der Keim für seinen Zerfall bereits gelegt worden. Und so sei es denn auch gekommen: Der »Leviathan zerbrach [...] an der *Unterscheidung von Staat und individueller Freiheit*«.[44] Es ist gleichsam Schmitts eigene ›Dolchstoßlegende‹, dass das zweite Deutsche Kaiserreich an der Reserve der Individuen gegen ihre Obrigkeit zugrunde gegangen sei.

Und es ist genau diese verhängnisvolle Unterscheidung, die Escherich zufolge der Termitenstaat überwunden habe. Das macht die sozialen Insekten so interessant für Schmitt. Sie leben vor, was Schmitt als Einheit von Volk, Staat und Führer nur postulieren kann.[45]

Das Überindividuum. Rückübertragungen Ameise / Mensch

Die Termiten sind fein raus, aber es gibt Hoffnung – selbst für uns: Die Staatsgründung rettet den Menschen aus den Fährnissen der Individualität. Schmitt nimmt an, Hobbes habe die Überwindung des gefährlichen und unsozialen Egoismus des Einzelnen als Folge des Gesellschaftsvertrags und letztlich der menschlichen Vernunft angesehen. Auch zum Zeitpunkt von Schmitts Ausführungen, 1938, gehe man gemeinhin davon aus, dass dies »mit der Hilfe *des Verstandes oder des Gehirns*« möglich geworden sei.[46] Die Pointe dieser etwas pedantisch klingenden Differenzierung zwischen Verstand und Hirn erweist sich, wenn man den in der Fußnote angeführten Text Escherichs genauer zur Kenntnis nimmt. Die entomologischen Forschungen, die in seiner Rede mehr angedeutet als ausgebreitet werden, wissen nämlich sehr wohl zwischen Hirn und Verstand zu unterscheiden. Während Ersteres als physiologische Komponente aufgefasst wird, gilt Letzterer als geistige Entität. Das Hirn besteht aus Neuronen, der Verstand dagegen aus Bildern, Gedanken und Gefühlen.[47] Der einzelnen Termite wird nun, wie auch der einzelnen Ameise oder Biene, nur ein sehr kleines und nicht sonderlich komplex gestaltetes Gehirn zugestanden.[48] Hirn ja, aber haben sie Verstand? Dies wird den einzelnen Exemplaren der sozialen Insekten abgesprochen, obschon ihnen Intelligenz, Gedächtnis und Lernfähigkeit eingeräumt werden.[49] Die Ansicht des prominenten deutschen Entomologen Paul Erich Wasmann, das (soziale) Verhalten der Ameisen sei auf Instinkte zurückzuführen,[50] hält der US-Entomologe William Morton Wheeler für falsch.[51] Wie sollten soziale Instinkte auch die Entstehung der Gesellschaft erklären? Diese Lehrmeinung führt in die Zirkularität einer *petitio principii*. Für intelligent hält er die Insekten aber auch nicht,[52] obschon er wie alle seine Kollegen die großartigen Gemeinschaftsleistungen der Ameisen bewundert.[53] Sollte ihnen dies also ohne Verstand gelingen? Keineswegs, Verstand ist durchaus am Werk, nur ist er nicht im Hirn der einzelnen Insekten lokalisiert, sondern wird dem *Superorganismus* zugesprochen, jenem Leviathan, den die Insekten als Gemeinschaft – quasi als Pendant zum *Makranthropos* des Thomas Hobbes – darstellen.[54] Auf diesen »großen Menschen« kommt Schmitt unmittelbar nach seinen Escherich-Zitaten zu sprechen. Der Ertrag seiner entomologischen Lehrstunde besteht in der Erkundung einer »Übertragung«. Auch eine Organisation unabzählbar vieler Individuen, für die der »große Mensch« einsteht, habe einen »Intellekt«.[55] Heute würde man wohl von *verteilter Intelligenz* sprechen.[56] Auch »simplen« Akteuren ohne viel Hirn gelingt es in einer Art von »Selbstorganisation«, eine Ebene der Kooperation zu etablieren, auf der so umsichtig und effektiv agiert wird, dass ihr »kollektive Intelligenz« zugesprochen wird.[57] Diese zur Zeit ungemein populäre Hypothese aus der Schwarmintelligenz-Forschung wäre Escherich nicht völlig fremd, weist er doch bestimmten »Aggregationen« von Lebewesen die Fähigkeit der »Selbstregulierung«[58] zu. Die »Einzelorganismen«, so formuliert er im Jahre 1935 in einem noch heute anschlussfähigen Duktus, bilden ein »Netzwerk von Beziehungen« aus, das dann so agiere, als handele es sich um einen »Überorganismus«, um eine organisierte Einheit also.[59] Für dieses Konzept verteilter Handlungsmacht haben die sozialen Insekten Pate gestanden: Der Termitenstaat, konstatiert der Entomologe, stellt als Einheit seiner »Funktionen« ein, »wie die heutige Biologie sagt, ›Überindividuum‹, einen ›Überorganismus‹ dar.«[60] Diesem *Überorganismus* kommt jener Verstand zu, der den Staat der Insekten organisiert. Er ist eine »überindividuelle […] Instanz«, wie Schmitt betont.[61] Er ist das *Überindividuum*, der Leviathan, oder, wie die ›heutige Biologie‹ auch unserer Tage immer noch in Anschluss an Wheeler formuliert, ein *Superorganismus*.[62] Verstandlose Agenten bilden unter bestimmten Voraussetzungen ein smartes Kollektiv.

Was *veranschaulicht* die Entomologie aus der Sicht des politischen Theoretikers? Wenn man mit Carl Schmitt die »Rückübertragung« des Konzeptes aus der Welt der Termiten in das Reich der Menschen betreibt, dann ließe sich über den im Überindividuum des Leviathan kollektiv organisierten »kleinen Menschen« sagen, er sei im Zuge seiner Organisation auf dem besten Wege, vom »Individuum« zu einem »mechanisierten« und daher simplen Akteur zu werden.[63] Die Elemente des Staates müssen keine »Persönlichkeit« haben, sondern »fungibel« sein.[64] Diese Mechanisierung hat Escherich im »Termitenstaat« klar benannt: »Die Mitglieder *müssen* sozial handeln, sie können nicht anders.«[65] Die Ratio ihrer Organisation als »Überindividuum« liegt in diesen Steuerungsroutinen, nicht in der Intelligenz oder im Verstand der Individuen.[66] Zugleich profitieren aber alle von der »Vervielfachung des Kampfwertes des Einzelindividuums« durch ihre Kollektivierung zu einem »Überorganismus«.[67] Die »Übertragung dieser Vorstellung auf den ›großen Menschen‹, auf den ›Staat‹, lag nahe«, können wir Schmitt zitieren und ergänzen: die »Rückübertragung« auf den »kleinen Menschen« auch.[68]

Carl Schmitt als Entomologe

Carl Schmitt hat in München studiert zu einer Zeit, in der Karl Escherich dort gelehrt hat. Es ließe sich darüber spekulieren, ob er sich 1908 bereits für Insektenforschung interessiert hat. Fest steht jedenfalls für die Schmitt-Forschung, dass ihn eine Bekannte aus seiner Münchener Zeit, Alice Berend, in ihrem Schlüsselroman *Der Glückspilz* von 1919 als Entomologen porträtiert hat:[69] »Prof. Dr. Martin Böckelmann, Insektenforscher und Autor eines Aufsehen erregenden Buches über den Ameisenstaat, alias Carl Schmitt.«[70] Mit diesem Fund hat sie aber nichts anfangen können. Mein Vorschlag lautet: Berends Protagonist Böckelmann zieht die Konsequenzen aus Schmitts Monographie über den *Wert des Staates und die Bedeutung des Einzelnen* von 1914 und beschreibt die »Verfassung« des Ameisenstaates, die das Problem des »Eigennutzes«[71] gelöst hat und sich als Entwurf für eine in einem »vollkommenen Staat« organisierten »vollendeten Rasse« empfiehlt.[72] »Aus Böckelmanns neuen Theorien über die Staatenbildung der Ameisen sei deutlich herausschälbar das Geheimnis der einzig wahren Staatsform der Zukunft«, heißt es im Roman.[73] Diesem Geheimnis glaubte Schmitt auf der Spur zu sein. Berend spielt einerseits auf sein erstes Werk über den Staat an, dessen dezidierte Empirieferne als Weltfremdheit des Entomologen wiederkehrt. Andererseits ist Schmitt gewiss nicht der »Herrscher aller Ameisen«.[74] Der Autor des erwähnten Buches über den Staat der Ameisen wird Karl Escherich sein, dessen Monographie über die *Ameise* 1917 erscheint. Der Publikationszeitpunkt dieses Buches auf dem Höhepunkt des Weltkriegs ist gut gewählt, denn die von Auguste Forel übernommene Lehre, die aus der Betrachtung des Ameisenstaates gezogen wird, ist diese: »Sie gibt dem Menschen die sozialen Lehren der Arbeit, der Eintracht, der Aufopferung und des Gemeinsinns.«[75] Dafür gibt es 1917 reichlich Gelegenheit. Bereits hier formuliert Escherich die These, dass soziale Insekten zu hochstehenden Gemeinschaftsleistungen fähig seien, »ohne daß je eine Ameise individuell die Zweckmäßigkeit der Sache überschaut hätte«.[76] Dafür interessiert sich Carl Schmitt, dessen *alter ego* Prof. Böckelmann diese Zeilen selbst geschrieben haben könnte. Den *Glückspilz* hat er jedenfalls gelesen.[77] Es mag daher sein, dass diese Identifikation mit einem Entomologen ihn dazu bewogen hat, im *Leviathan* statt Karl fälschlich *Carl* Escherich zu schreiben. Staat und Ameisenstaat passen in diesem Fall nur allzu gut zusammen.

In dem vielbeachteten Werk, das auch Böckelmann alias

Schmitt geschrieben haben könnte, stellt Escherich jedenfalls fest, dass es die Ameisen ohne »Intelligenz« und »Einsicht«[78] doch zu »weitgehender Arbeitsteilung« in »Staaten« gebracht haben, die eine »hohe Organisation« und »hohe *Kultur*« erkennen lassen.[79] Die sich in seinen eigenen Formulierungen aufdrängenden »Analogien der Ameisenkultur mit der menschlichen Kultur sind oft geradezu frappierend«, hält er fest, um zugleich vor Anthropomorphismen zu warnen.[80] »Die Ameisen sind keine Miniaturmenschen«, schreibt er 1917.[81] Diesen Vorbehalt, den Böckelmann nicht einmal ignoriert,[82] hat Escherich 1935 in dem von Schmitt zitierten Vortrag aufgegeben. Dort heißt es:

> »Es ist viel darüber diskutiert worden, ob wir überhaupt berechtigt sind, so verschiedene Societätsformen, wie es Insekten- und Menschenstaaten darstellen, miteinander zu vergleichen. Wir haben zweifellos die Berechtigung dazu, da es allgemeingültige Entwicklungsgesetze der Staatenbildung bezüglich des Aufbaus, der Gliederung, der Arbeitsorganisation, der Nahrungsbeschaffung usw. gibt, gleichgültig, ob es sich um Insekten- oder um Menschenstaaten handelt.«[83]

Hier wird keine Fabel erzählt. In dieser Diskussion geht es nicht um Veranschaulichungen dieser oder jener moralischen Lehre. Ins Spiel kommt vielmehr eine speziesübergreifende Soziologie. Denn die elementaren Funktionen der Differenzierung und Spezialisierung, der Logistik und Vorsorge, die ein jeder Staat verrichten muss, ermöglichen den Vergleich von Insekten- und Menschen*staaten* – nicht von einzelnen Ameisen, Bienen oder Termiten und Menschen. Nicht der fabelhafte Fleiß der Ameise, die legendäre Emsigkeit der Biene oder die wunderbare Aufopferungsfreude der Termite sind ausschlaggebend für »Übertragung« und »Rückübertragung«[84] zwischen Insekten und Menschen auf dem metaphorischen Feld des Staates, sondern allgemeine soziologische Gesetzmäßigkeiten. Von der Fabel kann die moderne Soziobiologie nichts lernen, denn für Individuen und ihre »Moral« interessiert sie sich gar nicht.

Was der vom Nationalsozialismus begeisterte Rektor seiner Studentenschaft in seinen Ausführungen unterschlägt, ist die amerikanische Provenienz der geradezu nietzscheanisch klingenden Konzeption des *Überorganismus* oder *Überindividuums*. Der Wegbereiter einer solchen Betrachtung von Insektengesellschaften ist nämlich ein guter Bekannter Escherichs aus Vorkriegszeiten, William Morton Wheeler,[85] der 1910 das Ameisennest als Superorganismus beschrieben hat. In seinem grundlegenden, in der Forschung nach wie vor zitierten Aufsatz stellt er fest:

> »Das allgemeinste organische Merkmal der Ameisenkolonie ist ihre Individualität. Wie eine menschliche Körperzelle oder eine Person verhält sie sich als ein Ganzes und bewahrt dabei gleichzeitig ihre Identität im Raum, um so der Auflösung zu entgehen und, als eine allgemeine Regel, sich jeglicher Vermischung mit anderen Kolonien der gleichen oder fremden Spezies zu entziehen.«[86]

Dem Ameisennest kommt *Individualität* zu. Es agiert wie eine *Person* als Einheit, zumal im Raum. Es schützt seine Grenzen und seine Identität. Es ist mehr als jene »schwirrende, unorganisierte Masse«, die Schmitt polemisch als Gesellschaft dem Staat entgegensetzt.[87] Insbesondere vermag Wheelers Ameisenstaat Freund und Feind zu unterscheiden; und er ist als Einheit und Ganzes sowohl fähig zur Verteidigung seines Territoriums als auch zum Angriff, wenn es zur Erhaltung seiner Fähigkeiten und Sicherung seiner Ressourcen vonnöten ist. »Vermischung« mit anderen Rassen perhorresziert dieser Staat.

> »Widerstand manifestiert sich ganz deutlich in der unerschütterlichen Verteidigung und offensiven Kooperation der Bewohner. Mehr noch, jede Ameisenkolonie zeigt unverwechselbare Eigenheit in Zusammensetzung und Verhalten.«[88]

Nicht die einzelnen Ameisen, aber der Superorganismus der Kolonie erweist damit seine Individualität: »its own peculiar idiosyncrasis of composition and behavior«.[89] Deshalb macht die Verwendung der Begriffe »Individuum«, »Hirn« oder »Verstand« mit Blick auf den Leviathan der Menschen und den der Insekten bei Escherich und Schmitt überhaupt Sinn.

Soziale Insekten sind staatengründende, *politische Tiere*, als die Aristoteles sie uns Menschen an die Seite gestellt hat. Darüber hinaus sind ihre Staaten für Entomologen und Staatsrechtler *geopolitische* Akteure, die Räume besetzen und markieren, bewirtschaften und verteidigen.[90] Wer Romane aus der ersten Hälfte des 20. Jahrhunderts liest, die Ameisen zu Protagonisten machen, wird immer auf beides treffen: Schilderungen des Ameisennestes als Stadt und Schilderungen ihrer Außenpolitik als Geopolitik. Und während im Inneren eine *biopolitische* Polizei mit Euthanasiemaßnahmen die Volksgesundheit erhält,[91] herrscht in den auswärtigen Beziehungen ein ununterbrochener Krieg der Rassen um Ressourcen.[92]

Das Problem der Führung

Während im Falle einer von Menschen geschaffenen Raumordnung viel ideologischer Aufwand getrieben werden muss, um ihre Grenzen und Strukturen, Distinktionen und Hierarchien, Zentren und Peripherien, In- und Exklusionen *als natürlich und alternativlos* erscheinen zu lassen, fällt dies im Falle der Ameisen- oder Termitenstaaten leicht. Immerhin handelt es sich hier um die »Endprodukt[e] einer über ungeheure Zeiträume sich erstreckenden Entwicklung«.[93] Der Termitenstaat – und wir können ergänzen: der Ameisen- und Bienenstaat – hat sich über »Äonen«[94] hinweg in einem permanenten und erbitterten Konkurrenzkampf um knappe Ressourcen bewährt. Das Ziel der biosozialen Evolution, den »Totalstaat reinster Prägung«, haben die Termiten in Verlauf der »Millionen von Jahren« erreicht.[95] Seitdem zeigt sich in der ununterbrochenen Selbstbehauptungsschlacht der Natur die Überlegenheit ihrer Einrichtung. Die soziale Entwicklung der Termiten ist insofern abgeschlossen.[96] Was nun noch passiert, macht keinen Unterschied mehr. Die Errichtung ihres totalen Staates eröffnet die Epoche des *Posthistoire*.[97] Die Menschen sind allenfalls auf dem Weg dorthin, doch sei es nicht »ausgeschlossen«, in Zukunft »dem idealen Totalstaat nahezukommen«, hofft Escherich.[98] Das Mittel dazu ist in gewisser Weise ein *Zur-Termite-Werden* des nationalsozialistischen Menschen. Dies lehnt Escherich zwar explizit als bolschewistischen »Termitenwahn« ab,[99] doch soll der Mensch trotz aller immer wieder angeführten Kautelen *ebenso* fähig zur Unterordnung sein wie die Termite. Denn so wie Escherich behauptet, es seien »starke Lustgefühle«, die der »Selbstaufgabe und Selbstaufforderung jedes einzelnen« im Termitenstaate zugrunde liege,[100] so verspricht er auch all jenen Menschen, ein »höheres Lustgefühl« zu empfinden, wenn sie nur »der Gemeinschaft dienen«.[101] Dienst ist Lust. Altruismus ist Egoismus.[102] Mit dieser Formel endet auch Wheelers Aufsatz über das Ameisennest als Superorganismus. Es sei dieser Spezies gelungen, durch eine Art von egoistischem Altruismus ihr Überleben zu sichern.[103]

Die Überwindung des Egoismus und die Aufgabe der Individualität werden also belohnt – im Falle der Menschen wie der sozialen Insekten. Es sei zu hoffen, so Escherich, dass die »Erziehung« den Einzelnen zum »politischen Menschen« mache. Und dieser politische Mensch ordne sich wie das politische Insekt »dienend« und lustvoll der »Gemeinschaft« ein und unter.[104] Diese Lust am Dienst, die Escherich auch dank Wheelers Vorarbeiten für eine entomologische Tatsache hält, propagiert er als Programm einer politischen Erziehung des neuen Menschen. Es hat in den 1930er Jahren noch andere Promotoren gefunden als Carl Schmitt. Ernst Jünger wird sie im *Arbeiter* entdecken, Aldous Huxley in der *Brave New World*, zwei Schlüsseltexte des folgenden Kapitels.

Alle diese Übertragungen und Rückübertragungen aus dem Reich der Menschen und der Welt der sozialen Insekten haben sich einer Frage zu stellen, die Wheeler sehr klar formuliert, Escherich und Schmitt dagegen umgehen, weil ihnen die Antwort den anvisierten Weg zum totalen Staat verlegen würde. Wheeler nämlich macht auf das eminent politische Problem der Führung aufmerksam:

> »Nimmt man an, dass die Ameisenkolonie und andere soziale Insekten Super-Organismen sind, bleibt trotzdem die erhebliche Frage, was die vorausschauende Kooperation, die Synergie der Koloniebewohner steuert, und was die gemeinsame und doch je einzigartige Agenda der Gemeinschaft festlegt.«[105]

Eine erhebliche Frage in der Tat, für Entomologen wie für Theoretiker des Politischen. Wenn die einzelnen Ameisen ihre Entscheidungen nicht selber treffen, weil sie als Individuen wenig Hirn und kaum Verstand aufweisen, wer reguliert die bemerkenswert komplexen Abläufe in ihrem Staat? Wer koordiniert die Massen? Wer steuert die perfekt organisierten und synchronisierten Prozesse eines Millionenvolkes? Wer plant die offensichtlich arbeitsteiligen und doch vorausehenden, konzertierten Aktionen? Wheeler verweist auf den belgischen Nobelpreisträger und Amateurentomologen Maurice Maeterlinck, der dieses Rätsel mit der Erfindung einer ominösen Instanz gelöst zu haben meinte, die er den *Geist des Schwarms* (spirit of the hive) genannt hat.[106] Immerhin hat der von Wheeler gewürdigte, aber auch ein wenig verspottete Poet in seinen »mystischen« Ergüssen[107] das Problem benannt: »Wer herrscht und regiert«?, will Maeterlinck im *Leben der Ameisen* wissen.[108] »Quis juidicabit?«, würde Schmitt mit Hobbes formulieren.[109] Wer entscheidet? Im Ameisennest ist es nicht der Souverän, dessen *locus decisionis* im Gefüge des Staates konkret zu verorten wäre,[110] sondern – niemand Bestimmtes. Es handelt sich um eine *Ordnung ohne Spitze und Zentrum.* Dies hat seit der Antike das politische Denken immer wieder irritiert: Es gebe weder einen Führer, Aufseher noch Herrscher, wie Salomon vollkommen richtig beobachtet habe, erinnert Wheeler an eine für die Diskursivierung der Ameisen einschlägige Stelle im Alten Testament.[111] In den dort versammelten *Sprüchen*

Salomons wird die Ameise als Vorbild empfohlen, obwohl ihre Staatsform den gängigen patriarchalisch-monarchischen (Vater/Familie), charismatischen (Führer/Gefolgschaft) oder pastoralen (Hirt/Herde) Formen vollkommen widerspricht: »Gehe hin zur Ameise, du Fauler; siehe ihre Weise an und lerne! Ob sie wohl keinen Fürsten noch Hauptmann noch Herrn hat, bereitet sie doch ihr Brot im Sommer und sammelt ihre Speise in der Ernte.«[112] Die Verwunderung des Autors ist deutlich zu spüren: *Obwohl* ohne Herrn, trifft sie *doch* mit Fleiß und Umsicht Vorsorge. Die Ameise tritt hier dem offenbar faulen Adressaten nicht nur als arbeitsames Wesen entgegen, von dem sich wie in den äsopischen Fabeln etwas lernen lässt. Überdies geht es um die erstaunliche egalitäre oder anarchische Ordnung ihrer Gesellschaft. In der Fabel lernen wir die Ameise im Singular kennen. Von Äsop bis zu La Fontaine und Lessing ist von *einer* Ameise die Rede. Als Vorbild wird sie Individuen zur Imitation empfohlen, oder, umgekehrt, ihre Eigenschaften werden als Sünden deklariert, vor denen man sich hüten soll. Die *Sprüche* dagegen machen Ameisen im Plural zum Thema. Man hat mit einer funktionierenden Gesellschaft ohne hierarchische Ordnung zu rechnen, denn das Beispiel der Ameisen belegt, dass dies möglich ist. Mit dieser wichtigen Differenz: der Ameise im Singular und den Ameisen im Plural, hat sich auch Jacques Derrida in einem Essay beschäftigt, der den Unterschied der Ameise als Fabeltier zur Ameise als politischem Tier aufzeigt.

Wir sind viele. Auf dem Weg zur Kybernetik zweiter Ordnung

Er werde keine Fabel über *die* Grille und *die* Ameise schreiben,[113] betont Derrida. Das brächte bloß den falschen Gedanken auf, es gäbe so etwas wie *ein Insekt* und nicht vielmehr ein *Kollektiv*, ein veritabler »Ameisenhaufen von Insekten«.[114] Nur von Ameisen im Plural vermöge man zu sagen, argumentiert er etymologisch, dass sie wimmeln *(fourmi – fourmiller)*:

»*Ameise*: dies ist nicht allein das Maß des ganz Kleinen, der mikroskopische Wert des Unbedeutenden (winzig wie eine Ameise) und die winzige Zahl einer *unabzählbaren* Menge, des *Unkalkulierbare,* das wimmelt und schwärmt, ohne zu zählen, ohne sich selbst abzählen oder einkalkulieren zu lassen [...]. Die Ameise, das *Schwärmen* der Ameise ist ebenso das Insekt an sich. [...] Es wimmelt und schwärmt.«[115]

Derridas Deutung haben Michael Hardt und Antonio Negri aufgegriffen und den unabzählbaren Ameisenschwarm zum Muster einer *anderen* Gesellschaft erhoben. Sie glauben nun endlich zu verstehen, warum Arthur Rimbaud in seinen »wunderbaren Hymnen an die Pariser Commune von 1871« die Kommunarden mit Ameisen verglichen habe, die auf den Barrikaden »wimmeln« und die Straßen in »Ameisenhaufen« verwandeln. Seine »Insekten-Verse« hätten eine »kollektive Intelligenz, eine Schwarmintelligenz [...] antizipiert«, deren globale Stunde nun geschlagen habe. Rimbaud habe das »Lob des Schwarms gesungen«,[116] und genau dies tun auch Hardt und Negri. Die Ameise wird zum Wappentier der »Multitude«,[117] und der Ameisenhaufen löst den Leviathan als »Bild« und »Selbstbild« (»image«)[118] unserer Gesellschaft ab.

Gewiss: Ameisen treten in Kollektiven auf. Und dies seit langem: Ameisen »wimmeln« und »schwärmen« bereits auf den Illustrationen der Physiologus- oder Psalter-Handschriften des Mittelalters.[119] Sie brauchen keinen Führer, Fürsten, Hauptmann oder Herrn, denn ihr Organisationsmodus ist der Schwarm. Mit den Ameisen, meint Derrida daher, lässt sich nicht rechnen, man kann ihr Gewimmel nicht zählen. Aus der Sicht eines gouvernementalen Diskurses wäre dies der Gipfel der Zumutung,[120] und aus diesem Grunde interessieren sich Hardt und Negri, aber auch Deleuze und Guattari für Insektenschwärme.[121] Die Ameisengesellschaft ist aus dieser Perspektive betrachtet nicht nur – anders als das Bienenkönigreich – ein Kollektiv ohne Drohnen und ohne König, sie entzieht sich auch noch den grundlegenden Techniken administrativer Kon-

ANONYMOUS
WE ARE LEGION

Wir sind viele. Und natürlich sind *wir* heute gerne ein Schwarm, eine kollektive Intelligenz, eine echte Basisdemokratie, ein Netzwerk etc. Kein Wunder, dass das berühmt-berüchtigte Hacker-Kollektiv *Anonymous* in der medialen Berichterstattung gerne mit der sog. Schwarmintelligenz sozialer Insekten verglichen wird. »They are like a very broad swarm«, heißt es in der »Huffington Post« (Gerry Smith, *Inside Anonymous, Members Find Shelter In A Collective Voice*, 28. Juli 2011). Auch Ameisengesellschaften sind anonyme Kollektive. ANT-Algorithmen wiederum dienen der Modellierung anonymer Entscheidungsfindung.

trolle. Es geht auch hier um Ameisen: Aber der Unterschied zur Totalstaatsvision Escherichs ist frappant.

Der Wechsel vom Singular zum Plural, von der fleißigen oder geizigen, weisen oder habgierigen Ameise der Fabel zu den Haufen, Superorganismen, Schwärmen, Nestern, Staaten und Vielheiten der Moderne markiert in der Kultur- und Wissensgeschichte der Ameisen einen entscheidenden Einschnitt: Die Ameisengesellschaften lassen sich nicht in Tugendlehren für Individuen ummünzen wie die – um das prototypische Beispiel zu nennen – auch von Derrida erwähnte äsopische Fabel *De formica et circada*.[122] Das von Escherich beschriebene Nest oder auch der von Derrida skizzierte Schwarm entwerfen – gewiss sehr unterschiedliche – Sozialformen. Erst wenn die Ameise derart als soziales Insekt auftritt, kann ihr Verhalten im Kollektiv auf unsere Gesellschaft bezogen werden und als Modell für ihre Beschreibung dienen. Die zu beobachtende Einheit der Ameisenforschung ist seit dem Ende des 19. Jahrhunderts nicht mehr nur das Exemplar, sondern die Gesellschaft.[123] Wheeler stellt die Konsequenzen für die Soziobiologie 1928 sehr klar heraus: Weil die Ameisengesellschaft als Superorganismus als ein lebendes und organisiertes Ganzes betrachtet werden muss, beobachtet der Ethologe nicht die Individuen, aus denen die Kolonie besteht, sondern ihre »Kommunikation untereinander«.[124] Wer diesen Schritt von der Ameisenfabel zur Ameisengesellschaft nachvollzieht, kann eben *nicht* länger »an der Hand eines der klassischen Fabelbücher von Aesop und Lafontaine eine klare und einleuchtende Theorie der Politik« entwerfen, wie Carl Schmitt behauptet hat,[125] wider besseres Wissen, denn bei Escherich hätte er ja lernen können, dass den Tugenden oder Lastern eines Wesens gar keine »staatenbildende« Relevanz zukommt. Nicht die Anthropologie, sondern die Soziologie ist die Geschwisterwissenschaft der Entomologie. Die Tierfabel dagegen mag uns moralische, religiöse, ökonomische und gar völkerrechtliche Lehren erteilen, der soziologischen Frage, wie soziale Ordnung möglich ist, stellt sie sich aber nicht.

Bereits in den *Emblemata* des Johannes Sambucus von 1564 ist von Ameisen im Plural die Rede. Die Ameisen sind alle gleich und agieren gemeinsam, und das, obwohl sie keine Instanz haben, die ihnen befiehlt oder Gesetze gibt. Sie bilden eine Gemeinschaft ohne hierarchische oder zentralistische Organisation. »Omnibus aequale est, sine legibus imperiumque.«[126] Nicht ihr Fleiß, ihre Vorsorge und auch nicht ihr Geiz

Vniuerſus ſtatus, ἢ λασκρατία.

FORMICAS *homines factas dixere poëtæ,*
   Senſus ineſt aliquis, prouida cura mouet.
Sed ſine iudicio concurrunt lege ſolutæ:
   Et glomerat montes paruula turba ſuos.
Commouet has quiduis trepidas, Duce, Rege carentque,
   Ordo tenet nullus, ſollicitatque furor.
Has turbant ſonitus, apibus dum ruſticus aptam
   Conſtituit ſedem, & connocat alueolis.
Quum coëunt ciues ſine legibus, imperiumque
   Omnibus æquale eſt, ius, gladiusque ſilent,
Et niſi ſeditio populum vexatque tumultus,

                            Præmia

Johannes Sambucus: *Emblemata*, Antwerpen: Plantin 1564, S. 24.

und ihr Zynismus, sondern die soziale Organisation der Ameisen steht hier auf dem Spiel. *Isokratia*, so ist das Emblem überschrieben, es geht also um »die Herrschaft der Gleichen«. Bild und Text halten die Möglichkeit einer ›isokratischen‹ Gesellschaft fest im Kontrast zu den hierarchischen und zentralistischen Bienenkönigreichen, deren aufgereihte Körbe die *pictura* zeigt. Die Ameisen dagegen wimmeln ohne erkennbare Ordnung umher. Anders als die Bienen des Emblems scheinen sie nicht domestizierbar zu sein.

Ameisen repräsentieren eine unkultivierbare Natur. Ersichtlich hat das Ameisenvolk »keinen Herrscher, keinen Aufseher oder Vorgesetzen«. Vernunftlos, wie Hobbes meint, ohne miteinander sprechen zu können, wie Aristoteles betont, agieren sie aber doch kollektiv und vorausschauend, »indem sie in allem übereinstimmen, d. h. dasselbe tun oder unterlassen, ihre Handlungen so auf ein gemeinsames Ziel richten, daß ihre Vereinigung keinem Aufruhr ausgesetzt ist«.[127] Im Bild des Ameisennestes wird eine gesellschaftliche Alternative formuliert. Eine Gesellschaft, in der alle gleich sind, »omnibus aequale«, es gibt sie bereits – zumindest bis zum Erscheinen von Pierre Hubers *Recherches sur les Mœurs des Fourmis indigène* im Jahre 1810, einem Werk, das die Sklavenhaltung der Ameisen und ihre Kriege und Raubzüge gegeneinander so eindrucksvoll zum Thema macht, dass sich die republikanischen Freunde der Ameise erst einmal enttäuscht von ihr abwenden.[128]

Seit der Antike sind sich die Naturkundler und politischen Philosophen also einig darüber, dass die Ameisen trotz ihres Gewimmels und ihrer Führungslosigkeit doch genau wissen, was sie tun: »Alle Onmeissen wispeln durcheinand un weiß doch jetliche was sy thun sol«, wiederholt ein Autor des frühen 16. Jahrhunderts das, was er bei Aristoteles, Plinius, Isidorus und Albertus Magnus gelesen hat.[129] Die von Plinius beschriebenen Ameisen kommunizieren nicht nur miteinander (»hae communicantes …«) auf dem Forum und halten untereinander Markt, sie bilden eine Republik und berücksichtigen bei ihren Aktionen die Vergangenheit und Zukunft, sind also als sozialer Organismus lernfähig (»et his rei publicae ratio, memoria, cura«).[130] Dafür Erklärungen zu liefern, bestimmt noch heute die Forschungsagenda der Myrmekologie. Es handelt sich immer noch um die Frage Maeterlincks, Wheelers und Escherichs danach, wer oder was denn den politischen Körper der sozialen Insekten regiert.

Wer also? Nicht die Königin, kein Gremium von Soldatinnen, kein Arbeiterinnenrat, keine Repräsentanten des Volkes. Was Wheeler »controlling agency« (steuernde Instanz) des Ameisennestes bzw. Superorganismus nennt,[131] ist nicht zu verorten, weil die Handlungsmacht (agency) verteilt ist und im Prozess der Kooperation der einzelnen Ameisen (»process of consociation«) *emergiert*, wie man heute sagen würde.[132] Escherich spricht von »Selbstregulierung«,[133] Schmitt von »Selbstorganisation«.[134] Dass die Gesellschaft in einer Art von »automatischem Mechanismus« sich »selbst steuert und reguliert«,[135] hält er allerdings für eine abwegige, gefährliche Vorstellung, weil nichts und niemand mehr die »Einheit« der Gesellschaft zu repräsentieren und auch niemand im Namen dieser Einheit zu entscheiden und handeln vermag.[136] Soziale Selbststeuerung ist für ihn ein Irrtum, eine technisierende Irrlehre: »Kein noch so perfektionierter kybernetischer Apparat« sei »imstande, aus seinen eigenen Voraussetzungen heraus die Frage *Quis judicabit?* im Sinne der hobbesschen philosophia practica zu stellen«.[137] Eine Kybernetik zweiter Ordnung will sich Schmitt nun aber schlechterdings nicht vorstellen. Auch Escherich zieht aus den neuesten ethologischen Befunden nun gerade nicht den immerhin möglichen Schluss, dass man Insektenstaaten als selbstorganisierte Netze verteilter Intelligenz und Handlungsmacht zu denken habe. Sein Überorganismus, Wheelers Superorganismus oder Maeterlincks *Spirit of the Hive* verweisen auf die Möglichkeit einer sozialen Ordnung, die ohne Zentrum und ohne Entscheidungsspitze auskommt und die *command* und *control* nicht hierarchisch ausübt, sondern delegiert und verteilt. Die sich hier anbietenden *Übertragungen* und *Rückübertragungen* sind für den Theoretiker des Ausnahmezustandes[138] genauso undenkbar wie für den vom »Geist des nationalsozialistischen Staates« besessenen Münchener Entomologen.[139] Es verhält sich aber mit dem Konzepten sozialer Selbstorganisation so wie mit dem antiken Wissen um das Gelingen einer guten Ordnung ohne Führer, Fürst oder Regent: Die Vorstellung eines sich selbst steuernden und regulierenden Netzes von Akteuren betritt die entomologische Bühne und damit auch das Theater der Selbstbeschreibungen der Gesellschaft. Ihre Chance, das Stück umzuschreiben und eine Hauptrolle zu übernehmen, wird kommen. Es wird sich ganz anders lesen als der geopolitische Roman.

III. Schauplatz einer neuen Insektenspezies ... 1932

Emsige Arbeiter: Ernst Jünger

> »Geschlecht, Flügel, Augen haben sie
> dem Gemeinwohl zum Opfer ge-
> bracht, mit den verschiedensten
> Pflichten sind sie beladen, sind
> Schnitter, Erdarbeiter, Maurer, Archi-
> tekten, Tischler, Gärtner, Chemiker,
> Ammen, Leichenträger, müssen für
> alle arbeiten ...«[1]

1932 schlägt die Stunde des Posthumanen. Der Mensch und
seine Organisation erreichen eine neue Stufe der Entwicklung,
die in der Herrschaft des Arbeiters ihre soziale und physiologische Gestalt finden. Für diesen posthumanistischen Heroen
stehen Nietzsches *Übermensch* und die Ameise als *Übertier*
Pate: »Vertreter des Arbeiters [...] sind ebensowohl die höchsten Steigerungen des Einzelnen, wie sie bereits früh im *Übermenschen* geahnt worden sind, als auch jene *ameisenartig* im
Banne des Werkes lebenden Gemeinschaften, von denen aus
gesehen der Anspruch auf Eigenart als eine unbefugte Äußerung der privaten Sphäre betrachtet wird.«[2] Diesem ›ameisenartigen‹ Typus nähert sich Ernst Jünger in seinem Traktat *Der
Arbeiter* aus zwei Perspektiven, die zu dieser Zeit kaum einer
anderen Disziplin als der modernen Entomologie derart selbstverständlich sind: Es geht 1.) um die Bestimmung des Arbeiters
als besondere Spezies einer Gattung und 2.) um die Eigentümlichkeit seiner sozialen Organisation. Beides, Gattungseigen-
tümlichkeiten und Sozialordnung, stehen in einem wechselsei-

tigen evolutionären Bedingungszusammenhang. Gruppen- und Individualselektion gehen Hand in Hand und stellen einander Vorteile im ›Kampf ums Dasein‹ zur Verfügung.[3] Als einzelnes Exemplar repräsentiert der Arbeiter das, was dem Menschen zu Beginn des 20. Jahrhunderts an Stärke und Gewandtheit, Geistesgegenwart und Selbstdisziplin, Mut und Ausdauer, Selbstaufopferung und Klugheit physisch und psychisch überhaupt möglich ist. Was der hochdekorierte Leutnant i. R. rückblickend im Frontkämpfer des Ersten Weltkriegs zu sehen vermochte, sei aber nur ein Vorschein dessen gewesen, was nun in einen neuen Menschen*typus* eingehe. Wenn Jünger im *Arbeiter* von den »höchsten Steigerungen des Einzelnen« spricht,[4] dann ist keinesfalls das Individuum gemeint, sondern der Einzelne als Exemplar seiner Gattung. Ein phylogenetischer Prozess macht den Menschen zum Arbeiter. Diese Entwicklung zeitigt freilich auch gravierende soziale Konsequenzen und macht so Epoche, zugleich ist sie selbst eine Konsequenz sozialer Umbrüche und technologischer Innovationen.

Zu den sicheren »Kennzeichen einer neuen Zeit« zähle das Todesurteil für die »bürgerliche Gesellschaft«[5] und alle ihre Einrichtungen vom Theater bis zum Parlament, vom Verein bis zum Museum. Diese soziale Transformation finde ihren Niederschlag in der Physiologie des Arbeiters. Er ist für Jünger ein *Typus*, ein Begriff, der Serialität impliziert und die Individualität des Bürgers ablöst. Sein Gesicht verrät keine Spuren von seelischer Einzigartigkeit und Vielschichtigkeit. Der Prototyp ist das soldatische, glattrasierte, emotionslose, harte Gesicht unter dem Stahlhelm, das sich vom Antlitz seiner Kameraden gar nicht erst unterscheiden will. Sicher, ein Soldat hat nicht nur eine Nummer, sondern auch einen Namen, aber es ist seine Position in einer Einheit, die ihn kennzeichnet, und nicht eine Individualität, die die eigene Unterschiedlichkeit im Vergleich zu allen anderen kultivieren würde. Es ist ein strukturalistischer, an taxonomischen Problemen der Zoologie geschulter Blick, der dem einzelnen Arbeiter seinen »Wert« danach zuweist, welche »Beziehungen und Verschiedenheiten mit andern Gliedern« der Formation er unterhält.[6] Der Unterschied zum Bürger ist für Jünger offensichtlich; man muss nur die Augen aufhalten:

»Verändert hat sich auch das Gesicht, das dem Beobachter unter dem Stahlhelm oder der Schutzkappe entgegenblickt. Es hat in der Skala seiner Ausführungen, wie sie etwa in einer Versammlung oder auf Gruppenbildern zu beobachten ist, *an Mannigfaltigkeit und damit an Individualität verloren*, während es an Schärfe und Bestimmtheit der Einzelausprägung gewonnen hat. Es ist metallischer geworden, auf seiner Oberfläche gleichsam *galvanisiert*, der *Knochenbau* tritt deutlich hervor, die Züge sind ausgespart und angespannt. Der Blick ist ruhig und fixiert, geschult an der Betrachtung von Gegenständen, die in Zuständen hoher Geschwindigkeit zu erfassen sind. Es ist dies das Gesicht einer Rasse, die sich unter den eigenartigen Anforderungen einer neuen Landschaft zu entwickeln beginnt und die der Einzelne nicht als Person oder als Individuum, sondern als *Typus* repräsentiert.«[7]

Die Ordnungen, die der Arbeiter errichtet, hat Jünger *ameisenartig* genannt.[8] Darf man nun nicht im ›hervortretenden Knochenbau‹ das Exoskelett der Insekten wiederentdecken? In der ›galvanisierten Oberfläche‹ die glatte Panzerung der Ameise? Im entindividualisierten Typus, dessen Morphologie dank natürlicher »Auslese« mit der »Funktion« im Arbeitsprozess variiert, die Kaste einer Insektengesellschaft?[9] Und der Anblick des Trägers von Gasmasken und Schutzbrillen, ist er nicht insektenartig, kalt und ohne persönlichen Ausdruck?[10] All diese Assoziationen wären vielleicht nicht viel mehr als das: von Analogien bezauberte Einfälle, handelte es sich nicht um einen Text von Ernst Jünger, einem versierten entomologischen Amateur mit einiger zoologischer Ausbildung und Expertise. Meine These ist: Sein myrmekologisches Wissen hat die Welt des Arbeiters mitkonstituiert.[11]

Vollständig verdeckter schwerer englischer Mörser feuert gegen die deutschen
Stellungen. Die Bedienungsmannschaft ist mit Gasschutz versehen. Auf
der oberen Seite des Bildes ist das zur Tarnung über das Geschütz gezogene
Netz zu sehen.

Abbildung aus Ernst Jünger (Hrsg.), *Das Anlitz des Weltkrieges. Front-erlebnisse deutscher Soldaten*, Berlin: Neufeld & Henius 1930.

Bereits als Knabe liest er die *Souvenirs Entomologiques* Jean
Henri Fabres.[12] In den Gräben des Stellungskrieges führt der
junge Soldat ein entomologisches Fundtagebuch.[13] Nach einer
Verwundung hört Jünger 1915 während seines Genesungsur-
laubs in seiner Geburtsstadt Heidelberg Vorlesungen bei einem
Zoologen mit Weltruf: Hans Driesch. Bei ihm findet Jünger
die für die Konzeption des *Arbeiters* zentrale Unterscheidung
von Individuum und Typus.[14] Derselbe Driesch spielt eine
wichtige Rolle in William Morton Wheelers wegweisendem
Aufsatz über die *Ameisenkolonie als Organismus*, der einen
Paradigmenwechsel in der Entomologie eingeleitet hat[15] und
noch heute als erster Beleg für Forschungen zum Superorganismus sozialer Insekten zitiert wird.[16]

Entomologische Textstrukturierung

Angesichts dieser mehr als nur kursorischen Beschäftigung mit der Entomologie wird es dem Soldaten Jünger wohl aufgefallen sein, dass die von seiner Kompanie genommene Höhe ›304‹ auf den Namen ›Termitenhügel‹ getauft worden ist. Der Name passt nicht nur topographisch zum Grabenkrieg, sondern auch bestens zu einem Topos der Semantik sozialer Insekten, den Maurice Maeterlinck 1926 so formuliert: »Der geborene Feind, der Erbfeind [der Termite], ist die Ameise, der Feind seit zwei oder drei Millionen Jahren.«[17] Die Termiten graben sich in ihren bunkerartigen Bauten ein; die Ameisen sind es, die angreifen und die »Festung« einzunehmen suchen.[18] Aber nicht nur die – im Fokus dieser Semantik – termitenartigen Franzosen bunkern sich ein, um ihrem »heldenhaften« Erbfeind zu widerstehen.[19] Auch die Ameise ist ein Baumeister. In ihren »verwirrenden, sich ins Endlose dehnenden und zu unterirdischen Städten erweiterten Kreuz- und Quergängen« tritt Maeterlinck ein »horizontaler Stil« der »Architektur« entgegen,[20] der sich verzweigt, statt in die Höhe zu streben. Eine in den *Stahlgewittern* geschilderte »Militärstadt« liest sich wie Maeterlincks Beschreibung eines Ameisennestes.[21] Ihre einzelnen »Magazine, Speicher, Gemeinschaftssäle, […] Ställe […] und Vorratskammern« sind unterirdisch vernetzt.[22] Aber nicht nur metaphorisch, auch topo- und soziographisch entsprechen sich Grabenstadt und Nest. Es gibt »keine Grenze«[23] zwischen öffentlich und privat, militärisch und zivil. Aller Besitz ist kollektiviert. Diese rhizomatische Architektur repräsentiert nicht nur einen typischen Kampfgraben der Westfront, sondern auch Organisationsstrukturen sozialer Insekten, von denen zu lernen ist, wie man unterschiedliche Begabungen und »Kräfte verbinden« kann.[24] Das alte Europa geht hier auch in seiner einst dominanten Sozialstruktur endgültig unter, die noch nach Ständen und Zünften unterschieden hat: Nunmehr zählen nur Funktionen und Leistungen. Bereits in der Erzählung

Sturm aus dem Jahr 1923 hält der Protagonist in seiner »Grabenchronik« fest, dass der Einzelne nicht länger als Individuum, sondern nur so viel zähle, »was er in bezug auf den Staat wert« sei.[25] In hochspezialisierter Arbeitsteilung werden für diesen Bedarf »Menschen erzeugt, die allein gar nicht mehr lebensfähig sind«.[26] Leutnant Sturm, der dieser Erzählung den Namen gibt, hat, so erfährt der Leser, bereits »vor dem Krieg in Heidelberg Zoologie studiert«.[27] Die Zerschlagung des Individuums durch die Anforderungen des totalen Krieges erlebt er einerseits, sozusagen sentimentalisch als Entwertung: »Dieses Gefühl, Werte zu bergen und doch nicht mehr zu sein als eine Ameise«;[28] und andererseits als Unordnung: »Der Graben glich einem aufgewühlten Ameisenhaufen«;[29] in beiden Fällen aber im Bild der sozialen Insekten.

Es spricht viel dafür, dass Jünger diese Sicht auf den Grabenkrieg erst nach dem Krieg und im Eindruck seiner entomologischen Studien entwickelt. In seinen ereignisnahen Notaten im *Kriegstagebuch* finden sich denn auch im Kontext der Schilderung der Schanzanlagen im Dorf Monchy *keine* Parallelen zu den Ausführungen in den *Stahlgewittern*.[30] Jüngers unterirdische Schanzarbeiten dienen laut *Kriegstagebuch* etwa der Einrichtung eines »wohnlichen« Quartiers.[31] Die Behauptung, in der Soldatenstadt dämmere eine neue Sozial- und Arbeitsordnung heran, findet sich dort nicht, aber Jünger war auch noch nicht verwundet, nicht zur Genesung in Heidelberg und hatte also noch nicht seine zoologischen Studien aufgenommen, die er im Oktober 1923 in Leipzig fortsetzen wird, im gleichen Jahr, in dem *Sturm* erscheint. Die Entomologie strukturiert im Nachhinein die literarische Darstellung seiner Kriegserlebnisse.

Parallel zu den Neudeutungen seiner Kriegserlebnisse und Umschriften seiner Feldtagebücher im Blick auf seine politische Positionierung in der späten Weimarer Republik gewinnt Jüngers Bild der Ameisengemeinschaft immer mehr an Bedeutung und Prägnanz. 1932 gilt schließlich: wo jemand steht, ist eine Frage der effizienten Organisation, nicht des Rangs oder

Abbildung aus Ernst Jünger (Hrsg.), *Das Anlitz des Weltkrieges. Front-erlebnisse deutscher Soldaten*, Berlin: Neufeld & Henius 1930.

der Geburt. Diese Umstellung der Semantik findet ein Pendant in der Topographie der Texte: Die sozial aufgeladenen Differenzen von Zentrum und Peripherie sowie Oben und Unten verlieren in der vernetzten Militärstadt und dem »mäandrisch«[32] angelegten Kampfgraben an Gewicht. Die Horizontale löst die Vertikale ab, ein chaotisches Gewühl, das an die Panik eines »Schiffsuntergangs« erinnert,[33] tritt an die Stelle einer konzentrisch um die herausgehobene Führungsposition (Fahne, Feldherrnhügel) angelegte Gefolgschaft. Ohnehin konnte die nominell existente »höhere Führung« gar »nicht mehr das Schlachtfeld übersehen«.[34] Die *Stahlgewitter* verwandeln die überkommenen sozialen und räumlichen Ordnungen in ein Gewühl, das auf Jünger »wie ein beunruhigter Ameisenhaufen« wirkte.[35] Wenn in den Wogen der Kampfhandlungen doch soziale Einheiten entstehen, dann sind es keine geordneten, formierten Verbände, sondern »Rudel«.[36] Der »Ordnungssinn«, der noch in Bazancourt eine Schule in eine »Friedenskaserne« verwandelt,[37] weicht dem »Chaos« einer fragmentierten Architektur,[38] unter deren Trümmern die subterrane Soldatenstadt entsteht.

Die Entomologie, die sich bereits vor dem Ersten Weltkrieg von monarchischen und aristokratischen Ordnungsmodellen, aber auch vom Individuum verabschiedet hat, liefert Gesellschaftsentwürfe, mit denen die epochalen Veränderungen des frühen 20. Jahrhunderts zu erfassen sind: In der Ameisengesellschaft gibt es weder »βασιλεϑς« noch »ἡγεμων«: keinen König oder Herrscher, wie Wheeler 1911 feststellt, vielmehr sei die »Form der Gesellschaft ganz anders als unsere«, nämlich kooperativ, selbstorganisiert, selbstregelnd.[39] Die Vorstellung vom Krieg als gemeinsam verrichteter, kooperativer und selbstgesteuerter Arbeit verschiedener, nach Funktionen differenzierter, eigens gezüchteter Typen, die Jünger im *Arbeiter* entwickelt hat, kann auf seine Kriegserlebnisse bzw. ihre literarischen und weltanschaulichen Verarbeitungen, aber genauso auch auf entomologische Studien zur Nest-Organisation zurückgreifen.[40] 1923 hat der ausgemusterte Frontoffizier an den Universitäten Leipzig und Neapel Zoologie wenn nicht studiert, so aber unter fachmännischer Leitung betrieben.[41] Eine Visitenkarte aus der Zeit weist ihn in passender neusachlicher, serifenloser Type nicht nur als Leutnant außer Dienst aus, sondern zuerst als »cand. zool.«. Dies ist umso bemerkenswerter, als der Titel eines *candidatus zoologiae* von ihm selbst erfunden zu sein scheint und daher besonderes Gewicht für seine Selbstdarstellung zukommt.[42]

Neapel ist nicht irgendein Ort für Biologen. Auch William Morton Wheeler hat einen Forschungsaufenthalt an der 1872

Ernst Jünger

cand. zool., Ltn. a. D.

von Anton Dohrn gegründeten zoologischen Station verbracht und ist dort auf die gleichen Gelehrten gestoßen, Driesch etwa, der Lehrer in Heidelberg und Leipzig. Zu den berühmtesten entomologischen Werken dieser Jahre zählt Auguste Forels berühmte Studie über die *Soziale Welt der Ameisen*.[43] Das Schutzumschlagbild des ersten Bandes der Originalausgabe hat Forel mit einem Motto versehen lassen, das auch Jüngers *Arbeiter* schmücken könnte: *Labor omnia vincit*.

Es ist die Arbeit, die hier als Prinzip triumphiert, nicht ein einzelner Arbeiter oder eine Arbeiterin. Das Ameisennest ist ein Arbeitsstaat. Wie in den modernen Industrien mit Schichtarbeit gilt: »Die Arbeit ruht auch nachts niemals.«[44] Selbst Sport und Spiele dienen der Ertüchtigung.[45] Alles ist funktional auf die Anforderungen des Ameisen- bzw. Arbeiterstaates ausgerichtet. »Wohin sich auch der Blick richtet, da fällt er auf eine Arbeit, die im […] anonymen Sinne geleistet wird.«[46] Der Lebenszyklus jedes einzelnen Exemplars geht restlos auf in einer Abfolge von Arbeitsleistungen.[47] Es sei eine Folge des »totalen Arbeitscharakters« der heraufziehenden Epoche, dass es zunehmend »unwesentlicher« werde, »an welche persönliche Erscheinung, an welchen Namen die Arbeit geheftet wird«.[48] Jüngers Beispiele kommen alle aus hochgradig routinisierten Sektoren, deren Prozesse von Förderbändern, Automaten, Stoppuhren und Formularen strukturiert und getaktet werden.[49] Die »psychische Last der Routine«, von der die Industrieforschung

spricht, stellt aber nur für bürgerliche Individuen ein Problem dar,[50] nicht für eine »ameisenartig« organisierte »anonyme« Gemeinschaftsarbeit, in der sich der Mensch als »Brücke« zu einer neuen soziophysiologischen Ordnung erweist – also als Mittel, nicht als »Zweck«, wie Nietzsche in seinen Ausführungen zum Übermenschen schreibt,[51] auf die Jünger anspielt.

»Teamwork«. Ameisen bauen eine Brücke. Aus Bert Hölldobler, Edward O. Wilson: *The Superorganism. The Beauty, Elegance, and Strangeness of Insect Societies*, New York: Norton 2009.

Die Unentbehrlichen.
Deutsche Pioniere beim Brückenbau im Osten.

Serie 14090 7.7.41 Bild 9 / Fr. OKW., Foto PK-Ueckert (Pressebildzentrale) / Aktueller Bilderdienst, Herausgeber J. J. Weber, Leipzig / Verantwortl. Leitung: Hermann Schinke, Leipzig

Deutsche Pioniere beim Brückenbau. Ansichtskarte aus dem Jahr 1942.

Der Bürger dagegen sieht sich, also den Menschen schlechthin, mit dem er sich notorisch verwechselt, kategorisch als Selbstzweck, nie als Mittel. Er will daher anders sein dürfen als die anderen, in seinem Inneren wie in seinem Äußeren; der Arbeiter dagegen will sich einreihen – und exzellieren nur in einem quantifizierbaren Sinn: Er will schneller sein, höher steigen, weiter fliegen, tiefer tauchen, seine Planziele übertreffen, gewinnen, siegen. Nicht Originalität, sondern Rekorde strebt er an. Die lassen sich messen. Der Bürger schreibt Autobiographien und Gedichte, weil er von der Individualität seiner selbst und seines Lebens überzeugt ist, der Arbeiter dagegen protokolliert Leistungsdaten. Der Mensch des 19. Jahrhunderts flaniert, spaziert, promeniert, der Arbeiter dagegen »marschiert in ameisenartigen Kolonnen, deren Vorwärtsbewegung nicht mehr dem Belieben, sondern einer automatischen Disziplin unterworfen ist«.[52] Der Bürger ist von Grund auf liberal: die Privatsphäre, in der er seine Eigenheiten pflegt, wird von einer ihm maßgeschneiderten Rechtsordnung gegen staatliche Zugriffe oder Anforderungen geschützt. Seine Rechte sind Abwehrrechte. Seine Freiheit wird entsprechend negativ bestimmt. Der Arbeiter dagegen legt seine Uniform nie ab,[53] er ist also niemals im bürgerlichen Sinne privat. Er geht vollkommen auf in der Gemeinschaft, deren Element er ist. In ihr findet er seinen ersten und letzten Zweck. Seine Freiheit ist nicht das, was der Staat ihm dank diverser Menschen- und Bürgerrechte lässt, sondern Verpflichtung. Der »Einzelne« wahre dort seine »Freiheit«, »wo er sich zum Dienst entschließt«, schreibt Jünger noch 1950 im *Waldgang*.[54] Die im 18. Jahrhundert etablierte Unterscheidung von Individuum und Gesellschaft fasst diese Lage nicht mehr: Anders als selbst noch der deutsche Soldat im Ersten Weltkrieg steht der Arbeiter nicht länger in Differenz zur Gesellschaft, er *ist* die Gesellschaft.

Genau dies ist die Botschaft von Wheelers Aufsatz über die *Ameisenkolonie als Organismus*, den auch Auguste Forel kennt und den Maurice Maeterlinck in seinem *Leben der Ameisen* rezipiert, in eine anschaulichere Sprache übersetzt und mit riskanten Analogieschlüssen bereichert. Jünger hat das von Wheeler entwickelte Konzept des Super-Organismus in den Begriff des »Gesamtkörpers« des »Ameisenstaates« überführt.[55] Die biopolitische Revolution des *Arbeiters* schöpft aus der Entomologie. Nur in dieser Disziplin sind die Traditionsbestände der Gesellschaftsphilosophie so konsequent über Bord geworfen worden, dass man geradezu von einer »Gepäckerleichterung« sprechen könnte.[56]

Die Medien des Superorganismus

Neueste »Verkehrs- und Nachrichtenmittel« verknüpfen den Arbeiter jederzeit und überall mit dem »Arbeitsnetz«.[57] Diese totalen Kommunikationsmittel, die sich niemanden nirgendwo entgehen lassen, konstituieren bei Jünger die Arbeitsgemeinschaft. Der Arbeitsstaat ist eine technische Konstruktion. Maeterlinck schließt umgekehrt aus der perfekten kollektiven Arbeitsorganisation der Ameisenpopulation eines Nestes, man werde »eines Tages noch ein ganzes Netz elektromagnetischer, ätherhafter oder psychischer Verbindungen entdecken«.[58] Wo Gesellschaft ist, da muss es Medien geben (und vice versa), heißt die sehr moderne Devise.[59] Neue Medien und die neue Ordnung korrespondieren, und beide sind in dem Sinne »total«,[60] als sie alles und jeden zu erreichen und erfassen suchen, keine Alternativen vorsehen und kein Außen kennen. Die Verschaltung dieser Vorstellungen ist so etabliert, dass mit einer hohen Wahrscheinlichkeit dann von Insektenstaaten die Rede ist, wenn Massenmedien als Ordnungsfaktor betrachtet werden. Auch diese Verknüpfungen gehören zu einer *Passage* im Sinne Michel Serres, die zwischen Gesellschaft und Natur, Biologie und Soziologie – gerade auch für diese Disziplinen unvorhersehbare – Übertragungen ermöglicht und damit auch Neues schafft. Das Bild der Ameisengesellschaft öffnet die Passage, und sie wird umso intensiver befahren, als nicht nur Experten, sondern auch Laien navigieren können.

Ein kurzer Blick in Alfred Döblins *Berge, Meere und Giganten* bestätigt diese Vermutung.[61] Erstens wird, typisch für Dystopien der Weimarer Jahre, ein totales Mediensystem der Fernübertragung beschrieben: Alle sehen, was die anderen tun, und tun dann dasselbe. Im Sinne Gabriel de Tardes handelt es sich um ein Medium der *Nachahmung*,[62] womit ein Medienbegriff zur Anwendung kommt, den der Soziologe Tarde wiederum aus der Entomologie übernommen hat.[63]

»Nachrichten wurden verbreitet. Man hatte in den Stadtschaften kunstvolle zauberhafte Apparate, die nach allen anderen Orten meldeten, womit sich die Menschen hier befassten, was sie zueinander sagten, wie sich ihre Einrichtungen veränderten, was sich bei ihnen hervortat. Fernbilder trugen die Gestalten der Menschen, der Gegenstände weiter. Ein Reiz, der aufstand, war eine Feuersbrunst, die eben noch ein Funken einer Flamme, jetzt das ganze Viertel, die ganze Stadt einhüllte. […] Die Bilder standen vor ihnen, traten immer wieder vor sie, rissen an ihnen.«[64]

Dieses ›reizvolle‹ Fernsehen, dessen Gewalt und Ausbreitung mit einer Feuersbrunst verglichen wird, erweist sich aber nicht als Faktor der Verheerung und Desorganisation, sondern letztlich, wie bei Jünger, als Mittel der Integration. Nun folgt zweitens die Verschaltung mit den sozialen Insekten. Denn auch in Döblins Roman führt der für die Massen wirksame »Reiz« zur Errichtung einer Ordnung, die einem Insektenstaat gleichen soll: »Unter dem starren großartigen Zwang der Technik und ihrer bezeichnenden Wirkung auf die Massen« entsteht eine Gesellschaftsordnung, die von der »sehr große[n] Zweckmäßigkeit« und der »fast maschinelle[n] Zusammenarbeit« geprägt ist, wie man sie »in den Tierstaaten« findet. Genau genommen führt Döblin aber nicht Tier-, sondern Insektenstaaten an:

»Hier folgt jedes Tier einem ganz bestimmten Arbeitsdrang, der für alle nützlich sei, trage Halme zusammen, zerbeiße

Pilze, baue Waben. Dies seien Dinge, die eine Gruppe und Arbeitskategorie gleichmäßig nach ihrer Kraft verrichte, unpersönlich triebmäßig reflexartig.«[65]

Wenn so die soziale Ordnung von Blattschneiderameisen und Bienen als Vorbild einer totalen Arbeitsordnung deklariert wird, wird der Grundriss einer Gesellschaft sichtbar, dessen Umsetzung Aldous Huxley in der *Brave New World* genauer ausgeführt hat.[66] *Berge, Meere und Giganten* konzeptualisiert die Semantik sozialer Insekten als Kulturkritik. Der Ameisenstaat liefert den Maßstab, an dem die moderne Gesellschaft sich messen lassen muss.

»Man könne nicht sagen, dass der menschliche Zustand der Zersplitterung dem gegenüber einen Fortschritt bedeute. Es sei unrecht, ein Privatleben zu führen und Individuen zu dulden. [...] es genüge, wenn eine gewisse kleine Anzahl von Menschen sich dazu hergebe, gewisse Sonderfunktionen auszuüben, zu denken planen Personen zu sein. Im übrigen sei es im Interesse der Menschheit, für die ungeheure Masse einen gleichmäßigen Dauerzustand herzustellen, ihnen das doch nie ausgelebte Eigenleben zu nehmen und vegetativ einzuebnen. So garantiere man Gleichmäßigkeit und Glück des Einzelwesens. Und nur so.«[67]

Dies liest sich 1924 so, als werde hier Mustapha Mond, der Weltkontrollrat der *Brave New World*, paraphrasiert. Der Grund für diese frappanten Übereinstimmungen liegt nicht in irgendwelchen unmittelbaren Einflüssen Döblins auf Huxley oder intertextuellen Bezügen, sondern in der hohen Wahrscheinlichkeit, dass Übertragungen und Rückübertragungen zwischen Entomologie und Soziologie im Medium der Literatur ein solches Bild der Gesellschaft heraufbeschwören. Dass für Döblin zu diesem Insektenstaat für Menschen ganz selbstverständlich auch »staatliche Züchtung«, »biologische Eingriffe«, synthetische Ernährung und »erbarmungsloses Sichten und Ausscheiden« der Massen am Maßstab biopolitischer Normen gehören, gibt einen Hinweis auf die diskursgeschichtliche

Lage in den 1920er Jahren, die nicht nur Romane dazu bringt, Insektenstaaten in »Menschengesellschaften« zu überführen, von der Evolution zur Zucht überzugehen, das Individuum durch den Typus abzulösen oder das angestammte »Humanitätsgefühl« durch eine Biopolitik der Ausmerzung zu ersetzen.[68] Und wie auch bei Jünger endet mit der Errichtung der neuen, insektenhaften Ordnung die Geschichte: »Damit sei gegeben: Aufhören der Geschichte, Sicherheit der Art Mensch.«[69] Die Stunde des *Posthistoire* schlägt mit der Errichtung einer Ameisengesellschaft. Dies macht Sinn, denn die Ordnung dieses Superorganismus hat sich schließlich seit Jahrmillionen nicht verändert.[70]

Der von ihren Promotoren kritisierte »menschliche Zustand der Zersplitterung« wird in *Berge, Meere und Giganten* von Massenmedien überwunden, die eine Menge von vereinzelten Individuen in eine »vegetative Masse« verwandeln.[71] Die Arbeiter stehen, so Jünger, im medialen ›Bann‹ eines ›ameisenhaften‹ Kollektivs. Im Kontext der zeitgenössischen Entomologie bedeutet *ameisenhaft* für jeden Einzelnen, dass er sich in den Gesamtorganismus reibungslos einfügt. Er ist, wie wir Jünger eingangs zitiert haben, ›Brücke‹, und dies zumindest gelegentlich auch im Wortsinne,[72] nicht ›Zweck‹, um *Zarathustras* Diktum noch einmal aufzugreifen. Der Begriff des Arbeiters gelangt mit der Bezeichnung der Arbeiterkaste im Ameisenstaat zur Deckung. Für die Arbeiterinnen im Nest wie die Arbeiter in den Planlandschaften muss dann in der Tat gleichermaßen jeder »Anspruch auf Eigenart als eine unbefugte Äußerung der privaten Sphäre« erscheinen.[73] Wer anders ist, wird eliminiert. So wie sich niemand der »totalen Arbeitsmobilmachung«, die Jünger beschreibt, zu entziehen vermag, weil es keinen privaten Raum mehr gibt, in den sich das Bürgerindividuum vor den Befehlen und Disziplinierungen der »totalen Nachrichtenmittel« flüchten könnte,[74] so ist auch in der Kolonie keine (gesunde, vernünftige, intelligente) Ameise anzutreffen, die sich der »kollektiven Seele« des Nests entzieht.[75] Die Mobilmachung der Ameise ist genauso total wie die des Arbeiters. Dieses Szenario hatte Norbert Wiener als Zukunft der USA heraufbeschworen.[76] Die Effizienz dieser Gesellschafts- und Nestordnungen basiert auf den gleichen Prinzipien der Arbeitsteilung und, glaubt man der Entomologie der 1920er und 30er Jahre, der Aufopferung,[77] die Jünger am Arbeiter schätzt. Im »Ameisenhaufen« wird das »*Urbild des streng nationalen Arbeitsstaates*« gefunden, für den die »Ameisen leben und sterben«.[78] In den sozialen Insekten setzt sich eine ultraeffiziente, hyperrationalistische, utilitaristische, antiindividualistische Ordnung in Szene. Allein die

> »Bienen, die Ameisen und die Termiten zeigen uns ein *Bild* einer von der Vernunft beherrschten Lebensform, einer politischen und wirtschaftlichen Organisation, die, von der grundlegenden Vereinigung von Mutter und Kind ausgehend, stufenweise, im Verlauf einer Entwicklung, deren Etappen wir, wie ich schon sagte, in den verschiedenen Gattungen alle wiederfinden, zu einem fruchtbaren Gipfel gelangt ist, zu einer Vollkommenheit, welche, vom rein praktischen und Nützlichkeitsstandpunkt aus betrachtet – *andere Maßstäbe haben wir nicht* –, also vom Standpunkt der Kräfteausnutzung, der Arbeitsverteilung und der materiellen Ertragsfähigkeit, von uns noch nicht erreicht worden ist.«[79]

Diese Parallelen sind Jünger freilich bewusst. Er selbst weist ja explizit darauf hin, dass die Welt des Arbeiters wie der »Schauplatz einer neuen Insektenspezies« anmutet.[80] Trotz der überall und nicht zuletzt vom ihm selbst diagnostizierten Zerrissenheit der Weimarer Republik und ihrer bürgerkriegsähnlichen Kämpfe findet Jünger so zu einer Beschreibung der Gesellschaft, die sich der kommenden Ordnung gewiss sein kann. Deren Vorposten macht er bereits mitten in der im Untergang begriffenen bürgerlichen Welt aus, und zwar auch in jenen sozialen und politischen Bewegungen, die sich unversöhnlich gegenüberstehen. Sie alle werden im Organismus der kommenden Gemeinschaft aufgehen wie die Arbeiterinnen im Nest –

unter hochtechnischen Bedingungen, aber zugleich evolutionär, getrieben von einer Naturgewalt. Das Bild der Ameisengemeinschaft naturalisiert ein Ordnungsmuster und entzieht es so allem politischen oder intellektuellen Streit. Die entomologische Schicht in Jüngers Architektur der Zukunft hat eine besondere strategische Funktion, weil sie erlaubt, den Arbeiter als biologischen Typus zu bestimmen, dem eine bestimmte Organisationsform naturhaft zukommt. Das Neue, das Jünger heranziehen sieht, ist also bereits bekannt, denn es handelt sich um eine Insektenspezies.

Homöostase und Trophallaxis: Aldous Huxleys *Brave New World*

In gleichen Jahr 1932, in dem Ernst Jünger seine langjährigen Beobachtungen von Soldaten und Insekten im Essay über den *Arbeiter* verdichtet, erscheint ein Roman, der ebenfalls als Analyse der Lage der Menschheit und ihrer Entwicklungsmöglichkeiten gelesen werden muss. Aldous Huxley legt mit *Brave New World* eine Selbstbeschreibung der Gesellschaft im Spiegel eines Insektenstaates vor. Beide Bücher kommentieren und illustrieren sich wechselseitig. Die behavioristischen, sozialhygienischen und biopolitischen totalitären Visionen Jüngers werden von Huxley in technische Verfahren umgesetzt: Befruchtung *in vitro*, Konditionierung im Schlaf, pharmazeutische Emotionssteuerung, mediale Massensuggestion. Unterschiede liegen in der Wertung: Jünger affirmiert die von ihm beschriebene Entwicklung, Huxley perhorresziert sie. Die drei Maximen: *Community, Identity* und *Stability*[81] der von ihm geschilderten Gesellschaft könnten nicht nur jeden Ameisenhügel, sondern auch die Werkstore von Jüngers Planlandschaften schmücken, stehen sie doch allesamt für die Negation der bürgerlich-liberalen Wertschätzung des Einzelnen, der Individualität und der von ihr getragenen Veränderung, ob diese nun Aufklärung, Fortschritt, Wachstum, kreative Zerstörung, Inno-

92

vation oder Genialität genannt werden mag. Anders zu sein als die anderen, ist in Huxleys Dystopie nicht nur obsolet, sondern ein Verbrechen, konform zu sein dagegen eine Tugend.[82] Auch in seiner fiktiven Weltgesellschaft streben die Angestellten nach Rekorden und nicht nach Originalität.[83]

Jünger hat nicht ausgeführt, wohin der Übergang vom Bürger zum Arbeiter letztendlich führen soll. Wenn ein Typus sich endgültig durchgesetzt haben würde auf der Welt, was wäre dann seine Aufgabe? Wie die *neue Ordnung* aussehen soll, wird im *Arbeiter* nicht ausgeführt, nur was sie ablösen soll, wird benannt.[84] Huxley gibt hier eine positive Antwort, die entomologisch inspiriert ist: Die perfekte Gesellschaft richtet sich in einer Homöostase ein, einem optimierten »steady state«,[85] der auf alle Zeiten in Balance gehalten wird. Dieses hyperstabile Paradies auf Erden ist vergleichbar mit dem *Posthistoire* Arnold Gehlens und Ernst Jüngers. Die Insektengesellschaft als »Ganzheit« strebt nach einem »Äquilibrium« aller Kräfte und stellt so ihre »Integrität« auf Dauer.[86] Und es ist, um weiter Wheelers *Social Insects* von 1928 zu zitieren, eine »sterile Arbeiterklasse«, die ohne Interesse an der eigenen Vermehrung sich ganz der Aufzucht des Nachwuchses und der Produktion der dafür nötigen Nahrung widmet.[87] Diese Arbeiterschicht übernimmt die »Kontrolle und Regulierung der Größe der verschiedenen Kasten, auch der eigenen«,[88] und hält durch laufende Anpassung der Bevölkerungsgröße und der Kastenstärke in Relation zu den Ressourcen das soziobiologische System in einem stabilen, paretooptimalen Gleichgewicht,[89] in der keine Variable mehr verändert werden könnte, ohne jemanden schlechter zu stellen.[90] »Stabilität« ist das populationsbiologische Ziel der Gesellschaft, das dann erreicht wird, wenn die »logistische« Kurve der Versorgung und die »Geburtenrate« in eine »ausbalancierte« Relation geraten.[91] Wenn nicht Umweltkatastrophen die ewigen Routinen unterbrechen und Neujustierungen der Parameter erzwingen, bleibt die Ameisengesellschaft in kontinuierlicher und immer gleicher Arbeit so, wie sie ist:[92] eine stabile, sich identisch reproduzierende Gemeinschaft.[93] Mit den Alpha-, Beta, Gamma-, Delta- und Epsilon-Kasten der *Brave New World* lässt auch Huxley *eine neue Insektenspezies* die Bühne der sozialen und biologischen Evolution betreten.

Eine Dystopie, gewiss, aber für jeden Leser? 1932, nach dem großen Krieg, nach der Weltwirtschaftskrise und angesichts der massiven sozialen Verwerfungen und geopolitischen Konfliktlinien mag es nicht unattraktiv erscheinen, mit solchen Modellen nach gesellschaftlichen Alternativen zu suchen. Denn immerhin: das kristalline *Posthistoire* der schönen neuen Welten lässt die Krisen, Kriege und Katastrophen der Moderne hinter sich zurück. Es gibt keine Klassenkämpfe mehr, keine rassistisch oder nationalistisch motivierten Kriege, keinen Imperialismus, keine Inflation oder Deflation, keinen Hunger, keine Krankheit, keine Verbrechen, keine Überproduktionskrisen, keine Überbevölkerung, keine Überalterung. »Kein Krieg, keine Sorgen, keine Leiden mehr.«[94] Im Preis, den jeder für das Wohl des Ganzen zu zahlen hat, mag mancher gar eine Zugabe sehen im Sinne einer Entlastung. »Namenlose Beglückung«.[95] Der Einzelne gibt seinen Egoismus, seine Individualität und seine Risiken auf und erhält dafür einen festen, anerkannten Platz in einer stabilen Gemeinschaft, deren biologisch fundierte, »unbewusst organische Einheitlichkeit« das Leben ordnet.[96] Im *Arbeiter* wird diese Sicht programmatisch. Mit Helmut Lethen ließe sich auch in Jüngers Version einer *Verhaltenslehre der Kälte* ein Motiv der Entlastung ausmachen: Das Individuum entkommt der Bürde seiner Individualität, indem es sich uniformiert und seine Handlungen und Motive völlig der Außenlenkung überlässt.[97] Jüngers Prototyp der Arbeitsgesellschaft, das Heer, steht mit seiner ununterbrochenen Befehlskette für eine Ordnung ein, in der jeder Einzelne wie ein Relais, wie ein Schaltkreis funktioniert und auf jede Eingabe mit der vorgesehenen Ausgabe reagiert.[98] Der Mensch wird hier zur Maschine, Individualität kann hier nur als Störung in Betracht kommen. So verhält es sich auch mit der Individualität in der

Brave New World, deren Symbol – die Jahre werden nicht »nach Christi Geburt«, sondern »nach Ford« gezählt – das endlose Fließband ist,[99] das von seinen Bedienungsmannschaften Präzision verlangt, nicht aber Originalität.

»When the individuum feels, the community reels«,[100] lautet einer der vielen gereimten Merksprüche der *Brave New World*-Propaganda bzw., was ein und dasselbe ist, der hypnopädischen Erziehung. Individualität wird als Grundübel der Zivilisation gebrandmarkt, denn sie birgt das Risiko unkalkulierbarer Normabweichung. In einer hochindustrialisierten Gesellschaft, in der alle Prozesse der Produktion, der Verteilung und des Konsums genormt und auf große Massen zugeschnitten sind, ist für Besonderheiten kein Platz. Das Glück von Milliarden von Menschen hängt in der *Brave New World* davon ab,[101] dass alle genau das tun, wozu sie gezüchtet und konditioniert worden sind. Wohlstand für jeden ist dann gesichert, wenn der Mensch zum Pendant der Maschine geworden ist, die er bedient. Das Rad der Weltwirtschaft muss sich drehen. »Die große Maschine läuft, läuft, läuft und muß ewig laufen«, erläutert der Aufsichtsrat, und sein Gerät benötigt keinen Sand im Getriebe, sondern routiniertes Personal: »Die Maschinen müssen stetig laufen, aber ohne eine treibende Kraft können sie das nicht. Menschen müssen sie antreiben, Menschen, die so fest und sicher im Leben stehen, wie die Räder auf ihren vier Achsen sitzen: vernünftige Menschen, gehorsame Menschen, Menschen, die stabil in ihren Gewohnheiten sind.«[102] Gesund, stetig, gehorsam, berechenbar ist der ideale Mensch. In der *Brave New World* triumphieren jene arbeitswissenschaftlichen Grundsätze, auf die auch Jünger seinen Arbeiter verpflichtet hat. Doch die Uniformität und bedingungslose Erfüllung übernommener Arbeitsaufgaben, die er konstatiert und historisch auf die Erfahrungen totaler Mobilmachungen im Ersten Weltkrieg zurückführt, sind in der schönen neuen Welt ein Produkt der künstlichen Befruchtung, Reifung, Aufzucht und Konditionierung des Menschen in Massen. Aus Jüngers *Zucht* auch im Sinne einer mentalen Disziplinierung,[103] die der Vision vom Arbeiter ihr soldatisches Pathos verleiht, ist bei Huxley ein großtechnischer Produktionsprozess geworden: »Bokanowskyverfahren«[104]. Um ein *Alpha* zu werden, bedarf es keiner Haltung, sondern der entsprechenden künstlichen Befruchtung und pränatalen Versorgung.

Im ersten Kapitel des Romans schildert der Direktor des Londoner *Center of Hatcheries and Conditioning* einer Gruppe von Studenten, »very young, pink and callow«[105] wie frisch geschlüpfte Ameisen, und doch schon formiert zu einem Trupp (»troop«), die Abläufe in seinem Menschenpark. Eizellen werden im Reagenzglas besamt und schon als Embryonen zu Säuglingen unterschiedlicher mentaler und physischer Befähigung ausgebrütet; als Kinder werden sie dann je nach künftiger Aufgabe geschult und noch im Schlaf konditioniert. Der Produktionsprozess ist nach Kasten unterschieden, vom Alpha plus absteigend hinunter zum Epsilon minus. Jede Kaste wird genau die physiologischen und mentalen Fähigkeiten haben, die sie an ihrem Platz in der Gemeinschaft benötigt. Jeder wird wissen, was er braucht, und können, was er muss, nicht weniger, aber vor allem auch nicht mehr. Und er hat genau die Begierden, deren Befriedigung die Gesellschaft sicherstellt. Daher ist auch jeder mit genau der Stellung in der Welt zufrieden, die er nach Plan und Eignung einnimmt. *So* ist Sozialismus für Menschen möglich, »jeder nach seinen Fähigkeiten, jeder nach seinen Bedürfnissen«, nicht nur für Ameisen.[106] Die Arbeiterkasten der Gammas, Deltas und Epsilons stellen das für intellektuell anspruchslose oder körperlich herausfordernde Tätigkeiten optimierte, gleichwohl unverzichtbare Massenmaterial dar. In ihrem Fall wird aus einer einzigen, künstlich befruchteten Eizelle durch Zellteilung eine möglichst große Zahl genetisch identischen Nachwuchses erzeugt. Der Züchtungs-Rekord des Londoner Werks liegt bislang bei 16 012. Auch im Menschenpark läuft ein »endloses Band«.[107] Wozu das gut sein soll, fragt einer der Schüler. Der Direktor macht ihm und uns

schnell klar, dass in der Massenproduktion von genetisch identischen Menschen der Schlüssel zur sozialen Stabilität liege:
»Menschen einer einzigen Prägung, in einheitlichen Gruppen. Ein einziges bokanowskysiertes Ei lieferte die Be-
legschaft für eine kleine Fabrik. ›Sechsundneunzig völlig
identische Geschwister bedienen sechsundneunzig völlig
identische Maschinen!‹ Seine Stimme bebte fast vor Begeisterung. ›Da weiß man doch wirklich, woran man ist! Zum ersten Mal in der Weltgeschichte!‹ Er zitierte den Leitspruch des
Erdballs. ›Gemeinschaftlichkeit, Einheitlichkeit, Beständigkeit.‹ Goldene Worte. ›Wenn sich das Bokanowskyverfahren
unbegrenzt fortführen ließe, wäre das ganze Problem gelöst.‹
Gelöst durch gleiche Gammas, identische Deltas, einheit-
liche Epsilons. Millionlinge. Massenproduktion, nun endlich auch in der Biologie.«[108]
Was hier gelöst würde, entspräche der sozialen Frage schlechthin, gleichgültig, wie sie gestellt wird. Die perfekte, stabile, in
sich selbst und ihrer Umwelt ruhende Einheit der Gesellschaft
ist das Ziel, erreicht durch die Aufzucht von Millionen identi-
scher Zwillinge mit gleicher Erziehung, gleichen Bedürfnissen
und gleichen Fähigkeiten. Der einzige Zweck dieser Arbeiterkasten wäre die Reproduktion der Gesellschaft als ganzer: ihrer
Kasten und ihrer Sozialstrukturen. Auch dieser Roman schafft
die Geschichte ab.

»Es gibt keinen Grund anzunehmen«, schreibt der Zoologe
Julian Huxley zwei Jahre vor dem Erscheinen der *Brave New
World*, »der Mensch sei dazu bestimmt, Krankenschwestern
oder Fließbandarbeiter zu sterilisieren, bewaffnete und resis-
tente Soldaten oder kollektive Gebärmaschinen von der Größe
eines Wals oder eine Intelligenz ohne Kopf und Körper zu
züchten. Nein, es gibt keinen Grund zu der Annahme, dass sich
der Mensch zu einer mechanisierten und hyperstabilen Exis-
tenzform entwickelt«.[109] Sein Bruder hat freilich genau diese
Vision, die eine Reihe von Analogien auflistet, ins Werk gesetzt.
»Mit seinem rigiden Kastensystem, seiner mitleidlosen Ökono-

mie und seiner Entwertung des Individuums, kommt die *Brave New World* offensichtlich dem Leben eines Ameisennestes sehr nahe«, konstatiert die Wissenshistorikerin Charlotte Sleigh, um an ihre Beobachtung die entscheidende Frage anzuschließen, warum Aldous Huxleys Zukunftsroman »Menschen ausgerechnet als soziale Insekten« abhandelt.[110] *Ausgerechnet als soziale Insekten*! Dass er es tut, hat er selbst mehrfach bestätigt: Menschen, so Huxley, seien *von Natur aus* nicht zu komplexeren Gemeinschaften fähig als Wölfe oder Elefanten. »*Zivilisation*« sei dagegen jener »Prozess, der primitive Rudel in ein Analogon organischer Gemeinschaften sozialer Insekten verwandelt«.[111] Wenn schon ein Analogon den Schauplatz gesellschaftlicher Selbstbeschreibung betritt, dann Insekten, deren arbeitsteilige, funktionsdifferenzierte und spezialisierte Gesellschaft die Schwelle der Zivilisation überschritten und in gewisser Hinsicht, nämlich was Identität, Stabilität und Integration angeht, einen optimalen Zustand erreicht hat. Denn, wie einer der Gründerväter der Soziologie festgehalten hat, was die »Organisation dieser Insekten« angehe, so seien sie uns »an Komplexität, Reichtum und Anpassungsfähigkeit so unendlich überlegen«.[112]

Aldous Huxley entstammt einer Familie von Zoologen und Evolutionstheoretikern. Sein Großvater Thomas Henry Huxley war einer der prominentesten und entschiedensten Verteidiger von Darwins Theorie. Soziale Insekten als Projektionsfläche zu nutzen war, so lautet Sleighs These, für Huxley deshalb naheliegend, weil sein Bruder Julian das Thema kurz zuvor in einer kleinen Monographie populär aufbereitet hatte: Sein Büchlein *Ants* erscheint 1930.[113] In dieser Schrift wird auch die von Entomologen wie Forel und Wheeler aufgebrachte Theorie referiert, Ameisengesellschaften hätten ein »soziales Medium« entwickelt,[114] in dem sie sich reproduzierten und das dem Geld oder auch dem Gabentausch menschlicher Gesellschaften entspräche: die *Trophallaxis*. Sleigh hält Huxleys *schöne neue Welt* für eine »trophallaktische« Gesellschaft.[115] Was ist gemeint?

»Exchange of food-stuffs«,[116] so Julian Huxley, der Austausch von Nahrungsmitteln. Ameisen verfügen über die Fähigkeit, vorverdaute Kost aufzuspeichern und zum Verzehr willkürlich hervorzuwürgen *(regurgitation)*. Diese Nahrung wird mit anderen Mitgliedern des Nestes geteilt. Einen »Sozialmagen« hat Auguste Forel diese Einrichtung einer distribuierten Speicherung und Verteilung genannt.[117] Vor Wheeler und Forel haben Naturkundler dieses Verhalten zwar wahrgenommen, es aber nicht als Tauschmedium *(communal exchange)*[118] einer Nest-Ökonomie gedeutet, so dass keine soziologischen Konsequenzen daraus gezogen werden konnten.[119] Erst soziologisch geschulte Entomologen wie Wheeler vermögen in der Trophallaxis ein Medium des Sozialen zu sehen, dessen Funktionsweise man sich so ähnlich wie den Kreislauf des Geldes vorstellt.

Das »wechselseitige Füttern«[120] beginnt bereits bei der Nestgründung: Die Königin versorgt die ersten Larven und nährt sich ihrerseits von einem von den Larven abgesonderten Sekret.[121] Bei einer ausgebildeten Kolonie vermag keine einzelne Ameise außerhalb dieses trophallaktischen Mediums zu existieren. Wheeler hat daher in diesem »gegenseitigen Austausch von flüssiger Nahrung«[122] den »charakteristischen Kern des sozialen Mediums« eines »Superorganismus« ausgemacht.[123] Maurice Maeterlinck bezeichnet, epigonal und plakativ wie immer, den Kropf der Ameise als »Kollektiv- oder Sozialorgan«, als »sozialen Magen«. Er legt einen Zusammenhang zwischen dem »mehr oder minder vollkommenen *Altruismus* dieses Organs und dem Grade der Zivilisation« der »Insektenarten« nahe.[124] Julian Huxley hat dieser Deutung widersprochen: Trophallaxis sei kein moralisches, sondern ein ökonomisches Medium, das als Grundlage »ökonomischer und sozialer Stabilität« fungiere.[125] Eine hochentwickelte Zivilisation ließe sich demnach biologisch einrichten, ohne einen unsicheren Umweg über die Erziehung, Aufklärung, Begeisterung, Bildung etc. aller ihrer Mitglieder gehen zu müssen. Altruismus ist gar nicht nötig, sondern Zirkulation.

Die Theorie der Trophallaxis findet in den 1920er und 1930er Jahren große Resonanz. Man könnte es geradezu als ein *Medium der Gegenmoderne* bezeichnen, stellt doch die trophallaktische Gemeinschaft einer in ihrer Selbstbeschreibung verunsicherten und in ihren Grundstrukturen erschütterten Gesellschaft einen alternativen Ordnungsentwurf zur Verfügung, der alle kulturellen oder individuellen Unwägbarkeiten kurzerhand aus dem Weg schafft und den Staat auf sicheren Fundamenten begründet.

Der Grund für das hohe Interesse an der entomologischen Modellierung eines sozialen Mediums liegt ganz ähnlich wie im Falle von Ernst Jüngers Schriften über den *Arbeiter* oder *Die totale Mobilmachung*.[126] Jünger ist der Überzeugung, dass die Mittelmächte deshalb den großen Krieg verloren haben, weil sie zur Mobilisierung der gesamten Gesellschaft und der Zusammenführung aller Kräfte in einen einzigen Arbeitszusammenhang nicht in der Weise in der Lage gewesen seien, wie dies den USA sozusagen vorbildlich gelungen sei.[127] Der *Arbeiter* liefert die Antwort auf die in der Schrift über die *totale Mobilmachung* aufgeworfene Frage, welche Konsequenzen im Deutschen Reich nach »Anbruch des Arbeitszeitalters« zu ziehen seien.[128] Der totale Arbeitszusammenhang, zu dessen Einrichtung im Deutschen Reich nicht die »Technik«, sondern die »Bereitschaft« gefehlt habe,[129] ist aber im Ameisenstaat immer schon gegeben: »*Der Staat ist den Ameisen alles.* Und für das Wohl des Staates ist die richtige Arbeitsteilung von ungeheurer Bedeutung. Darum verlangt der Volksgedanke die Arbeitsteilung, verlangt sie so gebieterisch, daß nicht nur unter gleichen Individuen die einen diese, die anderen jene Arbeit übernehmen, sondern daß auch bestimmte Formen hervorgebracht werden, die für eine besondere Arbeit in hervorragender Weise geeignet sind.«[130]

Die Trophallaxis sorgt nun ihrerseits dafür, dass die Untertanen des totalen Staates ihre restlose Einfügung in dessen Arbeitsgänge geradezu begehren: »they love it«.[131] Soma, Huxleys

Äquivalent der Trophallaxis, hat die *Bereitschaft* zur Unterordnung des Einzelnen immer schon hergestellt: *Community, Identity, Stability* (Gemeinschaftlichkeit, Einheitlichkeit, Beständigkeit) ist den Menschen alles.[132] Das *soziale Medium*, als das Wheeler die Trophallaxis modelliert, implementiert in der gesamten Kolonie die Verhaltensweisen des Arbeiters: »all die entscheidenden Verhaltensweisen, Nestausbau, Verteidigung, Vorsorge und Brutpflege […], sind, neben der unmittelbaren Selbsterhaltung, seine einzige Sorge«.[133] Im Ameisenstaat entsteht so laut Wheeler ein »steriles Proletariat« ohne eigene Klasseninteressen.[134] Es *arbeitet* in der von Jünger beschriebenen totalen Weise für den Staat. »Dieses paradoxe Proletariat […] hat nie gefehlt, als Musterbeispiel unter den Tieren Bewunderung hervorzurufen.«[135]

Die Pointe der *Brave New World* ist natürlich: Diese Arbeiterschaft lässt sich züchten. Julian Huxley, der Leser Wheelers und Souffleur seines Bruders, schlussfolgert, der Mensch befinde sich inzwischen auf einer Entwicklungsstufe, auf welcher er die Evolution in die eigene Hand nehmen kann, sei es durch Verhaltensänderungen (Zucht), sei es durch die Manipulation des Zellplasmas einer Art.[136] Im Begriff der Zucht fallen bei Aldous Huxley beide Interventionen zusammen: die Neuerfindung der Geschichte nach Ford und die Manipulation des Erbguts. Jede Kaste hat ihren Sitz im Leben. Das Wunder aber, das jede Kaste von den Epsilon minus bis zu den Alpha plus ihren Ort und ihre Aufgaben in der Gesellschaft mehr als alles liebt, bringt das Soma zustande. »Furchtbar?«, wundert sich der Weltkontrollrat, »die finden es gar nicht furchtbar. Im Gegenteil, sie haben es gern. Es ist leicht, kinderleicht, strengt weder Geist noch Körper an. Siebeneinhalb Stunden leichte, nicht ermüdende Arbeit, dann die Somaration, Sport, uneingeschränktes Sexualleben und Fühlfilme. Was können sie mehr verlangen?«[137]

Gilt die Ameise als Vorbild *(paragon)* aller politischen Tiere, darf die von ihr seit 90 Millionen Jahren praktizierte Trophallaxis als Urbild aller sozialer Medien gelten. Der Akt des Tauschs ziert emblematisch das Titelbild von Forels *Soziale Welt der Ameisen*. Das bereits zitierte Motto der siegreichen Arbeit wird von der emblematischen Illustration so kommentiert: Alle arbeiten für alle, alle geben und nehmen. Nicht nur die Arbeit, sondern auch der Tausch ist essentiell für die Gemeinschaft. Es ist der honigsüße Tropfen, den beiden Ameisen zwischen ihren Köpfen balancieren, der das Medium des Sozialen darstellt, nicht die Ameisen selbst. Hobbes *Leviathan* als Bild der Gesellschaft hat hier ausgedient, denn es ist nicht mehr der *Makranthopos*, der große Mensch, der aus einer Vielzahl von Menschen zusammengesetzt das *Commonwealth* repräsentiert,[138] sondern ein eher unscheinbares Medium aus kleinen Tröpfchen, das die Naturkundler des 19. Jahrhunderts nicht einmal zur Kenntnis genommen haben. Das so wirkungsmächtige Paradigma des politischen Körpers wird hier depontenziert;[139] es verhält sich, im Vergleich zu Hobbes, nun umgekehrt: Nicht der politische Körper hat selbstredend auch einen Blutkreislauf, sondern das soziale Medium der Tröpfchenkommunikation konstituiert den Ameisenstaat als Super-Organismus. Auch für Caryl Haskins vom *MIT* (Massachusetts Institute of Technology) in Boston verknüpft die Trophallaxis die Ameisen zu einer Gemeinschaft.[140] Verglichen wird die im Nest zirkulierende Nahrung mit dem Blutkreislauf der einzelnen Organismen[141] und, kaum überraschend, mit dem »sozialen System« zweier Gruppen von Menschen, die »in ökonomische Tauschbeziehungen« eintreten.[142] Wo immer kommuniziert wird, da ist Gesellschaft, bei Ameisen und bei Menschen: Denn »die Individuen, die eine Kolonie ausmachen, müssen in Kommunikation miteinander stehen«.[143] Für die wissenschaftliche Modellierung der Kolonie ist die Kommunikation entscheidend. Philosophen, Anthropologen, Kultur- und Sozialwissenschaftler müssen hier einen gewaltigen methodischen Schritt machen – gleichgültig, ob sie sich nun für die soziale Ordnung von Ameisen oder Menschen interessieren –, denn sie haben nicht Menschen zu verstehen, sondern Kommunikationsmedien zu beobachten, um die Funktionsweise von Gesellschaft begreifen zu können.[144] Die seit der Antike gepflegte Annahme, dass »die Eigenschaften der Teile die des Ganzen bestimmen«, auf der eine »ganze Soziologie [...] gegründet« worden sei, gilt entomologisch informierten Autoren als passé.[145] Die Gesellschaft ist kein Aggregat aus Menschen, wie es das Frontispiz des *Leviathan* so augenfällig gemacht hat.[146] Das Individuum als Träger der Gesellschaft steht auf verlorenem Posten. Es wird nicht länger benötigt. Jünger würde hier von einer »Gepäckerleichterung« sprechen.[147]

Und Huxley? Charlotte Sleigh hat vorgeschlagen, in der Droge *Soma* ein funktionales Äquivalent der Trophallaxis zu sehen.

> »Ebenso wie die einzelne Ameise war jeder einzelne Einwohner von Mustapha Monds Welt unbedeutend und seine Rolle gänzlich vorprogrammiert von einer sozialen Droge. Die Distribution von Soma erfüllte dieselbe soziale Funktion wie der Honigtau der Ameisen. Bei seiner Zirkulation in der *Brave New World* handelt es sich also um Trophallaxis, bloß unter anderem Namen.«[148]

Dies trifft zu. Die Passage ist aber viel breiter. Der richtige Hinweis auf Huxleys offensichtliche Rezeption der kleinen Sammlung von Exzerpten seines Bruders Julian und seiner Darstellung der Trophallaxis sollte aber nicht den Blick darauf verstellen, wie zahlreich die Orte in entomologischen und soziobiologischen Abhandlungen sind, an denen die menschliche Gesellschaft als Insektengesellschaft beschrieben wird. Der Hinweis auf Trophallaxis ist für derartige Vergleiche nicht einmal notwendig, und diese Klarstellung ist hier deshalb von Bedeutung, weil Soma nicht das zentrale Thema der *Brave New World* ist, sondern nur eines von vielen. Es ist also gar nicht nötig, bei einer Analyse des Romans nur einer einzigen Analogie zu folgen. Allein Julian Huxleys *Ants* macht eine Fülle von Transferangeboten, die von der sozialen Arbeitsteilung und

Spezialisierung bis zur genetisch kontrollierten Ausdifferenzierung von Kasten reicht. In einem populationsbiologischen Text aus dem Jahre 1936, der das Programm der *Brave New World* auszubuchstabieren scheint, werden ganz andere Vergleichsgebiete als das der Trophallaxis herausgestellt:

> »Die Tendenz menschlicher Sozialordnungen, sich mehr und mehr der Organisation der Termiten zu nähern, ist seit mindestens einem Jahrhundert evident: mit ihrer immer rigideren Ausdifferenzierung von Arbeiterkasten, ihrer Annullierung der individuellen Handlungsfreiheit, ihres großen und immer noch wachsenden komplexen ökonomischen Überbaus, ohne den sich niemand mehr zu versorgen vermag. All dies sind unmittelbare Konsequenzen eines Lebens unter Bedingungen hoher Bevölkerungsdichte.«[149]

Große Insektenvölker umfassen in einer Kolonie bis zu hundert Millionen Exemplare auf engstem Raum, ohne dass es polizeiliche, hygienische, ökonomische oder logistische Probleme gäbe. Ihre Organisation hat das Problem »hoher Bevölkerungsdichte« seit Millionen von Jahren erfolgreich gelöst. Pearl und Gold gehen 1936 davon aus, dass eine wachsende Bevölkerung nur mit großer Disziplin, mit ›rigider‹ Ordnung und Eindämmung der Individualität zu erhalten sei.[150] Wie bei Jünger und Huxley wird unter den Organisationsformen sozialer Insekten nach einer Lösung gesucht.

Deren Ordnung beruht aber nicht etwa auf der Natur, wie sie ist, sondern auf einer Reihe *kontingenter* wissenschaftlicher Annahmen und rhetorischer Inszenierungen. Die Hypothese von Pearl und Gold ist daher genauso wenig die einzige Option, wie Jünger und Huxley die einzige Möglichkeit repräsentieren, Insektengesellschaften als Bauplan für Utopien oder Dystopien zu nutzen. *Evident* mache das Beispiel der sozialen Insekten, um die entscheidende Verknüpfung noch einmal zu betonen, dass eine hohe Bevölkerungsdichte zu einer »immer rigideren Ausdifferenzierung von Arbeiterkasten« führe, deren Angehörige ohne jede »individuelle Handlungsfreiheit« ihren hochgra-

dig spezialisierten wie monotonen Fließbandaufgaben nach-
gingen. Mit *Evidenz* dürfen wir uns aber nicht begnügen, denn
sie leuchtet nur deswegen ein, weil sie *Alternativen unterschlägt*.
Und in der Tat: Die zeitgenössische Schwarmforschung würde –
mit Blick auf das *gleiche* Beispiel der sozialen Insekten – einen
ganz anderen Zusammenhang nahelegen. Die wohl aufre-
gendste Alternative zu den von Jünger und Huxley entworfenen Ordnungen der Gesellschaft stellt der Schwarm dar. Er betritt den Schauplatz gesellschaftlicher Selbstbeschreibungen
bereits in den frühen 1930er Jahren. Und er hat seinen Auftritt
ebenso der entomologisch-soziologischen Passage und ihrer
Verschaltung medialer, ökonomischer, soziologischer und
technischer Diskurse zu verdanken wie die Gestalt des Arbeiters und die Kasten der Alphas und Epsilons. Nur hat der ver-
schlungene Weg durch die Passage zu einem völlig anderen und
unerwartetem Ziel geführt. Der Roman eines Zeitgenossen
Jüngers und Huxleys nimmt die Geburt der Schwarmintelligenzforschung um Generationen vorweg. Ich werde die epistemologische Epoche, den dieses neue Paradigma für die Ameisengesellschaft macht, in seinen Grundzügen skizzieren, um
damit den Standort zu gewinnen, der nötig ist, um Olaf Stapledons *Last and First Man* von 1930 so lesen zu können, wie der
Text es verdient.

IV. Schwärme aus Schwärmen aus Schwärmen ...
1930

Entomologische Alternativen

Das Problem der Organisation einer großen Zahl von Einheiten in einer Menge, so kann seit etwa 25 Jahren argumentiert werden, lasse sich viel effizienter durch Selbstorganisation der Elemente lösen statt durch Disziplinierung, zentrale Steuerung oder rigide Unterscheidung nach Kasten und Funktionen: Als hätten die Entomologen und Ethologen ihren Ameisen Unternehmensberater ins Nest geschickt, sei es nun gerade das »flexible Verhalten« aller Mitglieder der Gesellschaft, auf denen die »soziale Homöostase« beruhe.[1] Probleme würden ad hoc und vor Ort gelöst und nicht, um im kybernetischen Vokabular zu bleiben, mit *command* und *control*. Nach »Offizieren« etwa, die die Arbeiten der Arbeitsameisen überwachen, sucht nun niemand mehr.[2] Die Dimension der Planung, Regulierung und Steuerung, die Jüngers und Huxleys Utopien/Dystopien durchzieht, tritt in den Beschreibungen der Ameisengesellschaften durch die Schwarmintelligenzforschung vollkommen zurück. Die hoch*integrierten* Ordnungen des protofaschistischen bzw. fordistischen Arbeiters oder der totalitären Stachanow-Ameise werden im Bild des Schwarms durch elastische Verfahren flexibler *Inklusion* ersetzt. Auf Störungen im Gleichgewicht – etwa aufgrund veränderter Ressourcen, Schäden an der Nestarchitektur, klimatischer Veränderungen etc. – reagiere die Ameisengesellschaft mit einer »erstaunlichen Fähigkeit zur Anpassung«, die von den äußerst »flexiblen« Möglichkeiten des »Verhaltens der Individuen« ermöglicht werde.[3] Dass die Differenzierung der Population in morphologisch zu unterscheidende Kasten mit der Teilung der sozialen Arbeit optimal korrespondiert, hat Huxleys *Brut- und Normdirektor* genauso angenommen wie eine Hauptströmung der Entomologie.[4] Der alte *common sense* der entomologischen »Theorie« lautete nämlich, »dass jede sich ungehindert entwickelnde Kolonie sozialer Insekten eine spezialisierte Arbeiterkaste für jede der wesentlichen Aufgaben ihrer Ökonomie hervorbringe«.[5] Dieser Zusammenhang, der auch im *Arbeiter* und der *Brave New World* wie selbstverständlich unterstellt wird, so lautet der neue Stand der Dinge im Jahre 1987, sei allerdings in wirklichen Ameisenkolonien und angemessenen Simulationen gar nicht zu beobachten. Maximal seien vier morphologisch zu unterscheidende Kasten auszumachen, während jede Kolonie permanent etwa vierzig distinkte Aufgaben zu bearbeiten habe.[6] Dieser Widerspruch zwischen »Theorie und empirischem Befund« bringt die Autoren zu der Annahme, dass es für die Kolonie vorteilhafter sei, über eine »plastische Arbeiterschaft« (»plasticity of workforce«) zu verfügen, deren Teams in der Lage sein sollen, die Mannschaftsstärke für die Erledigung überlebenswichtiger Aufgaben (»essential task«) an einen schwankenden Bedarf umgehend anzupassen.[7] Die Kastenordnung und Arbeitsorganisation der *Schönen Neuen Welt* wird aufgegeben bzw. hat in der Wirklichkeit der sozialen Insekten nie existiert. Die Stunde der Schwarmforschung schlägt. Flexibilität triumphiert über Spezialisierung, *liquid feed-back* über Steuerung. Es sei ein großer evolutionärer Vorteil, wenn eine Kolonie über »Mädchen für alles« verfüge (»jacks of all trades«).[8] Die gibt es weder bei Huxley noch bei Jünger. Entgegen der theoretischen Unterstellung, Kastendifferenzierung und Arbeitsteilung gingen Hand in Hand, hat beispielsweise die Ameisengattung *Eciton burchelli* eine organisatorische Alternative zur morphologischen Spezialisierung gefunden: »behavioral plasticity and co-operative behaviour«.[9] Um Aufgaben zu bewältigen, die ein einziges Individuum überfordern, bilden *Eciton b.* Arbeitsgruppen (»well structured teams«), deren Zusammenstellung und Größe an die Art des zu lösenden Problems angepasst ist. Nach Erledigung der Arbeit löst sich das Team auf, und seine Mitglieder stehen für weitere Aufgaben in neuen Zusammensetzungen zur Verfügung. Dieses kooperative und flexible Verhalten sei nichts Geringeres als »super-efficient«.[10] Die beiden Herausgeber des hier zitierten Aufsatzes kommen in einer ihrer eigenen entomologischen Studien zu der These, es sei »Selbstorganisation durch Lernen«, die es den Ameisen gestatte, schnell auf Veränderungen in der Verteilung der sozialen Arbeit (»task division«) zu reagieren.[11]

»Hierbei handelt es sich nicht bloß um ein weiteres Buch über die bezaubernde Naturkunde sozialer Insekten, obschon wir hoffen, dass es Naturforscher mit Freude lesen werden«, schreiben Deneubourg und Pasteels selbstbewusst in ihrer Einleitung.[12] Ihr Forschungsbericht legt stattdessen algorithmische Simulationen jener Organisationsformen vor, von denen sich die (ironisch?) adressierten Naturkundler so gerne bestricken lassen. Ihr Ansatz ist statistisch, spieltheoretisch und akteursorientiert (»agent-based approach«).[13] Auf der Basis von genauen Beobachtungen des Verhaltens einzelner Ameisen in Relation zu dem anderer Ameisen – wer kommt wann woher mit wie viel Futter zurück zum Nest, wer geht ein weiteres Mal nach Ablauf einer bestimmten Zeit an den selben Ort zurück, wer nicht etc. – entwerfen Deneubourg und seine Kollegen einen Algorithmus, der kollektives »Lernen« modelliert (»learning algorithm«). Gelernt wird, dort zu fouragieren, wo die höchste Erfolgswahrscheinlichkeit liegt. Anhand weniger binärer Unterscheidungen – kommt mit Futter zum Nest zurück oder nicht, verlässt danach das Nest wieder oder nicht, geht zum Ort der letzten erfolgreichen Futtersuche zurück oder nicht – wird ein Programm entworfen, das Lernen und Vergessen der Ameisengesellschaft operationalisiert.[14] Das Kollektiv lernt, erinnert, vergisst, nicht das Individuum, das nichts weiter vollbringt, als mit Beute heimzukommen und zum Ort der Jagd zurückzukehen oder nicht. Also ohne die einzelnen Ameisen selbst mit allzu großen kognitiven Fähigkeiten auszustatten, wird ein Gruppenverhalten erklärt, das einem externen Beobachter als intelligent erscheinen mag. Doch die einzelne Ameise ist nur ein *simple agent*, während das *intelligente* Nest sehr schnell seine Fourageure von unergiebigen Orten abzieht und den Einsatz in Gegenden mit höherer Beutedichte massiert. Der Schwarm lernt. Und wenn es überall weniger zu holen gibt, erledigen die überzähligen Ameisen einen anderen Job. Ein Epsilon würde dagegen darauf warten, dass das Band wieder anläuft, und ein Alpha würde sich nie ans Band stellen, selbst wenn der Bedarf hoch wäre. Dienst nach Vorschrift. So haben es auch die Ameisenkasten der 1920er Jahre halten müssen. Die Ameisen des späten 20. Jahrhunderts dagegen beherrschen durch ihre morphologischen Kasten hindurch die Kunst des *task switching*. Auch eine große Soldatin hilft beim Transport oder beim Zerlegen der Nahrung.[15] Keineswegs kehrt sie aller Arbeit den Rücken, solange sich kein Feind des Nestes zeigt. Polymorphismus, also die Koexistenz zweier oder mehrerer erwachsener Formen des gleichen Geschlechts in einer Spezies, wie Wheeler definiert, ist von ihm als Funktion einer »Arbeitsteilung« erklärt worden, die ihren Niederschlag in der Physiologie wie im Verhalten finde.[16] Die Beobachtung von *task switching* läuft dieser Erklärung zuwider.

Wenige Jahre später nach diesem Wurf von Deneubourg und Pasteels werden die neuentdeckten Fähigkeiten der Ameisen als *Schwarmintelligenz* bezeichnet, in Computerprogramme transferiert und als Lösungsstrategie für komplexe Probleme durch Kooperation simpler Akteure angepriesen. *Schwärmen* avanciert zu einer bevorzugten Organisationsform der neugouvernementalen Gesellschaft, in der Steuerung und Stratifikation durch Selbststeuerung und Netzwerke ersetzt werden.[17] Jean-Louis Deneubourg wird zu den Gründervätern dieser neuen Forschungsrichtung gehören, deren vielzitierte Programmschriften 1999 und 2001 erscheinen.[18] Deneubourg und ein weiterer maßgeblicher Autor: Eric Bonabeau haben in einem mit Mike Campos und Guy Théraulaz gemeinsam publizierten Text über *Arbeitsteilung bei sozialen Insekten* die Annahme eines dynamischen Gleichgewichts einer Gesellschaft mit Hypothesen zur Mobilität und Flexibiliät ihrer Mitglieder verbunden und experimentell getestet.[19] Auch ihr Ansatz befährt die Passage zwischen Ameisen- und Menschengesellschaften. Einerseits sprechen die Autoren von »Ameisen« (und ja, auch von Bienen, Termiten und Wespen) als einer »*Metapher* für die Steuerung komplexer Systeme«,[20] anderseits betonen sie unter Rückgriff auf Edward Osborne Wilsons Forschungen, dass die Ameisengesellschaft tatsächlich komplex *ist*: »Eine Kolonie sozialer Insekten *ist* ein komplexes System.«[21] Dies muss betont werden, denn anders könnten die in der *Passage* transportierten Übertragungen nicht plausibilisiert werden. So aber sind A und B komplex, Komplexität ist das *tertium datur*; und wenn C für A gilt, dann trifft, nach einem einfachen wie falschen Syllogismus, C auch für B zu. Zu den Annahmen dieses Forschungsansatzes zählt beispielsweise auch die Beobachtung, dass die Organisation der Arbeitsteilung in einer Insektengesellschaft *genau so* funktioniert wie die Allokation von Ressourcen (inkl. Arbeit) durch einen Markt: Daher sei »ein Vergleich zwischen der Aufgabenverteilung einer Kolonie sozialer Insekten und der marktorientierten Aufteilung von Ressourcen durchaus möglich«.[22] Zu den Konsequenzen dieses Vergleichs zählt die Vorhersage, dass ameisenmäßige Lösungen (»ant-based«) von logistischen, organisatorischen, arbeitswissenschaflichen Problemen auch für Märkte vielversprechend sein werden. Die Ameisengesellschaft wird so zu einem soziologischen Experimentalsystem. Bruno Latour hat es immer schon geahnt: *Agent-based* bedeutet *ant-based*.[23] Man muß aber schon genau hinschauen.

Am Ende ihres Beitrags erinnern Campos und Théraulaz noch einmal daran, dass die sozialen Insekten eine »kraftvolle Metapher« darstellen, die Unterschiede zwischen Ameisen und Menschen aber dennoch groß seien. Aus dieser »major difference« ziehen die Autoren aber eine unerwartete Schlussfolgerung:

> »Man kann diese Arbeit auch unter einem anderem Blickwinkel betrachten. Aufgabenteilung kann als ein Planungsproblem verstanden werden, das ständig von den Ameisen unter wechselnden Umweltbedingungen gelöst wird. Ein wichtiger Unterschied zwischen einem Markt und einer Insektenkolonie besteht in der Rolle der Evolution, welche die Organisation der Kolonie sozialer Insekten geformt hat. Die Evolutionstheorie legt nahe, dass die von den Ameisen gefundene Lösung die in globaler Hinsicht *bestmögliche* darstellt [...] *Auction protocols* wiederum wurden vom Menschen geschaffen, um optimale Ressourcenaufteilung zu generieren: warum nicht evolutionäre Algorithmen verwenden, um optimale *auction protocols* herzustellen?«[24]

Das schiere Faktum, dass Ameisenspezies in wechselnden Umweltbedingungen und in starker Konkurrenz überlebt haben, rechtfertigt die Schlussfolgerung, dass sie das Problem der Arbeitsteilung und -verteilung immer schon gelöst haben – und zwar geradezu ›optimal‹ (»close to global optimality«). Die Evolution selbst garantiert durch den Dauerstresstest der *natürlichen Selektion*, dass die bestmögliche Lösung sich gegen alle anderen durchgesetzt haben wird. Was wirklich ist, das ist – in dieser dank der Evolution stets besten aller Welten – auch vernünftig. Dies macht eine Insektenkolonie als prognostischen Organismus so attraktiv und produktiv: Auktionssimulationen als Platzhalter für Marktbewegungen werden nach dem Vorbild einer Ameisengesellschaft modelliert. Es ist die Natur selbst, die qua Evolution ein Erfolgsmodell für die Simulation von Märkten hervorgebracht hat: die Aufgabenverteilung bei Ameisen nämlich, und man muss es nun nur als Algorithmus aufschreiben, um es auch auf anderen Feldern einsetzen zu können. Die ›Metapher‹ der Insektengesellschaft führt so schließlich, bei aller pflichtschuldigen Betonung der ›gravierenden‹ Differenzen, zu der Vision, von Problemlösungsstrategien *designed by man* zu ameisenerprobten Verfahren *designed by evolution* zu wechseln. Da diese Algorithmen längst überall in den Knotenpunkten unserer Netzwerkgesellschaft implementiert sind, könnte man mit gewissem Recht sagen, dass wir auf dem besten Wege sind, zu einer Ameisengesellschaft zu werden.[25]

Die Differenz zwischen den Insekten und uns bekommt überdies eine moralische Note, sobald die Umwelt des Systems in den Blick genommen wird, wie dies für äquilibristische, homöostatische Ansätze seit mehr als 100 Jahren selbstverständlich ist: Die Ameise kann schließlich nur fouragieren, wenn Futter zu finden ist. Während der Mensch, so lautet die kulturkritische Pointe des Vergleichs, durch Raubbau an allen Ressourcen zur Zeit dabei ist, die Welt und seine eigenen Lebensgrundlagen nachhaltig zu zerstören, leben Ameisen seit »über 100 Millionen Jahren in Harmonie mit ihr«.[26] Das richtige Verständnis der Evolution von Ameisen weist uns daher den Weg zu einer neuen spieltheoretischen Modellierung kooperativen Verhaltens und damit womöglich gar zur »Rettung der Erde«.[27]

Worum sich Martin Nowak, ein mathematisch orientierter Biologe und Evolutionstheoretiker, bemüht, ließe sich als Vorschlag zu einer *alternativen Grundierung der Selbstbeschreibungsformeln der Gesellschaft* beschreiben. Statt Evolution nach dem Motto *survive or die* mit Egoismus kurzzuschließen, versucht Nowak den spieltheoretischen Nachweis zu führen, dass kooperatives, soziales Verhalten den Erfolg einer Spezies fördert.[28] Dies schließt für ihn das Agieren auf Märkten ausdrücklich ein.[29] Das Selbstbild einer Kultur, in der jeder sich selbst der Nächste sei, wird hier korrigiert durch den Nachweis, dass die wahrscheinlichkeitstheoretischen Aussichten auf Erfolg der einzelnen Akteure und ihrer Gemeinschaft steigen, wenn zum gegenseitigen Nutzen zusammengearbeitet wird:

>»Innovation entsteht durch Kooperation, nicht durch Konkurrenz. Um Menschen zu motivieren, kreativ und originell

zu sein, hilft nicht die Peitsche, sondern das Zuckerbrot. In der Evolutionsgeschichte fungiert Kooperation als ein Architekt von Kreativität: von der Zelle und dem Einzeller zum Ameisenhaufen bis hin zum Dorf und der Stadt. Ohne Kooperation gäbe es in der Evolution weder Struktur noch Komplexität.«[30]

Dies klingt nun sehr vertraut, und Nowak erinnert selbst an Peter Kropotkins Schrift *Mutual Aid (Gegenseitige Hilfe in der Entwicklung)* von 1902,[31] die erstmals im Kontext eines evolutionstheoretischen Denkens für die Vorteile kooperativen Verhaltens argumentiert. Gegenseitige Hilfe sei ein Selektionsvorteil. Ein Beispiel, an dem Kropotkin seine Theorie zu verifizieren glaubt, liefern die sozialen Insekten: Die Ameisen tricksen den von Darwin beschriebenen *struggle for existence* aus, der Individuen gegeneinander im *survival of the fittest* – etwa auch um Geschlechtspartner – konkurrieren lässt. Die »natürliche Auslese« honoriert, so Kropotkin, die »*Überwindung der Konkurrenz* durch gegenseitige Hilfe«.[32] Kropotkin argumentiert genauso ökonomisch wie alle Evolutionstheoretiker von Darwin bis Dawkins, wenn er unterstellt, dass Konkurrenz der Individuen die Ressourcen verknappt, die der Art insgesamt zur Verfügung stehen. Das Leben suche immer den Weg »mit dem geringsten Aufwand an Kraft«.[33] Die Ameisen sind ihn mit Erfolg gegangen:

>»Die Ameisen vereinigen sich in Haufen und Völkern, sie stapeln Vorräte auf, sie halten sich ihr Vieh – und vermeiden so die Konkurrenz; und die natürliche Auslese wählt aus den Familien der Ameisen die Arten aus, die es am besten verstehen, die Konkurrenz mit ihren unabwendbaren Folgen zu vermeiden.«[34]

Kropotkin ist der Überzeugung, dass nicht das Individuum, sondern die Art die Ebene darstellt, auf der selektiert wird. Und jene Art erweise sich als *fitter*, die besser zusammenwirke. »Daher vereinigt euch – übt gegenseitige Hilfe!« Das sei es, »was die Natur uns lehrt«.[35] Die auf Hobbes zurückgehende Annahme

114

eines Naturzustandes, in dem »ein fortwährender Krieg zwischen Individuen« geherrscht habe, hält Kropotkin daher endgültig für widerlegt;[36] Geschichte und Ethnologie lieferten die »positiven Beweise« für die Richtigkeit seiner Hypothese, dass die Evolution auch im Falle der Menschen Kooperation belohne und Konkurrenz bestrafe.[37] Daher ist sich Kropotkin sicher, dass *à la longue* die Menschheit als Ganzes noch lernen werde, sich eine Verfassung zu geben, die auf dem Prinzip der gegenseitigen Hilfe beruht.[38]

Dass Kooperation einen Selektionsvorteil darstellt, wie Nowak annimmt, ist also eine 100 Jahre alte Hypothese. Evidenz bezieht sie auch in dieser Abhandlung vom Verweis auf das Exempel der Ameisen. Die Evolution, so sei von der Spezies *Atta*, der »Königin der Kooperation«, zu lernen,[39] honoriere Zusammenarbeit und ahnde Egoismen.[40] Diese Lehre schmeckt sicher süßer als die, die Jünger oder Escherich in den 1930er Jahren ziehen,[41] doch ist ihre Voraussetzung: die Übertragung entomologischen Wissens auf die menschliche Gesellschaft nicht minder problematisch. »Collateral altruism«, so heißt es in einem von Nowak mitverfassten Beitrag für die Zeitschrift *Nature*, könnte überhaupt den Königsweg der Evolution zu sozialen Tieren gebahnt haben, deren dominante Formen heute die Ameisen und Menschen sind.[42] Die Botschaft lautet, dass wir die Entwicklung unserer Zivilisation nur dann verstehen und steuern können, wenn wir begreifen, dass die evolutionären *Gesetze der Natur selbst*, denen alles, was ist, unterworfen ist, langfristig Kooperation positiv und Egoismus negativ selektieren. Unser Verhalten wird also einer Kritik *im Namen der Natur* ausgesetzt, die kooperatives und egoistisches Verhalten unterscheidet. Man muss nur eben wissen, worin die Natur der Natur besteht.[43] Nowak nimmt dies in Anspruch und interveniert auf dieser Basis in die Debatte um die Erderwärmung: Angesichts des drohenden Klimawandels dürfe sich die Herabwirtschaftung der Allmende durch den privaten Egoismus: die sog. »Tragödie der Allmende« nicht wiederholen.[44] Solch ein Drama hat sich aber unter Ameisen niemals abgespielt. Sie leben seit »100 000 000 Jahren in Harmonie mit dem Planeten«.[45]

Diese Ameisen: kooperativ und nachhaltig, flexibel und mobil, sind nicht dieselben, deren Wiedergänger die Planlandschaften Jüngers und Planwirtschaften Huxleys bevölkern. Die Parallelen – nicht zu sozialen Insekten schlechthin, aber zu den führenden entomologischen Modellen der 1920er Jahre – sind in beiden Romanen in aller Breite ausgeführt, vom Kastenwesen bis zur Trophallaxis, von der Homöostase bis zur Brutpflege, vom Superorganismus bis zur Sozialhygiene. Bei Jünger wie bei Huxley ist die nach dem Muster des Ameisennestes entworfene Gesellschaftsordnung *total und stratifiziert.* Dieser Transfer ist aber alles andere als zwingend. Kropotkin hat nichts anderes rezipiert als Jünger oder Huxley: Huber, Forel, Lubbock, McCook und Maeterlinck, gelangt jedoch zu einem ganz anderen, durchaus wirkungsmächtigen Verständnis davon, wofür das Bild der Ameisengesellschaft steht. Nowak kann hier anschließen. Die Passage zwischen Ameisen- und Menschengesellschaften lässt sich also mit den gleichen Mitteln auch in eine andere Richtung befahren. Unterschiedlichste Beschreibungen der Gesellschaft können sich auf entomologische Evidenzen stützen. Und dies, so möchte ich nun ausführen, nicht nur in einer anderen Epoche, sondern *auch zur gleichen Zeit.*

Dieser Nachweis muss zu einer Korrektur und Ergänzung wissenshistorisch orientierter Lektüren führen, die sich mit der Herausarbeitung von *Analogien* zwischen literarischen Werken und entomologischer Forschung begnügen, denn dies genügt nicht, weil auf der *gleichen* epistemologischen Basis *völlig unterschiedliche* Weltentwürfe konzipiert werden. Charlotte Sleigh behielte zwar weiterhin recht mir ihrer Feststellung: »The ideology of *Brave New World* was thus that of the superorganism«, gemäß Wheelers Modellierung des Ameisennestes als arbeitsteiligen Organismus.[46] Die Möglichkeit *alternativer* Ausdeutungen der gleichen biologischen Beschreibungen der Ameisengesellschaft würde aber eine Frage nahelegen, die

Sleigh sich nicht stellt: warum Huxley gerade *diese* Variante aufgreift und verarbeitet und *nicht eine andere*? Eine aufregende Alternative begegnet uns 1930 in einem Roman Olaf Stapledons. Hier betritt eine Spezies den Schauplatz der Selbstbeschreibungen der Gesellschaft, von der die Wissens- und Kulturgeschichte der Entomologie nichts ahnt, weil sein Roman die zeitgenössische Forschung zu den sozialen Insekten nicht widerspiegelt, sondern verschiedene Elemente der entomologisch-soziologischen Passage produktiv verschaltet und so Neues generiert.

Olaf Stapledons *Last and First Men*

»Dies ist ein Werk der Fiktion«, beginnt Olaf Stapledon sein *Vorwort*. Gleichwohl sei seine Geschichte, die er 1930 in *Last and First Men* erzählt, »möglich«. Sie gebe einen denkbaren Ausblick auf die Zukunft der Menschheit.[47] So weit, so klassisch-aristotelisch: Poesie erzählt nicht von dem, was ist, sondern von dem, was sein könnte.[48] Seinen Roman, der aus einer fernen Zukunft einen Blick auf die Entwicklung der Menschheit wirft, möchte Stapledon strikt vom »bloß Phantastische[n]« unterschieden wissen, denn dies verfüge nur über geringe »Überzeugungskraft«. Nicht um die Verblüffungseffekte des Wunderbaren gehe es ihm, sondern um eine Beobachtung und Extrapolation der in der Gegenwart angelegten Entwicklungschancen.[49] Der Zukunftsroman habe mithin die Aufgabe, »die Gegenwart und ihre Potentiale« zu verhandeln, also das gegenwärtig Gegebene nicht als Faktizität hinzunehmen, sondern vor dem Hintergrund alternativer Möglichkeiten zu betrachten. Denn mit unserer Gegenwart koexistierten »viele gleichwertige Möglichkeiten«. In der Entfaltung dieser Möglichkeiten liege das kritische Potential der Literatur. Über Möglichkeitssinn verfügen in den 1930er Jahren nicht nur österreichische Autoren.

Um einen solchen Roman schreiben zu können, erfindet

Stapledon einen Autor, der in einer Millionen von Jahren entfernten Zukunft einen Weg gefunden hat, einen Menschen der Gegenwart von 1930 gleichsam zu inspirieren und ihm den Roman einzugeben. Dieser Autor »besäße die Fähigkeit, die Gedankengänge der gegenwärtig Lebenden teilweise zu beeinflussen, so dass das vorliegende Buch auf eine solche Beeinflussung zurückzuführen« sei.[50] Eine Muse aus der Zukunft macht aus einem *science fiction* einen historischen Rückblick auf die Geschichte der menschlichen Spezies. Und die nimmt einen üblen Verlauf.

> »Wir alle wünschen sehnlichst, die Zukunft möge sich als glücklicher erweisen, als ich sie mir vorgestellt habe. Insbesondere hoffen wir, daß unsere gegenwärtige Zivilisation sich ständig weiterentwickle zu einer Art Utopia. Die Vorstellung, daß sie zerfallen und zusammenbrechen und all ihre geistigen Schätze unwiderruflich verlorengehen könnten, ist uns zutiefst zuwider. Und doch muß dies wenigstens als Möglichkeit ins Auge gefaßt werden.«[51]

Die Evolution auf Erden hat mit der Abschaffung von Arten zu rechnen, und dazu könnte auch eine Menschheit zählen, die »sich selbst zerstört«.[52] Wenn die Zukunft von Entscheidungen abhängt, ließen sich dann nicht die Weichen heute neu stellen, lautet die interventionistische Frage, die Stapledons dystopischer *science fiction* aufwirft. Die evolutionstheoretische Simulation der Zukunft soll, wie auch bei Nowak, ihr Eintreten verhindern. Das mögliche Ende der Welt gestaltet er daher so realistisch wie möglich.

> »Bei jedem Versuch, ein solches Drama zu entwickeln, muß berücksichtigt werden, was die gegenwärtige Wissenschaft über die Natur des Menschen selbst und über seine physische Umwelt hat.«[53]

Welche Wissenschaften vom Menschen und welche »natural sciences«[54] hier in Anschlag gebracht werden müssten, verrät Stapledon in seinem Vorwort nicht, aber es wird sich zeigen, dass die Entomologie eine zentrale Rolle spielen wird.

Olaf Stapledon, geboren 1886 in der Nähe von Liverpool, ist ein Jahrzehnt älter als Ernst Jünger und hat Aldous Huxley sechs Jahre voraus. Studiert hat er Geschichte und Philosophie, unter anderem in Oxford, dem Studienort der Huxleys. Den Ersten Weltkrieg hat Stapledon in Belgien und Frankreich in einer Sanitätseinheit erlebt. Den Rest seines Lebens verbringt er als Dozent an der Universität Liverpool und mit dem Verfassen einer Vielzahl von philosophischen Werken und Romanen. 1930 erscheint der von evolutionstheoretischen Spekulationen getragene, weltgeschichtliche Roman *Last and First Men*, der die Entwicklung der Menschheit vom Beginn bis zu ihrem Ende über Millionen von Jahren in den Blick nimmt. Wer in der Menschheit eine Spezies und in der Spezies einen Genpool sieht, der braucht eine solche Zeitspanne, um die Evolutionsgeschichte einer Art in ihrer Umwelt zu erzählen. Diese nach Äonen zählende »evolutionary […] time scale« übernimmt Stapledon von Herbert G. Wells und von John Burdon Sanderson Haldane, einem Oxforder Biologen.[55] Es ist typisch für das Genre ›darwinistischer‹ Narrationen, dass es seine Autorität aus der Unterstellung bezieht, dank genauer Kenntnis der evolutionären Mechanismen den Lauf der Entwicklung über Äonen hinweg zu überblicken. Wells ist bekannt für seine Visionen irdischer wie außerirdischer Ameisenstaaten, Haldane für seinen Beitrag zur Evolution von »Eusozialität« und mithin für die Entstehung von sozialen Insekten.[56] Beide Themen resonieren in Stapledons Roman. Haldane und Wells[57] haben auch bei der Konzeption der *Brave New World* eine wichtige Rolle gespielt, doch könnte der Unterschied zu Stapledons Entwurf einer alternativen Gesellschaft nicht größer sein. Auf diese Differenzen bei gleicher wissens- und kulturgeschichtlicher Ausgangslage kommt es mir hier an.

Ein Schwarm vom Mars. Neues Wissen für eine andere Gesellschaft

Nicht Milliarden von Jahren, sondern ein besonderer Moment ist in *Last and First Men* für die semantische Karriere der sozialen Insekten von ganz besonderer Bedeutung. Es handelt sich um einen seltsamen Sonnenaufgang, der eine Szenerie im Hochgebirge des Hindukusch illuminiert, welche von Wanderern mit Feldstechern bemerkt und aus ihrer Sicht beschrieben wird.

> »Frühaufsteher entdeckten bei ihrem Spaziergang, daß der Himmel auf unerklärliche Weise eine grünliche Tönung bekommen hatte und daß die aufsteigende Sonne nur schwach schimmerte, obwohl die Luft wolkenlos war. Plötzlich verfolgten sie ganz überrascht, wie sich die grünliche Tönung in Tausenden winziger Wölkchen konzentrierte und dazwischen das klare Blau des Himmels freigab. Mit Feldstechern ließ sich inmitten jeder einzelnen Wolke die Andeutung eines rötlichen Kerns erkennen, daneben sich hin- und herbewegende ultraviolette Farbstreifen …«[58]

Was die erstaunten Spaziergänger mit ihren Feldstechern sehen, nennt der Erzähler ein »strange phenomenon«,[59] eine fremde wie merkwürdige Erscheinung, nämlich eine Organisation aus Myriaden von Kernen und Verknüpfungen, die ihre Gestalt und ihren Aggregatzustand beliebig zu verändern vermag: »Im Gebirge sammelte sich ein großer Schwarm dieser Wolken«; »a vast swarm of cloudlets was collecting«.[60] Um dieses ungewöhnliche Kollektiv, seine Formen und Funktionen, seine epistemologische Genealogie und seinen Platz in der Selbstbeschreibungssemantik der Gesellschaft geht es mir im Folgenden. Stapledons Roman verarbeitet das Wissen seiner Zeit in einer produktiven Weise, die den Diskurs der Schwarmintelligenz um Jahrzehnte vorwegnimmt und zugleich vorführt, dass die Literatur sich zu den Wissenschaften, die sie aufgreift, nicht notwendig in einem Verhältnis der Analogie befinden muss, sondern selbst Experimente anstellt, die von der Fachwissenschaft erst eingeholt werden müssen.[61] Kurz: Die Literatur bildet das Wissen nicht ab, sie spiegelt es nicht einfach wider, sondern macht es produktiv. *Last and First Men* schafft neues Wissen. Der Roman extrapoliert 1930 aus entomologischen Versatzstücken eine völlig fremde (>strange<) und tatsächlich neue, innovative Selbstbeschreibungsformel der Gesellschaft, der eine große Zukunft bevorsteht.

»On the mountain a vast swarm of the cloudlets was collecting, and creeping down the precipes and snowfields into a high glacier valley.«[62] Dieser Schwarm ähnelt erst einer Wolke oder einem Nebel, der um jeden Gegenstand und jede Person umherfließt, dann aber zu einer festen Masse erstarrt, die angreift, was sich ihm in den Weg stellt. »Das mörderische Etwas machte sich jetzt auf den Weg zur Stadt, drängte die Straße entlang, mal hierhin und mal dorthin, lehnte sich gegen das erste Haus, zermalmte es und bewegte sich immer weiter wie ein Lavastrom voran, alles zerstörend, was ihm in die Quere kam.«[63] Das >Ding<, wie es vorerst genannt wird, entkommt jeder selbst gut bewaffneten Gegenwehr der Bewohner, indem es sich in seine Elemente auflöst: »Immer blasser wurde das grüne Wolkenfeld und verschwand allmählich ganz. So endete die erste Invasion der Erde durch die Marswesen.«[64] Der am Hindukusch wie aus dem Nichts zuschlagende Feind stammt aus einer anderen Welt. Er wird zurückkommen, denn im Schwärmen liegt die Zukunft der Kriegsführung.[65] Dieser Schwarm aus Wolken und Wölkchen[66] erweist sich in Stapledons Roman nicht nur als das ganz Andere, sondern auch als Konkurrent im *struggle for existence*[67] um die knappen Ressourcen der Erde – einer Menschheit übrigens, deren soziale Entwicklung den fortschrittlichen Stand einer »harmonischen« Weltgesellschaft erreicht hat, der einer »single world-culture« entspricht.[68] *One world, one culture.* Kaum ist die Menschheit friedlich vereint, muss sie sich der Invasion eines Feindes stellen, der ihre Existenz herausfordert.[69] »*Die Menschheit* als solche kann keinen

Krieg führen, denn sie hat keinen Feind, wenigstens nicht auf diesem Planeten«, hat Carl Schmitt angemerkt.[70] Für Insektenkundler gehören beide Aspekte – Gesellschaftsbildung und Krieg – ohnehin zusammen. Anders können sie sich Fortschritt gar nicht vorstellen:

>»Es war ein Glück für die Termiten, dass sie gegen einen unversöhnlichen Feind kämpfen mussten, der ebenso intelligent [...] war: die Ameise. [...] Wo stünde der Mensch, wenn er, wie die Termite, einen ebenbürtigen Gegner gefunden hätte, erfinderisch, methodisch, grausam und seiner würdig? Wir haben immer nur unbewußte und vereinzelte Gegner gehabt; und seit Jahrtausenden treffen wir auf keinen anderen ernsthaften Feind als auf uns selbst. Dieser Feind hat uns vielerlei gelehrt, dreiviertel von all unserem Wissen, aber er war uns nicht fremd, kam nicht von außen, konnte uns nichts bringen, was wir nicht schon gehabt hätten. Es mag sein, *dass jener unbekannte Feind eines Tages zu unserem Heil von einem Nachbarplaneten herabsteigt* oder von irgendeiner unerwarteten Seite kommt, wenn wir uns nicht bis dahin, was bedeutend wahrscheinlicher ist, gegenseitig vernichtet haben.«[71]

Die Entscheidung für ›competition‹ und gegen ›cooperation‹ führt bei Stapledon, wie um Kropotkin recht zu geben, beide Spezies in den Untergang.[72] Auch er kennt dessen alternative Lesart der Evolutionstheorie,[73] und es steht außer Frage, dass der Roman für die Kooperation plädiert.[74] Doch erst nach der gegenseitigen Zerstörung wird die Evolution – später mit gentechnischer Unterstützung – die marsianische und irdische DNA zu einer »true symbiosis, a co-operative partnership« zusammenführen.[75] Hier schlägt Stapledons Dystopie um in eine Utopie, auf deren medientechnische und entomologische Genealogie ich noch zurückkommen werde. Dietmar Dath, mit dessen *Abschaffung der Arten* mein Buch enden wird, setzt dieses Projekt einer Symbiosis auf dem letzten Stand der Evolutions-, Sozial- und Medientheorie um.

Stapledons Passage

Der Schwarm vom Mars wird mit genau jener auf Ähnlichkeiten beruhenden Metaphernkette beschrieben – als Wolke, als Kollektiv, als Netzwerk oder als »multiplicity of free-floating units« –,[76] die auch die aktuelle Semantik der Schwarmforschung, der Soziobiologie oder solcher Visionäre wie Hardt und Negri prägt. Um im Jahre 1930 die verstörende Vision eines Schwarms einem Publikum zu vermitteln, dem *Cloud Computing*, Netzwerke, *Smart Mobs*, *Ant Algorithms* und Schwarmintelligenz noch gänzlich unvertraut sind, benutzt Stapledon eine ganze Reihe von Analogien aus der Welt der Psychologie, der Biologie und der Telekommunikation. Er fährt die Passage in ihrer ganzen Breite:

Die Koordination eines Schwarms finde im Medium einer gleichsam »telepathic communication« statt: man habe sich die als Einheit agierende Wolke aus interagierenden Wölkchen als »immense crowd of mobile wireless stations« vorzustellen, eine jede »transmitting and receiving«.[77] Alle diese drahtlosen Einheiten senden und empfangen, alle stehen in Kontakt miteinander. Aus dieser Verbindung geht der Schwarm als Kollektiv hervor, oder genauer: der Schwarm *ist* diese Verbindung. Die Vorstellung einer Gemeinschaft von Akteuren, die in ständiger medienvermittelter Interaktion miteinander stehen, kommt Brechts berühmten Aufsatz über den *Rundfunk als Kommunikationsapparat* immerhin zwei Jahre zuvor.[78] Genau wie Jünger und Huxley arbeitet Stapledon mit Übertragungen von Merkmalen zwischen dem Organischen und Technischen, und es wird zu sehen sein, dass diese *Metaphorologie* auch ein Weltbild generiert, das mit großer Konsequenz als Alternative von Gesellschaft schlechthin vorgeführt und sehr genau mit Blick auf die sozialen, kulturellen und biotechnischen Voraussetzungen beschrieben wird.

Den Schwarm habe man sich als eine gigantische Menge mobiler, drahtloser Sende- und Empfangsgeräte im permanenten

Betrieb vorzustellen, formuliert Stapledon im kommunikations- und medientheoretischen Vokabular.[79] Jede Zelle stehe in »einer Art von ›telepathischen‹ Kommunikation mit allen anderen«, was den Marsianern verschiedene Zustände der Verdichtung einzunehmen gestattet. Für die so entstehende Gesellschaft braucht es gewiss auch eine ›neue Soziologie‹.[80] Die dynamische Form der Organisation des Schwarms lässt sich mit der systemsoziologischen Unterscheidung von loser und fester Kopplung beschreiben: Der Grundgedanke besteht darin, dass Elemente eines Mediums sich temporär zu unterschiedlichen Formen zusammenschließen können, ein lose gekoppeltes Medium also, das viele Formen fester Kopplung zulässt und umgekehrt jede Form sich wieder in ihre Elemente auflösen kann.[81] So können nach jeder Flut erneut aus Sand (Medium) andere Burgen (Formen) gebaut werden. Ein Medium hält lose gekoppelte Elemente für Formen bereit, die ihrerseits aus dem Medium Elemente für eine feste Kopplung selektieren. Im Sandkasten eines Generalstabs werden dies andere Formen sein als die im Sandkasten eines Kinderspielplatzes. Medium und Form determinieren sich nicht, sondern öffnen Möglichkeiten der Kopplung. Formen, das ist der Clou dieses Vorschlags, können selbst Elemente eines Mediums werden, während zugleich die Elemente eines Mediums als Formen eines anderen Mediums beschrieben werden können.[82] Jede Form, jedes Medium, jedes Element kann dekomponiert werden; keine Form ist ›essentieller‹ als ihr Medium, kein Medium ›substantieller‹ als seine Form. Dies unterscheidet den Ansatz von traditionellen Annahmen, die Gesellschaft sei ein Kollektiv von *Individuen*, also aus nicht dividierbaren, *unteilbaren* Grundeinheiten. Dies macht ihn für uns geeignet, denn Stapledons Schwarm besteht nicht aus Substanzen, sondern aus Kopplungsformen.

»First, an ›open order‹ of independent and very tenuous cloudlets in ›telepathic‹ communication, and often in strict unity as group mind; second, a more concentrated and less vulnerable cloud; and third, an extremely concentrated and formidable cloud-jelly.

[E]rstens in einer ›offenen Ordnung‹ von selbständigen und sehr zarten Wolken, die in ›telepathischer‹ Verbindung miteinander standen und oft gemeinsam als Gruppe handelten; zweitens in einer konzentrierten und weniger verletzlichen Vereinigung von Wolken und drittens in einem außerordentlich konzentrierten und furchtbaren Wolkengelee.«[83]

Diese Wölkchen können autonom oder im Kollektiv agieren: »The whole planet constituted sometimes a single biological and psychological individual. But this occurred as a rule only in respective matters which concerned the species as a whole. At most times the Martian individual was a cloudlet.

[A]ls die Evolution auf dem Mars ihren Höhepunkt erreicht hatte, der gesamte Planet (abgesehen von den Überresten der voraufgegangenen weniger erfolgreichen Flora und Fauna) zuweilen im biologischen und psychologischen Sinne ein einziges Individuum darstellte. Dies traf aber nur bei Angelegenheiten zu, die die Gattung als Ganzes betrafen. In den meisten Fällen war das Individuum auf dem Mars eine Wolke …«[84]

Das sogenannte Individuum ist hier sowohl teilbar als auch aggregierbar,[85] es ist Form und Element eines Mediums. Der Schwarm vermag jede Form anzunehmen, die sich aus seinen Elementen darstellen lässt; er kann in einzelne ›free-wandering units‹ zerfallen und bildet nach Bedarf Sub-Schwärme aus ›to fulfil special functions‹.[86]

Swarm raiding

Die soziologischen Implikationen des Schwarmbildes liegen hier auf der Hand. Auch der Schwarm hat es mit einer Umwelt zu tun, die unterschiedliche Anforderungen an ihn stellt, und er reagiert darauf in einer Art *ad hoc*-Emergenz mit einer Ausgliederung von Teams, die ›spezifische Funktionen‹ verrichten und sich nach Erledigung ihres Jobs wieder auflösen. Der *mainstream* der Entomologie hat in den 1920er und 30er Jahren die Genese von Kasten als Problemlösung dieser unterschiedlichen Anforderungen angesehen, und Jünger und Huxley haben diese Auffassung aufgegriffen und in die Welt der Arbeiter und Angestellten übertragen. Als eines der wichtigsten Argumente für diese Kastentheorie galt die Morphologie der Ameisen, die markante Unterschiede zwischen »Königin«, »Soldatin«, »Pflegerin«, »Futtersucher«, »Honigtopf« etc. aufweist.[87] Ein *Alpha* oder *maior* sieht nicht nur anders aus, sondern erfüllt auch andere Aufgaben als ein *minor, Beta* oder *Gamma*. Und auch in der Arbeiterarmee, die Jünger vorschwebt, lässt sich ein Tiefseetaucher oder Pilot nicht gegen einen Sprengmeister oder Chemielaboranten austauschen: Sie sind zwar ohne jede ›bürgerliche‹ Individualität, aber funktional spezifiziert und different. *Für die Elemente des Schwarms gilt dies nicht.* Stapledon kommt hier der Schwarmintelligenzforschung ein halbes Jahrhundert zuvor. Nicht der einzelne Agent und sein spezielles Training, seine Zucht oder Disziplin geben den Ausschlag bei der Verrichtung spezifischer und komplexer Arbeit, sondern die Kopplung mehrerer Elemente zu einer Form. Der Schwarm aus einer Vielzahl von Elementen fungiert so als Medium für Formen und zugleich, in Gestalt eines Super-Organismus, als Form des Mediums. Es sind Sub-Schwärme, die der Schwarm auskoppelt, um verschiedenste Arbeiten zu verrichten. Diese Organisationsform stellt 1930 eine wegweisende, hochinnovative Alternative dar sowohl zu Theorien der funktionsspezifischen Differenzierung der Gesellschaft in Systeme, wie Talcott Parsons sie gegen Ende des Jahrzehnts zu entwickeln beginnt, als auch zu hierarchischen oder zentralistischen Ordnungsmodellen.

Eine Passage ist kein Spiegel. Stapledons Roman bildet hier weder die zeitgenössische Gesellschaft noch soziologische Modelle der Gesellschaft ab oder spiegelt sie wider, sondern entwirft aus dem aus verschiedenen Diskursen geschöpften Bild des Schwarms eine andere Gesellschaft, deren theoretische Fundamente erst in jüngster Zeit erarbeitet werden:

»Die erste Form des Schwärmens zeigt sich in Organisationsformen wie dem Stock oder Nest« (Wilson, 1971). […] Selbst wenn sich diese Insekten in linearen Formen bewegen, können sie jederzeit übergehen in einen Schwarmmodus. Im Fall der Ameisen nennt man dieses Verhalten ›swarm raiding‹ (vgl. Hölldobler / Wilson, 1994).«[88]

Was die Pentagon-Berater Arquilla und Ronfeldt im Jahr 2000 unter Rückgriff auf Wilson und Hölldobler formulieren, um es den Streitkräften der Vereinigten Staaten als alternative Organisations- und Angriffsform zu empfehlen, hat Stapledon bereits 70 Jahre früher genau beschrieben. Die Marsianer betreiben auf der Erde ein *swarm raiding*. Die Literatur ist, ganz wie Stapledon es in seinem Vorwort formuliert hat, nicht einfach ein Medium der Übertragung oder Widerspiegelung, sondern ein Ort, an dem die Gesellschaft die »Welt [ihrer] Bilder und Gebilde, [ihrer] Konjekturen und Projektionen« generiert.[89] Literatur schafft neues Wissen der Gesellschaft. Das macht sie für die Analyse von Selbstbeschreibungssemantiken so interessant. Sie macht Alternativen beobachtbar, von deren Standort aus gesehen die Gesellschaft, ›wie sie ist‹, kontingent gesetzt wird.

Jeder Schwarm ist ein Schwarm aus Schwärmen. Die Subschwärme, »einzelne[] Wolken«, sind spezialisiert, zugleich aber eine »freibewegliche Gruppe von ebenso freibeweglichen Grundeinheiten«.[90] Stapledons Erzähler nutzt durchaus noch die alte Metaphorik der Organe, aus denen der »body politic«[91] besteht: »organs« und »brain«, setzt diese Bilder im Text selbst in Anführungszeichen, denn im Unterschied zur Fabel von der Republik als politischer Körperschaft mit Kopf, Bauch, Armen und Beinen, die Livius erzählt,[92] können alle Einheiten der Wolke »unabhängig« wie »Bakterien oder Viren in der Luft leben«.[93] »[D]er gesamte Bereich der Wolke vibrierte ständig auf den verschiedenen Wellenlängen. [...] Wenn sie einmal den

Kontakt mit dem Schwingungsfeld ihres Systems verloren hatten, existierten sie als simple Viren weiter ...«[94] Es ist das einfache Leben von *simple agents*. Die Komplexität des Schwarms ist ein Effekt seiner instantanen *Verknüpfung* der »Myriaden von Einheiten«,[95] nicht eine Repräsentation der Einheiten selbst. Als »group-mind«,[96] »super-mind«[97] oder »super-individual«[98] formen die Marsianer jenen komplexen Organismus,[99] der zum absoluten Feind der Menschheit avanciert. Wer wissen will, wie diese Gesellschaft funktioniert, muss also die Verknüpfungen ihrer Elemente untersuchen, nicht ihr Sein. Übertragen auf die Soziologie impliziert dies das Ende aller Anthropologie und den Beginn einer Gesellschaftswissenschaft der nichtmenschlichen Agenten.

»All were *free-floating* units«[100] – aber fähig zur Kopplung, um als Element einer »cloudlet« eine bestimmte Aufgabe zu übernehmen. Wenn ein Element auf ein Problem stößt, verkoppelt es sich mit anderen Elementen, um als Schwarm eine Lösung zu finden.[101] Aus dem *fluiden Strömen* der Einheiten wird durch Verknüpfung ein Schwarm-System, »cloudlet's system«,[102] das nach getaner Arbeit wieder in den Zustand loser Kopplung zerfällt und seine Einheiten für neue Formen freigibt. Diesem Schwarm aus Schwärmen steht das ganze Spektrum sozialer Ordnung zur Verfügung vom »simple life« frei flottierender Einheiten bis zur Komplexität einer Kollektivintelligenz, deren Subschwärme arbeitsteilig ›special functions‹ verrichten, aber eben nicht in der Form von fest etablierten Funktionssystemen, sondern *temporär und occasionell*. Im Falle eines »poolings«, der Verknüpfung einer *Multitude* von Einheiten zu einem großen Schwarm, emergiert ein »super-mind«, eine Art kollektiver Wille, der sich als »Ausdrucksform« eines emergenten »Entscheidungsprozesses« auffassen lässt und gewissermaßen die gemeinsamen Ziele der einzelnen Einheiten manifestiert.[103]

Der Zweck des Besuchs vom Mars ist die Ausbeutung der überlebenswichtigen Ressourcen der Erde. »Myriaden von Ein-

128

heiten« ziehen in »endlosen Schwärme[n]« auf der Suche nach Rohstoffen – vor allem Wasser – durch die Welt. Der Wüstenplanet wird von der Erde aus versorgt.[104] Stapledon beschreibt einen interplanetaren *swarm raid*. Und wie im Fall der Ameisenarten *Dorylus* und *Eticon* hat die »Evolution« eine »hochgradig kooperative Organisation aus simplen Individuen« hervorgebracht, deren Anblick den Betrachter leicht zu der Annahme verleiten vermag, nur eine »externe, übergeordnete Kraft« könne diese komplexen und wohlabgestimmten Manöver koordinieren.[105] »Obwohl es sich um einen Vorgang mit einer großen Menge von Einheiten handelte, vollzog es sich in vollkommener Exaktheit; es *mußte* eine Zentrale oder ein zentrales Prinzip geben, das ihn steuerte.«[106] Ernst Jünger kann sich eben nicht vorstellen, dass der Schwarm sich selbst steuert.

1940 leitet der Entomologe Schneirla seine Beschreibung des Schwarmverhaltens von *Eticon burchelli* mit dem Statement ein, es sei *mittlerweile* eine Selbstverständlichkeit anzunehmen, dass eine soziale Organisation ein *emergentes* Phänomen darstelle, das nicht aus der Addition irgendwelcher Eigenschaften der Elemente, aus denen sie besteht, zu verstehen sei.[107] *Keine Gesellschaft*, ob von Menschen oder Ameisen, sei allein aus der individuellen Natur der politischen Tiere zu verstehen. Eine soziale Ordnung ist keine Summe der Eigenschaften ihrer Elemente, sondern stellt eine »emergente« Ebene eigenen Rechts dar, wie Schneirla in Anschluss an Wheeler feststellt.[108] In den Fokus der Untersuchung stellt Schneirla daher die Formen der Verknüpfung, die »soziale Organisation« mit Blick auf die von jedem Akteur zu verrichtenden »Funktionen«.[109] Aus der Verknüpfung entsteht jener »Superorganismus«,[110] dessen »emergente« Ordnung Stapledon genau in diesen Begriffen beschrieben hat.[111] Die »*swarm-raids*« der Gattung *Eticon burchelli* zählen nun zu den komplexesten (»most complex«) Formen organisierten Massenverhaltens (»organized mass behavior«), das sich überhaupt bei Insekten oder Säugetieren beobachten lässt.[112] Die Skizze, die Schneirla seinem Aufsatz mitgibt, prägt die Darstellung eines Eticon-Schwarms bis heute. Sein Ansatz, komplexes Verhalten eines Kollektivs der Organisation simpler Agenten zuzurechnen, stellt der aktuellen Schwarmintelligenzforschung eine wichtige Grundüberzeugung zur Verfügung. Die Frage, wer regiert und gouverniert, führt ins Nichts.[113] Der Eticon-Schwarm benötigt keine »Führer«, vielmehr ist »Führung« (»leadership«, den Begriff setzt Schneirla in Anführungszeichen) nur eine Funktion, die jedes Tier übernehmen

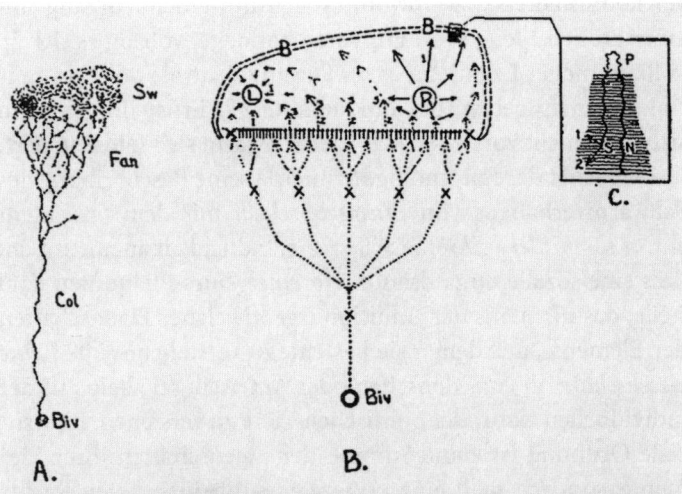

Fig. 1. *A.* Simplified sketch of an *Eciton burchelli* raid in the early hours of activity. *Biv*, bivouac (colony cluster); *Col*, principal column; *Fan*, network of columns in rear of main raiding body; *Sw*, swarm (8 to 15 yards in width).

B. Schematized version of the system represented in 1-*A.* *Biv*, bivouac; *X-X*, *basal pressure* exerted upon swarm by exodus from bivouac; *B*, *frontal barrier* of the swarm; *L*, left flank, undergoing a concentration; *R*, right flank, undergoing an expansion; 1, solid arrows at *L* and *R* indicate principal directions of change; 2, lines of basal-pressure effect as propagated forward through swarm; 3, see text.

C. Schema of the rebound reaction of an individual ant at anterior border of swarm (representing a small area of Fig. 1-*B*). *N*, *normal course* of the *Eciton* across chemically-saturated terrain; *P*, *pioneer phase* (hesitancy and recoil) when unsaturated terrain is entered; *S*, point on return at which contact with ants in swarm becomes effective; 1, a reversal of progress through intense or summated contact; 2, a limited deflection elicited by weak contact.

Abbildung aus T. C. Schneirla, »Social organization in insects, as related to individual function«, in: *Psychological Review*, 48. Jg., Nr. 6 (1941), S. 465–486, S. 475.

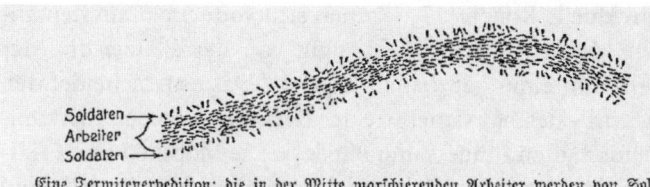

Eine Termitenexpedition; die in der Mitte marschierenden Arbeiter werden von Soldaten bewacht. (Zeichnung für den Kosmos)

Zum Vergleich hier die Marschordnung einer »Termintenexpedition«
aus Wilhelm Bölsche: *Der Termitenstaat*, Stuttgart: Kosmos 1931,
S. 57. Nur ein Jahrzehnt, aber eine echte *epoché* liegt zwischen diesen
Abbildungen.

kann,[114] wenn es die Front des Schwarmfächers erreicht und
die Aggregation der Masse eine bestimmte Schwelle überschreitet, weil die Gegend weitgehend abgeerntet ist, die Ver-
weildauer der Ameisen und entsprechend die Dichte des
Schwarms steigt. Dann wird die Grenze prolongiert, und der
Schwarm bewegt sich weiter. Was Schneirla beschreibt, wird
später in Algorithmen formuliert und in Computern simuliert
werden.

Der *Eticon*-Schwarm hat keine zentrale Führung, keine
hierarchische Struktur, kein Zentrum. Er hat vielmehr eine
»agency«.[115] Seine Organisation ist mit der des Marsianischen
Schwarms bis in die Details identisch. Auch der *Eticon*-
Schwarm verändert seine Konzentration und Dichte, er kann
sich in »temporäre« Sub- und Subsubschwärme unterteilen,
die als unabhängige Gruppen operieren, und er steht in einem
kontinuierlichen Strom von Einheiten mit einem temporären
»Biwak« in Verbindung.[116] *Eticon b.* sind, ein Unding für Aristoteles oder den Theoretiker des *Nomos*, Carl Schmitt, Nomaden. Sie sind flexibel und mobil. Die Einzelwesen können alle
nur denkbaren Funktionen verrichten als Pioniere, als Kämp-
fer und Jäger, als Transporteure etc., doch hängen diese Ver-
richtungen in keiner Weise von den Eigenschaften der Individuen ab, sondern von ihrer Lokalisierung und Situierung:

»Individuelle Rollen [...] können sich vom einen auf den anderen Moment ändern, abhängig von der Platzierung der Ameisen in einer gegebenen Lage.«[117] Das unterscheidet den Schwarm – der Marsianer wie der *Eticon b.* – von den Insektengemeinschaften Jüngers und Huxleys. Die Mobilität und Flexibilität, das Tempo der Adaption an veränderte Umstände und die Effizienz der Auslastung der zur Verfügung stehenden Ressourcen dieser »swarm behaviour«[118] fasziniert noch heute die Forschung und orientiert die Suche nach »Anwendungen« von der Logistik bis zur Kriegsführung.

Der Schwarm vom Mars erntet die Erde gleichsam ab und sendet einen Strom von Ressourcen, vor allem Wasser, zum Basislager. Stapledons Menschheit begibt sich vereint, aber vergeblich in einen totalen Krieg gegen diese Invasoren.[119] Wasser gibt es auf der Erde zwar genug. Die Herausforderung der Menschheit durch die Marsianer besteht aber weniger in dem, was diese hier zu erbeuten hoffen, als vielmehr in ihrer Andersheit, ihrer Schwarmintelligenz. Umgekehrt entdecken die ›cloudlets‹ in der intensiven Auseinandersetzung mit der Menschheit, die der Krieg erzwingt, die schon von Schmitt und Escherich betonten Verlockungen bzw. Risiken der Individualität,[120] was ihre Organisation fundamental bedroht. Die Vernichtung beider Spezies in einem totalen Krieg beendet schließlich alle möglichen Annäherungen.

Die große Faszination des Schwarm-Kollektivs vom Mars liegt keinesfalls in seiner Gestalt, die nicht ausführlicher beschrieben wird als zu Beginn ihres Auftritts als ›grüner Wolke‹, und auch nicht in den Techniken oder Waffen, über die es als Herr über den interstellaren Flug und ebenbürtiger Gegner einer hochentwickelten Menschheit verfügt. All diese typischen *Science fiction*-Ingredienzen erwähnt der Erzähler nur beiläufig. Was ihn dagegen fesselt und zu ausführlichen Beschreibungen treibt, ist die Möglichkeit einer alternativen sozialen Ordnung, die den gewohnten Gleisen so wenig entspricht, dass sie außerirdisch sein muss. Erst 1940 wird sie von Entomologen wie Schneirla zurück auf irdischen Boden geholt. Eine Spezies, in der alle Individuen in telepathischem Kontakt stehen und ein Superbewusstsein ausbilden, das die einzelnen nicht repräsentiert, sondern als Effekt der Vernetzung aller mit allen wahrlich *ist*, gibt es auf Erden durchaus – allerdings nur unter Insekten. Bislang zumindest.

Unmittelbare Kommunikation: Der Traum der Telepathie

Den Wunsch, unter Menschen zu einer ähnlichen Ordnung zu gelangen wie die Marsianer, erfüllt sich der Roman, indem er aus den genetischen Resten des Kriegs der Welten qua Einverleibung und Hybridisierung eine neue, parahumanoide Gattung hervorgehen lässt, der Elemente eines marsianischen Virus telepathische Fähigkeiten verleihen. Die neue Menschheit errichtet eine nahezu vollkommene Gesellschaft, deren »Bevölkerung […] eine direkte ›telepathische‹ Verbindung miteinander« aufrechterhält.[121] Aus der Dystopie schlüpft eine Utopie, denn in dieser »Gesellschaft […], die die ganze Welt umfaßt«,[122] werden alle denkbaren Konflikte und Streitgebiete durch »telepathische Diskussionen« geschlichtet,[123] so dass Frieden auf Erden herrscht. Die bislang ungelöste Frage der politischen Repräsentation entfällt, denn ein »representative body« ist dann unnötig, wenn »in einer ›telepathischen‹ Konferenz der Bevölkerung der ganzen Welt« Vorschläge gemacht werden können.[124] Stapledon scheint davon auszugehen, dass alle Konflikte Folgen von Missverständnissen seien und dementsprechend aller Streit durch Verstehen vermieden oder beigelegt werden könne. Das Institut der »telepathischen Diskussion« leistet aber noch mehr: Das alte soziologische Grundproblem der Differenz von Individuum und Gesellschaft wird in diesem Medium der Unmittelbarkeit gleichfalls durch Aufhebung der Unterscheidung gelöst. Es gibt die Differenz schlichtweg nicht mehr. Die in Stapledons Roman erprobte ›Lösung‹ des Problems erinnert in ihren Konsequenzen an die Klon-Vision des

Director of Hatcheries and Conditioning bei Huxley, doch weist sie in eine ganz andere Richtung:

> »It was by ›telepathic‹ intercourse in respect of art, science, philosophy, and the appreciation of personalities, that the public mind, or rather the public culture, of the Fifth Men had being. With the Martians, ›telepathic‹ union took place chiefly by elimination of the differences between individuals; with the Fifth Men ›telepathic‹ communication was, as it were, a kind of spiritual multiplication of mental diversity, by which each mind was enriched with the wealth of ten thousand million.«

> »Die Kultur der Fünften Menschen konnte überhaupt nur durch einen ständigen ›telepathischen‹ Austausch von Erfahrungen über Kunst, Wissenschaft, Philosophie und über die Begegnungen mit anderen Persönlichkeiten bestehen. Bei den Marswesen war eine telepathische‹ Einheit im wesentlichen nur auf Kosten der Beseitigung individueller Unterschiede entstanden. Bei den Fünften Menschen hingegen partizipierte auf der Grundlage jener ›telepathischen‹ Verständigung jeder einzelne von den geistigen und seelischen Eigenheiten eines jeden anderen, sein eigenes Bewußtsein wurde gewissermaßen multipliziert mit dem ungeheuren Reichtum von 10 Milliarden weiterer menschlicher Bewußtseinseinheiten. [...] Jedes Individuum war ein bewußtes, in sich abgeschlossenes Wesen, das an der Erfahrung aller anderen Wesen teilhatte, und seinen eigenen Beitrag hierzu leistete.«[125]

Diese Gesellschaft löst den alten Pfingsttraum der Medientheorie ein, *unmittelbar* kommunizieren zu können, ohne sprachliche oder technische Mittler, ohne jede Störung und ohne Missverständnisse.[126] Die drei Dimensionen der Kommunikation: Information, Mitteilung und Verstehen, sind nicht länger getrennt, sondern fallen zusammen.[127] Jedes Individuum fungiert als »Knoten eines Systems telepathischer Vernetzung«,[128] das den »ganzen Planeten umspannt« und aus den lokalen Akteuren Gemeinschaften und aus diesen Gemeinschaften eine Weltgemeinschaft formt: »a community of minded communities«.[129] Wie wichtig Stapledon der Zusammenhang von Telepathie und Sozialordnung – für seine Fiktionen, aber auch für seine Gegenwartsdiagnosen und kritischen Interventionen[130] – ist, zeigt ein Blick in seinen zweiten erfolgreichen Roman, *Star Maker* von 1937, der dieses Bild einer unmittelbar vereinten und einigen Menschheit ausbaut. Auch hier folgt auf die »Entwicklung der Telepathie« die Entstehung einer globalen Kommunikationsgemeinschaft, die nicht nur die Verständigung erleichtert, sondern letztlich in allen »sozialen« Fragen »Einheit« herstellt.[131] Dank des telepathischen ›Mediums‹ gelingt eine Verbindung der Individuen zu einer Gemeinschaft, die so stabil und harmonisch ist wie die »Integration der Elemente eines Nervensystems«.[132] Verglichen wird diese Ordnung auch hier erneut mit einem ›Schwarm‹ oder einer ›Wolke‹, deren Einheiten in telekommunikativer Verbindung stehen: »›Radiowellen‹, die die ganze Gruppe durchdrangen«.[133] Die »Gemeinschaft« ist ein Schwarm – und daher »vollkommen«.[134] Pate für diese utopische Gemeinschaft stehen in beiden Romanen die Super-Organismen und *Hive-Minds* der Entomologie. Ein schlagendes Argument dafür findet sich in *Star Maker*, in dem der Erzähler festhält, was er von sozialen Insekten hält:

»[wir] begegneten […] einer Rasse insektenähnlicher Wesen, die sich zu Schwärmen oder Nestern und darin zu einem Einzelgeist zusammengeschlossen hatten, der einen tausendfachen Körper besaß. […] In den *intelligenten Schwärmen, die auf diesen Planeten die Stelle des Menschen einnahmen,* waren die mikroskopischen Gehirne der insektengleichen Einheiten auf mikroskopische Funktionen innerhalb der Gruppe spezialisiert, *gleich Ameisen,* die innerhalb ihres Staates der Arbeitsteilung unterliegen. Alle waren sie beweglich, doch jede Klasse von Einzelwesen hatte besondere ›neurologische‹ Funktionen im Leben des Ganzen. In der Tat arbeiteten sie wie Teile eines großen Nervensystems.«[135]

Intelligente Insektenschwärme können den Part der Menschheit übernehmen. Die Insektengesellschaft könnte an die Stelle der menschlichen Sozialordnung treten. Der hier imaginierte Weg der Evolution führt nicht zum »superhuman«,[136] zu Nietzsches und Jüngers Übermenschen, sondern zum »super-individual«[137] einer Insektengesellschaft, die von ›einem Geist‹ durchwaltet wird. Anderseits reproduziert Stapledon, jedenfalls an diesem zitierten Ort, ganz traditionell jene entomologische Differenzierung von Funktionen und Kasten, die sein marsianischer Schwarm aus Subschwärmen erstmals überwunden hatte. Doch werden dem Superorganismus dafür zwei weitere, eigentümlich utopische Eigenschaften zugesprochen, die in *Last and First Men* nicht thematisiert wurden: Das Ende aller mühseligen Arbeit und Unsterblichkeit:

> Das Leben eines solchen intelligenten Schwarmes war dermaßen perfekt organisiert, daß sämtliche Routinearbeiten in der Industrie und Landwirtschaft für den Geist des Ganzen zu unbewußten Vorgängen geworden waren, so unbewußt wie der Verdauungsvorgang beim Menschen. [...]
> Innerhalb der intelligenten Gruppe starben die insektoiden Einheiten unablässig dahin und machten neuen Einzelwesen Platz, aber der Geist der Gruppe war im Grunde unsterblich. Die Einzelwesen lösten einander ab; das Gruppen-Ich blieb bestehen.«[138]

Paten sind keine Eltern. Vom Super-Organismus zum Schwarm vom Mars ist ein gewaltiger Schritt notwendig, den 1930 in der Fachentomologie noch niemand zu gehen bereit ist.[139] Welche Wissensformationen haben also noch Anteil an der Darstellung dieses Schwarms?[140] Wie setzt sich diese frühe, literarische Vision kollektiver, dezentraler, lateraler, instantaner, vernetzter Ordnung zusammen? Auch Theodore Schneirla lässt sich 1940 in seiner Beschreibung der Schwarmorganisation der *Eticon burchelli* von Maurice Maeterlinck inspirieren, dem symbolistischen Autor, der die Formel vom *spirit of the hive* geprägt hat,[141] der von der »Gesamtunsterblichkeit« des Superorganis-

mus ausgeht[142] und der die These von der »einhelligen Kooperation« durch »instantane Kommunikation« aufgestellt
hat.[143] Dieser Spur möchte ich nachgehen, denn sie führt nicht
nur zum Schwarmverhalten, sondern sogar auf den Mars. 1926
schreibt Maeterlinck in seiner Einleitung zum *Leben der Termiten*:

> »Die Utopisten suchen nach künftigen Gesellschaftsformen
> in Gebieten weit jenseits jeder Vorstellungsmöglichkeit. Und
> dabei steht vor unseren eigenen Augen ein Gemeinwesen,
> das nicht weniger phantastisch, nicht weniger unwahr-
> scheinlich und – wer weiß – nicht weniger prophetisch ist,
> als wir es auf dem Mars [...] finden könnten.«[144]

Da die Termite weit entfernt in den Äquatorialzonen der Kon-
tinente vorkommt, muss es freilich erst einmal jemand unternehmen, *uns* die Termite als älteste »Zivilisation« der Welt »vor
Augen zu stellen« bzw., wie es im Latein der Rhetorik heißt, zur
evidentia zu bringen.[145] Maeterlinck unternimmt dies, nach
eigener Einschätzung auf der Basis der »peinlichsten wissenschaftlichen Beobachtungen«,[146] um ein ums andere Mal ihre
Ordnung der unseren entgegenzuhalten: »Ist es ein Muster sozialer Organisation, ein Zukunftsbild, eine Art ›Antizipation‹,
was uns die Termiten zeigen? Schreiten wir einem ähnlichen
Ziele zu? Wir wollen nicht sagen, dass das unmöglich ist.«[147]
Dass jene Gesellschaft, die Stapledon auf dem Mars imaginiert,
nun in vielem an Maeterlincks Schilderung der Termiten als
Superorganismus erinnert, ist kein Zufall. Nicht dass Stapledon
Maeterlinck gelesen hätte, was möglich, aber nicht nachweisbar
ist. Entscheidend ist vielmehr, dass beide Autoren auf das gleiche Arsenal von Bildern zurückgreifen, um ihre Vorstellung
einer Kollektivintelligenz zu illustrieren. *Technische* Vergleiche
aus dem Bereich der Telekommunikation und der Verweis auf
unbewusste, *psychische* Kräfte wie die der Telepathie spielen
hier die Hauptrollen. Meine These ist ja auch nicht, dass Stapledons Utopie entomologische Theorien widerspiegelt, sondern
verschiedene Wissensbereiche derartig verschränkt, dass sein

Schwarmmodell dem der avanciertesten Entomologie – von der Soziologie ganz zu schweigen – ein Jahrzehnt vorausgreift.

Im Jahr 1920 schreibt die *North American Review*:

»Der *spirit of the hive*, auf den Maeterlinck so viel hält, scheint der Schlüssel zu sein zur Psyche aller niedrigeren Lebensformen. Was einer weiß, wissen unmittelbar und sofort alle. Es ist wie in einer Gemeinschaft oder Einheit des Geistes. [...] Von unserem Wissensstand aus betrachtet existiert im Bienenstock keine Regierung oder Entscheidungsgremium. *Es gibt auch keine Erlasse oder Befehle.* Der Schwarm ist die Einheit. Die Mitglieder handeln konzertiert ohne Anweisungen oder Gesetze. Die Arbeitsteilung des Schwarms erfolgt spontan. Bienen agieren und kooperieren [...] ohne Regeln oder Anweisungen.«[148]

Fassen wir dieses Referat einer Publikumszeitschrift zusammen: Der Schwarm ist ein dezentrales, posthierarchisches, sich selbst steuerndes, in Echtzeit interagierendes, im Bedarfsfall spontan arbeitsteiliges, komplexes, vielförmiges und doch als höhere Einheit operierendes Kollektiv. Der Schwarm »zeigt eine Einheit von Handlungen, wie 10 000 Spindeln, die von der Elektrizität kontrolliert werden [...] 10 Millionen oder 10 Milliarden handeln als Einheit.«[149] Hier finden wir eine Formel für den Super-Organismus vom Mars. Ernst Jünger und Aldous Huxley haben den Stand der Medientechnik völlig anders ausgedeutet. Totale Medien errichten totale, streng gegliederte Ordnungen, die sicherstellen, dass die übermittelten Befehle reibungslos ausgeführt werden. Nicht so Stapledon. Sein Modell des Schwarms aus Schwärmen ist mit Niklas Luhmanns von Fritz Heider übernommener Unterscheidung von loser und fester Kopplung zu reformulieren, also einer aus den 1920er Jahren stammenden Überlegung,[150] nicht aber mit den traditionellen Ordnungsfiguren von Zentrum und Peripherie, Kaste und Schicht, Massen und Formation. Maeterlincks legendärer »Spirit of the Hive«,[151] der »Hive Mind«,[152] der »super mind« der Marsianischen Schwarm-Wolken, wird zur Lösung des Geheimnisses der Kommunikation und Organisation des Schwarms. »Der *spirit of the hive* weiß alles und leitet alles. Die Einheit ist der Schwarm, nicht das Individuum.«[153]

Dies sind freilich keine Erklärungen, sondern Hypostasierungen, die ungelösten Problemen einen Namen geben, nicht aber angeben können, wie diese quasi telepathische oder drahtlose, instantane und spontane Kommunikation des Schwarms funktionieren soll. Die akademische Entomologie hat denn auch die Abhandlungen des »belgischen Poeten« über soziale Insekten für zwar »charmanten«, letztlich aber »mystischen« Unsinn erklärt.[154] Maeterlinck selbst merkt ein Vierteljahrhundert nach seinem Bienenbuch selbstkritisch an, die Zuschreibung der »Verwaltung des Gemeinwesens« an den »Geist des Bienenstockes« sei »nur ein Wort, das eine unbekannte Wirklichkeit umkleidet und nichts erklärt«.[155] Die aktuelle Forschung würde mit Begriffen wie Selbst-Organisation, Emergenz und Schwarm-Intelligenz eine Antwort geben.[156] Ob diese neuen ›Wörter‹ auch bessere oder überzeugendere Thesen repräsentieren, ist gar nicht meine Frage. Wichtig ist mir, dass Stapledon mit seiner Schwarmgemeinschaft eine alternative Sozialordnung entwirft, die eine ganz andere Form erhalten hat als die Ameisenstaaten Jüngers und Huxleys, eine Form, die heute deshalb so erstaunlich zeitgemäß wirkt, weil die Metaphern, die Stapledon für seine Wissenstransfers benutzt: Wolken, Schwärme, Netze, erneut in Mode gekommen sind.[157] Wenn diese Bilder den Anschein von Evidenz haben, wären auch sie daraufhin zu befragen, welche Alternativen sie ausblenden und was in ihrem Schlagschatten liegt.

Kevin Kelly entfaltet das Paradigma in seinem hochgelobten Buch zur »Epistemologie der Schwarm-Logik«[158] nicht anders als der Romancier Stapledon mit einer ganzen Reihe von Analogisierungen: Bienen und Schwärme, Ameisen und »paralleles Operieren«, Modems und Wolken, Netzwerke und Neuronen, Kollektive und Agenten. Wenn es denn eine Epistemologie ist, dann ist sie dem Zauber der Bilder erlegen. Und wie es typisch ist für die Texte der Semantik sozialer Insekten, illustriert eines das andere: Einen Schwarm habe man sich wie eine Wolke, eine Wolke wie ein Netzwerk, ein Netzwerk wie eine Multitude, eine Multitude wie ein Rhizom, und ein Rhizom wie eine Ameisenkolonie vorzustellen. »Man kann mit Ameisen nicht fertig werden, weil sie ein [...] Rhizom bilden, das sich auch dann wieder bildet, wenn sein größter Teil zerstört ist«, schreiben Deleuze und Guattari bewundernd,[159] und während die Kybernetiker die Robustheit der Ameisenlogistik überall zu implementieren suchen, lassen sich Michael Hardt und Antonio Negri von ihrer rhizomatischen Verknüpfungsform beeindrucken. Die Autoren nutzen einen Mix aus neuester Schwarmforschung[160] und alter Entomologie,[161] um von den *Swarm Raids* der Ameisen[162] über die computergestützte Simulation dieses Schwarmverhaltens durch Algorithmen schließlich zu ihrem Transfer des Bildes auf die menschliche Gesellschaft zu kommen. Die Ameise der Schwarmforschung wird zum Vorbild einer »kollektiven Intelligenz«, die »aus der Kommunikation und Kooperation einer solchen [...] Vielfalt entstehen kann«.[163] Und diese Schwarmintelligenz bezeichnet vernetzte menschliche Akteure, keine *Eciton burchelli*.

Allem Spott der Fachwissenschaftler über den ›belgischen Poeten‹ Maeterlinck zum Trotz geht das neue Wissen aus einem poetischen Verfahren hervor. Dieses Verfahren verschaltet die Bilder einzelner Sachgebiete zu einer Isotopie, die dann Aussagen des Typs ›so wie‹ plausibilisiert: Das Ameisennest sei wie ein Rhizom, wie ein Bienenschwarm, wie eine Routerwolke, wie eine Multitude, und eine Multitude ist wie ein Ameisennest.[164] Die Leistung von Autoren wie Stapledon besteht darin, eine Passage für den Bildtransfer zwischen sozialen, technischen und biologischen Semantiken zu schaffen. Indem sie faszinierende wie evidente Bilder schaffen, überführen literarische Texte und Verfahren entomologische, technische und parapsychologische Wissensbestände in eine pointierte Selbstbeschreibungsformel der Gesellschaft. Stapledon legt diese Deutung selbst nahe, nennt er doch die »fictitious corporate personality« seines Mars-Schwarms in Erinnerung an Hobbes einen anderen *Leviathan*. »The super-individual was Leviathan endowed with consciousness«, ein mit Bewusstsein ausgestatteter Leviathan.[165] Dieses Schwarmbewusstsein ist freilich ein Fall kollektiver, verteilter Intelligenz und nicht das schaltende und waltende Gehirn eines Körpers, die Telefonzentrale einer Armeeabteilung oder das nach Plan konditionierte Unbewusste der Alphas, Betas und Gammas.

Das Problem der Kommunikation

Die *cloudlets* oder *swarms* vom Mars stehen in permanentem quasitelepathischem Kontakt, den Stapledons Erzähler mit dem Vergleich mit der Technik ›drahtloser‹ Telekommunikation erläutert. Sie steht für eine instantane Verschaltung aller Elemente des Schwarms ohne Infrastruktur. Ohne Kabel zu benötigen, ist jede Einheit autark und hochmobil. *Wireless communication* deterritorialisiert eine Formation zum Schwarm.[166] Die Funktelefonie, die hier als Metapher dient, kann allerdings *das* Problem der Kommunikation schlechthin nicht lösen, nämlich nur Informationen mitteilen zu können, nicht aber Intentionen, Motive, Authentizitäten etc. Das Verstehen besorgt stets der ›Empfänger‹ selbst, und es muss als unwahrscheinlich gelten, dass er eine Mitteilung genau so versteht, wie der ›Sender‹ sie intendiert hat. Um die Attraktivität dieses Bildes einer *telepathisch* in Kontakt stehenden Gemeinschaft zu verdeutlichen, möchte ich diese Grundproblematik aller Telekommunikation kurz benennen. Sie ist seit langem bekannt. Dass Sprache als wichtigstes Kommunikationsmedium der Verständigung nur sehr unvollkommen dient, weiß bereits Friedrich Schiller. Eine seiner Xenien aus dem Jahr 1796 heißt nicht anders als *Sprache* und lautet so:

»Warum kann der lebendige Geist dem Geist nicht erscheinen?

Spricht die Seele, so spricht ach! schon die Seele nicht mehr.«[167]

Hier wird nur auf den ersten Blick ein Paradox formuliert, tatsächlich markiert Schiller eine operative Differenz. Sobald die Seele spricht, sobald sie also ein Medium: die Sprache nutzt, um mit einer anderen Seele zu kommunizieren, spricht die Seele nicht mehr, sondern die Sprache spricht bzw. die Kommunikation kommuniziert. Die Regeln und Codes dieser Kommunikation, Wörter, Grammatik, Interjektionen haben mit den ›wahren‹ oder ›authentischen‹ Mitteilungsabsichten der Seele nicht viel zu tun. Weil nicht die Seele, sondern die Kommunikation kommuniziert, ist es also unmöglich, dass der *lebendige* Geist dem Geist eines anderen erscheine. Was einem Geist von einem anderen kommuniziert wird, kann aus Schillers Sicht daher nur *tot* sein. Telepathie, so könnte man hier bereits vermuten, verspricht dagegen einen *lebendigen* Austausch der Geister, da sie nicht auf Medien der Vermittlung angewiesen ist. Der Gegensatz von »lebendigem Verstand« und »toten Buchstaben« orientiert auch seine Überlegungen zur funktionsspezifischen Inklusion von Personen in die Gesellschaft durch je vorgefertigte »Formulare« in den *Briefen über die ästhetische Erziehung des Menschen*.[168] Dieses Werk war auch William Morton Wheeler bekannt, und er zitiert es in einer Abhandlung, in der über das Verhältnis von Person und Gesellschaft zu lesen ist, dass ein einzelnes Individuum zugleich von verschiedenen sozialen Systemen inkludiert werde und dort je verschiedene Funktionen verrichte.[169] Die Frage der *Seele* (»âme«, »spirit«) stellt sich dann nicht mehr, wenn man sich entscheidet, allein die »reciprocal activities of intercommunication […] among the social individuals« zu beobachten.[170] Das von Schiller pointierte Problem der Inkommunikabilität von Gefühlen kann man sich dank Kurd Laßwitz, der 1890 Auszüge *Aus dem Tagebuch einer Ameise* publiziert, auch von einer Ameise erklären lassen. Diese teilt einem befreundeten Männchen, das vor dem Hochzeitsflug ein »seltsames Gefühl« umtreibt, mit, »das fühle freilich ein jeder, aber man dürfe davon nicht reden, weil sich durch keine Worte sagen lasse, was das Ameisenherz in sich erlebt, und wenn er es anderen übertasten wolle, so werde es etwas ganz andres werden, als er in sich fühle, und es entstünde flaches Gered' und eitel Gezänk, und zuletzt zwackte man sich die Fühler ab.«[171]

Die Kommunikation mittels ›Fühlersprache‹ erzeugt die gleiche Entfremdung des Bewusstsein von seinen Äußerungen, die Schiller beschrieben hat. Das Auftauchen der »telepathic hypothesis« in der Entomologie um 1900[172] schafft hier einen Ausweg. Sie befeuert aber nicht nur aufs Neue die pfingstliche Vision einer vollkommenen Verständigung, sondern löst auf dem entomologischen Feld das Rätsel, wie Ameisengruppen ihr Verhalten in Echtzeit selbst dann koordinieren, wenn sie durch dickes Mauerwerk voneinander getrennt sind. Alle experimentell[173] geschaffenen Fakten können so erklärt werden: Die ›telepathische Hypothese‹ werde viele Probleme der anerkannten Wissenschaften erklären können, zeigt sich im Jahre 1902 der Naturforscher und Philosoph Albert B. Olston überzeugt.[174]

Olaf Stapledon hat in dem von Schiller und Laßwitz für Menschen und Ameisen beschriebenen Grundproblem der Kommunikation, die zwar Akteure koordiniert, doch die Geister der Individuen in ihren *black boxes* allein lässt, die Ursache für soziale Pathologien aller Art ausgemacht. Solange Bewusstsein und Kommunikation, psychische und soziale Systeme operativ getrennt sind, lassen sich Missverständnisse, die zu Konflikten führen und gar zu Kriegen eskalieren, nicht vermeiden. Stapledon bezieht sich auf dieses Problem mit seiner Vision einer telepathischen »community of minded communities«.[175] In ihr haben Missverständnisse, Entfremdung, Isolation keinen Ort mehr, da die Gehirne nicht mehr allein und die Geister in einen lebendigen, verlustlosen Austausch eingetreten sind. Die Telepathie macht aus der kabellosen Fernkommunikation aller mit allen eine Gemeinschaft der Unmittelbarkeit und Authentizität. Dies ist auch deswegen von historischem Interesse, weil Medien in den 1920er und 1930er Jahren eher von der Übermittlung (von Signalen oder Befehlen) als von der Verbindung (von Geistern oder Nationen) her gedacht werden.[176] Und während Ernst Jünger Medien wie den *Phonophor* ersinnt, die das Befehlswort des Führers jederzeit an jeden Gefolgsmann übermitteln und ihn gehorchen lassen, und Aldous Huxley im *Feelie* ein Massenmedium ersinnt, das die riskante Individualität der Menschen ausschaltet und durch eine subliminal konditionierte Kastenidentität ersetzt, erfindet Stapledon eine Gemeinschaft, die Kommunikation und Vermittlung zwischen ihren Mitgliedern überflüssig macht, weil alle mit allen in unmittelbarem telepathischen Austausch stehen.

Stapledons Romane lassen eine äußerste Skepsis gegenüber Massenmedien und *öffentlicher Meinung* erkennen. Zumal wird das Radio als eine Waffe beschrieben, deren flächendeckende Wirkung mit einem Gasangriff verglichen wird. Das überwältigende Radiobombardement[177] erweist sich als tödlich für die Individualität der Hörer. Dagegen ermögliche die »telepathic communion of the whole race«[178] eine harmonische Versöhnung von »diversity and multiplicity«.[179] Aus der telepathischen Kommunion geht eine Gemeinschaft hervor, eine »Multitude«,[180] die den Gegensatz zwischen Individualität und Gesellschaft aufhebt. Es entsteht »a truly organic world-organism«[181]: eine ganze Welt, die »im vollsten Sinne *ein* beseelter Organismus« sei.[182] Es fällt auf, dass Stapledon von *Kommunion (telepathic communion)* spricht statt bloß von *Kommunikation (communication)*, wenn von seiner telepathisch vereinten Weltgemeinschaft die Rede ist. Diese religiöse Spur ließe sich bis in biblische Szenen der totalen Verständigung zurückverfolgen. Was hat denn aber dieses telepathische Pfingsten noch mit Ameisengesellschaften zu tun?

Hive mind: Die telepathische Konstitution des Gemeinwillens

Die Ameisen eines Nestes oder auch Bienenschwarms bildeten eine »Gesellschaft«, der als Ganzes ein »Kollektivbewusstsein« zukomme, referiert im Jahre 1920 ein Sozialpsychologe zustimmend die Thesen von Alfred Espinas.[183] William McDougall hält den Lehrstuhl für Psychologie der Harvard-Universität und ist zugleich *Wilde Reader in Mental Psychology* der Universität Oxford. Als Wirkungsstätten Wheelers, Parsons', Hendersons, Hamiltons, Haldanes, Stapledons und Huxleys sind Harvard und Oxford zwei für die Erkundung der entomologisch-soziologischen Passage besonders bedeutende Orte. Auf die, je nach Blickwinkel, fruchtvolle und zweifelhafte Kooperation dieser Disziplinen im Umkreis des Harvarder *Pareto Circle* komme ich noch zurück. McDougall rezipiert für seine monographische Studie *Group Mind* neben Espinas auch Le Bon und Sighele, Spencer und Schäffle, einschlägige Autoren also, denen gemein ist, dass sie an den sozialen Insekten gemachte Beobachtungen für generalisierbar halten. Dieses Buch, *Group Mind*, wird wiederum von Wheeler angeführt, um seine Studien zu den sozialen Insekten in einen allgemeinen soziologischen bzw. massenpsychologischen Kontext zu stellen.[184]

Das Anliegen McDougalls ist es nun, den Nachweis zu führen, dass Kollektive als Systeme eigenen Rechts beschrieben werden können, deren Regeln nicht auf ihre Elemente, die Individuen der Gruppe, zurückgeführt werden können. Vielmehr bilde das System ein eigenes »collective consciousness« aus[185] – genau wie »ants of one household have such a collective consciousness«.[186] Dass ein Sozialpsychologe auf Ameisen eingeht, hat den Grund in der Hoffnung, hier etwas über die Ausbildung eines »Gemeinschaftssinnes« *(group-spirit)* in der Entwicklung menschlicher Gesellschaften zu lernen.[187] Denn das Grundproblem ist für McDougall im Falle von Insekten und Menschen das gleiche: wie nämlich überhaupt aus Individuen Gruppen entstehen können, deren kollektives Verhalten von ihren Elementen nicht gesteuert oder kontrolliert zu werden vermag. Auf der Suche nach Erklärungen spielt McDougall Vorschläge durch, die allesamt mit dem Wissen sozialer Insekten in enger Verbindung stehen: *hive mind*, Telepathie und Kommunikation. Der Annahme eines »group spirit« in Insektengesellschaften steht McDougall skeptisch gegenüber, obschon auch er von der Organisation ihrer Staaten beeindruckt ist:

> »Sogar in solchen Tiergesellschaften, wie die der Ameisen und Bienen, bleibt zu fragen, ob so ein *spirit* existiere. Aufgrund der Arbeitsteilung im Bienenstock, manche Bienen lüften, manche errichten eine Wabe, manche füttern die Larven etc., fällt es schwer, die Idee der Gemeinschaft und ihrem permanenten Wirken im Geist aller von der Hand zu weisen. Besonders dann, wenn wir den Prozess der Suche nach einem geeigneten Nistplatz des Schwarms berücksichtigen – dann, wenn ein kleiner Teil der Gruppe vorauseilt, einen geeigneten Ort sucht und findet und die anderen dorthin geleitet.«[188]

Es wäre voreilig, nur aufgrund der effektiven Kooperation und Arbeitsteilung davon auszugehen, eine »Idee der Gemeinschaft« wäre irgendwie im Bewusstsein aller ihrer Mitglieder präsent. Wenn also nicht der *spirit of the hive* den Schwarm durch seine Manifestationen in den Individuen lenkt, was dann? Um das Geistesleben einer Menge zu erklären, wird eine weitere Hypothese erprobt. Auch McDougall kommt auf die offenbar unvermeidliche »telegraphische Hypothese« zu sprechen.[189] Eine Reihe von Beweisen sei in den letzten Jahren für die Existenz telepathischer Interaktion angeführt worden, doch könne mit ihrer Hilfe allenfalls eine »Intensivierung« des »kollektiven Geisteslebens« der Gruppe erklärt werden,[190] nicht jedoch die Entstehung des *group mind*.[191] Im Zuge seiner Lektüre von Espinas' Abhandlung über *Die thierischen Gesellschaften* gelangt McDougall zu der Vermutung, es sei die *Kommunikation*, aus der eine soziale Einheit und seine Identität hervorgehe.[192] Für einen Psychologen ist das eine erstaunliche Einsicht, denn er verabschiedet sich von der Ergründung etwaiger mentaler Grundlagen der Gemeinschaftsbildung.

Anders als die Telepathie benötigt Kommunikation einen Kanal. Auch hier hat Espinas einen Vorschlag gemacht, den McDougall erwägt: bei »allen menschlichen und tierischen Gruppen« könne man beobachten, wie der sichtbare Ausdruck von Gefühlen zu einer Ausstellung der gleichen Emotionen führe.[193] Die Regelmäßigkeiten dieses Kommunikationsmediums hat Gabriel de Tarde, ebenfalls mit Bezug auf Espinas, als *Gesetze der Nachahmung* beschrieben.[194] Auch McDougall stellt sich nun die Frage, wie dieses Medium die Grenzen der Interaktion unter Anwesenden überschreiten könne. Aus der Nachahmung der Emotionen des nächsten Nachbarn mag eine Gruppe hervorgehen, nicht aber ein Staat.[195] Bereits der »Stadtstaat« der Antike, erst recht aber der »Nationalstaat« der Moderne führten ihr »wahrhaft kollektives Geistesleben« dank der ihnen je zur Verfügung stehenden »Möglichkeiten der Kommunikation«; heute wären dies »Telegraph, Post, […] und vor allem die Zeitungen«.[196] Die Medien übertragen aber nach dieser Auffassung nicht nur Informationen, sondern, wie im Falle der unmittelbaren Nachahmung, auch Gefühle: Es sei in »erster Linie der Telegraph, drahtlose Telegraphie und die Druckerpresse […], die die Entstehung der modernen Staaten möglich gemacht haben; diese haben die Verbreitung von Nachrichten und die Möglichkeit, Gefühlen Ausdruck zu verleihen, erleichtert.«[197] Und diese Kommunikationsmittel (»means of communication«) befördern die Entstehung der »organischen Einheit einer Nation«.[198] Dies vermag die Telepathie nicht zu leisten, denn ihre Kraft schwindet mit der Entfernung (»diminishes with distance«).[199] Dies ist kein substantieller Einwand, sondern ein pragmatischer. Die »telegraphische Hypothese«[200] könnte dann wieder ins Spiel kommen, wenn die Entfernung so überbrückt würde, wie es etwa die drahtlose Telegraphie vermag.

Es sind nun gerade Insektengesellschaften, die, so prägnant Eva Johach, *Andere Kanäle* als *Medien des Sozialen* ins Spiel zu bringen erlauben. Dies hat sich auch bei McDougall erwiesen, den die komplexe und effiziente Organisation sozialer Insekten dazu gebracht hat, von einem *group mind* tierischer Gesellschaften auszugehen, um dann die unvermeidliche Frage danach zu stellen, wie physiologisch separierte »Monaden« denn eigentlich »kommunizieren«.[201] Denn ohne Kommunikation kann er sich das mentale Leben eines kollektiven Bewusstseins nicht vorstellen. Die Telepathie hat sich in dieser Diskussion als ein »anderer«, in vielfacher Hinsicht anschlussfähiger »Kanal« erwiesen.[202]

Den Zusammenhang stellt auch Sigmund Freud in zwei Vorträgen her: *Psychoanalyse und Telepathie* aus dem Jahre 1921 und *Zum Problem der Telepathie* von 1934.[203] In seiner Praxis sind ihm eine ganze Reihe von Fällen begegnet, in denen Prophezeiungen und Wahrsager eine entscheidende Rolle spielen. Wichtig ist Freud an den Erzählungen seiner Patienten durchweg *nicht* das Eintreffen der Vorhersage, sondern die intimen Kenntnisse, die der Wahrsager oder die Hellseherin von den betreffenden Personen haben mussten, um die Prognose überhaupt zu stellen. Freud stellt zu einem Fall, den er aufgrund seines heuristischen Werts gleich zweimal referiert,[204] fest, »dass die Wahrsagerin den Fragesteller nicht kannte« und doch in ihrer Prophezeiung so genaue Kenntnisse des Patienten offenbarte, dass eine Reihe von Zufällen sie nicht zu erklären vermag.[205] Freud betont, es sei »nicht der einzige Fall in meiner Erfahrung«, in denen Prophezeiungen die »Gedanken der [...] befragenden Personen und ganz besonders ihre geheimen Wünsche zum Ausdruck gebracht« haben, er verfüge vielmehr über eine ganze Sammlung.[206] Aus diesen Daten folgert er riskant, aber konsequent:

»*Es gibt Gedankenübertragung.* Der astrologischen Tätigkeit der Wahrsagerin fiel dabei die Rolle einer Tätigkeit zu, welche ihre eigenen psychischen Kräfte ablenkt, in harmloser

Weise beschäftigt, so dass sie aufnahmefähig und durchlässig für die auf sie wirkenden Gedanken des Anderen, ein richtiges ›Medium‹, werden kann.«[207]

Es sei »anzuerkennen«, wiederholt er 1934, dass »eine Gedankenübertragung als reales Phänomen besteht«.[208] Seinem offenbar verblüfften Publikum möchte Freud »nahe legen, über die objektive Möglichkeit der Gedankenübertragung und damit auch der Telepathie freundlicher zu denken«.[209] Als Okkultist oder Parapsychologe mag er aber nicht gelten. Daher stützt er sich nicht nur auf seine eigene Fallsammlung, sondern auf gut eingeführte Analogien. Zwei Bildbereiche kommen ins Spiel, die auch Stapledon, Maeterlinck und Burroughs zur wechelseitigen Erhellung bemüht haben: Mobiltelefonie und Insektengesellschaften. Auch McDougall hat *Telepathie* und *drahtlose Kommunikation* als mögliche Funktionsäquivalente bei der Konstitution höherer sozialer Ordnungen diskutiert. Es ist also weder Zufall noch die Idiosynkrasie eines Autors, dass diese ganz unterschiedlichen Felder des Wissens (Telepathie, Telefonie, Entomologie) ihre Hypothesen und Prognosen gegenseitig unterstützen, sondern ein erwartbarer Ausdruck einer bestimmten epistemischen Konstellation der 20er und 30er Jahre des 20. Jahrhunderts.

Von »zahllosen Versuchen zur Funktionsweise übersinnlicher Gedankenübertragung« um 1900 kann Peter Geimer berichten, die allesamt den Nachweis zu führen suchen, dass die Mitteilung von »Gedanken« ohne einen angebbaren »physischen Träger« möglich sei: Kommunikation ohne Medium.[210] Die psychophysisch orientierte Erforschung oder auch Kritik der Telepathie führt zu der Entwicklung von Aufschreibesystemen, deren Aufgabe es ist, die Existenz des angeblich fehlenden Trägermediums nachzuweisen. In gewisser Weise steht noch Freud in der Tradition dieser Konstellation der Psychophysik,[211] findet er doch in der drahtlosen Telegraphie eine Technik, die als Modell für das Medium der Gedankenübertragung fungieren kann. Doch geht sein Beitrag zum Thema darin nicht auf. Denn anders als bei den von Geimer konstatierten ›zahllosen Versuchen‹ zur Telepathie am Ende des langen 19. Jahrhunderts kommt das entscheidende Argument in Freuds Überlegungen aus einer Entomologie sozialer Insekten, wie sie erst das 20. Jahrhundert hervorgebracht hat.

Erstens vergleicht Freud also das telepathische Medium mit einem technischen Medium: Es verhalte sich »so, als ob [jemand] telephonisch verständigt worden wäre, was aber nicht der Fall gewesen ist, gewissermaßen *ein psychisches Gegenstück zur drahtlosen Telegraphie*«.[212] Freud analogisiert – wie Maeterlinck und Stapledon – Telepathie und *wireless radio*. Auf der Fährte dieses Vergleichs gelangt er schließlich zu der Unterstellung, auch bei der Telepathie handele es sich um einen »physikalischen Vorgang« und um ein »Äquivalent« zur Telefonie,[213] dessen Feinheit sich der messenden Beobachtung der exakten Wissenschaften allerdings noch entziehe. In *Last and First Men* wurde diese Fähigkeit des Schwarms evolutionsbiologisch erklärt. Licht und Schall sind Wellen, deren wir uns zur Kommunikation bedienen. Warum sollte nicht etwas in uns ›andere‹ Wellen emittieren und empfangen? Diese Spekulation genügt Freud aber nicht, er sucht nach ›rationalen‹ Erklärungen für seine Beobachtungen. Dass »ein seelischer Akt« aus der Ferne »den nämlichen seelischen Akt bei einer anderen Person anregt«,[214] sei möglich – ja sogar wahrscheinlich, wenn eine weitere Analogie bedacht werde: nämlich, *zweitens*, die Verständigung sozialer Insekten.

»Man weiß bekanntlich nicht, wie der Gesamtwille in den *großen Insektenstaaten* zustande kommt. Möglicherweise geschieht es auf dem Wege solch *direkter psychischer Übertragung*. Man wird auf die Vermutung geführt, dass dies der ursprüngliche, *archaische* Weg der Verständigung unter den Einzelwesen ist, der im Lauf der phylogenetischen Entwicklung durch die bessere Methode der Mitteilung mit Hilfe von Zeichen zurückgedrängt wird, die man mit Sinnesorganen aufnimmt. Aber die ältere Methode könnte im Hintergrund

150

erhalten bleiben und sich unter gewissen Bedingungen noch durchsetzten, z. B. in leidenschaftlich erregten *Massen*.«[215] Die Massenpsychologie hätte es also mit den gleichen Wegen der Verständigung zu tun wie die Ethologie der Insekten, denn nicht nur »Insektenstaaten« finden in der telepathischen ›Kommunion‹ zu ihrem »Gesamtwillen«, dem *hive mind* Maeterlincks oder *group mind* McDougalls, sondern auch erregte und daher ins Archaische zurückfallende »Massen«.[216] Diese Verknüpfung von sozialen Insekten, Massen und Atavismen hatte sich bereits zuvor als außerordentlich instruktiv erwiesen. Albert Olston kommt von seiner Hypothese zur telepathischen Verständigung von Ameisen geradewegs zur Massenpsychologie. »Der *mob mind* sollte hier eingehend betrachtet werden, zusammen mit der Idee der *objektiven Suggestion*.«[217] Verfolgt man diesen Begriff des »mob mind« weiter, stößt man auf den amerikanischen Soziologen Edward A. Ross, dessen Hauptwerk von 1908, *Social Psychology*, der Massenpsychologie gewidmet ist. Aber bereits 1897, im selben Jahr, in dem Scipio Sigheles *Psychologie des Auflaufs* erscheint, schmiedet Ross den Begriff »mob mind« und vergleicht das, was sein deutscher Leser Kurt Baschwitz »Massensuggestion« oder »Massenwahn« nennen wird,[218] mit der seuchenartigen Verbreitung von Gefühlszuständen in Herden (»contagion of feeling in a herd or flock«).[219] Von diesem Konzept der Ansteckung (»contagion«) ist es, wenn man denn wie McDougall nach einem Medium der Verbreitung ausschaut, nur ein Schritt zur Telepathiehypothese.[220] Ross' Ausführungen zum Mob sind für eine Wissens- und Kulturgeschichte der Massen und der sozialen Insekten deshalb besonders interessant, weil er nicht nur Auflaufmassen im Blick hat wie Sighele und Le Bon, sondern *verteilte* Mengen: »Der *mob mind* zeigt sich auch in einer großen Gesellschaft zerstreuter Individuen äußerst wirksam […]. Dies kann als irrationales Einvernehmen in Interesse, Gefühl, Auffassung oder Handlung in einer Gesellschaft kommunizierender Individuen definiert werden, als Folge von Suggestion und Nachahmung.«[221] Mit Suggestion und Nachahmung werden auch hier die Schlüsselbegriffe aus Tardes *Loi de l'imitation* aus dem Jahre 1890 aufgegriffen. In diesem einflussreichen Werk[222] konzipiert Tarde die Nachahmung als eine Art von Medium, das sich »mehr oder weniger schnell« ausbreitet »wie eine Lichtwelle oder ein Termitenstamm«.[223] Ross stellt sich diesem Problem eines Mediums der Nachahmung, das für seine Forschung allein schon deshalb unverzichtbar ist, weil er sich nicht nur mit dem »mob mind« von am selben Ort Anwesenden beschäftigt, sondern eben auch für die gigantischen Massen von »verstreuten Individuen«.[224] Bei der Lösung der Frage wird er, was historisch interessierte Medienwissenschaftler freuen wird, wünschenswert deutlich:

> »Früher breitete sich eine Schockreaktion im Laufe eines Tages in einem Radius von 100 Meilen aus. Am nächsten Tag mochte es darüber hinaus Aufsehen erregen, gleichzeitig würden sich die ersten Leute schon wieder beruhigen und nach der Ursache fragen. [...] Unsere heutigen Geräte, die Raum und Zeit durchbrechen, und somit einen Schock ohne Zeitverzögerung übermitteln, lassen dagegen alles gleichzeitig werden. Eine große Öffentlichkeit teilt dieselbe Rage, Angst, denselben Enthusiasmus oder Graus. [...] Am Ende schluckt die Öffentlichkeit die Individualität des Durchschnittsmenschen, sowie die Masse den Willen ihrer Mitglieder.«[225]

Es sind der »Telegraph« und die »Tageszeitung«, die über die Auflaufmasse (»crowd«) hinaus die gesamte »verteilte« Öffentlichkeit für Nachahmung und Suggestion erreichbar machen und die Akteure entindividualisieren.[226] Der Massenpsychologie und Soziologie stehen um 1900 also zwei Optionen zur Verfügung, um die Verwandlung von Individuen in einen Mob zu erklären: Telepathie oder Telekommunikation. Beide medialen Register, das okkulte und das technische, spielen bei Stapledon und in der Entomologie eine zentrale Rolle.

Soziale Insekten in der Massenpsychologie

Protagonisten der Massenpsychologie und Soziologie wie Gabriele de Tarde und Scipio Sighele greifen um 1900 auf biologische und entomologische Forschungen zu Tier- und Insektengesellschaften zurück, um das Verhalten und die Kommunikation von Massen zu erklären.[227] Beide Autoren nutzen entomologisches Wissen für ihre Theoriearchitektur; beide Autoren verweisen auf Insektengesellschaften, um Thesen zum Aufbau der Gesellschaft und zu den Gesetzmäßigkeiten der Interaktion zu beweisen. Rezipiert werden Arbeiten von Espinas, Forel und Lubbock. Für Tardes Soziologie, die auf dem Gesetz der Nachahmung aufbaut, liefert die Entomologie ein Argument gegen Vertragstheorien der Gesellschaft: Auch soziale Insekten leben in Gesellschaften, doch schließen sie keine Verträge, weil ihnen das Vermögen dazu fehlt. Es gibt keinen Befehlsfluss, keine Entscheidung, die dann befolgt würde, kein Verstehen.[228] Also muss der Aufbau von Insektengesellschaften anders erklärt werden, und zwar, wie Espinas in seinem Kapitel über die »häuslichen mütterlichen Gesellschaften« der Hymenopteren (Hautflügler wie Ameisen, Bienen oder Wespen) gezeigt hat, durch Nachahmung.[229] Die »Bienen« etwa haben keinen Chef, der befiehlt,[230] vielmehr lassen sich Handlungen beobachten, die von anderen Bienen nachgeahmt werden.[231] Im nächsten Schritt folgert Tarde aus der Entstehung kollektiven und zielgerichteten Verhaltens durch Nachahmung, dass die Entstehung und Struktur menschlicher Gesellschaften nicht kontraktualistisch zu erklären sei.[232] Der Gesellschaftsvertrag ist, wir kommen darauf zurück, eine Fiktion. Die Ordnung des Sozialen und die Gesetze der Nachahmung fallen daher zusammen.

Der Jurist und Massentheoretiker Sighele, der Tardes Texte kennt, geht ähnlich vor. Doch nimmt er sich nicht den Gesellschaftsvertrag vor, sondern seine Voraussetzung, das zurechnungsfähige Subjekt, das Verträge schließen kann. Dieses vernünftige Individuum, das in soziologischen, politologischen und ökonomischen (Spiel-)Theorien des *rational choice* eine unverzichtbare Rolle einnimmt, erklärt Sighele für »eine Illusion der inneren Wahrnehmung«.[233] Was bleibt, sind die beobachtbaren Fakten der ›äußeren Wahrnehmung‹: also nicht Vernunft, sondern Verhalten, nicht Moral, sondern Mimikry, nicht Präferenz, sondern Nachahmung. Wo immer wir es mit Mengen oder Massen zu tun haben, sei von den Entomologen zu lernen, nach welchen Gesetzen sie funktioniert. Sighele zitiert seitenlang Auszüge aus Espinas' Beschreibung sozialer Wespen, um dann festzustellen:

> »Diese meisterhafte Schilderung erklärt auch, wie ich glaube, hinreichend die Psychologie der Masse.«[234]

Um einem Missverständnis dieser Wortwahl vorzubeugen: Psychologie meint in diesem Zusammenhang nicht Seelenkunde, sondern Ethologie. »Psychologie ist ja nichts anderes als die Wissenschaft vom ›Verhalten‹.«[235] Auch wenn von der »Seele« oder dem »Geist« die Rede sein mag, geht es allein um eine Verhaltenslehre der Masse. Und ihr Verhalten beruht, bei Tarde wie bei Sighele, die auf die gleichen Passagen aus Espinas' Abhandlung über die Tiergesellschaften zurückgreifen, auf Nachahmung.[236] Diese Nachahmung lässt sich bei Auflaufmassen (»foule«, McDougalls »crowds«) noch auf die Sinneswahrnehmung stützen: man sieht und hört, was andere tun, und tut dies dann auch selbst. Dass jeder das tut, was die meisten andern auch tun, hält Bronislaw Malinowski sogar für das, »was in der Soziologie am fundamentalsten ist, was sich deshalb auf nichts anderes reduzieren lässt«.[237] Damit begnügt sich Tarde aber nicht – und kommt ebenfalls auf die Telepathie:

> »Das soziale Band konnte sich unmöglich über eine solche äußerliche Nachahmung entwickeln. Gehen wir noch weiter zurück in die Dämmerung der Frühgeschichte der Zeit, als die Kunst des Sprechens noch unbekannt war. Wie fand dort die Übertragung seines Inneren, seiner Ideen und seiner Begehren von Gehirn zu Gehirn statt? Aus den *Tiergesellschaf-*

ten zu schließen, deren Mitglieder sich fast ohne Zeichen zu verständigen scheinen, geschah das tatsächlich in einer Art psychologischer *Elektrisierung* durch Beeinflussung. Es ist demnach anzunehmen, dass ein *interzelebraler* Einfluss über eine Distanz stattfand – vielleicht mit einer beachtlichen, von da an jedoch abklingenden Intensität –, von der uns die hypnotische *Suggestion* einen ungefähren Eindruck geben kann.«[238]

Dank ihres frühgeschichtlichen, vorsprachlichen Stammhirns können auch Menschen »fast ohne Zeichen« kommunizieren wie die Mitglieder einer Tiergesellschaft bzw. wie »Ameisen« oder »Bienen«, die Tarde bei seiner Espinas-Lektüre – von ihm stammt auch die Metapher des »socialen Bandes« im Sinne einer erwartbaren, dauerhaften Infrastruktur der »Kommunikation«[239] – immer wieder bevorzugt anführt.[240] Wir haben, wie auch Freud annimmt und Stapledon vorführt, mit ihnen etwas aus alten Zeiten gemeinsam. Nur deshalb verstehen wir überhaupt die ›niederen Tiere‹:

»Es ist, weil wir einen Schlüssel zu ihnen in uns selbst besitzen, und dieser Schlüssel kann nur aus einigen Grundelementen des Bewusstseins bestehen, die bei ihnen und uns trotz vielfältiger Differenzen identisch sind.«[241]

Was wir mit ihnen teilen, ist ein basaler Kanal der Kommunikation, den Tarde und Sighele »Suggestion« nennen. Wie ihre Fernwirkung, über die Freud unter der Überschrift *Telepathie* spekuliert und mit Insektengesellschaften und der Massenpsychologie zu plausibilisieren sucht, zu erklären sei, habe wiederum Espinas gezeigt.[242] Wer wissen will, wie das Medium der Gesellschaft beschaffen ist, muss nicht Hobbes oder Rousseau lesen, sondern soziale Insekten beobachten und ihre Verhaltensregeln beschreiben.[243] Die »Experimente« des »bedeutenden Ameisenforschers« liefern für Sighele nicht etwa nur Anregungen, sondern »Beweise« für seine Thesen zur Ethologie der Menge.[244] Zwischen seinem Thema der Menge und Forels Ameisen etabliert Sighele »analoge Zustände«,[245] die ihm gestatten, unentwegt die entomologischen Forschungen auf die Masse zu übertragen und massenpsychologische Thesen durch entomologische Experimente zu validieren. Um eine These vorwegzunehmen: Genau so treibt es heute die Schwarmforschung. Für Tardes Soziologie bilden die angeführten Analogien das Kernstück seiner Heuristik:

> »Zudem lässt es sich beim Lesen dieser Arbeit erkennen, dass das soziale Wesen in sozialer Hinsicht grundsätzlich von Nachahmung bestimmt ist und dass eine Analogie zwischen der Rolle der Nachahmung in den Gesellschafen, der Vererbung in den Organismen und der Wellen in den unbelebten Körpern besteht.«[246]

Dank der Vererbung verfügen wir über Residuen archaischer Verständigung, die wellenförmig die Psychen auch über Distanz hinweg elektrisieren[247] und *so* zum Kollektivindividuum organisieren, *wie* innerpsychisch die Neuronen zum Bewusstsein integriert werden.[248] Die moderne Alternative zu den »anderen Kanälen« der telepathischen Fernsuggestion stellen für Tarde Medientechniken und Verkehrsmittel dar: Bahn und Telegraph. Der Bezug zu den Ameisen stellt sich hier wiederum medientechnisch her, denn immerhin sei, so Michelet, ihre »Sprache wie die des Telegraphen«.[249] Mit der Hilfe »einer Art von elektrischen Telegraphen« stellen die Ameisen in ihrer Republik »Öffentlichkeit« her und tauschen »Neuigkeiten« aus.[250] Für Tarde üben diese Medien der Nachahmung[251] »suggestive und zwingende Faszination« über »ein breites Gebiet« aus und lassen ihrer »Magnetisierung« beinahe »niemanden entkommen«.[252] Diese Erweiterung der (Über-)Sinne durch Medien ist allerdings hierarchisch und zentralistisch gedacht: »Paris thront königlich und richtungsweisend über der Provinz.«[253] Die massenmediale Mesmerisierung Frankreichs verbreitet sich von der Mitte zum Rand und von oben nach unten. Der Clou von Stapledons Schwarm vom Mars und seinen genetischen Erben war dagegen ja gerade eine dezentrale, distribuierte, laterale Assoziation. Stapledon kann ebenfalls auf die

Hypothesen zur Fernübertragbarkeit von Gedanken zurückgreifen. Sie bilden die psychophysische Grundvoraussetzung für die Organisation seiner Schwärme. Nur telepathisch können die verteilten Elemente des Schwarms in Echtzeit interagieren und je nach Lage Verknüpfungen eingehen oder auflösen. Diese fiktive Realität führt, wie er es in seinem Vorwort versprochen hat, nicht ins Reich der Phantastik, sondern auf das Feld der zeitgenössischen Wissenschaften; und zwar jener Wissenschaften, deren Gegenstand weniger »ein Individuum«, als vielmehr eine »Menge« darstellt, wie Sighele 1897 in seinem Vorwort zur *Psychologie des Auflaufs* festhält.[254] Auch auf diesem Wissensfeld wird die Frage, welche Ordnungen sich der Mensch schafft oder schaffen kann, im Bildbereich sozialer Insekten verhandelt. Die psychische Fernwirkung ist nicht nur ein Thema für Okkultisten und Psychoanalytiker, sondern für entomologisch belesene Soziologen und Massenpsychologen. Sie alle erkunden »andere Kanäle«.[255] Doch ist es Stapledons ingeniösem Roman vorbehalten, diese ›anderen Kanäle‹ für den Entwurf einer ›anderen Gesellschaft‹ zu nutzen.

Hier schließt sich der Kreis der Analogisierung von Insekten und Menschen, der uns von einer neuen Form der Organisation *(swarm)* zu den Medien *(wireless, telepathic communion)* deshalb geführt hat, weil diese Medien, wie Freud schreibt, »Massen« oder »große Insektenstaaten« konstituieren und organisieren. Bedeutend für die soziologische Theoriebildung, zumal für Tardes *Gesetze der Nachahmung* von 1890, ist ihre Neuausrichtung an der Beobachtung von Medien der Kommunikation. Um Massen zu verstehen, wirkt der moderne Begriff von Individualität eher störend, man muss vielmehr zur Erklärung auf uralte phylogenetische Schichten der Spezies Mensch zurückgreifen. Hier, in atavistischen Zonen, findet eine nicht-semiotische Verständigung ihren psychoorganischen Halt, die für die sozialen Insekten zum kommunikativen Alltag zählt. Ob dieses Medium nun als Telepathie bezeichnet wird, wie bei Freud, oder als fernwirkende Suggestion beschrieben wird, wie Tarde es tut, in beiden Fällen handelt es sich um eine Verständigung »auf dem Wege [...] *direkter psychischer Übertragung*« und ohne die »Hilfe von Zeichen«.[256] Im Bild der Ameisengesellschaft entwickelt die Massenpsychologie des frühen 20. Jahrhunderts eine Medientheorie jenseits des notorischen Sender-Empfänger-Modells.

Stapledon greift auf diese einzigartige Alternative zurück. Mit der Fähigkeit zur instantanen und verteilten »Gedankenübertragung«[257] stattet er seinen Schwarm aus Schwärmen aus. Dank dieses Mediums gelingt, was sich Brecht vom Rundfunk erhofft hat. Der Schwarm führt die Möglichkeit einer anderen Gesellschaft vor. Im Jahre 1930. Die Geschichte der 1930er Jahre scheint dann Ernst Jünger und Aldous Huxley, William Morton Wheeler und Karl Escherich recht zu geben. Noch in den 1950er Jahren firmierten soziale Insekten als Muster einer totalen oder totalitären Ordnung, deren Errichtung auf Erden Autoren wie Norbert Wiener unmittelbar bevorzustehen schien. Gleichwohl stand der Schwarm als Selbstbeschreibungsformel einer dezentralen, verteilten, selbstorganisierten Gesellschaft zur Verfügung. Entomologen wie Schneirla entwarfen ihre Modellierungen sozialer Insekten im Gravitationsfeld dieses Bildes. Doch hatte der Schwarm als Selbstbeschreibungsformel der Gesellschaft keine Konjunktur. Um Stapledons Vision zu revitalisieren, musste erst ein Medium gefunden werden, das für die gänzlich außer Kurs geratene Telepathie einspringen konnte. Man wird noch sehen: Im Internet ist es gefunden worden. Seitdem schwärmt es wieder in der Semantik.

158

V. Die Gesellschaft als Ameisenhaufen ... 2010

»Der Analytiker legt die Betonung
auf ›Wurzelmetaphern‹, jene vor-
herrschenden Symbole in der Vor-
stellungswelt des Denkenden, anhand
deren er Theorien und Experimente
entwickelt.«[1]
»Alles in allem war Harvard ein
menschlicher Ameisenhaufen, ein
Kaleidoskop von Spezialisten, deren
Leben so ausgerichtet ist, dass sie
ihr eigenes Wohlbefinden durch
den Dienst am großen Ganzen
erlangen.«[2]

Ein *paper* und ein Roman

Das Jahr 2010 ist für die Erkundung von entomologischen, soziologischen und literarischen Beschreibungen der Gesellschaft
besonders ergiebig. Zum einen erscheint in *Nature* ein Artikel
über die Evolution von Formen gemeinschaftlicher Aufzucht
des Nachwuchses, fachsprachlich: Eusozialität. Formuliert
wird unter diesem Titel eine biologische Theorie der Gemeinschaft. Behandelt werden die Bedingungen, unter denen einfache arbeitsteilige Organisationen entstehen. Das Thema, das
außer Biologen auch Kulturwissenschaftler, Anthropologen,
Soziologen oder Philosophen angehen muss, ist die Emergenz
kollektiver Ordnung. Unter diesem Stichwort wird seit einiger
Zeit die Genese »höherstufiger Regelmäßigkeiten« von Kollektiven etwa in »Insektenkolonien«, aber auch in »sozialen

Systemen« diskutiert.[3] Das Paradigma führe insbesondere »Biologie« und »Systemtheorie« zusammen, insofern in beiden Domänen die gleiche Frage gestellt wird: wie nämlich Systeme, Organismen, Organisationen, Kollektive oder auch Netzwerke entstehen, die Eigenschaften besitzen, die ihre Teile nicht aufweisen.[4] Auch Gesellschaft wird nicht aus sozialen Einzelteilen aufaddiert, sondern *emergiert* aus Komponenten, die ihrerseits keine gesellschaftlichen Eigenschaften aufweisen. Aristoteles hatte in der *Politik* das Gegenteil behauptet: Die Elemente der *Polis* seien ihrer eigenen Natur nach politisch und strebten zur Gemeinschaft, deshalb nennt er sie ja auch ›politische Tiere‹. Teile und Ganzes sind hier immer schon das Gleiche, nämlich »von Natur aus« politisch,[5] was Fragen nach der Entstehung sozialer Ordnung überflüssig macht oder ins Leere laufen lässt. Diese schon von Aristoteles verwendete Unterscheidung von Ganzem und Teilen ist trotz aller »Probleme« erst im 20. Jahrhundert von einer neuen »Leitdifferenz«, nämlich der Unterscheidung von System und Umwelt, abgelöst worden.[6] Ein System ist kein Ganzes aus Teilen. Ein soziales System, so formuliert William Morton Wheeler bereits 1927, muss vielmehr als emergente, nichtadditive Konfiguration seiner Elemente verstanden werden.[7] Der »Superorganismus« des Ameisennestes sei als »emergentes Level« zu beschreiben. Nicht die Ameisen sind *super*, sondern ihre Gesellschaft, die *über* ihren Elementen eine Organisationsform etabliert, deren Eigenschaften nicht auf das Wesen der einzelnen Ameisen zurückgeführt werden kann. Einer »komparativen Soziologie« erteilt Wheeler den Auftrag, die Gemeinsamkeiten zu erkunden, die soziale Insekten mit anderen Spezies teilen.[8] Damit ist die Mission der beiden großen Entomologen der Harvard-Universität beschrieben.

Einer von ihnen, der Entomologe, Ethologe und Soziobiologe Edward Osborne Wilson, zählt zu den Autoren des besagten *Nature*-Beitrags. Die Publikationsliste des produktiven Emeritus (geb. 1929) ist lang, sehr lang, und auch dieses Thema

160

hat der Kurator des *Museums für vergleichende Zoologie* der Harvard-Universität bereits in mehreren Monographien behandelt. Es sollte aber schon etwas Neues zu sagen geben, wer n *Nature* ein *paper* publiziert, und diese Erwartung wird auch nicht enttäuscht. Tatsächlich wird ein Herzstück des evolutionsbiologischen Thesenkanons zur Ausbildung sozialer Insekten, die auch von Wilson selbst jahrzehntelang mit Verve vertretene *inclusive fitness*-Hypothese oder *Hamilton*-Regel,[9] einer fundamentalen Revision unterzogen. Was diese Regel genau besagt, wird unten noch näher ausgeführt, hier genügt, dass Wilson den lange gehegten Glauben an diese Hypothese verloren hat. »Wilson scheint eine 180 Grad Wende zu vollziehen«, kommentieren Shavit und Millstein bereits 2008.[10] Dass Zeitungen wie die *Süddeutsche Zeitung* einem breiten Publikum darüber berichten, belegt, wie außerordentlich wichtig diese ›Attacke der gängigen Erklärung sozialer Evolution‹ genommen wird.[11] Der vom Autorenkollektiv Nowak, Tarnita und Wilson eingeläutete Paradigmenwechsel, das macht ihren Artikel für meine Argumentation so interessant, hat im Medium der Ameisengesellschaft – wieder einmal in dieser Passage – das Verhältnis von Soziologie und Biologie neu tariert.[12]

Im Jahr 2010 debütiert, zum Zweiten, derselbe Nestor der Insektensoziologie und Entomologe im Genre des Romans. Der Autor von *Anthill*[13] ist mithin kein Amateurentomologe wie Jünger, nicht der Bruder eines Entomologen wie Huxley oder der Studienfreund von Biologen wie Stapledon; er ist niemand, der sich für seinen Roman eigens in die Welt der Ameisen einlesen musste, um dann das Buch mit Danksagungen an die Forschung zu beginnen oder mit Literaturlisten zu beenden wie Antonia S. Byatt oder Michael Crichton.[14] Dieser Autor ist vielmehr selbst ein Ameisenforscher von Weltrang. Dies könnte ja genügen, doch schreibt er nach Dutzenden von Monographien, Hunderten von Forschungsbeiträgen und zahlreichen Sachbüchern nun auch noch einen umfangreichen Roman – und natürlich spielen auch hier, wie der Titel verrät,

Ameisen eine Hauptrolle. Weitere Teile werden von Universitätsprofessoren für Entomologie übernommen. Ameisen kommen also gleich zweimal vor, als Subjekt und als Objekt. Die Lehrjahre des Protagonisten Raphael Semmes Cody bilden das narrative Rückgrat des *Ameisenromans*. Sein Weg vom ängstlichen kleinen Jungen aus einem hinterwäldlerischen Ort in den USA namens Clayville, der Angst vor dem Gewehr seines Vaters hat, führt über die *Boy Scouts* und ein Studium der Entomologie, exquisiten Sex mit einer linksradikalen Kommilitonin an der *Harvard Law School*, die Mitgliedschaft in einigen Naturschutz-NGOs und der *National Rifle Association* zurück nach Alabama und über mütterliche Verwandtschaftsnetze[15] schließlich zum originellen Fachanwalt, reputierlichen Justitiar und respektierten Umweltaktivisten. Es geht alles gut aus. Handlung und Geschichte sind nicht allzu originell. Dass ein Junge die Angst vor dem Gewehr überwinden muss, um als Mann Sex zu haben, soll uns hier nicht weiter interessieren. Von Belang für eine Studie über Ameisengesellschaften ist jedoch, wie sich einer der bedeutendsten Entomologen und umstrittensten Soziobiologen unserer Zeit[16] in seinen Roman gleich mehrfach als Ameisenforscher und Naturkundler hineinschreibt.[17] Wilson hat sich mit Fredrick Norville, einem Professor für Biologie an der Florida-State-Universität,[18] und mit Raff gleich zwei *alter egos* geschaffen, die beide biographische Details mit ihm teilen. Der ältere Wilson fungiert, wenn man so will, als Mentor des jüngeren, und sichert ihm (bzw. sich selbst) eine ideale Erziehung. Der Ich-Erzähler Norville und die inkonsequent zwischen interner und externer Fokalisierung hin- und herschwankende Perspektive Raffs werden zum einen ergänzt von einem altmodischen auktorialen Erzähler, der nicht nur *mehr* weiß als seine Figuren, sondern wirklich alles, und zum anderen von einer merkwürdigen Stimme, nämlich der Stimme der von Norville, Raff und Wilson hochgeschätzten Ameisen. Die *Ameisenchronik* erzählt die Vorkommnisse in einem Biotop, »[so]dass sie der Sicht der Ameisen selbst auf die Ereignisse so nahe wie möglich kommt«.[19] Statt über Ameisen zu berichten, erzählt der Roman »from the ants point of view«.[20]

Anthill ist für mein Buch ein Glücksfall. Von diesem Roman aus lassen sich zum einen verschiedene Etappen und Probleme der Wissensgeschichte der Entomologie erschließen. Als Beitrag zur Literatur stellt er sich zum anderen in ein weites intertextuelles Feld fiktionaler Entomologien und literarischer Ameisengesellschaften. Eine gut ausgedachte Geschichte und ein gut gewähltes Bild können vermutlich größeres Interesse wecken, höhere Anschlussfähigkeit erzeugen und eindringlichere Evidenzeffekte hervorrufen als ein *Nature*-Artikel; und dies zumal dann, wenn der künstlerische Urheber eine weltberühmte myrmekologische Autorität ist und in keiner Weise dazu ermuntert, Autor, Erzähler und Protagonisten, wissenschaftliche Forschung und erzählte Wissenschaft, Ameisen als literarisches Motiv und Ameisen als Forschungsgegenstand sonderlich zu trennen. Der Roman gibt einen Hinweis darauf, dass ein Forscher, der sich derart in der entomologisch-soziologischen Passage eingerichtet hat wie Wilson, diese auch in beide Richtungen befahren wird: Ein *paper* reicht nicht, es muss ein Roman sein, um das große Publikum mit der Botschaft zu erreichen, dass Menschen- und Ameisengesellschaften den gleichen soziobiologischen Gesetzmäßigkeiten folgen.

Zum Dritten macht der Roman die rhetorische Dimension seiner Modellierungen von Gesellschaft und die text- und wahrnehmungsorganisierende Wirkung von Insektengesellschaften als Leitbilder beobachtbar. Die Geschichte der Literatur spielt in diesem Kapitel eine genauso wichtige Rolle wie die Geschichte der Entomologie und die Geschichte gesellschaftlicher Selbstbeschreibungsformeln. In der Passage dieser Diskurse werden jene literarisch gepflegten Evidenzqualitäten greifbar, dank deren die Semantik sozialer Insekten zu einer suggestiven Selbstbeschreibungsformel von Gesellschaft ausgebaut worden ist.

Diese rhetorisch, diskursiv, poetisch wie epistemologisch formierten Bilder, denen ich nachgehen möchte, nennt Wilson selbst mit spöttischem Unterton »Wurzelmetaphern«,[21] um von dieser Bilderwelt der Analogien die Welt der Fakten zu unterscheiden. Er kann sich nicht vorstellen, dass eine ›Poetologie des Wissens‹ seine eigenen entomologischen Forschungen berühren und ›Metaphern‹ auch seine eigenen Beobachtungen und Beschreibungen organisieren könnten. Genau dies ist aber der Fall. Was als entomologisches Wissen gilt, ist auch ein Effekt der Karriere eines Topos und seiner Rhetorik. Analogien und Metaphern organisieren die »Infrastruktur« seiner Rede, nicht nur in seinem Roman, sondern gerade auch in seinen wissenschaftlichen Publikationen.[22] Die Antwort auf die auch von Wilson gestellte Frage, ›wer wir sind‹, gibt er gerade auch in *Anthill*. Doch generiert sie, anders als Wilson annimmt, auch dann »literarische« Metaphern, wenn sich die »Wissenschaften« ihrer annehmen, auf deren Seite er seine entomologischen und soziobiologischen Fachpublikationen situiert.[23]

Der Fall hat exemplarischen Charakter, denn das Unternehmen einer ›hygienischen‹ Trennung von metaphorischer Literatur und reiner Wissenschaft scheint mir grundsätzlich zum Scheitern verurteilt. Selbstbeschreibungsformeln der Gesellschaft sind niemals formlos, auch wenn sie von Biologen oder Mathematikern erdacht werden, die gemeinsam in *Nature* publizieren. Nicht nur, weil es ihnen anders an Evidenz, Attraktivität, Anschlussfähigkeit oder Verständlichkeit mangelte, sondern weil die ›Wurzelmetaphern‹ des Wissens nicht nur die Form der Darstellung betreffen, sondern auch die dargestellten Erkenntnisse selbst.[24] Wilson dagegen hält es für ausgemacht, dass die Darstellungsseite den wissenschaftlichen Einsichten äußerlich bleibt. Die Wahrheit über die Welt wäre dann in gewisser Weise transhistorisch und akulturell; jedenfalls nimmt er an, sie bleibe sich in allen Sprachen und Formen immer gleich.[25] Man müsse eben nur genau und unbestechlich hinsehen. Naturwissenschaftliche Erklärungen, etwa des Lichts als Welle, wären selbst aus der Sicht einer anderen Spezies »vollkommen eindeutig«, meint Wilson, beispielsweise aus der der »Bienen«, wenn sie denn forschen könnten.[26] Wilsons Wahrheit bleibt sich immer gleich, auf Erden wie auf dem Mond, für Menschen wie für Insekten. Dies kann man vollkommen anders sehen, wie Stanislav Lems Roman *Der Unbesiegbare* vorführt. Der intelligente Schwarm auf einem fernen Planeten, den die Raumfahrer mit Ameisen vergleichen, um ihn qua Analogie zu verstehen, bleibt letztlich völlig unbegreiflich und jede Erfahrung, die sie mit dem Schwarm machen, inkommunikabel.[27] Im Vergleich zu *Anthill* macht diese epistemologische Reserve die Lektüre des *Unbesiegbaren* denn auch gleich viel spannender und unvorhersehbarer. Was die Generalisierbarkeit und Übertragbarkeit des entomologischen Wissens betrifft, ist der Mediziner Lem jedenfalls viel skeptischer als der Insektenbiologe Wilson. Lems Roman bestätigt gleichwohl die Vermutung, dass das Befahren der entomologisch-soziologischen Passage geradezu unvermeidlich ist, wenn von Schwärmen die Rede ist, wenn er auch das Schiff, den *Unbesiegbaren*, in dieser Passage auf Grund laufen lässt.

Die wahre Wahrheit und die meuternden Geisteswissenschaften

Von derartigen wissenschaftsphilosophischen oder literarischen Einwänden lässt sich Wilson nicht irritieren. Seiner entomologischen Epistemologie scheint er so sicher zu sein, dass er ihre Grundprinzipien universalisieren will. Wilsons Auffassung wissenschaftlicher Forschung soll nämlich nicht nur für naturwissenschaftliche Erkenntnisse, sondern ausdrücklich auch für Erklärungen »kultureller« Phänomene gelten, da auch die Kultur letztlich auf biologischen Gesetzmäßigkeiten beruhe, die naturwissenschaftlich verstanden werden können, statt *nur* »geisteswissenschaftlich« interpretiert zu werden.[28] Diese

Sicht erhält in jüngster Zeit auch innerhalb der Geisteswissenschaften Unterstützung, wenn beispielsweise die Frage, wozu es Kunst gebe, von Literaturwissenschaftlern evolutionsbiologisch zu beantworten versucht wird.[29] Statt mit Epochen, Stilen oder Programmen der Kunst beschäftigt sich der biologisch belehrte Forscher mit den evolutionären Vorteilen ästhetischen Differenzierungsvermögens. Dies geht weit genug, aber Wilson klagt dennoch, die »Ignoranz« der Geisteswissenschaften *(Humanities)* gegenüber den Naturwissenschaften und die »endemische« Ideologisierung der Sozialwissenschaften hätten bislang auf breiter Front verhindert, die Evolution von Gesellschaft wissenschaftlich zu verstehen.[30] Dies werde erst dann gelingen, wenn insbesondere die Soziologie ihre »Biophobie« ablege und zur Soziobiologie werde. Genau das hatte 1911 bereits Wheeler angemahnt. Und genau in dieser Phobie sieht Niklas Luhmann ein Defizit der Soziologie, wenn er feststellt: »während die Biologie schon lange streng evolutionstheoretisch arbeitet [...], kommt in der Soziologie die Evolutionstheorie offenbar nur mit einer beträchtlichen Zündungsschwierigkeit zum Zuge«.[31] Aus dieser Rückständigkeit will er die Soziologie befreien. Die Rakete des Fortschritts soll endlich abheben. »Gesellschaft ist das Resultat von Evolution«, stellt Luhmann fest.[32] Zitiert wird Herbert Spencer, der Wegbereiter einer soziologischen Evolutionstheorie auf der Grundlage des darwinschen Denkens und Nestor einer soziologisierenden Biologie.[33] Die Gesellschaft evoluiere, und zwar nach dem »Darwin-Schema«.[34] Doch die Abwehrreflexe des Fachs gegen vermeintliche »Organismus-Analogien«[35] sind stark, durchgesetzt hat sich die Evolutionstheorie als Theorie der Gesellschaft in der Soziologie daher nicht. Es kann nicht überraschen, wenn der Entomologe Wilson den starrköpfigen Soziologen, Kulturwissenschaftlern und Anthropologen noch einmal ins Stammbuch schreibt, dass am Beispiel der »sozialen Insekten« zu verstehen sei, wie sich »das menschliche Sozialverhalten letztlich mit der biologischen Evolution entwickelt« habe.[36] Dies werde nämlich von einer, wie Wilson bildhaft formuliert, »meuternden Mannschaft« von Denkern verhindert, die im Zuge der sog. Postmoderne den Wissenschaften von der Fahne gegangen seien, um stattdessen Feld und Forschung zu dekonstruieren, also eine »solipsistische, ichbezogene«, »phantastische« und beliebige Sicht auf die Welt zu erzeugen, die bestenfalls originell, immer aber unwissenschaftlich sei.[37] Wissenssoziologen wie namentlich Bruno Latour und Wissenshistoriker wie exemplarisch Michel Foucault verwandelten, so Wilson, das in Jahrhunderten »akkumulierte Wissen der Naturwissenschaften« in einen Wald von »Metaphern«, in dem kein Baum mehr zu sehen, geschweige zu erkennen sei.[38] Der Biologe spottet über eine »postmoderne« Wissenschaftsforschung, die gerade einmal gelernt habe zu akzeptieren, dass es »die Schwerkraft« wirklich gebe.[39] Gegen diese Meuterer seien die Erkenntnisse einer solide auf Fakten aufbauenden, methodisch einwandfreien Wissenschaft in Stellung zu bringen.

Da hier um das Verständnis von Wissenschaft schlechthin gerungen wird, sei ein Einwand aus der Sicht eines »Geisteswissenschaftlers« gestattet. Gerade mit Blick auf den von Wilson angeführten Fall der Schwerkraft ließe sich ›meuternd‹ anmerken, die menschliche Erfahrung, dass Gegenstände nach unten fallen, werde 1.) immer in historisch und kulturell divergierende Weltbilder und ihre Erklärungsmuster integriert und 2.) selbst mit Hilfe der Gravitationslehre in einer Weise erklärt, die nicht allein mit einer Natur zu tun hat, deren zeitlose Wahrheit die Theorie aussprächе, sondern auch mit der Epistemologie einer Epoche, die immerhin den »Entdecker« jener Wahrheit, den Alchemisten und Arianer Isaac Newton, ein Leben lang nach einer arkanen Formel der Weltdeutung suchen ließ.[40] Der Einfluss seiner unitarischen und alchemistischen Überzeugungen auf seine Forschungen ist unter Wissenshistorikern unumstritten. Nicht der historische Newton, allein der von Wilson konstruierte, von allen Einbettungen ›gereinigte‹ Heros schuf mit seinen ewig gültigen Naturgesetzen endlich »Ordnung« dort, wo einst »Chaos und Magie geherrscht« hätten.[41] Dies lässt sich aber nur dann behaupten, wenn ein wichtiges Wirkungs- und Publikationsgebiet des Wissenschaftlers *und* Alchemisten ignoriert oder marginalisiert wird. Hans Blumenberg, ein des verfemten Postmodernismus unverdächtiger Kenner der Geschichte des abendländischen Denkens, hat in seiner *Metaphorologie* vorgeführt, wie die rhetorische Organisation des Wissens epistemologische Konsequenzen zeitigt:[42] Es mache einen Unterschied für die Wissenschaft, ob sie sich die Wahrheit nackt denkt oder als Spiegel, ob sie eher enthüllt oder reflektiert. Wilson dagegen erkennt die wahre Wahrheit in jeder ihrer historischen oder folkloristischen Verkleidungen. Daher kann er ihre Erkenntnisse zu einem Hort transhistorischer Gewissheiten ›akkumulieren‹. Auf dieser Basis schreibt er seine *paper* und erzählt er *Anthill*.

»Um ihnen zu gebührender Aufmerksamkeit zu verhelfen, braucht man Ameisen nicht zu Protagonisten einer Erzählung zu erheben«, bekundet Wilson noch 2006 in seiner autobiographischen Monographie *Naturalist*.[43] Keine fünf Jahre später erscheint sein Roman. Aufmerksamkeit genug hat er den Ameisen zweifellos gewidmet. Dies käme einer »Obsession« sehr nahe, gibt er zu, doch habe zu Beginn seiner Begeisterung das »drama of their social evolution« noch keine Rolle gespielt.[44] Nun steht es aber im Vordergrund, und es macht die Ameisen zum einen mit uns Säuge- und Wirbeltieren *vergleichbar*, da unsere Gesellschaft ebenfalls evoluiert.[45] Und dieses »Drama« macht zum Zweiten die Ameisen *poesiefähig*, weil sie damit die gesellschaftliche »Bühne« betreten haben[46] und so die nötige »Größe« erreichen, die für tragische »Schönheit« obligat ist.[47] Es ist vielleicht keine zufällige Koinzidenz, dass Wheeler den sozialen Organismus des Ameisennestes eine »Person« nennt[48] und damit auch an den antiken Begriff der *persona* erinnert. Zumindest kommt dem »Organismus« als »Person« jene »dynamic agency« zu,[49] die ihn für jene Handlungen qualifiziert, die laut Aristoteles Epen und Dramen ausmachen. Damit ist die Bühne bereitet für den Auftritt des »Homers der Ameisen«.[50]

Aus Wilsons eigenem Verständnis von Wissen und Form ließe sich schließen, dass sein *Ameisenroman* Wahrheiten in das Gewand der Poesie einkleidet, etwa nach dem Muster der antiken oder barocken Fabeldichter. Es wären dies dann *dieselben Erkenntnisse*, die er in seinen entomologischen Abhandlungen publiziert hat, wenn auch in *anderer Form*. Dies ist indessen nicht der Fall. Dass seine Forschungen und Kenntnisse den Roman informieren und mit Wissen versorgen, trifft sicher zu. Doch geht der Roman weit über Wilsons entomologische Publikationen hinaus und produziert einen Überschuss, dessen Wahrheit nicht mit einer wissenschaftlichen These zu verwechseln ist. Wie zu zeigen sein wird, erfährt der Leser einiges über Ameisen nur hier, in Wilsons Roman, nirgends sonst: über ihre Religion etwa, ihre Eliten oder ihre Probleme mit Faulenzern. Deshalb lohnt es sich gerade auch für eine wissenshistorisch interessierte Studie, Romane hinzuzuziehen. In die kulturelle Vorstellung von Ameisengesellschaften fließt literarisch produziertes Wissen ein, die das entomologische Fachwissen nicht nur darstellt, sondern modifiziert, reflektiert, erweitert und überschreitet. Eine Lektüre von *Anthill* wird Auskunft darüber geben, welche Bilder und Phantasmen an der Organisation von Wilsons Denken mitwirken, einem Denken, das für die Erforschung der sozialen Insekten und ihrer Karriere als »Wurzelmetapher« gesellschaftlicher Selbstbeschreibungen seit mehr als einem Jahrhundert maßgeblich ist.[51] Ausschlaggebend für dieses Kapitel ist der Befund, dass der Forschungsbeitrag in *Nature* und der *Ameisenroman* ein und dasselbe Problem behandeln: die »Grundlagen sozialer Organisation« bei »sozialen Insekten und Menschen«, einer »Stadt« oder einer »Kolonie«.[52] Meine daran anschließenden Fragen lauten, was der Roman und was die Entomologie je als *Grundlage sozialer Organisation* begreifen wollen und wie sich Fiktion und Forschung gegenseitig durchdringen.

Die *Nature*-Autoren Nowak, Tarnita und Wilson zeigen sich überzeugt davon, dass die »Evolution menschlichen Sozialverhaltens« anhand der vorgelegten »Szenarien der Evolution tierischer Eusozialität« besser zu verstehen sei.[53] Wilsons Roman ließe sich als exemplarische Veranschaulichung dieser Ansicht lesen, dass derjenige, der die Evolution von Ameisen zu einem Superorganismus begreift, auch Aufschlüsse darüber erhalte, was den Menschen als soziales Wesen ausmache und wie eine Gesellschaft nachhaltig zu organisieren sei. Denn Ameisen *und* Menschen sind »supercooperators«.[54] Ameisen *und* Menschen sind »eusozial«.[55] Das heißt zunächst ganz grundsätzlich: Es gibt bei Menschen und Ameisen eine wie auch immer ausgestaltete Arbeitsteilung in der Brutpflege und bei der Aufzucht und Ernährung des Nachwuchses. Und es scheint nach Ansicht der Autoren mit dieser organisatorischen Qualität zu tun zu haben, dieser »division of labor«,[56] dass beide Spezies jeweils die erfolgreichste Art unter den Insekten bzw. den Wirbeltieren ausmachen.[57] Nicht der Stärke, Bewaffnung, Langlebigkeit, Robustheit oder Intelligenz der Individuen ist es geschuldet, dass diese Gattungen die Welt der Insekten bzw. Wirbeltiere dominieren, sondern ihrer sozialen Ordnung.[58] »*One* ant in an anthill was *nothing*.«[59] *Eine* Ameise zählt also nicht, aber Myriaden schon ... Es kommt also auf das Verständnis des Ameisenhaufens an.

Ameisen als Metapher und als Modell

Erstaunlich an Wilsons *Anthill* ist nicht so sehr, dass dieser Erstling eines 80-Jährigen von der Kritik gelobt oder ein Bestseller geworden ist: Die Bücher des zweifachen Pulitzer-Preisträgers verkaufen sich schon seit langem gut und finden über das Fach hinaus breite Resonanz.[60] Wissensgeschichtliches Interesse weckt vielmehr eine Verschaltung von Diskursen, die Wilson in seinem Roman in einer Weise vornimmt, die ins Zentrum meiner Forschungsfrage führt: Welchen Beitrag leis-

170

tet die Ameise(nforschung) für die Beschreibung der Gesellschaft. Denn im *Ameisenroman* wird die Schilderung des Menschen als sozialem Wesen mit der Beobachtung der Ameisen als sozialen Insekten kurzgeschlossen. Und in beiden Fällen wird unterstellt, dass die sozialen Systeme sich in einer ökologischen Nische entwickeln. Fremd- wie selbsterzeugte Veränderungen in der Umwelt stellen das System vor die Herausforderung, zu einem neuen Gleichgewichtszustand zu finden. So dient das soziobiologische und myrmekologische Fachwissen Wilsons, das in jene Romankapitel einströmt, die einigen Ameisennestern in einem Naturschutzgebiet in Nokobee County, Alabama gewidmet sind, nicht nur dem Verständnis des Protagonisten von Ameisenkolonien und damit der Motivation der weiteren Handlungsstränge, sondern es prägt zugleich das Konzept der Verknüpfung von Mensch, Gesellschaft und Umwelt, das jener Familiensaga zugrunde liegt, die der Roman ebenfalls erzählt. Kurz: Amerika oder zumindest Alabama und Harvard, Wilsons Heimat und Wirkungsstätte im Süden und Osten, sind Ameisenhaufen.

Das kennt man schon, als Analogie betrachtet, wäre eine solche Gleichsetzung nun nichts Neues. Seit Jahrhunderten nutzen Autoren den Ameisenhaufen als Metapher. Sich mit einem Hinweis auf diese Geschichte eines Motivs zu begnügen, unterschätzte allerdings jene Wissensformation, die Wilsons Roman organisiert. Eine Unzahl von Metaphern von der Ameisenstraße bis zur Ameisenstadt lässt zwar darauf schließen, dass die Verschaltung der Diskurse wie üblich auf *Analogisierungen* basiert. Dies trifft selbstverständlich zu, ist aber längst nicht alles. Sie beruht darüber hinaus auf einer weitreichenden These zur *Identität* der den Gegenstandsbereichen zugrundeliegenden Prinzipien. Sie sind nicht *wie* Ameisen, es *sind* Ameisen. Funktionalistische Methode und Evolutionsbiologie entdecken *dieselben* Mechanismen in der Organisation von Ameisenkolonien und Gesellschaften. Aus der Perspektive einer systemtheoretischen Evolutionstheorie beispielsweise ließ sich so die in den letzten Jahrzehnten entstandene, globalisierte »Weltgesellschaft« als »eine Art von Superkolonie« vorstellen.[61] Auch die in Wilsons Roman unterstellten Prinzipien der Organisation von sozialen Entitäten sind derart allgemein konzipiert, dass sie gleichermaßen für Ameisennester wie für Gesellschaften gelten. Diese alles andere als selbstverständliche Annahme liegt einem Denken zugrunde, das nicht nur in der Entomologie, sondern auch in weiteren Disziplinen wie der Ethologie, der Kybernetik und der Soziologie das Wissen von sozialer Ordnung prägt.

Die Sonderrolle der sozialen Insekten in der politischen Zoologie kann gar nicht genug betont werden. Wal und Wolf bei Hobbes, die Löwen und Füchse Machiavellis oder die Schafe des Pastorats sind wirkungsmächtige Bilder der politischen Theologie, starke Symbole, wie Carl Schmitt meinte,[62] doch hat niemand behauptet, der Löwe sei tatsächlich der Souverän oder das grasende Schaf ein Subjekt im Sinne der Politologie. Michel Foucault nennt den Lotsen auf Deck des Staatsschiffs mit Recht eine »Metapher«.[63] All diese vielen Metaphern zählen zu der an »bunten Bildern und Symbolen, an Ikonen und Idolen, an Paradigmen und Phantasmen, Emblemen und Allegorien überaus reichen Geschichte der politischen Theorien«.[64] So weit, so gut oder banal. Was den Unterschied ausmacht, ist dies: Die Ameise *ist* natürlich kein Mensch, aber das Ameisennest der modernen Entomologie *ist* eine Gesellschaft – und nicht etwa bloß *wie* eine Gesellschaft! Es gebe zwar beachtliche Differenzen zwischen Ameisen und Menschen, so viel müsse gesagt werden etc., doch »weisen ihre Zyklen im Grunde durchaus Ähnlichkeiten auf«.[65] Diese These wird durch ihren Ort keineswegs ins Reich der Fiktion verwiesen, sie ist vielmehr typisch für die moderne, zumal die in Harvard betriebene Entomologie: »Selbst wenn der Soziologe […] Tiergesellschaften wenig Bedeutung beimisst, kann der Biologe, der den Menschen immer als Primaten ansieht, es sehr wohl rechtfertigen, seine Gesellschaften als eine Tiergesellschaft zu betrachten.«[66]

Was die »soziale Organisation« angehe, gelten für Ameisen-
und Menschengesellschaften die gleichen evolutionären Mechanismen, weshalb die Gesellschaften »konvergent« oder »parallel« zu Lösungen im Umgang mit Komplexität gefunden
haben, etwa zur Arbeitsteilung.[67] Daher ist die Ameisenforschung – bis heute – informativ für die Soziologie. Diane Rodgers hat einen Grund dafür benannt: Entomologen und Soziologen arbeiteten auf gemeinsamem Boden, geteilt werden
Methoden, Vorannahmen, Theorien[68] und, aus meiner Sicht,
nicht zuletzt Bilder.

Unter Maßgabe dieser Prämisse: dass Grundzüge einer allgemeinen Soziologie für Ameisen wie für Menschen gelten,
werden Ameisen in Wilsons Roman verwandelt von einer seit
Aristoteles beliebten Metapher und Urform der politischen
Zoologie zu einem soziologischen Experimentalsystem:[69] Was
an einem Ameisenhaufen – im Feld oder im Labor – beobachtet wird, gibt dann nicht nur Aufschluss über dieses beobachtete Nest, sondern über Formen sozialer Organisation
schlechthin. Die Ameisenkolonie wird zu einem hochgradig
artifiziellen »epistemischen Ding«, das Wissen »über uns« produziert: Denn Ameisenkolonien *sind* Gesellschaften. Sie gelten
als »social units«,[70] »complex societies«[71] mit Arbeitsteilung
und kommunizierenden Agenten.[72] Gewiss, dies war schon
bei Huxley und Jünger, Wheeler und Escherich nicht anders.
Doch die im Vergleich mit Wilsons Ameisengesellschaften
wahrlich epochalen Unterschiede liegen in der biogenetischen
und mathematischen Erneuerung der Evolutionstheorie, die
die Entomologie orientiert, und in der Entwicklung der Sozialwissenschaften zu einer systemtheoretischen Soziologie der
Kommunikation. Ich möchte zeigen, dass sich beide Innovationen in der Soziobiologie niederschlagen und dass beide
Neuerungen zu einer anderen Selbstbeschreibungsformel der
Gesellschaft als jener führen, die die *Brave New World* oder die
Planlandschaften des Arbeiters erkennen ließen. Nicht nur historische oder medientechnische Umbrüche, sondern auch epis-

temologische Weichenstellungen in der Entomologie schlagen sich in der kulturellen Konstruktion des Bildes unserer Gesellschaft nieder.

Asymmetrische Epistemologie.
Die Entomologie als Soziologie

»Was bedeutet das für unsere Spezies«, fragen Hölldobler und Wilson am Ende ihrer Arbeit zum *Superorganismus* der Insektengesellschaften und antworten: »Wir haben das Privileg, Ameisen und andere Insekten in ihrer vom Menschen unabhängigen Entwicklung hin zu komplexen Gesellschaften zu betrachten und so mit immer größerer Klarheit die Beziehung zwischen fortgeschrittenen sozialen Ordnungen und den Kräften natürlicher Selektion, die sie formen, zu erkennen.«[73] Der Grund für diese immer weiter zunehmende Klarheit der Sicht auf die Entstehung und Entwicklung sozialer Ordnungen liegt in einem Vorzug des beobachteten Modell(super)organismus. Die Analyse von Ameisengesellschaften befreit den Wissenschaftler von dem Problem, Teil des Gegenstandes zu sein, den er untersucht. Distanzgesten oder Selbstreflexionen wie die der teilnehmend forschenden Ethnologie hat diese Soziologie der Ameisen nicht nötig. Denn allerdings ist der Soziologe ein Mensch, der Soziobiologe aber keine Ameise.

Darin machen Hölldobler und Wilson einen Vorteil aus: Gerade weil Entomologen keine Insekten sind, können sie an der Insektengesellschaft Gesetze der sozialen Evolution beobachten, die in ihrer ›Klarheit‹ der Soziologie verstellt geblieben sind.[74] Auch diese epistemologische Einschätzung des Verhältnisses von Forscher und Gegenstand ist nicht neu. Bereits Wheeler sieht eine auf der Entomologie errichtete Erforschung sozialer Ordnung auf der sicheren, wissenschaftlichen Seite, während die Soziologie »still a rudimental and speculative science« sei.[75] Seinen eigenen Schritt zur Soziobiologie der Menschheit hat sich Wilson 1975 nun gar von Zoologen von einem anderen Planeten als wissenschaftlich bestätigen lassen. In einer Art von literarischem Experiment phantasiert er *Außerirdische* herbei, die ohne Scheuklappen die soziale Evolution auf Erden als Naturgeschichte schreiben, statt auf eine unterentwickelte und spekulative Weise Soziologie zu betreiben.[76] Auch Hölldobler und Wilson imaginieren sich gemeinsam in die Rolle eines »team of alien scientists« hinein, das die irdischen Gesellschaften untersucht und deren »Abschlussbericht« ohne Zweifel (»surely«) die gleichen Beobachtungen und Schlussfolgerungen enthalten würde wie die vorliegende Monographie der beiden Ameisenforscher.[77] Für solch überirdische Verifikation der eigenen Forschung wäre gewiss jeder dankbar. Aber nehmen wir die Fiktion so ernst, wie ihre Implikationen es verdienen …

Wenn ein extraterrestrischer Wissenschaftler und ein irdischer Myrmekologe auf dem gleichen Forschungsgebiet zu den gleichen Ergebnissen gelangen müssen, dann könnte dies zwei recht unterschiedliche Gründe haben: 1.) Entweder der *Gegenstandsbereich* wird als so stabil und geordnet gedacht, dass eine gründliche Untersuchung selbst dann zur Erkenntnis derselben Gesetzmäßigkeiten und Eigentümlichkeiten führt, wenn die Wissenschaftskulturen so unterschiedlich sind wie in diesem Fall: irdisch und außerirdisch. 2.) Oder die *Wissenschaft* selbst, ob auf der Erde oder auf dem Mars, folgt zeitlichen, räumlichen und kulturellen Unterschieden enthobenen, transzendenten Regeln, deren sorgfältige Befolgung folglich dazu führt, den Untersuchungsgegenstand überall und jederzeit auf dieselbe Weise zu erforschen. Beide Alternativen spielen bei Hölldobler und Wilson eine Rolle: Schauen wir uns zunächst die erste genauer an.

Der Gegenstand ist stabil, denn seit Millionen Jahren sind die Ameisen evolutionär erfolgreich, und ihr primärer sozialer Differenzierungsmodus (Trennung von Fortpflanzung, Brutpflege, Nestbau, Ernährung und Verteidigung) ist unverändert.[78] Die »Versuchung ist groß«, schreibt Bert Hölldoblers akademischer Lehrer Martin Lindauer, »Gesetzmäßigkeiten und Organisationsprinzipien tierischer Sozialverbände, die sich seit mehr als 100 Millionen Jahren bewährt haben, *als Empfehlung an die Human-Soziologen* weiterzugeben.« Lindauer hat völlig recht: Dieser Versuchung hält tatsächlich kaum ein Entomologe stand. Und auch wenn Lindauer selbst hier »persönlich« – also dezidiert anders als andere – skeptisch auftritt, steht für ihn doch fest: Die »Gesetzmäßigkeiten und Organisationsprinzipien« der sozialen Insekten werden in der Tat wissenschaftlich und objektiv erfasst, beschrieben und verstanden.[79] Dass diese »Gesetzmäßigkeiten und Organisationsprinzipien« selbst historische und von kulturellen Einflüssen mitbestimmte Konstrukte sind, nimmt Lindauer allerdings genauso wenig an wie Wilson. Doch einer »Empfehlung an die Human-Soziologen« enthält er sich, anders als seine Doktorsöhne und -enkel. Thomas Seeleys bereits erwähnte *Honeybee Democracy* etwa wendet sich ausdrücklich nicht allein an Biologen, sondern auch an »social scientists«.[80] Lindauer hält seine eigene Reserve gegen Generalisierungen und Übertragungen für altmodisch, wenn er schreibt: »Die Frage freilich bleibt, ob mit dem kulturellen und wissenschaftlichen Fortschritt auch die ethisch begründete Verantwortung für die Gesamtheit in unserer Zeit Schritt halten kann.«[81] Womöglich erinnert er sich an die Lehren, die sein Vorgänger Karl Escherich während des Dritten Reiches aus den Insektenstaaten zu ziehen dachte, und lehnt daher jede Identifizierung, Analogisierung oder Übertragung der Forschungen zu sozialen Insekten ab, auch wenn dies nicht gerade im Trend der Zeit liegt. Wilson, der sich selbst ausdrücklich in die Würzburger Genealogie einschreibt,[82] hat dagegen Lindauers Mahnung stets ignoriert. Der *Ameisenroman* bespielt alle Register der Übertragung und Generalisierung. Dass die soziale Ordnung der Ameisen seit Äonen so ist, wie sie ist, und daher auch so, wie sie ist, erkannt werden kann, spielt in diesen Übertragungen selbst und ihren Funktionalisierungen eine zentrale Rolle.

Auch Alternative zwei wirft Probleme auf: Die Wissenschaft hat einen Stand erreicht, der die Wahrheit des Feldes objektiv erschließt: Mathematische und biochemische Genetik, Computersimulationen, Algorithmen, funktionalistische, soziometrische, statistische und ethologische Verfahren, Labor- und Feldstudien – all das führt zu den gleichen Ergebnissen und stützt sich gegenseitig. Mit seinem programmatischen Begriff *Consilience*[83] meint Wilson genau diese Architektur aus mehreren disziplinären und methodischen Pfeilern unter dem Dach der Biowissenschaften. Die gemeinsam gewonnenen Forschungsthesen sind dann, mit einer häufig benutzen Formulierung aus Wilsons und Hölldoblers *Ants*, »evident« oder gar »sehr evident«, jedenfalls für einen unbefangenen Rezipienten. Ein solcher geeigneter Erforscher der Wahrheit braucht nur Distanz und seine Beobachtung Dauer – so wie ein Volk von Raumfahrern sie hätte: »Stell dir vor, dass es auf einem eisigen Mond wie dem Jupiter – sagen wir, Ganymed – eine Raumstation einer außerirdischen Zivilisation gibt. Seit Millionen von Jahren haben Wissenschaftler von hier den Planeten Erde beobachtet. Weil es ihnen per Gesetz untersagt ist, sich auf einem bewohnten Planeten niederzulassen [die oberste Direktive der *Star Trek* Missionen, NW], haben sie die Oberfläche mit Hilfe von Satelliten und hochentwickelten Sensoren untersucht.« Das retroaktive[84] Ergebnis ist: *Nature revealed.*[85] Wer sich dem verweigert, meutert. Und Meuterer sind für Wilson keine Wissenschaftler.

Dieser Diskurs folgt der unausgesprochenen Annahme, »das Wahre erklärte sich von selbst«, wenn man nur lange genug und ohne Involvierung hinschaue.[86] Wilsons Soziobiologie trennt Natur und Kultur scharf und operiert dann, mit dem von ihm verspotteten Bruno Latour gesprochen, »asymmetrisch«: Sie zeigt sich überzeugt davon, dass das Wahre in der Natur der Sache liege und sich letztlich offenbare – und zwar Aliens und, wenn sie Distanz genug wahren, Menschen gleichermaßen. »Naturgegenstände« entziehen sich eben jedem kulturellen Einfluss und können von den Wissenschaften »objektiv« und dank des Fortschritts immer besser und besser, mit ›zunehmender Klarheit‹ erkannt werden.

Mit der eigenen Fachgeschichte verfährt man dann nach dem Aschenputtel-Prinzip: »die guten ins Töpfchen, die schlechten ins Kröpfchen«. Irrtümer auf dem Weg zur Wahrheit werden mit »sozialen Faktoren« begründet. Wenn beispielsweise die Entdeckung ignoriert wird, dass es keinen Bienenkönig gebe, liegt dies an der paternalistischen Gesellschaft des 17. Jahrhunderts. Oder wenn Ameisennester als Embleme totalitärer Bewegungen missbraucht werden, hat dies »kulturelle« Ursachen, etwa ideologische. Sie berührten gar nicht das Wahre der Myrmekologie, sondern erklärten das Falsche als Produkt einer historischen sozialen Konstellation.[87] Was die irdischen und außerirdischen Entomologen an Ameisengesellschaften unisono beschreiben, haben sie dagegen nicht »konstruiert« oder »erfunden«, sondern »entdeckt«. Was das für solche Forschungsansätze bedeutet, die im »Kröpfchen« landen, schildert ein anderer entomologischer Roman.

Gefährliche Feldforschung oder: Todesstrafe für Meuterer

In einem Buch, das ein E.-O.-Wilson-Zitat als Motto voranstellt und einige seiner Werke im Literaturverzeichnis aufführt, verkörpert einer der Protagonisten leibhaftig das im Bild der *Meuterer* verdichtete Ressentiment gegen die *science and technology studies* und Akteurs-Netzwerk-Theorien. In die moderne Entomologie und Schwarmforschung hat sich Crichton bereits für seinen Thriller *Prey* eingearbeitet, wie ein Blick auf das Verzeichnis der Forschungsliteratur am Ende des Romans und die zahlreichen Referenzen im Text belegen kann.[88] *Prey* inszeniert zwischen den Wissenschaftlern und ihren Forschungsgegenständen einen darwinistischen Kampf um Leben und Tod. Im Labor und im Feld lässt Michael Crichtons *Micro* nun echte Forscher und postmoderne Geisteswissenschaftler gegeneinander antreten. Wilsons asymmetrische Wissenschaftsauffassung und demnach also letztlich die Natur selbst geben den Schiedsrichter:

»Minot machte gerade seinen Doktor in Wissenschafts-forschung, einer Mischung aus Psychologie und Soziologie mit einer tüchtigen Beimengung von französischer Post-moderne. Er hatte einen Studienabschluss in Biochemie und vergleichender Literaturwissenschaft, wobei Letztere den Sieg davongetragen hatte. Er zitiert ständig Bruno La-tour, Jacques Derrida, Michel Foucault und andere Denker, die glaubten, dass es keine objektive Wahrheit gebe, son-dern nur die Wahrheiten, die von den jeweiligen Machtver-hältnissen vorgegeben wurden. Minot war in diesem Labor, um seine Doktorarbeit über ›wissenschaftliche linguistische Codes und Paradigmenwechsel‹ fertigzustellen, was in der Praxis bedeutete, dass er den anderen Forschungsstudenten auf die Nerven ging, sie bei der Arbeit störte und die Gesprä-che mit ihnen aufzeichnete.

Niemand konnte ihn leiden.«[89]

In einer universitären Einrichtung betreibt Danny Minot ge-nau das, was Bruno Latour und Steve Woolgar berühmt ge-macht haben: Laborforschung.[90] Crichtons Forscher sind von der Praxis dieser Praxeologie genervt. Der Doktorand der Wis-senschaftsforschung wird in den Gesprächen mit talentierten Biologen erst als Schwätzer denunziert und dann auch als Wissenschaftler desavouiert,[91] um im Verlaufe der reißerischen Handlung des Thrillers moralisch diskreditiert und schließlich auch bestraft zu werden. Der Doppelgänger Bruno Latours wird zum Mörder[92] und Verräter.[93] Der Erzähler lässt keinen Zweifel daran aufkommen, dass der von den postmodernen Lektüren herrührende Relativismus den Charakter verderbe und zu einem zynischen Opportunismus führe, der jede feige und böse Tat nach Belieben rechtfertige. Die echten Naturwis-senschaftler dagegen kooperieren und helfen sich, genau wie soziale Insekten, selbstlos, um eine bedrohlichen Lage – atta-ckiert von gefährlichen Raubtieren, man kennt das aus Crich-tons Dinosaurier-Thriller *Jurassic Park* – als Gruppe zu über-stehen.[94] Für poetische Gerechtigkeit sorgt eine Schlupfwespe, die Danny Minot ihre Eier in den Arm legt. Die Larven fressen den Wissenschaftsforscher quasi bei lebendigem Leibe auf und widerlegen so zugleich alle seine konstruktivistischen Phrasen.[95] Anders als Latour und Woolgar annehmen,[96] werden Fakten nicht konstruiert; sie sind da und machen sich selbst bemerkbar, wenn man sie ignoriert. Schlupfwespen sind im Übrigen die Ahnen der sozialen Insekten. Ausgerechnet die Stammmutter der sozialen Insekten erteilt der Postmoderne eine Lehrstunde. Der ›Meuterer‹ wird exekutiert. Das Zeugnis, das die Akteur-Netzwerk-Theorie und kritische Diskursanalyse von der Evolution ausgestellt bekommen, lautet: *unfit*.

Crichtons Biologen und Entomologen glauben nun nicht etwa in schönster positivistischer Naivität an »feststehende, unveränderliche Wahrheiten«, aber durchaus an das, was sich als »wiederholt verifizierbar« erwiesen hat.[97] Ihre Forschung ist methodengeleitet, die Hypothesen werden in Experimenten überprüft, deren Ergebnisse wiederholbar sein müssen. Was diesen Kursus durchlaufen hat, erweist in der Anwendung seinen praktischen Nutzen. Alle Doktoranden demonstrieren, dass sich ihre Theorien auch in der Praxis bewähren, also nicht nur unter Laborbedingungen, sondern in einer Umgebung, deren Einflussfaktoren nicht vorab kontrolliert werden können. Was sich so bewährt, ist keineswegs deswegen wahr, weil es ›von den jeweiligen Machtverhältnissen vorgegeben wurde‹, wie Danny Minot behauptet, sondern weil sich die Theorien im Labor genauso wie in der Welt als zutreffend erweisen.[98] Jeder gutwillige (und nicht zur ›Meuterei‹ verführte) Leser wird dies als Haltung des gesunden Menschenverstandes nachvollziehen. Dies gilt aber nicht nur für physikalische, biologische oder medizinische Thesen. Auch bei den von den zitierten Biologen und Entomologen entdeckten *sozialen Gesetzmäßigkeiten* handelt es sich in diesem Sinne um »wirklich wahres« Wissen.[99] Dies ist das knappe Gut, das den »Geisteswissenschaften« als Antidot gegen postmoderne Aberrationen angeboten wird.[100] Der Clou dieser asymmetrischen Epistemologie besteht darin, dass die Ameisenforschung wahres Wissen nicht allein über Ameisen produziert, sondern über Gesellschaften schlechthin.[101] Die Soziologie bekommt so endlich eine Heuristik, die zu Erkenntnissen über die Gesellschaft führt, die nicht einer kulturellen oder machtpolitischen Selbstrelativierung unterzogen werden müssen.[102] »The study of ants«, zitieren Hölldobler und Wilson zustimmend den Präsidenten der Harvard-Universität Abbott Lawrence Lowell aus einer Rede, mit der dieser seinen Vorgänger Wheeler ehrt, habe demonstriert, dass diese Insekten »*like human beings*, can create civilizations without the use of reason«.[103] Die Zivilisation entsteht bei Ameisen wie bei Menschen motiv- und grundlos. Die vom Ameisenforscher Wheeler lancierte These zur Emergenz sozialer Ordnung[104] wird von den Nestern auf Gesellschaften schlechthin extrapoliert – und wischt mit selbstverständlicher Autorität naturwissenschaftlicher Erkenntnis alle anderen Theorien der Gesellschaft hinweg. Auch so entsteht Platz für Neues. Diese Anmaßung hat sich nämlich für die Soziologie als äußerst fruchtbar erwiesen: Die Entomologie weist ihr den Weg zu einer Theorie der Gesellschaft ohne Menschen. Im folgenden Exkurs werde ich dieser äußerst produktiven Rezeption der entomologischen Methodendiskussion in der Soziologie nachgehen. Ich möchte damit nicht nur einen Beitrag zur Wissensgeschichte dieses Fachs leisten, sondern zugleich meine Hypothese einer entomologisch-soziologischen Passage auf ein solideres Fundament stellen. Der Exkurs wird zugleich meine Lektüre von Wilsons *Anthill* präparieren.

Exkurs: Die entomologisch-soziologische Passage

Gesellschaften entstehen, dank der Entomologie und ihren »space stations« wissen wir es nun zweifelsfrei, ohne die Beteiligung der Vernunft ihrer Bürger und schon gar nicht auf der Grundlage von Verträgen. Thomas Hobbes' Insistenz auf dem Unterschied zwischen Insektenstaat und Commonwealth (Menschen schließen Verträge, Ameisen nicht) wird so die Grundlage entzogen. Hobbes hat darauf bestanden, dass im Unterschied zu anderen »staatenbildenden Tieren«, von denen Aristoteles spricht, der Mensch allein über »Vernunft« verfüge. Dies befähige ihn, man hört den Schöpfungsbericht heraus, zur Unterscheidung von Gut und Böse und, auf dieser Basis, auch zum Aushandeln von Verträgen zum wechselseitigen Besten.[105] Moral und Vernunft des Menschen stehen aber einer entomologischen, überirdisch-objektiven Soziologie im Weg. Der Paradigmenwechsel von der Morphologie und Taxonomie der Ameise zur Analyse ihres Gemeinwesens als *Superorganismus* stellt die Myrmekologie vor die Herausforderung, eine soziale Ordnung zu beschreiben, ohne davon ausgehen zu können, dass die Gesellschaft das rationale Produkt vernunftbegabter Individuen wäre, denn so viel Vernunft traut man der einzelnen Ameise denn doch nicht zu. Die Implikationen der Antwort der Entomologie auf diese Herausforderung weisen einer Soziologie ohne Mensch den Weg. Ich möchte diese soziologisch-entomologische Passage nun nicht einfach mit einer ideologiekritischen Geste als ›Biologisierung‹, ›Naturalisierung‹ oder ›Darwinisierung‹ der Gesellschaft und ihrer Beschreibung entlarven,[106] sondern den epistemologischen Ertrag dieser Kollaboration zu ermessen suchen. Es genügt nicht, Entomologie und Soziologie einen »legitimation loop« nachzuweisen,[107] obschon diese Diagnose der *critical discourse analysis* (diese Bezeichnung hat sich als Markenname einer wissensgeschichtlich und machtkritischen Diskursanalyse durchgesetzt, wie auch Crichtons Danny Minot sie betrieben hat) sicher zutrifft und diskurspolitisch von großer Bedeutung ist. Ich möchte dagegen mit Donna Haraway davon ausgehen, dass Wissen über die Gesellschaft immer »situiertes Wissen« ist, und zwar mit Blick auf kulturelle, mediale und epistemologische Milieus.[108] Diese Perspektive fördert aber nicht nur Legitimierungsstrategien zutage,[109] sondern auch wechselseitige Befruchtungen. Die Passage einer Denkfigur von der Entomologie zur Soziologie bringt durch neue Positionierungen, Lokalisierungen und Situierungen von Methoden, Forschungsfragen und Metaphern neue epistemische Dinge hervor.[110] So lassen sich die innovativen Effekte würdigen, die die Soziologie ihrer soziobiologischen Nachbardisziplin zu verdanken hat. Zumal die Systemsoziologie, wie Parsons und Luhmann sie prominent vertreten, hat auch Wheeler und Wilson einiges zu verdanken. Der Ameisenhaufen erweist sich als Brutstätte einer neuen Soziologie.[111]

(Exkurs Teil I) Gesellschaften ohne Individuen. Funktionalistische statt verstehende Soziologie

Max Weber bereitet hier den Weg, betritt ihn aber nicht selbst. Im methodisch grundlegenden Kapitel zum »Begriff der Soziologie« seiner *Wirtschaft und Gesellschaft* macht er klar, dass 1.) für die »Soziologie« der »Sinnzusammenhang des Handelns Objekt der Erfassung« sei und 2.) dieses Handeln letztlich »einzelnen Menschen« deshalb zugerechnet werden müsse, »da diese allein für uns verständliche Träger von sinnhaft orientiertem Handeln sind«.[112] Weder gibt es für Weber eine Soziologie ohne verständliche Handlungen noch eine Gesellschaft ohne vernünftige Individuen. Anders verhalte sich dies mit »Tiervergesellschaftungen«.[113] Max Weber grenzt die verstehende Soziologie explizit von der Analyse sozialer Insekten (»Ameisen und Bienen«) ab, und zwar auf der Höhe der entomologischen Forschung. Zitiert werden Escherich und Weismann. Die Differenz zu den Insekten, die nicht vernünftig sind und daher auch nicht im Sinne Webers (intentional) handeln, hat zum einen aufschlussreiche *methodische Konsequenzen*: Da eine verstehende Soziologie ins Leere stoßen würde, sei im Falle der »Tiergesellschaften« die »rein funktionale Betrachtung« schlicht »selbstverständlich«.[114] Nicht bei der Analyse unserer

Gesellschaft, sondern von Insektengesellschaften kann die Methode nur funktionalistisch sein.

Die Einlassung auf soziale Insekten führt zu einer Neuausrichtung der soziologischen Herangehensweise. »Kontroversen« um Intelligenz und Instinkt bei Ameisen hält Weber für unfruchtbar, entscheidend sei die Analyse der Mechanismen, vor allem der gut zu beobachtenden »Funktionsdifferenzierung«.[115] »Ernährung, Verteidigung, Fortpflanzung« etc. werden arbeitsteilig organisiert – und diese Arbeitsteilung gilt es zu erforschen, und zwar ohne bei den Akteuren irgendeine Rationalität oder Bewusstheit voraussetzen zu können[116] oder zu müssen: *without the use of reason.* Talcott Parsons hat bei Weber studiert und diesen Schlüsseltext ins Englische übersetzt, der die Möglichkeit eines Paradigmenwechsels der Soziologie skizziert, den wiederum Parsons Kollege Wheeler mit großer Konsequenz für die Soziologie sozialer Insekten vollzogen hat. Was Weber hier der Entomologie aufzeigt, entspräche einer Soziologie ohne Mensch, wie der Parsons-Schüler Niklas Luhmann sie dann mit Verve vertreten hat.[117] Meine Rekonstruktion der entomologisch-soziologischen Wechselwirkschaft wird via Pareto, Tarde, Wheeler und Parsons schließlich bis zu dieser systemtheoretischen Grundannahme führen.[118]

Der Funktionalismus fällt zunächst bei Entomologen auf fruchtbaren Boden. Es ist wiederum William Morton Wheeler, dessen Harvard-Kollegen Henderson und Parsons Weber in den USA bekannt gemacht und übersetzt haben, der sich bemüht, eine Gesellschaftstheorie sozialer Insekten ohne Intentionalismen und Psychologismen zu entwerfen, weil 1.) die Gedanken und Absichten der Ameisen oder Bienen der Entomologie ohnehin verborgen sind und 2.) die Ameisen von ihm als ein im Superorganismus vereintes Kollektiv beobachtet werden, nicht als einzelne Exemplare. Dafür werden quantitative Methoden und funktionalistische Theorien benötigt, mit denen das Verhalten großer Mengen modelliert werden kann. Die damit einhergehende Neuausrichtung der Entomologie auf die

Außenbeobachtung der Ameisengesellschaft ist dezidiert gegen die Unterstellung von Instinkten oder psychischen Fähigkeiten der Insekten gerichtet, wie sie in Deutschland etwa Erich Wasmann[119] oder der von Max Weber zitierte August Weismann vertreten haben.[120] Statt Instinkte oder gar Intentionen vorauszusetzen, die für die Komplexität der sozialen Organisation verantwortlich zeichneten,[121] sucht Wheeler seine Erklärungen in den »sozialen Prozessen« der Insektenstaaten.[122] Er hat dafür einen guten Grund, denn ein paläontologischer Blick auf die Gattung der Ameisen zeigt, dass die Arbeiterkasten der hochentwickelten sozialen Insekten *(Pheidole, Dorylus, Camponotus)* sich von ihren Vorvätern der Vorzeit *(Ponerinae)* morphologisch kaum unterscheiden. Die Arbeitsteilung und funktionale Differenzierung im Insektenstaat sei daher, so Wheeler, *keine* Folge veränderter physiologischer Eigenschaften, sondern sozialer Praktiken: »a result of social life«[123]! Das Individuelle interessiert Wheeler daher nicht, sondern nur die funktionalen Rollen, die dem einzelnen Akteur von der Gesellschaft vorgegeben werden. Entscheidend an den »Individuen« ist in seinem Ansatz nun allein die Weise, wie sie »in Kommunikation miteinander stehen« (»being in communication with one another«).[124] Mögliche Medien dieser Kommunikation: Trophallaxis, drahtlose Telefonie und Telepathie, telegrammartiges Tasten oder Pheromonsignale sind im vorhergehenden Kapitel behandelt worden. Was Akteure dann tatsächlich miteinander unternehmen, etwa Berührungen, Nahrungsmittel oder Duftstoffe tauschen, lässt sich so gut beobachten wie die Zirkulation von Geld. Dieser Austausch kann gemessen und ausgewertet werden, ohne über die Motive und Ratschlüsse der einzelnen Akteure etwas wissen zu müssen. Was Weber als Soziologe der menschlichen Gesellschaften ausdrücklich und vor allem interessiert hat,[125] wird bei Wheeler erst gar nicht beachtet. Dies liegt daran, dass er seine Ameisensoziologie an Vilfredo Pareto und Gabriel de Tarde ausrichtet. In Paretos Gepäck findet die Entomologie auch eine Theorie der Elite vor, die sie aufnehmen und weitergeben wird. Noch in Wilsons *Anthill* hinterlässt sie ihre Spuren.

(Exkurs Teil II) Wheeler und Pareto: Soziale Medien und das Äquilibrium

Wheeler zitiert Pareto zuerst 1927 in seiner kleinen Abhandlung über *Emergent Evolution*. Ein Auszug aus dem *Traité de Sociologique* dient neben einer Passage aus Durkheims *Règles de la Méthode Sociologique* als Motto.[126] In beiden Zitaten geht es um die These, dass die Gesellschaft nicht als Summe von Individuen zu verstehen sei. Das Soziale werde zwar aus Elementen konstituiert, die man Individuen nennen könnte, doch sei es in diesen Elementen nicht aufzufinden. Das genuin Soziale entstehe vielmehr erst im Zusammenspiel der Elemente, womit eine neue Ebene beschritten werde, deren Regeln nicht auf die der Elemente zu reduzieren sei. Wheeler nennt diesen Schritt auf eine neue Ebene, die das Soziale ausmacht, Emergenz. Das soziale Ganze, das sich bilde, versteht er als Gefüge »nicht additiver Beziehungen oder Interaktionen«. Eine »Reduktion« der Eigenschaften des Ganzen auf die der Teile sei unmöglich.[127] Wheelers Hinweise auf Durkheim und Pareto machen deutlich, dass mit seiner Theorie der Emergenz soziologischer Boden betreten wird. Die Soziologie könnte aus seinen Vorschlägen die Vorstellung übernehmen, dass Gesellschaften ebenfalls aus nichts anderem bestünden als aus ›Relationen oder Interaktionen‹. Nicht der individuelle Mensch, sondern eine vom System selbst erzeugte, »konfigurierte« Einheit wäre als ihr Element aufzufassen (»configuration by the conditions of the system«).[128] Genau dies hatte Pareto vorgeschlagen. Die Individualität des Individuums steht für ihn nicht am Ausgangspunkt seiner Überlegungen, weil die Soziologie erst einmal zu erklären hätte, warum Gesellschaften ein solches Beschreibungsangebot (»residues«, »ensemble de sentiments«) für ihre Elemente überhaupt hervorbringen.[129]

Auch seine 1928 erscheinende, umfassende Studie *Social Insects* beginnt Wheeler mit einem Pareto-Kommentar, der begründen soll, warum es überflüssig sei, von der individuellen Intelligenz der Insekten auszugehen, wenn man ihre Gesellschaft beschreiben will. Es seien sozial konditionierte Erwartungserwartungen oder Rollen (»Residuen«), die das Soziale konstituierten:

> Wir stehen am Anfang der Erkenntnis, dass sowohl unser soziales als auch unser individuelles Verhalten hintergründig, aber maßgebend von irrationalen, unterbewussten und physiologischen Prozessen bestimmt wird. Jeglicher Zweifel an der Existenz eines solchen Substrats wird von Paretos ›Treatise of General Sociology‹ (1917) entkräftet, insbesondere vermag das der erste Band, der diesen ›Überresten‹, *die unsere sozialen Aktivitäten bestimmen*, gewidmet ist.«[130]

Charlotte Sleigh hat zu Recht betont, dass Wheelers Pareto-Rezeption vom Interesse daran geleitet ist, sich von Fragen der Individualität der Akteure zu lösen und die Gesetzmäßigkeiten in den Blick zu nehmen, welche die ›konditionierten‹ Massen antreiben: »Die Residuen des gewöhnlichen Menschen zwangen ihn zu einem Leben, das in funktionaler Sicht dem der Ameisen glich.«[131] Dieser Paradigmenwechsel von Konzepten der Individualität und der Intentionalität zu Fragen der Funktion und Kommunikation zeitigt bis heute Konsequenzen für entomologische und soziologische Theoriebildungen. Aber noch ein weiterer Aspekt Paretos, den Sleigh nicht beachtet, ist für Wheeler von Belang: In seinem *Traktat* verweist Pareto alle kontraktionalistischen und naturrechtlichen Theorien der Gesellschaft ins Reich der Fabeln.[132] Dass »eines schönen Tages« einige Menschen sich versammelten, um mit einem gemeinsamen Vertrag die Gesellschaft zu gründen, deren Mitglieder sie dann wären, sei eine »Absurdität«.[133] Und die Unterscheidung von Individuen und Gesellschaft, die von der Vertragstheorie vorausgesetzt würde, sei es ebenfalls. Menschen, die Verträge schließen, seien immer schon sozialisiert. Oder allgemeiner:

Individuen spielen immer eine soziale Rolle. Stets ist ein uniformierender Rahmen mitgegeben, in dem »ein Individuum das andere nachahmt«.[134] Pareto übernimmt hier die ›Gesetze der Nachahmung‹ von Tarde, dessen entomologische Deutungen des Sozialen bereits unser Thema waren. Die Elemente des Sozialen knüpfen ein Netz durch Nachahmung. Entsprechend erklärt Pareto auch jene Vorstellung für verfehlt, die Gesellschaft bestünde aus einer »Ansammlung von getrennten, voneinander losgelösten Molekülen«.[135] Die von dieser Voraussetzung ausgehende Annahme einer Gesellschaft, der isolierte Individuen gegenüberständen, sei ebenfalls völlig falsch. Die Differenz von Gesellschaft und Individuum macht für Pareto keinen soziologischen Sinn. Für Wheeler ebenfalls nicht. Jedes Individuum, ob Ameise oder Mensch, so wird zustimmend Espinas zitiert,[136] sei »in eine Gesellschaft eingetaucht; das *soziale Medium* ist die Grundvoraussetzung für die Konservierung und Erneuerung des Lebens. Das ist, in der Tat, ein biologisches Gesetz.«[137] Obschon es ein ›biologisches Gesetz‹ sein soll, wird dieser Medienbegriff in der Soziologie Parsons' und Luhmanns Karriere machen.[138]

Das individuelle Insekt – und man könnte hier auch ›der individuelle Mensch‹ schreiben – müsse als »Ergebnis des Prozesses der Anpassung an das soziale Medium« verstanden werden.[139] Pareto selbst führt in seiner Polemik gegen Theorien des Gesellschaftsvertrags das Beispiel von Ameisen- und Bienengesellschaften an. Soziologien, die auf die Vernunft und Vertragsfähigkeit von Individuen bauten, würden von der schlichten Tatsache widerlegt, dass es Tiergesellschaften gebe.[140] Was sich dagegen an jeder Gesellschaft, ob tierisch oder menschlich, beobachten lasse, seien Kontaktzonen oder Austauschverhältnisse und ihre Gesetzmäßigkeiten, die nicht auf der Vernunft oder dem Instinkt einzelner Individuen basieren, sondern auf den ›sozialen Gesetzen‹,[141] die die Massen betreffen, etwa auf Tardes »Gesetzen der Nachahmung«.[142] Zu diesen allgemeinen Gesetzen der Gesellschaft zählen für Pareto die beiden zentralen, sich ergänzenden Annahmen zur Homöostase der Gesellschaft und zur Herstellung eines verlorenen Gleichgewichtszustands durch Eliten. Seine Theorie des Gleichgewichts und seine Theorie der Eliten sind auch für Wilsons Werk von großer Bedeutung, dem entomologischen wie dem literarischen.

Bekannt ist Pareto noch heute für das nach ihm benannte Gesetz. Jedes soziale System, so lautet es, suche ein Äquilibrium in seinem Inneren und in Relation zu seiner Umwelt zu errichten.[143] Da sowohl das System als auch seine Umwelt permanent ihre Formen ändern, lässt sich dieses Gleichgewicht als Produkt permanenter Transformationen beschreiben. Das Äquilibrium ist dynamisch.[144] Die Preisbildung auf freien Märkten und die Einkommensverteilung in einer Volkswirtschaft sind von ihm angeführte Beispiele für dieses »Gesetz«, »Pareto's Law«,[145] das er überall in der Gesellschaft am Werk sieht und mit den Naturgesetzen der Chemie und Astronomie vergleicht. Ein sogenanntes ›paretooptimales‹ Gleichgewicht wird dann erreicht, wenn bei der Verteilung knapper Güter, Einkommen oder Sozialleistungen keiner bessergestellt werden kann, ohne unvermeidlich einen anderen schlechter zu stellen.

Anthill inszeniert die Richtigkeit dieses Gesetzes auf zwei Ebenen: den Ameisenkolonien in ihrem Biotop und der Gesellschaft von Arkansas in ihrer Umwelt. Drastisch wird gerade an den Dysbalancen (Überbevölkerung, Raubbau der Ressourcen, Verödung der Biosphäre, Degeneration etc.) demonstriert, dass das Gleichgewicht ein prekärer Zustand ist und es Eliten sind, die aus der Krise heraus die Homöostase erneuern und die Gesellschaft in einem neuen Paretooptimum einrichten. Ein solcher Zustand impliziert also keinesfalls eine Tendenz zur Gleichheit, wie auch Paretos eigene Beispiele verdeutlichen, sondern im Gegenteil die Unterscheidung von Masse und Elite.[146] Gerät nämlich das Gleichgewicht eines Systems in Bewegung, aus inneren oder äußeren Gründen, dann sei es stets eine Elite, die es auf einer neuen Stufe wieder in Balance bringe: »Das soziale Gleichgewicht verliert an Stabilität, jede Erschütterung – von innen oder außen – zerstört es. Eine Eroberung oder eine Revolution verändert alles, gibt einer neuen Elite die Macht und stellt ein neues Gleichgewicht her, das dann für eine mehr oder weniger längere Zeit bestehen wird.«[147] Die Kritik an einer *verstehenden Soziologie* rationaler Akteure, die quantitative, soziometrische Methode, die Beobachtung von sozialen Medien und die Formulierung sozialer Gesetze, die Thesen zum Äquilibrium und die Theorie der Eliten machen Paretos Lehre aus, die Wheeler übernimmt.

»Wir konnten beobachten, dass die Insektenkolonie oder -gesellschaft als Superorganismus bezeichnet wurde und somit als lebendiges Ganzes, das nach seinem Äquilibrium und seiner Integrität strebt. Die Individuen, aus denen die Kolonie zusammengesetzt ist, müssen deshalb miteinander kommunizieren. *Die Wahrheit dieser Aussage lässt sich anhand jeder Insektengesellschaft überprüfen.*«[148]

Die Implikationen und Konsequenzen dieser Formulierung können nun benannt werden:

1. Die Entomologie beschäftigt sich mit sozialen Systemen, nicht mit Individuen. Genau dasselbe gilt auch für die funktionalistische Soziologie nach Pareto und Parsons.
2. Sozialsysteme operieren selbsterhaltend und bringen sich dazu immer wieder in ein Gleichgewicht mit den eigenen Komponenten und der Umwelt. Dies gilt gleichermaßen für die Systeme der Entomologen und der Soziologen.
3. Die Kommunikation der Gesellschaftsmitglieder ist für den Vollzug dieser Funktionen entscheidend, und deren Medien können von exakten Wissenschaften beobachtet werden. Auch dies hat wiederum Gültigkeit für die Medien der Entomologen und der Soziologen.
4. Die hier zugrunde gelegte Epistemologie gilt für jede Gesellschaft, für die der Ameisen und der Menschen.
5. Soziobiologische Beobachtungen an Ameisengesellschaften können also auf analog organisierte, dichtbevölkerte Gesellschaften übertragen werden.

190

6. Es sind Eliten, die ein außer Balance geratenes homöostatisches System wieder in ein paretooptimales Gleichgewicht bringen.

Der von Wheeler allen Soziologen empfohlene Ebenenwechsel vom Einzelindividuum zur Gesellschaft lässt ein Problem der älteren Myrmekologie als obsolet zurück, das Pierre Huber in seinem klassischen Werk *Sur les Mœurs des Fourmis* von 1810 in die Frage gefasst hat, wie die Ameise eigentlich »entscheide«.[149] Nutze sie ihre eigene »Intelligenz«? Oder handele sie wie ein »Automat«, der tut, wozu er bestimmt ist?[150] Besonders beim Beginn einer neuen Tätigkeit meine man, so Huber, bei der Ameise das Auftauchen eines Gedankens zu sehen, der sich dann in ihrem Handeln realisiere.[151] Herauszufinden, wie groß die Intelligenz der Ameise sei, hat die Entomologie bis ins 20. Jahrhundert beschäftigt.[152] Als zu beobachtende Einheit des Ameisenforschers setzt sich dann aber im Verlauf des frühen 20. Jahrhunderts die Gesellschaft nach und nach durch,[153] und im Zuge dieser epistemischen Wende wird der Myrmekologe vom Morphologen und Taxonomen zusehends zum Ethologen und Soziobiologen.[154] Wheeler stellt die Konsequenzen 1928 sehr klar heraus: Weil die Ameisengesellschaft als Superorganismus, als lebendes und organisiertes Ganzes betrachtet werden müsse, habe die Entomologie nicht die Individuen zu beobachten, aus denen die Kolonie besteht, sondern ihre »Kommunikation untereinander«.[155] Die alte Streitfrage, ob Ameisen »automatisch« handeln oder ihr Verhalten individuelle »Intelligenz« erfordere, wird von Wheeler in eine mit dem Label ›scholastische Metaphysik‹ versehene *black box* verschlossen und beiseitegelegt, die in seiner Theorie des »sozialen Mediums« der Ameisen auch nicht mehr ausgepackt wird.[156] Die experimentelle Beobachtung, dass einzelne, selbst gut verproviantierte Individuen sterben, wenn sie von der Gesellschaft isoliert werden, bestärken ihn in seiner Annahme, dass die Kommunikationsmedien die entscheidende Untersuchungsgröße darstellen[157] – und zwar für Ameisengesellschaften genauso wie für unsere »zivilisierten Gesellschaften«, deren Verhalten sich vorhersagen lasse, so Wheeler, indem man etwa die »öffentliche Meinung« (das Medium der ›Residuen‹ Paretos) beobachtet – und nicht etwa, indem man Individuen studiert.[158]

(Exkurs Teil III) Die soziologische Produktivität der Entomologie. Wheeler und Parsons, Wilson und Luhmann

Auf allen nur möglichen Ebenen, vom biophysischen System des Körpers bis hin zur soziokulturellen Ebene der Gesellschaft, seien es »circulating media« wie Enzyme, Hormone, Sprache, Geld oder Macht, welche die unterschiedlichsten Prozesse steuern, stellt Talcott Parsons fest. Bei allen Unterschieden zwischen einem Hormon und Geld sei die »Funktion« dieser Zirkulationsmedien in Bezug auf das Gesamtsystem in lebenden und sozialen Systemen die gleiche.[159] Diese Funktion besteht darin, als »Kommunikationsmedi[um] zwischen Akteuren zu dienen«.[160] Wer das Verhalten der Akteure erklären oder vorhersagen will, muss daher das System und seine Kommunikation beobachten. Was der Akteur tut oder lässt, wird auf der Systemebene beobachtet: Denn »acts do not occur singly and discretely, they are organized in systems«.[161] Was die Handlungsmotivation der Individuen angeht, so mag diese »completely ›out of the blue‹« kommen und ist gerade daher nicht Gegenstand der »theoretischen Analyse«.[162] Für Idiosynkrasien ist die Soziologie nicht zuständig. Stattdessen analysiert die Systemtheorie Systeme, und zwar Systeme in ihrer Umwelt. Parsons schreibt:

> »Die funktionalen Erfordernisse des sozialen Systems als Einheit gehören jedoch einer anderen Ordnung an. Unter ihnen bezeugt ›Stabilität‹ dies am deutlichsten. In gewissem Sinn neigt ein soziales System zu einem ›stabilen Gleichgewicht‹,[58] zu einer dauerhaften Erhaltung seiner selbst *als* System und zur Bewahrung eines bestimmten, entweder sta-

tischen oder dynamischen strukturellen Musters. In diesen Sinne ist es analog (*nicht* identisch) zu einem Organismus und dessen Tendenz, kurzfristig ein physiologisches Gleichgewicht oder eine ›Homöostase‹ aufrechtzuerhalten und langfristig der Kurvatur eines Lebenszyklus zu folgen.«[163]

Die hochgestellte Fußnote 58 im Zitat verweist auf Vilfredo Paretos *The Mind and Society* und Lawrence Hendersons *Pareto's General Sociology. A Physiologists Interpretation*. Diese Referenzen verweisen erneut auf Wheeler, der Pareto nicht nur für die Entwicklung seiner Ameisensoziologie benötigt, sondern in die soziologische Diskussion der USA überhaupt erst eingeführt hat. Wilson wäre dies vermutlich unheimlich, weil es einen Pakt mit Meuterern darstellt, aber die Entomologie sozialer Insekten und die Soziologie sozialer Systeme kollaborieren eng in ihrer Theorieentwicklung.

Die wechselseitige Übernahme von Modellen, Methoden und Thesen in der Soziologie und Entomologie ist sicherlich von der persönlichen Begegnung der Akteure befördert worden. Wheeler hat von 1908–1937 an der Harvard-Universität gelehrt. 10 Jahre lang war er dort ein Kollege des Soziologen Talcott Parsons (und der war dort, nachdem er in Heidelberg ausgebildet wurde, eine lange Zeit: 1927–1973). Niklas Luhmann wiederum hat seine zwei Semester in Harvard vor allem bei Parsons verbracht, übrigens in einer Zeit (1960/61), in der auch der zwei Jahre jüngere Edward Osborne Wilson bereits dort lehrte. Über eine Begegnung dieser beiden Forscher, die ihre Fächer mit dem gleichen Paradigmenwechsel revolutioniert haben, ist leider nichts bekannt. Wilsons Vorgänger Wheeler nun hat für die Soziologie an seiner Universität erwiesenermaßen eine bedeutende Rolle gespielt. Er zählt zum einen zu den ersten Amerikanern, die Pareto rezipieren, dessen amerikanische Erfolgsgeschichte als bürgerlicher Gegen-Marx erst in den 1930ern beginnt[164] – und zwar, was sein Laudator und Kritiker Schumpeter nicht erwähnt, mit einem folgenreichen Lektüretipp: Wheeler wies seinen Kollegen, den Physiologen

Lawrence Henderson, wie Wheeler Mitglied im *New Club* der Universität, auf den *Traktat* hin.[165] Dieser war beeindruckt und veranstaltete ab 1932 ein über mehrere Semester währendes Seminar, den »Pareto Circle«, dem neben Joseph Schumpeter auch Talcott Parsons angehörte.[166] Zwei Jahrzehnte vor den berühmten interdisziplinären *Macy*-Konferenzen trafen hier Soziologen und Biologen, Physiologen und Ökonomen zu einem regelmäßigen Austausch zusammen.[167] Hendersons Werk über Pareto aus dem Jahr 1935, eine Frucht des von ihm initiierten Zirkels, wird von Parsons angeführt, um seine Aussage zu stützen, Pareto habe die bislang avancierteste Methode der Analyse sozialer Systeme vorgelegt.[168] Dass Parsons das Konzept der dynamischen Homöostase des Systems in seiner Umwelt Henderson und Pareto verdankt, wurde in der oben zitierten Passage offenkundig.[169] Auch Luhmann wird Henderson in seinem grundlegenden Werk *Soziale Systeme* zitieren und der Systemtheorie zuschlagen.[170] Angeführt wird Hendersons Werk im Kontext einer systemtheoretischen Reformulierung des Konzepts der »Anpassung«, und Luhmann betont an dieser Stelle eigens, dass Darwins Evolutionstheorie der »wichtigste Vorläufer« seiner eigenen Vorschläge sei, und zwar deshalb, weil der Zusammenhang von »Selektion«, »Anpassung« und »Evolution« bereits bei Darwin als »subjektloser Vorgang« konzipiert sei.[171] Auf den Ausschluss des Menschen aus der Soziologie kommt es hier an. *Die Gesellschaft wird genauso »subjektlos« konzipiert wie ein Ameisennest.* Auch Parsons stellt im Rahmen seiner Pareto-Henderson-Passage den Begriff der »Motivation« nur in Anführungszeichen und verweist auf die »Idiosynkrasien« der Individuen, die ihre soziologische Untersuchung unmöglich machten.[172] Pareto hatte dafür eine Lösung angeboten, die bereits Wheeler so sehr faszinierte: Von der Analyse des individuellen Menschen abzusehen, um stattdessen »soziale Medien« zu modellieren.

Nicht nur die Modelle Paretos und Hendersons, auch Wheelers Spuren sind in Parsons Werk präsent. Seinen grundlegenden

Aufsatz zur Theorie sozialer Systeme und ihrer funktionalen Differenzierung leitet Parsons 1939 mit einer Art Hommage an seinen jüngst verstorbenen Kollegen und Theoretiker des »Superorganismus« sozialer Insekten ein:

> »Im Verlauf ihrer langen Geschichte hat die *biologische Theorie* eine Denkfigur entwickelt, die in bestimmten Aspekten ihrer logischen Struktur als *Ausgangspunkt für die gegenwärtige Diskussion* dienen kann. Sie behandelt alle relevanten Phänomene als zum Organismus […] oder zur Umwelt […] gehörend. Der Organismus stellt eine grundlegende Bezugseinheit dar, auch wenn er nicht als einfacher Gegenstand, sondern als hochkomplexes System betrachtet wird.«[173]

Genau wie Luhmann beschreibt Parsons die Neujustierung der Homöostase an Veränderungen in System oder Umwelt als Anpassung: »In der Biologie ist das die ›Anpassung‹ des Organismus an die Umwelt.«[174] Und so wie nach ihm Luhmann verweist er auf die »Evolutionstheorie«, die den »Lebenszyklus« eines Systems zu modellieren vermag.[175] Zwar unterscheidet Parsons die Gesellschaft »sozialer Insekten« von der Gesellschaft des Menschen am Kriterium der Kultur – der Mensch sei das einzige kulturelle Wesen –, doch die einst unüberwindliche »Kluft« zwischen Mensch und sozialen Insekten sei bereits von Darwin erheblich relativiert worden.[176] Die Evolution eines komplexen Superorganismus in seiner Umwelt wäre von Soziologen also durchaus in »ähnlicher Weise« zu beobachten wie von Entomologen, nämlich dann, so erläutert Parsons, wenn die Soziologie auf »einer generalisierten analytischen Ebene« operiere[177] und die »Homöostase« eines »sozialen Systems als Ganzes« in den Blick nehme.[178] Die Probleme der individuellen Intentionalität von Handlungen und der Willensfreiheit hat auch Parsons mit jenem Ebenenwechsel hinter sich gelassen,[179] den sein Kollege Wheeler so beeindruckend vollzogen und selbst unter anderem auf seine Pareto-Rezeption zurückgeführt hat. Die Bezugsgröße ist das Sozialsystem in seiner Umwelt, nicht das Individuum, dessen Kognitionen und Mo-

tive Parsons als Zuschreibungen abhandelt.[180] Die von Wheeler
an der Ameisengesellschaft beobachtete dynamische Homöostase (»moving equilibrium and integrity«, eine Frucht seiner
Pareto-Lektüre)[181] reformuliert Parsons als »stabiles Gleichgewicht« oder dynamische »Stabilität« des sozialen Systems in
seinem »Lebenszyklus«.[182] Die Geschichte der Gesellschaft lässt
sich nun so erzählen wie die einer Ameisengesellschaft, nämlich als Evolutionsgeschichte eines sozialen Systems und seiner
Kommunikationsmedien.

Und die deutsche Systemtheorie? Die erste Monographie,
die Niklas Luhmann verfasst, als er von der *Graduate School of
Administration* der Harvard-Universität an die Verwaltungs-
hochschule Speyer zurückkehrt, erscheint 1964 und trägt den
Titel *Funktionen und Folgen formaler Organisation*. Es ist ungewöhnlich für Luhmanns Werk, dass diese Schrift ganz konventionell mit einem Dank beginnt. Er richtet sich an Talcott Parsons, Gespräche mit ihm seien von »unschätzbarem Gewinn«
gewesen, und an einige Kollegen in Speyer, unter ihnen Fritz
Morstein Marx, der Harvard und Parsons noch aus Vorkriegszeiten – der Ägide des *Pareto Circle* – kennt und eine Einführung zur Monographie des jungen Kollegen beisteuert. Luhmanns früher Wurf einer systemtheoretischen Wissenschaft
vergleicht Marx kaum zufällig mit der Perspektive der Entomologie.

> »Sie blickt von außen in die Organisation hinein, als wäre
> diese ein Ameisenhaufen. Sie lässt nicht einfach gelten, was
> die Ameisen über sich selbst zu sagen haben. Sie sucht nach
> verdeckten Gesetzmäßigkeiten.«[183]

Über sich selbst sagen Ameisen eben nichts – und das macht sie
zum Vorbild für eine Soziologie ohne Menschen. Die »verdeckten Gesetzmäßigkeiten« hat Luhmann nach eigener Auskunft
in »differenzierten, veränderlichen Umwelten« gefunden, auf
die Systeme durch Selbststeuerung und Selbstorganisation reagieren.[184] Dieser Forschungsansatz, den Luhmann selbstbewusst als epochale soziologische Innovation in Stellung bringt,

hat einen langen Vorlauf in der Entomologie, die, wie gezeigt, schon seit geraumer Zeit Soziologiegeschichte schreibt. Luhmanns Monographie schließt mit einem Kapitel über »Menschen und Maßstäbe«. Bereits dort schreibt Luhmann mit der später berühmt wie berüchtigt gewordenen Unterkühltheit: »Wir hatten nicht den Menschen [...] zum Thema gemacht, hatten vielmehr gleich anfangs die These abgelehnt, dass Organisationen aus Menschen bestehen.«[185] Auch die Superorganismen Wheelers und Wilsons bestehen nicht aus Ameisen, sondern aus emergenten Entitäten. Beobachtet werden soziale Medien und Kommunikationen. Luhmanns Systemtheorie hat viel aus Cambridge, Mass. über Speyer nach Bielefeld gebracht, aber nicht nur aus Parsons Department für Soziologie, sondern auch aus dem für Zoologie. Dass es für Luhmanns Projekt »in der Soziologie selbst kaum Vorbilder« gebe, hat er selbst ja ausdrücklich betont.[186] Neben die Kybernetik, deren Rolle für die Entstehung der soziologischen Systemtheorie unumstritten ist,[187] tritt so ein weiteres Wissensgebiet, dessen Modelle und Methoden die Ausarbeitung seiner »Supertheorie« konditionieren.[188] Dass in den »großen Macy-Konferenzen«, die Luhmann selbst als Vorläufer anführt, nicht nur über »Kybernetik und Selbstreferenz diskutiert worden war«,[189] wie Luhmann erinnert, sondern immer wieder über Ameisen und Bienen, unterstützt meine These. Gerade die Kommunikationen sozialer Insekten wurden dort als ein Fall von Informationserzeugung schlechthin verhandelt, der von der Kommunikation menschlicher Akteure nicht zu unterscheiden sei, sondern, im Gegenteil, als Modell galt. »Don't we all grant that the analogies now being made are superficial«, wirft Julian Bigelow in einer der Macy-Debatten skeptisch ein. Die Antwort seiner Kollegen lautet: »No, these are absolutely fundamental.«[190] Diese Überzeugung trägt auch Edward O. Wilsons gesamtes Werk, *non fiction and fiction*.

Supersuperkolonien und Eliten. Wilsons Welt als Roman

Raphael Semmes Cody ist ein Kind der Natur. Was immer auch
seine »Anlagen« gewesen sein mögen, er wurde geradezu erzogen *(nurtured)* »von der wilden Umgebung am Lake Nokobee«.[191] In dieser ökologischen Nische verbringt Raff, wie er genannt wird, seine Jugend. Dort führt er auch die Feldstudien
für seine entomologische Abschlussarbeit durch. Und letztlich
rettet Raff Jahre später als Jurist mit einem Abschluss der Harvard Law School diesen einzigartigen Ort vor der Betonierung
durch einen »Immobilien-Hai«. Die Eigentümlichkeit dieser
unberührten Natur wird im Roman immer wieder mit religiö-
ser Inbrunst beschworen. »Dies war sein Heiligtum […]. Der
Nokobee war ein Lebensraum unerschöpflichen Wissens und
voller Geheimnis, er überstieg den armseligen menschlichen
Verstand, genau wie die Lebensräume seiner Urahnen.«[192] Es
ist aber nicht nur ein Baugigant, dessen einfallslose Pläne zur
Errichtung eintöniger Vororte dieses Reservat in Gefahr bringen. Eine Laune der Natur selbst setzt das Gleichgewicht außer
Kraft. Es ist eine *Superkolonie*,[193] die die Balance in der ökologischen Nische von Nokobee stört. Die vom Autor, Erzähler
und Protagonisten so geschätzte Artenvielfalt, die den Reiz des
Naturschutzgebietes ausmacht, gerät in Gefahr.
>»Man hörte keine Vögel und keine Insekten mehr singen.
Weniger Eichhörnchen, Wühlmäuse und andere Säugetiere
durchstöberten das verlassene Land. Schmetterlinge und andere Bestäuber der Bodendecker waren kurz vor dem Aussterben.«[194]

Es muss auf den ersten Blick erstaunen, dass ein passionierter
Liebhaber der Ameisen wie Wilson einen Roman verfasst, der
ihnen die Hauptverantwortung bei der Vernichtung von Biodiversität zuweist. Doch so ist es: Auslöser dieses Absterbens war
eine Populationsexplosion von Ameisen«.[195] Ausgerechnet jene
Spezies, die zum Modellorganismus für Homöostasen gemacht
worden ist und über die Entomologie hinaus für ein nachhalti-

ges Balancieren von Gesellschaft und Umwelt einsteht, wirft die Biosphäre von Nokobee aus dem Gleichgewicht und verwandelt seine reiche Fauna und Flora in eine Wüste. Insofern Ameisen metonymisch stets auch Menschen sind, verhandelt Wilson am Fall der Superkolonie auch die Möglichkeit einer Selbstvernichtung unserer Gattung durch Zerstörung der Umwelt.

Der entomologische Grund für die Ausbildung einer Superkolonie ist ein genetischer Defekt, eine Mutation mit »erheblichen sozialen Konsequenzen«.[196] Die Ameisen dieser Kolonie waren weniger sensibel für den »Koloniegeruch«, der sonst dazu dient, auch Ameisen derselben Spezies voneinander zu unterscheiden, wenn sie aus unterschiedlichen Nestern stammen.[197] Dieser Geruch wird im Normalfall von der Königin emittiert und trophallaktisch über alle Mitglieder des Nestes verbreitet. Er fungiert gewissermaßen als Hoheitsabzeichen eines Ameisennestes.[198] Ohne diese olfaktorische Freund/Feind-Kennung geben die Ameisenkolonien ihre politische Souveränität auf und beginnen innerhalb einer größeren, gleichsam supernationalen Einheit zu kooperieren. Die Superkolonie besteht schließlich aus Hunderten oder Tausenden von Superorganismen und Königinnen, aus

> »einem einzigen unermesslichen Staat aus Millionen von Arbeiterinnen und Tausenden Königinnen. Die Ameisen brauchten keine Territorien zu verteidigen, keine Turniere abzuhalten, auf dem weiten Gelände nicht um Futter zu konkurrieren, und so besetzte die Superkolonie den gesamten bewohnbaren Boden mit zahlreichen untereinander verbundenen Nestern.«[199]

Ohne Zeit und Energie für den Streit um Ressourcen und Grenzkriege mit Nachbarkolonien der eigenen Art verschwenden zu müssen, kann diese Superkolonie ungehemmt expandieren. Und ohne den Geruch als Distinktionskriterium für die Staatsbürgerschaft hält die Kolonie eine Vielzahl von Königinnen nebeneinander, die gemeinsam für die Produktion des

Nachwuchses sorgen. Die Vermehrung erfolgt nicht im riskanten Hochzeitsflug, der den meisten Prinzessinnen (und allen Prinzen) den Tod bringt,[200] sondern im eigenen Nest »einfach mit Männchen, auf die sie auf der Nestoberfläche trafen, und das konnten auch ihre eigenen Brüder oder Cousins unterschiedlich entfernten Grades sein«.[201] Die Fruchtbarkeit und Produktivität dieser Superkolonie steigt enorm, ihre hohe Bevölkerungsdichte lässt sie jeden Konkurrenten ausschalten. Andere Ameisenspezies haben keine Chance, da ihre einzelnen Staaten (mit je einer Königin) nicht zusammenarbeiten. »Die Krieger *(myrmidons)* der Superkolonie überfielen rivalisierende Kolonien wie eine Horde Mongolen.«[202] Die heimischen Ameisenpopulationen werden nahezu vollständig ausgelöscht. Die Millionenheere der Superkolonie erobern und besetzen den Raum nicht nur, sie ernten ihn ab, fressen ihn leer. »Die Qualität des Lebensraumes nimmt ab.«[203] Das Ökosystem von Nokobee macht eine tiefgreifende Veränderung durch.[204] Und die evolutionären Vorzüge der Metakolonie schlagen in Nachteile um. »Schließlich war es so weit, dass es pro Quadratmeter ganz einfach mehr Ameisen gab, als das Ufer des Lake Nokobee tragen konnte.«[205] Die schnell wachsende Bevölkerung kann nicht mehr ernährt werden. Der Erzähler identifiziert diese demographischen und logistischen Probleme mit der Verwandlung dörflicher Landschaften in urbane Großregionen.

»Wo einst verteilt im freien Land einzelne Nester standen, befand sich jetzt eine im Grunde durchgehende Ameisenstadt. Die Schwierigkeiten bei der Befriedigung des Heißhungers der Superkolonie entsprachen *im Prinzip* den Problemen bei der Versorgung einer überbevölkerten menschlichen Stadt.«[206]

Zwar hat sich die Superkolonie als Herr von Nokobee durchgesetzt, doch führt die mangelnde Nachhaltigkeit (»sustainability«)[207] ihrer Ressourcenbewirtschaftung zur Schädigung des gesamten Ökosystems und damit auch zu einer Zerstörung der eigenen Lebensvoraussetzungen, denn schließlich entwickelt sich ein System nicht im Nichts, sondern evoluiert immer in einer Umwelt, die es selbst miterschafft. Der Gendefekt, der den beispiellosen Erfolg der Superkolonie ermöglicht hat, erweist sich langfristig als tödliche »Katastrophe«.[208] Die Superkolonie nimmt der Umwelt mehr, als diese regenerieren kann, und sobald die Heerscharen des Imperiums keine neuen Territorien mit neuen Nahrungsmittelquellen mehr erschließen können, muss sie absterben. »Sie schuldete der Natur die Rückerstattung von Verbindlichkeiten, die sich durch den Mehrverbrauch von Energie und Material angehäuft hatten.«[209] Wachstum vergrößert diese Schuld, die nie mehr zurückgezahlt werden kann. Der *point of no return* ist überschritten. Die Kolonie der Kolonien ist zum Untergang verurteilt. Bevor ihr »ant empire«[210] vergeht, hat sie aber die Allmende von Nokobee zerstört.[211] Dies erinnert Wilson an unsere Gesellschaft und den Raubbau an ihrer Umwelt. »Die Superkolonie war bei ihrem Drahtseilakt abgestürzt. In diesem wesentlichen Punkt ähnelte sie dem großen menschlichen Ameisenhaufen über ihr und um sie herum.«[212]

Wilson ist kein brillanter Autor. Es ist mit Blick auf die *story* sehr inkonsequent, wenn der Roman nun die Rebalancierung der Natur qua Abbau der Überbevölkerung durch Ressourcenmangel nicht schildert, sondern die Superkolonie mit einem Gasangriff erledigt. Ein Schädlingsbekämpfungsunternehmen macht der mutierten Spezies den Garaus, nachdem sie den gerne im Grünen picknickenden Südstaatlern schließlich allzu lästig geworden ist. »In wenigen Minuten waren sie alle tot.«[213] Um diese myrmekozidale Maßnahme zu bewerten, auf die in der Handlungsführung nichts hindeutet, muss man wissen, dass der Autor selbst mit solchen Vergasungen Erfahrung hat. Denn zu Wilsons Feldstudien gehörte auch die experimentelle Ausrottung der gesamten Fauna (›defaunation‹) einer Insel durch Giftgas, um die Repopulation und die Einrichtung eines neuen ›Äquilibriums‹ der Spezies in ihrer Umwelt zu beobachten.[214] Die Vernichtung alles tierischen Lebens auf einer definierten, isolierten Fläche gehört zu den Forschungspraktiken der experimentellen Entomologie.[215] Nokobee musste vergast werden, weil Wilson eine *tabula rasa* für die Wiederbevölkerung aus der Peripherie benötigt.

Eine autochthone Kolonie am Rande des alten Imperiums hat ein kümmerliches Dasein geführt. Während die Fourageure der Superkolonie schon in ihre Nähe vordrangen, konnten nur noch wenige hundert Ameisen ernährt werden. Doch lag sie jenseits der Todeszone aus Gas, und im Jahr nach der *defaunation* stoßen ihre wenigen Scouts auf freies Land, das Wilson selbst mit einer unbewohnten Insel vergleicht. »Die Woodlander-Ameisen verhielten sich wie menschliche Eroberer, die auf einer unbewohnten Insel landen.«[216] Dies vermeintlich freie Land gibt sich den Kolonisten aber nicht von selbst, sondern setzt auf der Ebene der Diegese den Gaseinsatz voraus, auf der Ebene der Referenzen die ›defaunation‹ von Inseln und auf der Ebene der ebenfalls mitlaufenden amerikanischen Geschichte einen Krieg gegen die Ureinwohner und spanischen, mexikanischen, französischen und britischen Konkurrenten. »Unser Nährboden war der Krieg«, erklärt Onkel Cyrus seinem Neffen Raff.[217] Dies ist nach der Warnung vor zu schnellem, ökologisch unbalanciertem Wachstum die zweite Lektion, die aus der *Ameisenchronik* zu ziehen ist: Macht basiert immer auf der Verdrängung von Konkurrenten. »Wir haben Krieg gegen Mexiko geführt, um die Fläche dieses Landes zu verdoppeln«, stellt Cyrus die geopolitische Strategie der USA klar.[218] Am Beispiel der Superkolonie werden die Risiken dieser Strategie illustriert. Der Erfolg des Imperiums zerstört seine eigenen Grundlagen. Zu groß darf es nicht werden, aber wie groß ist groß genug?

Der bedrohlichen Expansion der mutierten Superkolonie hat der Cyanideinsatz ein Ende bereitet. Das winzige Woodland-Nest ist vom Gas verschont worden, und seine wenigen Arbeiterinnen treffen auf ihren Fouragiertrips auf keine Gegner mehr. Die Kolonie wird ohne die Konkurrenz der ausgerotteten Nachbarn besser ernährt als vorher, und sie wächst. Sie investiert gleichermaßen in das »richtige Gleichgewicht zwischen Verteidigung und produktiver Arbeit«, und ein Jahr nach der »Katastrophe der Superkolonie« zählt sie nicht mehr wenige hundert, sondern 10 000 Ameisen, darunter 500 Soldaten, »die sich ständig in Bereitschaft hielten«.[219] Die Kolonie findet sich selbst vor »am Rand eines unerforschten Ameisenkontinents, den die gottgegebene Auslöschung der Superkolonie leer zurückgelassen hatte«.[220] Den Göttern der Ameisen sei es gedankt.[221] Wer hier nicht an die *frontier* und *god's own country* denken mag, den wird der Erzähler eigens daran erinnern. Die Kolonie, der Gottes Land weit offen steht, prosperiert. »In dieser angenehmen Phase erfuhr die Woodland-Kolonie aber auch, was der Preis für ihren Wohlstand war. Bald war sie in ihrer ursprünglichen Behausung sehr beengt.«[222] Das Problem ist das gleiche, das die Superkolonie zum Untergang verurteilt hätte: Die Kolonie ist ein Volk ohne Raum. Ihre Erntegründe genügen nicht mehr. Das Nest platzt aus allen Nähten. Doch in diesem Fall wird es gelöst. Die Kolonie entscheidet sich für die Migration.

»Unterdessen spitzte sich das Unterbringungsproblem zu Hause weiter zu. Die Woodland-Kolonie suchte nun ernsthaft nach einer alternativen Heimstatt. Die Koloniemitglieder legten und verfolgten Spuren zu immer mehr möglichen Standorten, und indem sie das mit unterschiedlicher Intensität taten, stimmten sie über die Standorte ab, die ihnen vorgeschlagen wurden. Manche Kandidaten bekamen wenige Stimmen, andere gar keine.«[223]

Schließlich erschließen die Scouts einen großartigen Ort, »eine besonders günstige Stelle, fast in der Mitte des alten Nests der Trailhead-Kolonie«,[224] der selbstredend unbewohnt ist, da er in der Todeszone liegt. Die Scouts kehren zur Kolonie zurück und werben intensiv um Zustimmung: »Die dringend verbreitete Botschaft lautete: *Folgt mir! Folgt mir!* Die Abstimmung tendierte nun deutlich zu dem neuerdings bevorzugten Standort. […] Bald schon hatte das Wahlvolk der Ameisen entschieden.

Die gemeinsame Intelligenz befand: *Das ist der richtige Ort!*«[225]
Diese Beschreibung entspricht so ziemlich dem Forschungsartikel »Ants move to improve: colonies of Leptothorax albipennis emigrate whenever they find a superior nest site«.[226] Nun aber kommt etwas hinzu, das sich in den aktuellen entomologischen Texten nicht findet. Der Erzähler fährt nämlich wie folgt fort:

> »Am gesamten Auswanderungsprozess von dem sehr aggressiven frühen Rekrutierungsverhalten bis zum Nestbau waren Elitearbeiterinnen führend beteiligt. Wenn nur eine einzige solche Anführerin einen Gang zu graben begann, halfen andere, die in der Nähe waren, ihn weiter voranzutreiben, oder begannen selbst mit dem Graben weiterer Gänge. Die Eliten fanden Nachfolger, und die Arbeit schuf noch mehr gleichwertige Arbeit, bis das Ziel erreicht war. Die Kolonie brauchte Eliten, um Aktivitätswechsel zu initiieren und die Nestgefährtinnen dann auch bei der Stange zu halten.«[227]

Von einer Differenzierung von Populationen in Elite und Masse war zwar bei Pareto, aber weder bei Seeley oder Lindauer, Dornhaus, Hölldobler oder Wilson selbst je die Rede. Im Gegenteil: »workers are not players«, stellt Wilson fest, sie spielen das »evolutionary game« gar nicht mit; der Schwarm ist der Spieler, die einzelnen Arbeiter sind nur simple Agenten.[228] Eine Elite, die führt, inspiriert, die Initiative ergreift, kommt in dieser Beschreibung nicht vor.

Wilson wird gleichsam zu einem Opfer der entomologisch-soziologischen Passage und ihrer Evidenzen. In seinem Roman begnügt er sich nicht einfach mit der Übertragung der Ameisen- und Bienenexperimente zur *nest site selection* in die Narration, er belässt es auch nicht bei der Übernahme des von Seeley vorgegebenen politischen Vokabulars einer Wahl, sondern er fügt eine Annahme hinzu, die allerdings in der soziologischen Erbschaft der Entomologie seit langem schlummert: Es gibt Eliten. Und wo es eine Elite gibt, die führt, da gibt es auch eine Masse, die darauf wartet, geführt zu werden, und Herumtreiber, die sich der Führung verweigern: »Faulenzer waren ein Problem für die Kolonie als Ganzes. Ameisenkolonien haben zwar Eliten, die sie anführen, aber sie haben auch Drückeberger, die immer starke Aufmunterung benötigen.«[229] Im Roman tauchen diese *Faulenzer* und *Drückeberger* als *white trash* wieder auf, die in poetischer Gerechtigkeit in der Tat »strong encouragement« erhalten, sich entweder zu ändern oder zu sterben.[230] Bei den Ameisen der *Woodland-Kolonie* geht aber alles gut, denn die Elite führt, und die Masse folgt. Superorganismus und kollektive Intelligenz der Entomologie werden vom Roman figuriert als Einheit von Elite und Masse. So findet Wilson zum Bild einer guten Gesellschaft. Die Kolonie in ihrem neuen Nest prosperiert, dehnt sich aus, besiegt ihre Feinde. »Sie hatte das Darwin'sche Spiel gewonnen.«[231] Im Unterschied zu der Superkolonie hat es diesen Wettbewerb aber nicht auf Kosten aller anderen Arten gewonnen. Vielmehr finden die Ameisen – und mit ihnen die ganze Biosphäre – zu einer paretooptimalen Homöostase zurück. Genau dies leisten bei Pareto Eliten. Dafür werden sie von Wilson belohnt. »Der Nokobee war da, jetzt und für immer, er lebte, war unversehrt und heiter [...]«,[232] und wird von Raff mit einem Projekt für nachhaltige wie exklusive Bebauung für die Zukunft bewahrt. Nachdem sie dem Gasangriff entkommen sind, haben sie eine *defaunation* durch Betonierung nicht zu befürchten. Statt die Gegend zu zersiedeln und einen Vorort für die Mittelklasse hochzuziehen, werden wenige, aber hochpreisige Ensembles angelegt. Der Großteil des Geländes wird zum Naturschutzpark. Die wohlhabenden Käufer dieser Anwesen wissen das zu schätzen. Die Oberschicht rettet die Natur. »Reiche können sich immer Häuser leisten, aber die Mittelklasse vielleicht nicht«, erläutert Raff diesen Plan, weshalb es sinnvoll sei, wenige »high quality homes« zu errichten und die Qualität der Umwelt auf den Preis aufzuschlagen, statt Nokobee mit vielen Billigbauten zu überziehen.[233] Auch Immobilienfirmen können agieren wie eine Superkolonie (schnelles Wachstum, schnelles Ende) oder wie die *Woodland-Kolonie* (solides, nachhaltiges Wachstum), zumindest können sie es dann, wenn es Eliten gibt.

»Von der modernen Insektengesellschaft können wir sehr viel lernen«, schreiben Hölldobler und Wilson einleitend in ihrer Arbeit zum *Superorganismus*.[234] Es war bereits zu sehen, was unter diese Lehren alles zu zählen wäre von nachhaltigem Wachstum bis zu Verfahren der Entscheidungsfindung und der Führung. Die wichtigste und generellste Lektion ist aber aus der Perspektive der Entomologen letztlich eine evolutionstheoretische Einsicht in die dynamische, gegenseitige Beeinflussung von sozialem System und seiner Umwelt: »Bei Ameisen und anderen Insekten sind wir priviligiert, [...] die Beziehungen zwischen hochentwickelten sozialen Ordnungen und den Kräften natürlicher Selektion beobachten zu können, die sie geschaffen und geformt haben.«[235] Freilich, so wird der Leser nochmals erinnert, existiere ein grundlegender Unterschied zwischen ihnen und uns.[236] Differenzen zu betonen ist geradezu ein Topos der Entomologie und, wie bereits bei Weber und Luhmann zu sehen war, auch der Soziologie. Trotz aller Distanzgesten: Eine größere Faszination als die Differenzen üben die Gemeinsamkeiten aus. Welche dies sind, habe ich benannt: Kommunikation, Medien, Selbstorganisation, Arbeitsteilung. Zu den bedeutenden Konsequenzen zählt die soziologische Rezeption, die in den entomologischen Theorien sozialer Insekten einen guten Grund findet, Gesellschaften künftig auf Kommunikationen und soziale Medien zu beziehen statt auf Individuen und Intentionen. Auf den Gemeinsamkeiten beruht auch das Angebot, das die Ameisengesellschaften auf dem Markt der Selbstbeschreibungen der Gesellschaft offerieren. Die vielfach konstatierten Identitäten zwischen Insekten- und Humangesellschaften ermöglichen es, unsere Gesellschaft im Bild der Insektengesellschaft zu beschreiben – und daraus Folgerungen (für uns) zu ziehen. Der Ort dieser politischen Metaphorologie ist aber nicht die wissenschaftliche Kommunikation allein, sondern die massenmedial verbreitete, populäre Semantik der sozialen Insekten. Den Massenmedien, vom Film bis zum Bestseller, lässt sich entnehmen, welche Möglichkeiten sich dank der Gleichsetzung von Ameisen- und Menschengesellschaften eröffnen. Die populäre Semantik ist denn auch von den zentralen Protagonisten direkt oder indirekt beliefert worden.[237]

Die Mission. Äquilibrium und Biopolitik

Ein *paper* genügt nicht, selbst wenn es in *Nature* erscheint. Auch ein Dutzend Studien nicht. Genau wie Wilson hat auch Wheeler einen fiktiven Text vorgelegt: *Termitodoxa* von 1920.[238] Genau wie Wilson hat es ihn gedrängt, ein größeres Publikum zu erreichen. Die Rahmenerzählung eröffnet einen Briefwechsel zwischen einem Entomologen und einem Termitenkönig. Seine Majestät Wee-Wee gibt in seinen Briefen an den professoralen Erzähler einen soziologischen und evolutionsbiologischen Abriss der hundert Millionen Jahre währenden Geschichte einer Termitengesellschaft (»history of our society«),[239] die in Wilsons Romankapitel »Anthill Chronicles« ihren Nachhall findet.[240] Beide Narrative handeln von Gesellschaften, die von internen und externen Veränderungen aus dem Gleichgewicht gebracht werden und mit großen Anstrengungen ihr Äquilibrium wiederfinden.[241] Die Wahrheit dieses Konstruktes erweist sich nun dadurch, dass es sich als sozialtechnologisches Programm im Reich der Insekten seit Äonen bewährt hat.[242] Insofern die Rolle der Eliten bei Wilson nicht entomologisch begründet, wohl aber in seinem Roman inszeniert wird, funktioniert dieser *legitimation loop* nur unter Einschluss der Literatur und ihrer Verfahren.

Ebenso wie Wheelers Erzähler ist Wee-Wee ein Forscher, und zwar gleichfalls ein Biologe, und an seinen Briefempfänger gerichtet, erinnert er zudem daran, dass »Sie und alle anderen menschlichen Wesen trotz allem nur Tiere sind, so wie ich«.[243] Das Hauptthema, die Organisation der Gesellschaft, wird komparativ geführt (»eure«/»unsere«),[244] und zwar in funktionaler Hinsicht mit Blick auf das »Darwin'sche Spiel« der Evolution, welches – laut Wheeler und Wilson – im Falle von Menschen und sozialen Insekten auf der Ebene der Gesellschaft selektiert.[245] Den evolutionär so erfolgreichen Weg der Termiten zum auch von Karl Escherich und Carl Schmitt bewunderten Superorganismus erzählt Wee-Wee als biopolitischen Reformprozess: »Our ancient biological reformers started …«[246] Eine Elite von Biologen hat die Initiative ergriffen. Das Ergebnis ist eine arbeitsteilige Gesellschaft, die Jüngers und Escherichs Visionen des Arbeiter- und Termitenstaates vorwegzunehmen scheint. Die zentralen Aufgaben Arbeit, Verteidigung und Reproduktion werden differenziert, was dank der Spezialisierung nicht nur die Effizienz steigert, sondern auch gestattet, die Größe der Bevölkerung in Relation zur Nahrungsmittelproduktion zu steuern und stets physiologisch »perfekten Nachwuchs« zu erzeugen.[247] Die eugenische Dimension dieser Steuerung macht Wheeler völlig deutlich: Auf jede Abweichung von der Richtgröße, »des optimalsten Sozialverhaltens«, reagiert die Gesellschaft mit der Vertilgung der Abnormen, deren Wert für den Superorganismus auf ihren Fett- und Proteingehalt reduziert wird.[248] Sie werden verspeist. Auch dies geschieht selbstorganisiert, ohne dass moralische Fragen auch nur berührt werden. Die Bevölkerungspolitik sei inzwischen von den Individuen internalisiert worden: »es passiert nicht selten, dass eine Termite mit einem Anflug von Unpässlichkeit oder Krankheit, einer Erkältung, Kopfschmerzen, unsozialem Verhalten oder fortschreitendem Alter, freiwillig beim biochemischen Komitee einen Antrag stellt mit dem Gesuch auf Abstempeln.«[249] Auf das Abstempeln folgt die Vernichtung durch Verwertung. So dient auch die kranke oder alte, unzufriedene oder gar asoziale Termite noch der Effizienz des Gemeinwesens. Diese Idee ist Wilson nicht fremd. Im *Ameisenroman* suchen die Kranken und Verwundeten den Tod in der Schlacht: »Arbeitsunfähige stellten oftmals die aggressivsten Kämpferinnen der Kolonie. Und sterbende Arbeiterinnen verließen das Nest häufig ganz und verhinderten damit die Ausbreitung infektiöser Krankheiten.«[250] Die Behinderten euthanasieren sich selbst. »Anstand bedeutete für eine arbeitsunfähige Ameise, die Kolonie zu verlassen und keinen Ärger mehr zu machen.«[251] ›Krank‹ und ›anormal‹ werden von Wheelers Termiten erst gar nicht unterschieden, deren Eugenik alles tut, um »virtue and health« der lebenden und künftigen Bevölkerung zu schützen.[252] Da die amerikanische Gesellschaft weder »Eugenik« noch »Geburtenkontrolle« betreibe und überdies »alle schwachen und uneffizienten Individuen« bis ins hohe Alter hege und pflege, verharre sie laut Wee-Wee zwangsläufig auf einem leider »mangelhaften Stadium der sozialen Entwicklung«.[253] Erst eine biologische Aufklärung werde die Gründe der evolutionären Blockade der Gesellschaft ins Licht rücken und eine biopolitische Reform anstoßen, wie die Termiten sie längst durchgeführt hätten.[254] »Wie bereits unsere Vorfahren werden Sie sicherlich merken, dass diese Probleme nur von Biologen gelöst werden können.«[255] Nicht bei Theologen, Philosophen, Juristen oder gar Politkern findet man die richtigen Instrumente zur allfälligen Reform der gefährdeten Gesellschaft oder auch nur die richtigen Beschreibungen ihrer Krise, sondern in der Biologie im »weitesten Sinne«.[256] Heute bedeutete dies: Biologie inklusive Populationsbiologie, Evolutionsbiologie, Soziobiologie, Kybernetik und Genetik. Wilson hat sich auch in dieser Hinsicht als würdiger Nachfolger Wheelers erwiesen. Denn Wee-Wees eugenisches Programm und Wheelers Projekt einer biologischen Aufklärung werden von Wilson zeitgemäß reformuliert und einer avancierten »evolutionary sociobiology« als Aufgabe überstellt:

1. Diese Soziobiologie wird Verhaltensreformen lancieren (und nicht nur imaginieren), um den Superorganismus der menschlichen Gesellschaft in eine homöostatische Relation zur Umwelt zu bringen (»to mold cultures to fit the requirements of the ecological staedy state«).

2. Um die »fitness« auf der Ebene der Sozialdimension zu fördern, wird sie dazu anleiten, die Voraussetzungen für soziales Verhalten auf genetischer Ebene zu verbessern (»to monitor the genetic basis of social behavior«).[257] Um zu diesem
Zweck die »soziale Evolution« zu steuern, muss die Biologie
»auf der Ebene von Neuronen und Genen« die Kontrolle
übernehmen.[258]

Wohin die Fahrt geht, die so durch die entomologisch-soziologische Passage gesteuert wird? Auch dies ist in Wilsons *Ameisenroman* nachzulesen. Raff macht schon als Knabe die Bedeutung seines Interesses für Entomologie seiner Mutter so klar,
dass es auch jeder Laie versteht: »Ameisen sind vielleicht klein,
sie werden belächelt und so, aber weißt du, sie sind ein riesiger
Teil der Umwelt. Sie sind weltweit die Tiere mit dem höchsten
sozialen Entwicklungsstand. Jeder, der sich damit auskennt,
wird dir sagen, *dass wir sehr viel über das Sozialverhalten beim
Menschen lernen, wenn wir solche Dinge erforschen.*«[259] Wilson
selbst ist ohnehin überzeugt genug davon, dass seine Forschungen über die Entomologie und Biologie hinaus wichtig sind.
Wer nicht zu den über hunderttausend Lesern von *Ants* zählt,
der *summa entomologica* von Wilson und Hölldober, der erfährt
das Wichtigste bei der Lektüre von Wilsons Roman. Aber *Anthill*
ist kein popularisiertes Sachbuch. Vielmehr formuliert es eine
Beschreibung der Probleme und Chancen der amerikanischen
Gesellschaft im Medium einer Ameisenkolonie. Das ewige Problem der Entscheidungsfindung eines großen Kollektivs in einer
kritischen Lage wird von den Ameisen auf eine Weise gelöst, die
durch die soziobiologische Verschaltung von Ameisen- und Hu-
mangesellschaft den Bürgern der USA elitäre Führung als politische Option offeriert. Wir haben es bei der umsichtigen Ver-
größerung der *Woodland-Kolonie* bereits lernen können: »Die
Kolonie brauchte die Eliten. / Elite […] led the way.«[260] Eine vorbildliche Elite führt und inspiriert, die vom Vorbild geleitete Gefolgschaft folgt: »Von der Elite inspirierte Anhänger« zur Arbeit
am gemeinen Wohl, der *res publica*: »*The colony depended on*

the elites to initiate change, and then to keep nestmates on the job.«[261] Genau dies war es, was Wee-Wee Wheeler und der Menschheit empfohlen hat und was Wilson von einer evolutionären Soziobiologie erwartet. Dass die vielen Exkurse zu den sozialen Insekten, an deren nichtfiktionalem, wissenschaftlichem Status der Erzähler keinen Zweifel lässt, denn er ist gleichfalls Biologe, auf ihre »menschliche Entsprechung« hochgerechnet werden müssen, suggeriert der Roman einerseits mit bewährten rhetorischen Mitteln: Eine Ameisenarbeiterin (»elite ant«) ist ein paar Regentropfen ausgesetzt, und der Erzähler liefert sofort die anthropometrische Entsprechung: »Ein Rinnsal Regenwasser, das sich durch einen Riss im Boden schlängelte, entsprach einer Sturzflut durch einen Wüstenwadi.«[262] Es ist ein Topos, wie er in *jedem* anderen literarischen Werk vorkommt, das Ameisen zu Protagonisten erwählt: »In der Miniaturwelt der Ameisen waren Grasbüschel wie dichte Gehölze aus Bäumen und Büschen und tote Blätter und Zweige wie umgekippte Balken. [...] und Kieselsteine waren riesige Findlinge.«[263] Anderseits werden metaphorisch hergestellte Analogien immer wieder in szientifischem Klartext auf jene Grundprinzipien zurückgeführt, die für den Bildspender wie für den Bildempfänger gleichermaßen gelten: Die Gesellschaften der Ameisen und Menschen. Raff lernt an der Florida-State-Universität »eine ganz andere wichtige Wahrheit. Jedes organisierte System, egal ob Universität, Stadt oder eine beliebige Gruppierung von Organismen, das zu ausreichender Größe und zu einer genügend differenzierten Population heranwächst und dem genügend Zeit zur Weiterentwicklung zur Verfügung steht, beginnt sich auch *qualitativ* auszudifferenzieren. [...] *Genau dasselbe* gilt auch für Ameisenkolonien verschiedener Arten.«[264] Ganz so wie Gates Eisner in puncto Menschen und Ameisen korrigiert hat, geht es nicht um Analogien, sondern um die Identität der sozialen Systeme beider Arten, für die aus einer bestimmten funktionalen Perspektive eben *genau dasselbe* gilt. Die entomologisch-soziologische Wechselwirkung, die die Verschmelzung sozialer Insekten und der menschlichen Gesellschaft ermöglicht, wird nach und nach im Laufe der Handlung vorgestellt und lässt sich auch in Wilsons biologischem Werk nachlesen.[265] Im Roman aber wird deutlicher, welcher Kurs gesetzt ist. Der *Homer der Ameisen* – und Erbe Wheelers und Paretos – hat in der Tat eine »Gebrauchsanweisung« verfasst,[266] und wir lernen: »Ameisenkolonien haben […] Eliten, die sie anführen […].«[267] Es ist die Elite, die führt, und die Masse, die folgt. »Die Eliten waren kräftig und bewegten sich energisch. Sie regten die meisten Arbeitsschritte an.«[268] Und die anderen Ameisen? Die müssen eigens motiviert und angeleitet werden. »Andere Koloniemitglieder wurden rekrutiert, ihnen bei den begonnenen Aufgaben beizuspringen.« Die Elite ist etwas Besonderes: »Nicht nur standen sie statistisch am oberen Ende der Aktivitätskurve, sie stellten auch ganz allein eine eigene Gruppe.«[269] Anders als die neuste Entomologie, die das *task switching* der Ameisen betont[270] und den Glauben an Arbeitskasten aufgegeben hat, inszeniert Wilsons Roman eine glorreiche Elite, ohne deren Einsatz und Initiative das »Fortleben […] der Kolonie« nicht denkbar wäre.[271] Für Pareto ist diese Einschätzung eine Selbstverständlichkeit gewesen. Zum Ertrag der entomologisch-soziologischen Wechselwirtschaft zählt nicht nur die funktionalistische Systemsoziologie, sondern auch eine an der Rückkopplungsschleife von elitärer Führung und massenhafter Nachahmung orientierte Soziobiologie. Wenn es stimmt, dass Wilson anhand der Ameisenkolonien von *Nokobee County* Probleme und Chancen unserer Gesellschaft verhandelt, dann stellt sich die Frage, was das von ihm entworfene Bild als Selbstbeschreibungsformel unserer Gesellschaft besagt.

Menschen im Schwarm: Demokratie und Dummheit

Anders als *Anthill* unterscheidet die Schwarmforschung nicht zwischen Eliten und Massen. Es handelte sich geradezu um eine *contradictio in adiecto*, da Schwärme gerade als verteilte, netzwerkförmige und inklusive Kollektive gelten, die auch in der Raumdimension keinen Ort privilegieren (das Zentrum oder die Spitze einer Hierarchie), an dem eine Elite ihren Platz hätte. Wilsons Griff in die alte Kiste der Elitesoziologie im *Ameisenroman* kann sich daher nicht auf die von ihm selber angestoßene Forschungsrichtung stützen. Die Verwendung des Konzeptes macht aber auch myrmekologisch keinen Sinn. Die Exemplare einer Ameisengesellschaft nach Masse und Elite zu unterscheiden liegt der modernen Entomologie vollkommen fern. Auch Wilsons entomologisch gebildeter Erzähler scheint in den *Anthill Chronicles* der These des *simple agent* zu folgen. Eine einzelne Ameise weiß fast nichts. Aber: »Die Intelligenz der Kolonie war auf ihre Mitglieder verteilt, so wie die menschliche Intelligenz sich auf die Windungen, Lappen und Zellkerne des menschlichen Gehirns verteilt.«[272] *Verteilte Intelligenz* – dies ist eine Grundannahme der Schwarmforschung. Und genau wie nicht irgendwelche Synapsen und Neuronen intelligent sind, sondern der menschliche Verstand, sind es auch nicht die einzelnen Arbeiter, Jäger, Träger oder Scouts, die etwas lernen, sondern der Superorganismus: »Die Woodland-Kolonie insgesamt lernte also [...]. Und da der Superorganismus sehr viel mehr wusste als jede einzelne Ameise, war er auch sehr viel gewandter.«[273] Um Wilsons Analogie aufzugreifen: Es ist keinesfalls so, dass es im Hirn Eliteneuronen gäbe. Die *Smartness* einer Kolonie beruht auch nicht auf einer bestimmten Gruppe von Superameisen, sondern auf dem verteilten Wissen des Schwarms, das in die Entscheidungen des Superorganismus einfließt. Wenn dem aber so ist, wie kommt der Schwarm zu seinem Wissen, denn die einzelnen Ameisen sind ja alles andere als smart? Und wie verhält sich das auch von Wilson vertretene Schwarmintelligenzparadigma zu seinen von Pareto stammenden *elite ants*?

Zunächst scheint sich bei der Lektüre von *Anthill* der Eindruck zu bestätigen, den auch Michael Hardt und Antonio Negri vom Schwarm gewonnen haben: Dass es sich um eine partizipative, basisdemokratische und hierarchielose Alternative (zum *Empire*) handele. Die »Demokratie der Multitude« verwirklicht sich im »Schwarm«.[274] »Der Ausdruck ›Schwarm‹«, heben Hardt und Negri hervor, habe die Forschung »dem kollektiven Verhalten in Sozialformen lebender Tierarten wie Ameisen, Bienen und Termiten [entlehnt], um verteilte Systeme von Intelligenz mit einer Vielzahl von Handelnden zu untersuchen.«[275] Das Problem der *nest site selection* hat in der entomologischen Schwarmintelligenzforschung Modellcharakter gewonnen. Hier wird die »kollektive Intelligenz«[276] des Schwarms auf die darwinistische Probe gestellt. Wie an den verschiedenen Standorten der Ameisenkolonien im *Nokobee Tract* zu sehen war, erweist sich eine Fehlentscheidung schnell als verhängnisvoll.

Bei diesem überlebenswichtigen Problem der Wahl eines Nistplatzes findet eine »Wahl« statt, an deren Abstimmung (»voting«) alle Mitglieder teilnehmen und ihre Kenntnisse einbringen. »Bald schon hatte das Wahlvolk der Ameisen entschieden. Die gemeinsame Intelligenz befand: *Das ist der richtige Ort!*«[277] Die Kolonie zieht um an einen besseren Ort. Der *Ameisenroman* stellt einen kausalen Zusammenhang her zwischen der ›natürlichen‹ Organisation des Schwarms, seiner verteilten Intelligenz und seiner politischen Verfasstheit. »The colony intelligence was distributed among its members.«[278] Und diese »overall intelligence« der Ameisengesellschaft wird als Effekt basisdemokratischer Verfahren der Partizipation und Abstimmung der Ameisen (»Wahlvolk«, »formicid electorate«) dargestellt.[279] Wie es die nun schon vielfach erprobte These zur Ameisengesellschaft als transdiskursiver und transdisziplinärer Passage nicht anders erwarten lässt, hat diese gut inszenierte Verbindung von Schwarmintelligenz und Basisdemokratie bereits eine bemerkenswerte Karriere außerhalb der Entomologie gemacht.

»Bei Bienenstöcken und Schwärmen [*hives and swarms*] sind die emergenten Möglichkeiten der Dezentralisierung und

Selbstorganisation überraschend intelligent gelöst«, stellt Howard Rheingold in seinem einschlägigen Buch fest.[280] Die Karriere dieser Stichworte – Emergenz, Selbstorganisation, *hive mind* – hat in der Entomologie begonnen. Dies ist auch Rheingold klar. Zur Erkenntnis der wichtigsten Eigenschaften dieses smarten Schwarms – »keine aufgezwungene zentralisierte Kontrolle, die autonome Natur und die hohe Konnektivität der Subeinheiten, die wabenartige, nichtlineare Kausalität der Agenten untereinander / the absence of imposed centralize control; the autonomous nature of subunits; the high connectivity between the subunits; the webby nonlinear causality of peers influencing peers« – sei bereits Wheeler gelangt:

> »Der Experte für das Verhalten von Ameisen, Wheeler, nannte Insektenkolonien ›Superorganismen‹. Als ›emergente Eigenschaften‹ dieser Organismen definierte Wheeler die Fähigkeit Aufgaben zu erfüllen, für die die einzelne Ameise oder Biene nicht intelligent genug sei.«[281]

Die *buzzwords* sind aus der aktuellen Selbstbeschreibung der Gesellschaft als Netzwerk hinreichend bekannt. Der von Rheingold gleichfalls zitierte Kevin Kelly hat 1994 die von ihm als *Out of Control* ausgerufene *biologische Wende in Wirtschaft, Technik und Gesellschaft* mit einer Eloge auf soziale Insekten eingeleitet,[282] in denen auch er unter Berufung auf den »Ameisenpionier« Wheeler einen emergenten Schwarm ausmacht, dessen Intelligenz sich nicht auf seine Elemente reduzieren lasse.[283] Die Dualismen »Körper / Geist oder Teil / Ganzes« spielten für »Wheelers Forschergruppe« keine Rolle mehr, da der Schwarm als »Superorganismus« agiere.[284] Für das Verhältnis von Ameisenkolonie und Ameisen habe dies zur Folge, dass es sich nicht hierarchisch darstellen lasse: »Ohne auf einer höheren Ebene irgendeine sichtbare Entscheidung zu treffen, wählt sie eine neue Örtlichkeit für ihr Nest aus, signalisiert Arbeitern, mit dem Bau zu beginnen, und reguliert sich selbst«, schreibt Kelly über das Verfahren der *nest site selection*,[285] das immer wieder als Standardexempel für den Nachweis basisdemokratischer Entscheidungsfindung fungiert. Auch Kelly betont die Intelligenz des Schwarms in Relation zur Dummheit seiner Elemente:

»Das Wunder des ›Denkens im Schwarm‹ besteht darin, dass keiner einer Steuerung unterliegt und dennoch eine unsichtbare Hand regiert, eine Hand, die sich aus *äußerst dummen* Gliedern erhebt. Das Wunder heißt: ›Mehr ist anders.‹«[286]

Seine ›biologische Wende‹ adressiert Kelly aber nicht an Ameisen, sondern an Menschen. Wenn nun aber ein »Mensch«, der sich selbst »aus Millionen von Zellen zusammensetzt«, nach dem Muster der sozialen Insekten mit Millionen anderen Menschen einen »Superorganismus« namens Gesellschaft ausbildet,[287] wie verhält es sich dann mit der Verteilung von Intelligenz und Dummheit? Schon Hardt und Negri geraten hier in Schwierigkeiten. Denn einerseits konzedieren sie, dass im Falle eines Insektenschwarms die einzelnen Akteure »für sich genommen nicht sehr kreativ« seien.[288] Anderseits setze sich aber die als Schwarm konzipierte Multitude aus »unterschiedlich kreativ Handelnden« zusammen.[289] Dass es sich bei den »Partikeln des Schwarms«[290] um *simple agents* handelt, unterschlagen sie bei ihrer Übertragung auf die Multitude.

Oder ist es anders: Genügen auch der Schwarmgesellschaft ›äußerst dumme‹ Agenten für den Aufbau ihrer Intelligenz? Das Verfahren eines Ameisenvolkes zur Auswahl eines neuen Bauplatzes für ein Nest nennt Kelly genau wie Wilson eine Wahl, allerdings gibt er dem Vorgang eine andere Note: Es sei eine »Wahlversammlung von Idioten für Idioten und mit Idioten«, die aber gerade deshalb »phantastisch« funktioniere.[291] Das sind deutliche Worte. Die Dummheit der Akteure wird auch in der Forschungsliteratur zumindest impliziert. Jedes simple Schwarmpartikelchen überantwortet sich jedenfalls vollständig dem »Geheimnis der unsichtbaren Hand«, deren Ratschlüsse »jenseits des Verstehens« liegen.[292] Alle diese Thesen durchqueren die entomologisch-soziologische Passage. »Beyond the reach of the meager human brain«, heißt es denn auch in Wilsons Roman.[293] Der »armselige menschliche Verstand« kommt hier also ohnehin nicht mit.[294]

Was daraus folgt: Der Einzug des Schwarmdenkens in »Wirtschaft, Technik und Gesellschaft« leitet nicht nur das »Ende der Kontrolle« ein, sondern auch das Ende der Verantwortung. Niemand müsste ein Individuum entmündigen, um es von den Entscheidungsprozessen fernzuhalten, ist es doch ohnehin viel zu dumm, um auch nur zu ahnen, was der Superorganismus für richtig hält. Gerade im Verfahren der Wahl ahmt einer den anderen nach. Man muss sich also nicht vor einer *Diktatur* des Schwarmgeistes sorgen, denn es gibt ja keine Machtvertikale in dem verteilten Netzwerk.[295] Der Schwarm liquidiert alle Hierarchien, und er schafft die Zurechenbarkeit von Entscheidungen auf Individuen ab. Ob die hier inaugurierte Demokratie »von Idioten für Idioten und mit Idioten« die elementaren Persönlichkeitsrechte und die Menschenwürde wahrt, halte ich dagegen für fraglich. Nähme man dieses Schwarmdenken in seiner politischen Dimension ernst, statt den Begriff nur als modische Phrase zu verwenden, wäre es wohl als verfassungsfeindlich zu bewerten.

Der Ausgangspunkt dieses Abschnitts war die Darstellung der *nest site selection* im Roman am Beispiel der prosperierenden *Woodland*-Kolonie. Wie Ameisen oder Bienen einen neuen Nestplatz aussuchen, ist eine wichtige Fragestellung der Entomologie und ihrer mathematischen Begleitforschung. Den richtigen Ort zu finden ist im existentiellen Sinne »entscheidend« für soziale Insekten, denn es handelt sich um eine Entscheidung über Leben und Tod.[296] Sie wird in aller Regel zum Wohle aller gefällt. *Ants move to improve*, und es ist eine sehr spannende Frage, wie sie immer wieder zu ihrer guten Wahl kommen.[297] Denn mit sehr hoher Wahrscheinlichkeit zieht der Schwarm in ein besseres Nest, wenn er sich zu einem Umzug durchringt, einem Nest also, dass der Kolonie zu mehr darwinistischer ›fitness‹ verhilft, weil es besser zu verteidigen, trocken, größer oder vorteilhafter gelegen ist. Diese wichtige Entscheidung, so Hölldobler und Wilson, könne man nicht einem einzigen Individuum überlassen.[298] Derartige Formulierungen sind so evident wie übertragbar. Es sei der Schwarm als Super-organismus, der durch »Selbstorganisation« eine Lösung finde, die einerseits nicht mehr als das Ergebnis eines einfachen Algo-rithmus sein soll, andererseits aber von den Entomologen und ihren ›schwärmerischen‹ Rezipienten immer wieder als de-mokratisch bezeichnet wird. Andererseits wird die Nestaus-wahl modelliert als ein »Algorithmus-geleiteter, verteilter Pro-zess«.[299] Mathematische Modelle, die im Labor wie im Feld erprobt und überprüft werden, erklären das Phänomen. Der Algorithmus berücksichtigt statistisch erfasste Größen und macht auf dieser Grundlage Vorhersagen. Bevor ein solches Modell steht, muss sich der Entomologe aber vor ein Nest set-zen und zählen.[300] Wochenlang. Das ist nicht demokratisch, aber bienenfleißig. Ameisen werden gezählt, bevor ein Algo-rithmus ihr Verhalten in eine mathematische Form bringt.[301] Anschaulich und attraktiv für ein breites Publikum ist eine sol-che Gleichung, die das kollektive Entscheiden in einer tropi-schen Ameisenspezies darstellt, aber nicht gerade.

Einleuchtend und interessant wird es umgehend dann, wenn die Beschreibungssprache gewechselt wird und die Entomolo-

Considering a sample of measurements for each chain size (X) we calculate the corresponding P_c and P_l as follows:

$$P_c(X) = \phi_{ci}(t)/\phi_i(t)$$

$$P_i(X) = \phi_{li}(t)/X_i(t-1)$$

To make the link between the individual behaviours and the collective dynamics, a stochastic model is developed using the values of the experimental parameters (Camazine et al. 2001; Lioni et al. 2001).

Arnaud Lioni, Jean-Louis Deneubourg, »Collective decision through self-assembling«, in: *Naturwissenschaften*, 91. Jg. Nr. 5 (2004): S. 237–241, S. 238.

gie sich gewissermaßen darauf besinnt, dass Ameisen *politische* Tiere sind. »It is«, schreiben Hölldobler und Wilson über die Nestwahl, »a democracy.«[302] Ja, es sei eine »democratic decision«, stellt Thomas Seeley fest, der uns explizit die von ihm analysierten Entscheidungsverfahren des Schwarms als Lehre mit auf den Weg gibt: »Diese Geschichte [...] enthält *hilfreiche Richtlinien* für *menschliche Gruppen*, deren Mitglieder gemeinsame Interesse haben und gute Entscheidungen treffen möchten.«[303] Ob diese Gruppen aus ›Idioten‹ bestehen müssen, wird nicht eigens thematisiert. Wenn man die Gemeinschaftskunde der Schwarmforschung diskursanalytisch einschätzen möchte, ist aber genau dies die entscheidende Frage.

Markus Metz und Georg Seeßlen haben sie gestellt und wundern sich nicht darüber, dass die Mitglieder eines Schwarms »dumm« sind oder sein sollen, schlagen sie doch die »Ideologie« der »Schwarmintelligenz« den »Blödmaschinen« zu,[304] deren Funktion es sei, jedem Einzelnen das Denken auszutreiben.[305] Diese plakative These ließe sich tatsächlich gerade mit solchen Beispielen stützen, die in der Schwarmintelligenzforschung für die Anwendbarkeit der Ameisenalgorithmen gegeben werden. Ein in der Forschung häufig zitierter Fall ist der *Amazon.com*-Algorithmus, der uns Nutzern dann, wenn wir etwas anschauen oder kaufen, verrät, was uns auch noch interessieren würde. »Kunden, die diesen Artikel gekauft haben, kauften auch ...« Das wollen wir dann auch. Das Programm hinter diesem Vorschlagswesen ist ein »*Ameisenbasierter Algorithmus*« (ant-based algorithm).[306]

Die Ameisensoftware von *Amazon* setzt die entwaffnend schlichte Beobachtung der Feldbiologie um, dass die meisten Ameisen gerade das tun, was die anderen Ameisen in der Nähe auch tun. Wie die meisten *Twitter*-User ist die Ameise in der Regel ein *follower*, sie ahmt nach, wie schon Espinas und Tarde festgestellt haben.[307] Wenn sie es nicht tut, das wissen wir aus *Anthill*, also aus einem Roman, nicht aus einem *paper*, zählt sie zur Elite, der heimlichen Führungsmannschaft des Schwarms.

Feuilleton

Einen Ameisenhaufen bei Amazon kaufen

Nicht genug damit, dass die fliegenden, in beweglichen Verbänden operierenden Drohnen alles sehen und hören, von Infrarot bis Ultraschall, was in ihren battlespace passiert, wo die ubiquitär überwachungsanfällige IMEI (International Mobile Equipment Identity) jeder handybesitzenden Person ohnehin eine wandelnde Zielscheibe aus ihr macht. Auf dem Höhepunkt der Verzweiflung über die Engmaschigkeit solcher Fangnetze müssen die Helden und der Held vielmehr obendrein lernen, dass die Mütdinger sie inzwischen auch noch riechen können: Der menschliche Atem sondert fünfzehn verschiedene Chemikalien ab, die elektronische Sensoren erschnappern und zur Zielerfassung nutzen können.

Wer an dieser Stelle der Lektüre des Romans „Kill Decision" von Daniel Suarez die Glaubwürdigkeitszusammenbruch zwischen der Wirklichkeit und dem Erzählkosmos überdehnt findet, hat sich getäuscht: Die beschriebene C-Scout-Mikrosensortechnik gibt es tatsächlich. Ihr künstliches Hirn, das MAS (Molecular Analysis System), zusammengesetzt aus einer Cisruchproben sammelnden und bündelnden Prozessentrator-Vorrichtung, sowie einem SSA (Self Sensing Array), wird derzeit zum Beispiel bei der Kontrolle von Fruchtschiffcontainern verwendet, um giftige Stoffe, Drogen, chemische oder biologische Waffen, aber auch blinde Passagiere aufzuspüren.

Die aus autonomen Waffenrobotern zusammengesetzten Drohnenkollektive, die in „Kill Decision" amerikanische Senatoren, Olindustrielle, Sicherheitsleute, muslimische Pilger und Wissenschaftler er

Schwärme tödlicher Maschinen mit messerscharfen Sinnen entfesseln einen Weltkrieg. Mens darin nicht mehr Krieger, sondern nur noch Ziele. Der Technothriller „Kill Decision" von Da eine exemplarische Spitzenleistung seines wenig analysierten Genres. Übertreibungen brauc

Schwärme, Ameisen und *Amazon* zu assoziieren liegt allzu nahe. Was eine Myrmekologin so treibt, wird in dieser Rezension von Dietmar Dath in der *FAZ* vom 21. Juli 2012 gar nicht erst erklärt. Der Berufszweig scheint in der boomenden Schwarmliteratur hinreichend bekanntgemacht worden zu sein. Die Firma *Amazon* kommt im besprochenen Roman *Kill Decision* von Daniel Suarez zwar gar nicht vor, ist aber im Thema der »Ameisensoftware«, die Drohnen steuert, immer schon präsent.

Sosehr sie auch in Wilsons Erzählung und in Paretos Soziologie gewürdigt wird, in der Schwarmintelligenzforschung bildet sie einen blinden Fleck, da nicht mehr angegeben werden kann, warum nicht tatsächlich alle schließlich das Gleiche tun und in der berühmten Nachahmungsspirale des *ant milling* bis zum Tode des Schwarms im Kreis herumlaufen. Beschrieben wird dieser *vicious circle* von Theodore Christian Schneirla, einem der regelmäßigen Teilnehmer an Heinz von Foersters erlesenen *Macy*-Konferenzen.

Schneirla diskutiert dieses Phänomen des *circular milling* (kreisförmiges Rotieren) bezeichnenderweise als Problem von

»leader« und »follower«. Seine Beobachtungen legen nahe, »dass lediglich die erste oder die ersten paar Ameisen aktiv damit beginnen würden, sich im Kreis zu bewegen, die anderen folgen nur der gelegten Spur«.[308] Wer auch hier vor Übertragungen nicht zurückscheut, könnte behaupten, es sei eine Elite, die den gesamten Schwarm in den Untergang der Nachahmungsmühle führt.[309] Auf den fünfhundert Seiten der Mono-

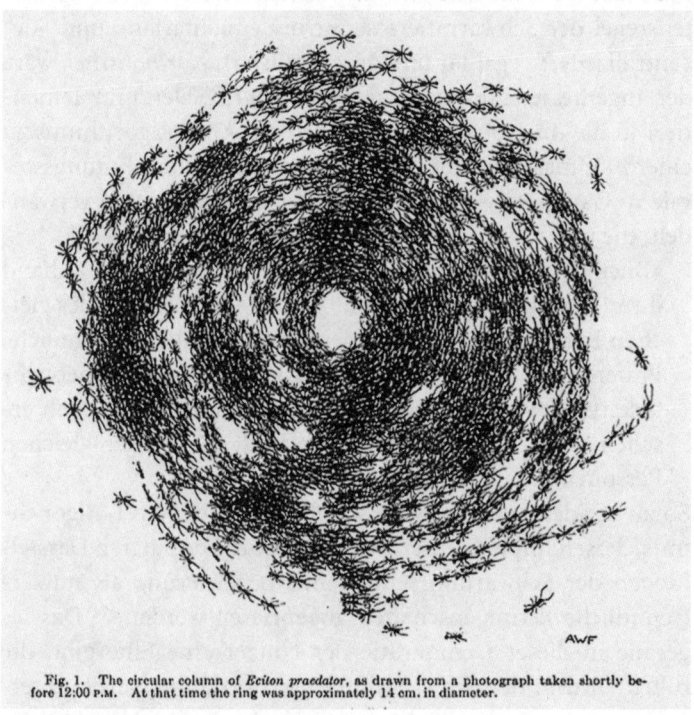

Fig. 1. The circular column of *Eciton praedator*, as drawn from a photograph taken shortly before 12:00 P.M. At that time the ring was approximately 14 cm. in diameter.

Schwarmblödheit. Eine Ameise läuft der anderen bis zum Exitus hinterher. »Ecitonae, eine Untergattung der Wanderameise, sind wahrscheinlich an Austrocknung gestorben. Man nimmt an, dass sie sich für mehr als 24 Stunden unaufhörlich im Kreis bewegten, und das auf trockenem Boden.« Theodore Christian Schneirla, »A unique case of circular milling in ants«, in: *American Museum Novitates*, Nr. 1253 (1944), S. 1–26, S. 8, Abbildung S. 7.

221

graphie *Superorganism* von Hölldobler und Wilson ist für eine Beschreibung dieses seltsamen Verhaltens kein Platz. Auch der *Ameisenroman* verzichtet darauf, die Inszenierung einer elitären und zugleich demokratischen Gesellschaft durch ein Beispiel wie dem des *circular milling* zu konterkarieren. Und auch in der Schwarmintelligenzforschung bleibt es bei der Annahme, es sei allein die Regel, das Verhalten des Nachbarn nachzuahmen, die den Schwarm konstituiere.[310] Diese Verhaltensregel der Schwarmtiere sei »truly equalitarian« und »decentralized«,[311] egalitär und dezentralisiert. *Normalistisch* wäre der angemessene diskursanalytische Begriff. Denn implementiert in die *Amazon*-Ökonomie wird der ANT-Algorithmus zu einer Blödmaschine, die eine normalistische Nachahmungsspirale in Gang setzt,[312] die Personen in simple Agenten verwandelt, die tun, was andere auch tun.

»Buchkäufer im Internet offenbaren – implizit – anhand ihrer Auswahl ihre Vorlieben. Verschiedene Käufer des gleichen Buches haben mit großer Wahrscheinlichkeit ähnliche Präferenzen. Dieses Prinzip wird im Amazon-Onlinebuchladen angewandt (www.amazon.com); mit jedem Buch erscheinen Vorschläge für ähnliche Titel, die von den gleichen Personen gekauft wurden.«[313]

So zu handeln, wie andere handeln, lautet der ANT-Algorithmus, dessen Implementierungen gerade die populären Darstellungen der Schwarmforschung mit Begeisterung als nutzerfreundliche Errungenschaften angepriesen werden.[314] Dass es gerade in dieser Demokratie der Nutzer eine Elite gibt, die führt, wird in der Schwarmintelligenzforschung gerne unterschlagen. Amazon teilt dagegen freimütig mit: »Unsere Spitzenrezensenten haben mit ihren stets hilfreichen, hochqualitativen Rezensionen Millionen von anderen Kunden geholfen, informierte Kaufentscheidungen auf Amazon.de zu treffen.«[315] Trotz allem gilt diese Art der schwärmenden Entscheidungsfindung gerade in der hier zitierten Forschung, die sich auf entomologische Studien zur Nestwahl (und gerade nicht auf das *circular milling*) stützt, als demokratisch.[316] Dies ist kein Widerspruch. Die »elektronische Kollektivierung« der Menschen nach dem Vorbild der Ameisen und Bienen[317] muss ja gar nicht undemokratisch sein, im Gegenteil: »Blödmaschinen […] sind demokratisch […] und transparent.«[318] Dummheit und Demokratie fallen in eins. Undemokratisch lässt sich auch das gemeinsame Rotieren in einer Mühle nicht nennen, dumm dagegen schon.

Bei dieser Asymmetrie dummer Agenten und smarter Schwärme bleibt es aber nicht. Die Vorstellung von Demokratie, die mit dem Schwarmkollektiv verbunden wird, ist von einer eigentümlichen Differenz geprägt, die auch Wilsons *Ameisenroman* kennzeichnet. Denn der Schwarm, wie ihn die Biologen verstehen, wird keineswegs von allen gemeinsam in egalitärer Weise ›selbst-organisiert‹; er ist keine »Vielheit«, wie Kevin Kelly oder Hardt und Negri sie sich in ihren Lektüren der Soziobiologen und Schwarmintelligenzforscher herbeiphantasieren.[319] Wenn die »Demokratie der Multitude«[320] tatsächlich nach dem Muster der Insektengesellschaften organisiert sein soll,[321] dann wird sie so aussehen, wie William Morton Wheeler sie mit der Hilfe von Vilfredo Pareto gesehen hat: Eine Elite wird führen. Anders können sich die soziologisierenden Entomologen Innovation oder Courage offenbar nicht vorstellen. Jede Masse habe ihre »*leader*«, die »individuelle Initiative« zeigen, konstatiert auch Gabriel de Tarde in *Die Gesetze der Nachahmung* und fügt sofort hinzu, es sei in dieser Hinsicht »egal, ob es sich um tierische oder menschliche [Gesellschaften] handelt«.[322] Überdies nehmen an dem immer wieder angeführten *democratic decision making* der Schwarmtiere gar nicht alle Individuen teil: »Zehn Prozent reichen aus, um das Verhalten des gesamten Schwarms maßgeblich zu beeinflussen«, zitieren Metz und Seeßlen aus der aus dem Fernsehen bekannten Schwarmforschung.[323] Dies hat 1944 schon Schneirla vermutet. Ein paar reichen, um den Schwarm in den tödlichen Zirkel zu führen. Zu dieser Erkenntnis kommen natürlich auch Hölldobler, Wilson, Seeley und all die anderen, die das Entscheidungsverhalten des Schwarms mit Hilfe von Algorithmen und Quoren modellieren. Nicht alle gemeinsam zählen, sondern »a threshold number« gibt den Ausschlag.[324] Deren Quorum liegt bei sozialen Insekten sogar unter zehn Prozent. Ob Elitemodell oder *Threshold*-Theorie: Die Schwarmdemokratie ist keine Konsensdemokratie, sondern eine Führung vieler durch wenige.[325] Dies lässt sich dem ubiquitären Bild der schwärmenden sozialen Insekten nicht ansehen. Genau aus diesem Grund zirkuliert es unentwegt. Das in Wilsons Roman paradigmatisch vor Augen gestellte Bild der Ameisengesellschaft wirft aber, neben dem Problem der Führung, noch eine weitere Frage auf, die auf ein unter Biologen, Ökonomen, Moralphilosophen, Ethnologen und Theologen äußerst umstrittenes Feld führt: ob der Mensch von Natur aus ein altruistisches oder egoistisches Wesen sei.

Altruismus oder Egoismus?

Die *Woodland-Kolonie* prosperiert und zieht um, die *Trailhead-Kolonie* geht unter. Sie macht Platz für die aufstrebenden Woodlander, die den Bau übernehmen werden. *Anthill* schildert dieses Nest in seinem Niedergang, der auf den Tod der Königin folgt. Diese Episode ist unter dem Titel *Trailhead* bereits am 25. Januar 2010, also vor der Publikation des Romans, im *New Yorker* erschienen. Das Kapitel hat damit einen exemplarischen Charakter, und es macht auf den wenigen Seiten etwas beispielhaft deutlich. Der Untergang der *Trailhead-Kolonie* setzt den Altruismus der Ameisen besonders eindrucksvoll in Szene. Während diese Ameisengesellschaft nach dem Tod ihrer Königin auf keinen Nachwuchs mehr zählen kann, wird sie von einer benachbarten Kolonie berannt.[326] Trotz dieser misslichen, ja verzweifelten Lage bleibt jede Ameise auf ihrem Posten. »They stayed close to their work.«[327] Die Ordnung der Kolonie bleibt erhalten. In allen ihren Aktivitäten,

»organisierte die Trailhead-Kolonie die Arbeit über *altruistische Regeln* der Arbeitsteilung. Alles, was die Ameisen taten, wurde in gewisser Hinsicht von *aufopferndem Altruismus* bestimmt. Als erstes hatten die Arbeiterinnen die Möglichkeit der Fortpflanzung aufgegeben [...]. Sie akzeptierten ihren Dienst bei der Futtersuche, als Soldatin und bei anderen riskanten Unternehmungen, die sie ständig in Gefahr brachten, häufig sogar so sehr, dass ihnen ein früher Tod sicher war. Die *Dominanz* der Trailhead-Kolonie über ihre individuellen Mitglieder war total. Das Wohlergehen des Superorganismus war *absolut vorrangig*, und eine individuelle Arbeiterin war in ihrem Lebensweg so vorprogrammiert, dass sie sich den Bedürfnissen des Superorganismus *unterordnete.*«[328]

Wie passt diese Schilderung eines totalen Insektenstaates und seiner selbstaufopferungsfreudigen Arbeiter zu den vom gleichen Autor gepriesenen »democratic methods«, die zur Entscheidung eines Schwarms führen?[329] Die Bürger geben ihr Leben für den Staat. »Self-sacrifices [...] led to the success of the Trailhead Colony. / Welche Opferbereitschaft den Erfolg der Trailhead-Kolonie erst ermöglichte, ließ sich an jeder Aufgabe ablesen, die die gesamte Arbeiterschaft unter allen Lebensumständen vollbrachte.«[330] Escherich hat in dieser Handlungsmaxime ein Vorbild für die nationalsozialistische Volksgemeinschaft gefunden. Wilson ist nun keineswegs ein Faschist. Eine der Grundlagen des Superorganismus ist aus seiner Sicht der »Altruismus der Arbeiterinnen«.[331] Altruismus oder auch »selfless behavior« (selbstloses Verhalten), »social donorism« (soziales Geben) oder »reciprocation« (Gegenseitigkeit) zähle zu den Merkmalen sozialer Insekten, die sie vor allen anderen Arten auszeichnen.[332] Altruismus gilt als »dominante Form des Lebens der Ameisen«. Insbesondere verzichten Arbeiter auf ihre eigenen Reproduktionschancen zum Wohle der monogynen Republik.[333] Stattdessen erfüllen sie selbst hochriskante Aufgaben (»foraging and defence«) mit Hingabe im Dienste

225

›fremder‹ Nachkommen.[334] Altruismus statt Totalitarismus. Diese freundlich klingende Maxime scheint allerdings der verbreiteten Annahme zu widersprechen, Gene seien grundsätzlich »egoistisch« und Lebewesen daher egoistische Maschinen zur ihrer weiteren Verbreitung.[335] Auch Dawkin *The Selfish Gene* hat seine Leser. Um die von ihnen unterstellte Ausnahmeerscheinung altruistischer Wesen zu erklären, greifen Hölldobler und Wilson 1990 noch auf die Hypothese der »kin selection« zurück, jene Theorie also, von der sich Wilson 2010 in *Nature* so spektakulär losgesagt hat. Beide Thesen sind für soziobiologische Theorien der Evolution sozialer Ordnung von großer Bedeutung. Die Relevanz wird von dem vehementen Einspruch, den ein 103-köpfiges Kollektiv von Autoren in *Nature* gegen den Wilson-Artikel eingereicht hat, nur bestätigt.[336] Die Frage nach dem genetischen Anteil an der Entstehung der sozialen Organisation der Ameisen und ihres »Altruismus«, die auch im motivischen Zentrum der Superkolonie-Episode von *Anthill* steht, hat in Wilsons Forschung durch seine Kritik an der sogenannten Hamilton-Regel ein noch größeres Gewicht erhalten. Es lohnt sich, dem genauer nachzugehen. Ohne ein Verständnis dieser Kontroverse bliebe die wissensgeschichtliche Analyse von Wilsons Roman oberflächlich und ein wichtiger Arm der entomologisch-soziologischen Passage unkartiert.

Die Kontroverse, die zur Zeit in der Biologie um die relative Bedeutung der Gene und der Gruppe ausgefochten wird, ist interessant, weil auf der Basis der gleichen akzeptierten Daten und anerkannten Fakten zwei völlig unterschiedliche Deutungen der Evolution sozialer Ordnung entstanden sind.[337] Der bereits mehrfach erwähnte William D. Hamilton legt 1964 im *Journal of Theoretical Biology* seinen klassischen Beitrag »The genetical evolution of social behaviour« vor. Bereits der Titel könnte als Provokation der Soziologie verstanden werden, denn die Entstehung sozialen Verhaltens wird von Hamilton als genetische Frage behandelt und nicht etwa als »emergente« wie »zwangsläufige« Folge von »Person-zu-Person Verhältnissen«, wie Niklas Luhmann in seinem berühmten Aufsatz »Wie ist soziale Ordnung möglich?« schreibt.[338] In diesem Beitrag vertritt er im Übrigen die These, die Frage nach der sozialen Ordnung diene als »Dauerprovokation der Forschung«, ziele also gar nicht auf eine endgültige Antwort.[339] Die Vorschläge, die seit der Antike gemacht worden sind, können allerdings aus Luhmanns Sicht rekonstruiert und wissenssoziologisch mit der jeweiligen Gesellschaftsstruktur und ihrer gepflegten Semantik (ihrer Kultur) korreliert werden. Hamiltons Thesen müssen sich aber von diesem Geschichtsbewusstsein und der daraus resultierenden Scheu vor ›definitiven‹ Antworten nicht beeindrucken lassen, denn sie stützen ihre Argumentation auf überzeitliche und überkulturelle Grundlagen: die Gesetze der Mathematik und der Genetik. Wie soziale Ordnung entsteht, führt Wilson am Beispiel der Insektengesellschaften vor. Es sind starke, integrierte Gemeinschaften: In der bedrängten *Trailhead-Kolonie* helfen die Ameisen einander aus und kämpfen nibelungenhaft Seite an Seite bis zum bitteren Ende. Anders als diese narrative Einführung des ›Altruismus‹ in den Roman ist der von Hamilton diskutierte Fall aber außerordentlich kompliziert …

Hamiltons »The genetical evolution of social behaviour« nimmt sich ein für die Evolutionstheorie besonders schwieriges Problem vor, nämlich das Rätsel, warum geschlechtsneutrale Ameisen oder Bienen für das Wohlergehen und die Sicherheit der Brut eines anderen Individuums leben und sterben.[340] Warum ordnen sie ihre existentiellen Eigeninteressen dem Nutzen für den Nachwuchs ihrer Mutter und Königin unter? Dass diese Frage auch Soziologen, Philosophen, Politiker oder Stammtische interessiert, versteht sich. Die Übertragungsangebote sind hier besonders attraktiv. Da nun die Arbeiterinnen der sozialen Insekten als Neutren ohne eigenen Nachwuchs bleiben, könnten sie das »Darwin game«[341] ja recht nonchalant spielen und das Leben genießen, denn ihre eigenen Gene würden ohnehin mit ihnen sterben.[342] Sie vererben nichts, wozu sich also abmühen?

Aber damit nicht genug. Auch Darwin hat entomologische Studien getrieben, und seine eigene Frage lautete, wie diese sterile Gruppe von Arbeitern überhaupt entstehen konnte, wenn sie doch keinen Nachwuchs hinterlässt.[343] Und wer soll ihnen überhaupt etwas vererbt haben? Verschärft wird das zu lösende Problem, wenn man davon ausgehen will, dass diese nicht reproduktionsfähige Gruppe in weitere morphologisch distinkte Kasten differenziert ist, Soldaten, Scouts, Fourageure, Honigtöpfe, Ammen, Träger, Türschließer etc., alle steril und alle ohne Nachkommen.

»Anzugeben wie diese Arbeiter steril geworden sind, ist eine große Schwierigkeit«, gesteht Charles Darwin in der *Origin of Species*.[344] Die Herausforderung liege darin, die seltsame Tatsache mit dem Prinzip der »natürlichen Zuchtwahl« *(natural selection)* zu erklären, dass die geschlechtslosen Arbeiterinnen in Morphologie und Instinkt »bedeutend von ihren Eltern verschieden« seien, »jedoch absolut unfruchtbar« und »daher sukzessiv erworbene Abänderungen des Baues oder Instinktes *nie* auf eine Nachkommenschaft weitervererben« können. »Man kann daher wohl fragen, wie es möglich sei, diesen Fall mit der natürlichen Zuchtwahl in Einklang zu bringen?«[345] Es sind die Ausnahmen, die eine Theorie herausfordern. Darwins Vorschlag zur Lösung der Frage ist wegweisend. Im Falle der »geselligen Insekten« sei die natürliche Selektion nicht »auf das Individuum« zu beschränken, sondern »auf die Familie« auszuweiten. Denn die Instanz, die dem Sturm der Selektion standhält, sei in diesem Falle nicht der Einzelne, sondern eine Gruppe von Verwandten.[346] Wenn sich Eigenschaften der unfruchtbaren Arbeiterinnen als »nützlich« für die gesamte »Gemeinde« erweisen, etwa weil sie, statt sich selbst zu vermehren, die Brut der »Gemeinde« hegen, die Königin versorgen, das Nest schützen etc., erhöhen diese zunächst »unbedeutenden Modifikationen« die evolutionären Chancen des Nestes als Ganzes. Folglich, so Darwin, werden dann solche »Gemeinden« aus der unerbittlichen Konkurrenz mit anderen positiv selektiert, deren »fruchtbare Männchen und Weibchen« in der Lage gewesen sind, weitere »unfruchtbare Glieder mit denselben Modifikationen hervorzubringen. Dieser Vorgang muss vielmals wiederholt worden sein, bis diese Verschiedenheit zwischen den fruchtbaren und unfruchtbaren Weibchen einer und derselben Spezies zu der wunderbaren Höhe gedieh, wie wir sie jetzt bei vielen gesellig lebenden Insekten wahrnehmen.«[347] Die Ausdifferenzierung neutraler und überdies äußerst nützlicher Kasten hat sich als evolutionärer Vorteil für die »community« erwiesen,[348] und deshalb wird die Eigenschaft, derartige Kasten zu reproduzieren, von den Geschlechtstieren vererbt.

»So ist nach meiner Meinung die wunderbare Erscheinung von zwei Kasten unfruchtbarer Arbeiter schon scharf bestimmter Form in einerlei Nest zu erklären, welche beide sehr voneinander und von ihren Eltern verschieden sind. Wir können einsehen, wie nützlich ihr Auftreten für eine *soziale Ameisengemeinde* gewesen ist, *nach demselben Prinzip*, nach welchem die *Teilung der Arbeit für die zivilisierten Menschen nützlich* ist.«[349]

Von einem zunächst rein biologischen Problem der Vererbung von Eigenschaften steriler Insekten gelangt Darwin zu einer Theorie der Entstehung von Gesellschaft und zur Teilung ihrer Arbeit. Die Betrachtung der Ameisen führt ihn so zu zwei wirkungsmächtigen Thesen:

erstens zur Annahme einer *sozialen Ebene der Evolution*: selektiert wird, was der Gemeinschaft nützt, alles andere stirbt aus.

Und zweitens zur Einführung eines ökonomischen Grundprinzips in die Zuchtwahl: die Teilung der Arbeit.

Die Evolution von *sozialen* Ameisen und *zivilisierten* Menschen steht folglich unter *denselben Prinzipien* der Gruppenselektion und der Arbeitsteilung. Die Passage steht allen Übertragungen weit offen. Und wie die Gruppenselektion wird die Arbeitsteilung als Effekt der natürlichen Auslese verstanden:

»nature has, as I believe, effected this admirable division of labour in the communities of ants, by the means of natural selection«.[350] Auf diese Einsicht, alles stehe unter einem einzigen »Prinzip«, greift Wilson gerne zurück, ist er doch selbst überzeugt davon, dass zum Verständnis dieses »einen Prinzips« eine von der Biologie gemanagte und vernetzte Wissenschaft auch nur »einen einzigen Erklärungsansatz« benötige.[351]

Dass es Heere steriler Arbeiterinnen gibt, die die Brut und ihre Mutter ernähren, schützen und pflegen, liegt gewiss im Interesse der Königin, um es mit einem Begriff aus der ökonomischen Sprache der Evolutionstheorie zu bezeichnen. Aber welchen Nutzen können die Neutren selbst aus ihren Dienstleistungen ziehen? Die Antworten variieren und verweisen deutlich auf ihre epistemologische, kulturgeschichtliche und gesellschaftspolitische Einbettung: McCook etwa meinte 1909, die unfruchtbaren, geschlechtlich aber weiblichen Arbeiterinnen folgten der Natur ihres »weiblichen Charakters«, der ihnen unvermeidlich »mütterliche Gefühle« eingebe.[352] Wheeler hat behauptet, es sei die schiere Lust, die die Arbeiterinnen zur Brutpflege dränge, denn die Ausscheidungen der Larven schmeckten süß,[353] so süß wie Huxleys *Soma*. Ähnliche Ansichten finden sich auch bei Forel. Dass die Arbeiter ihre Subordination genießen, versuchte Escherich seinen Studenten nahezubringen.

Alle diese Antworten genügen im Paradigma der Genetik nicht mehr und gelten als unwissenschaftlich. Warum, so erneuert daher Hamilton 1964 die Frage, üben geschlechtsneutrale Individuen ein selbstzerstörerisches Verhalten zum Wohle anderer aus?[354] Oder um die moralischen Begriffe aufzugreifen, die übrigens nicht Darwin, wohl aber die Biologen hier verwenden: Warum handeln die unfruchtbaren Arbeiterinnen *altruistisch* statt *egoistisch*?[355] Die Fragen zielen auf das Rätsel der Entstehung von Eusozialität als Voraussetzung einer jeden Gesellschaft, denn ohne Arbeitsteilung bei der Pflege, Ernährung, Aufzucht und Sicherung des Nachwuchses gäbe es gar keine politischen Tiere. Warum sollte aber gerade eine Kaste von ge-

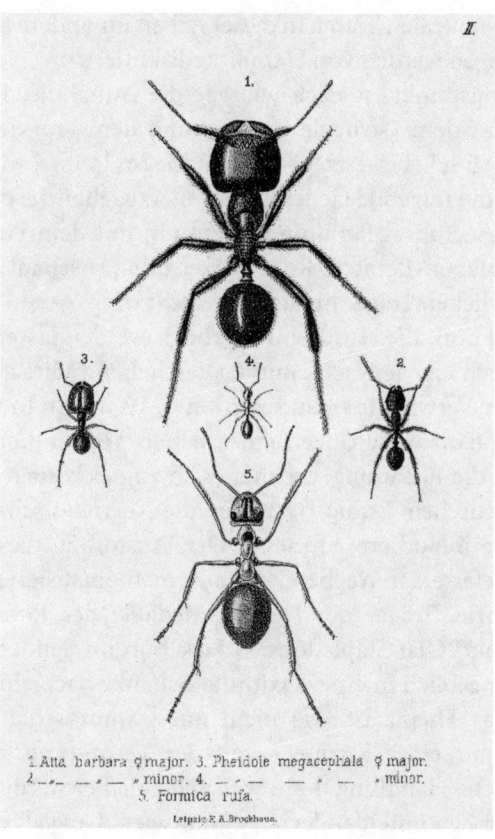

1. Atta barbara ♀ major. 3. Pheidole megacephala ♀ major.
2. ⎯ ⎯ ⎯ ⎯ „ minor. 4. ⎯ ⎯ ⎯ ⎯ „ minor.
5. Formica rufa.

Leipzig F. A. Brockhaus.

Darwins Problem. Maßstabsgerecht abgebildet sind hier zweimal zwei geschlechtlose Arbeiterinnen derselben Spezies mit deutlich unterschiedlicher Form und Größe. Die Zeichnungen stammen von John Lubbock: *Ameisen, Bienen und Wespen. Beobachtungen über die Lebensweise der geselligen Hymenopteren*, Leipzig: Brockhaus 1883, Anhang. Lubbock hat Darwin Illustrationen von Ameisen geliefert. Vgl. Charles Darwin: *Die Entstehung der Arten* [1859, 6. Aufl. 1872], übers. von J. Viktor Carus, Hamburg: Nikol 2008, S. 333. Auf diesen Abbildungen sind die Unterschiede zwischen den Kasten auffallend. Im 18. Jahrhundert hat man dagegen noch angenommen, dass diese morphologisch so verschiedenen Typen nicht ein und derselben Spezies angehören können.

schlechtsneutralen Tieren in dieser Arbeit für andere aufgehen? Diese Fragen werden von Hamilton diskutiert.

Ausgangspunkt ist nach wie vor die Annahme, Evolution basiere auf dem »struggle for life« und dem »survival of the fittest«.[356] Ein Lebewesen gilt in dem Maße als »fit«, wie es seine Gene an die folgende Generation weiterzugeben vermag. Aber ein Gen, so führt Hamilton gemeinsam mit dem Politologen (und Pentagon-Berater) Robert Axelrod aus, schaut über seinen sterblichen Träger hinaus und sucht nach Wegen zu seiner Reproduktion, die es quasi unsterblich werden lassen.[357] Dies kann durch eigene Nachkommen geschehen (»direct fitness«) oder über Verwandte (»kin selection«). Wenn ein Individuum die Fortpflanzungschancen eines nahen Verwandten erhöht, so lautet die Rechnung, arbeitet es so zugleich auch am eigenen genetischen Erfolg. Je näher die Verwandtschaft, desto höher die inkludierte »fitness«. Den Anstoß zu dieser Überlegung lieferte der Wegbereiter einer mathematisierten Evolutionstheorie, Träger der Darwin-Medaille der *Royal Society* und Freund Olaf Stapledons:[358] Jack Burdon Sanderson Haldane – angeblich in einer Oxforder Schenke nach einigen Bieren,[359] das Thema ist also nicht nur stammtischtauglich, es stammt aus einer Kneipe – mit der Vermutung, dass eine altruistische Handlung desto wahrscheinlicher werde, je enger Alter und Ego miteinander verwandt seien. Gesetzt, es springe jemand in die Themse. Preisfrage an die Lokalrunde: Wann lohnt es sich aus evolutionstheoretischer Sicht, hinterherzuspringen und sein Leben für den anderen zu opfern? Wenn jemand sein Leben für zwei Geschwister aufs Spiel setzte, rechnet Haldane auf einem Bierdeckel vor, mache dies für die Weitergabe der Gene keinen Unterschied. Rette eine Person jedoch drei Geschwister, werde ein statistischer Vorteil errungen. Aus Sicht der Gesamtfitness lohne sich das Risiko, das eigene Leben zu verlieren, wenn dadurch mehr als zwei eigene Kinder, vier Neffen oder acht Cousins gerettet würden, deswegen, weil ein Kind 50 %, ein Neffe 25 % und ein Cousin 12,5 % der variablen Gene mit dem rettenden Schwimmer gemeinsam hat. »Ein Gen«, erläutert Richard Dawkins, »für das selbstmörderische Retten von fünf Vettern würde in der Population nicht zahlreicher werden, aber ein Gen zum Retten von fünf Brüdern oder zehn Vettern würde dies sehr wohl.«[360] Das Beispiel ist spektakulär und einigermaßen gesucht, denn wer hat schon fünf Brüder, die alle zugleich in der Themse ertrinken? Der Clou ist aber: *Jeder* Handlung kommt eine »inclusive fitness« zu. Diese inklusive Fitness wird definiert als die Summe ihrer Auswirkungen auf die Fitness-Egos und -Alters multipliziert mit ihrem Verwandtschaftsquotienten. Das kleine Einmaleins der sozialen Genetik lautet: Wenn jemand nahen Verwandten hilft, tut er mehr für die Weitergabe seiner Gene, als wenn es sich um einen entfernten Cousin oder einen Fremden handelt. Der Multiplikator wäre ½ bzw. ¼ oder ⅛. Dieselbe »Art der Selektion« vermag laut Hamilton etwa »die Evolution eines heroischen Ideals in barbarischen Kulturen« zu erklären: Jeder Held, dessen Einsatz mehr als acht Cousins rette, sterbe einen sinnvollen Tod.[361]

Hamilton hat die Grundidee Haldanes 1964 formalisiert: $R > c/b$ (R steht für den Anteil der geteilten Gene, c für die Kosten, b für den Nutzen). Wilson und seine Koautoren Nowak und Tarnita erläutern im Jahre 2010: »For example, altruism will evolve if the benefit to a brother or sister is greater than two times the cost to the altruist $(R = ½)$ or eight times in the case of a first cousin $(R = ⅛)$.«[362] Kooperatives oder altruistisches Verhalten werde von der Evolution dann gefördert, wenn der Verwandtschaftsgrad höher ist als die Kosten-Nutzen-Ratio. Die entomologische Forschung hat diese These zu der Frage geführt, wie Ameisen ihre Verwandten überhaupt erkennen. Der Nachweis eines distinkten Koloniegeruchs sollte darauf eine Antwort geben. Aber zurück zur Themse bei Oxford.

Mit den wenigsten Leuten, die zu ertrinken drohen, ist ein zufällig anwesender Augenzeuge denn auch noch eng verwandt. Kaum jemand würde hinterherspringen. Das spieltheoretische Konzept führt Axelrod und Haldane zur Schluss-folgerung, kooperatives Verhalten sei äußerst selten, denn im Normalfall sei der »payoff« bei egoistischem Verhalten größer – »in der Spieltheorie wie in der biologischen Evolution«.[363] Dies ist aber gerade bei Ameisen, Bienen und Wespen nicht der Fall, *weil Arbeiterinnen enger miteinander verwandt sind (¾) als mit ihren Müttern (½) oder mit ihren Brüdern (¼)*, weil diese Schwestern nur aus *befruchteten* Eiern hervorgehen, die Brüder aber aus *unbefruchteten* (»haplodiploide« Reproduktion). Nur weibliche Insekten haben einen doppelten Chromoso-mensatz (diploid). Mit ihren eigenen weiblichen Nachkommen würden diese Insekten (könnten sie gebären) also nur 50 % der Gene teilen, mit ihren haploiden Söhnen nur 25 %, mit ihren Schwestern sind es aber 75 %.

Der Gesamtfitness wird demnach dann am besten gedient, wenn alle Arbeiterinnen dazu beitragen, dass weitere Schwes-tern geboren und erhalten werden. Also helfen die Schwestern ihrer Mutter dabei, noch mehr Schwestern großzuziehen. Ha-milton leitet daraus die später nach ihm benannte Regel ab: Der hohe Koeffizient geteilter Gene fördert altruistisches Verhalten und damit die Staatenbildung.[364] Dies ist das große Einmaleins der sozialen Genetik. Für die Arbeiterinnen der Hymenopte-ren ist es vorteilhafter, Schwestern statt Töchter aufzuziehen, denn so verbreiten sie ihre Gene effektiver, als wenn sie eigene Nachkommen hätten. Dies kann jeder nachrechnen. Die These avancierte schnell zu einem »Grundstein der Soziobiologie«, und die Vermutung, dass »inclusive fitness« die Entstehung von Eusozialität und mithin von Gesellschaft erkläre, zählte in den 1970ern zum Standardwissen des Paradigmas.[365] Ihre At-traktivität lag sicherlich nicht zuletzt in der mathematischen Formalisierbarkeit.[366] Was bei Francis Galton, auf dessen Be-obachtungen sich Hamilton bezieht, noch Instinkt heißt, wird nun zum Zahlenspiel.[367] Da die Evolution mit langen Zeiträu-men und großen Zahlen experimentiert, wäre es nur allzu wahrscheinlich, dass im Falle der Hymenopteren schließlich all jene Arten positiv selektiert worden sind, die zu einer Ordnung gefunden hatten, welche die Weitergabe der eigenen Gene durch die der Schwestern optimiert hat: die eusoziale, kooperative, arbeitsteilige Insektengesellschaft.

Wie noch jede entomologische These ist auch diese auf andere Felder übertragen worden. Je häufiger die Forscher vor Vergleichen und Analogien warnen, desto selbstverständlicher ignorieren sie selbst die eigene Lektion. Die Passage ist gut etabliert, die Fahrrinne vertieft durch Redundanz, die Richtung von Leuchtfeuern evidenter Bilder vorgegeben. Der nüchterne Hinweis darauf, dass Menschen sich nicht so vermehren wie Ameisen oder Bienen und ihren Verwandtschaftsgrad mit anderen nicht allzu gut erkennen, wovon Ödipus, der blonde Eckbert oder Walter Faber ein Lied singen können, führt keineswegs zu einer Abkehr von der Ansicht der Gesellschaft als Ameisenhaufen und des Ameisenhaufens als Gesellschaft, sondern zu einer Frage, die dies vielmehr ganz selbstverständlich voraussetzt. Sie lautet: Was mag denn nur in der menschlichen Gesellschaft einer sterilen Kaste entsprechen?

»Wir Menschen sind definitiv nicht eusozial«, wird die Differenz betont.[368] Doch wer suchet, der findet. Es ist frappant, dass partout eine Analogie hermuss. In jüngster Zeit kommen hier die Homosexuellen ins Spiel, die sich nicht reproduzieren und auf den ersten Blick aus dem *darwinistischen Spiel* um die Weitergabe der eigenen Gene ausgeschieden sind. Für Soziobiologen, deren Werke auf den Grundfesten der Populationsbiologie und Evolutionstheorie errichtet sind, muss es zunächst unverständlich sein, warum es Homosexualität überhaupt geben sollte, da Heterosexualität der offenkundige Erfolgsweg zur Reproduktion ist. Da es sie aber gibt, muss sie denn auch so erklärt werden können, wie es das Paradigma erfordert: als evolutionärer Vorteil.[369] Die Erklärungskraft des soziobiologisch gewendeten Bildes der Ameisengesellschaft ist geradezu unwiderstehlich. Und der »kanonische Text« für diese Argumentation stammt wiederum von keinem anderen als

Wilson.[370] Weder der zölibatäre »Mönch«, die »jungfräuliche Tante« noch »der Homosexuelle« müssten, so schreibt der Soziobiologe, »genetisch leiden«, weil ihr »altruistisches Verhalten« der »fitness« ihrer Verwandten diene. Solange die »Kosten-Nutzen-Ratio« stimme und die Aufzucht von Priestern, Tanten und Schwulen nicht mehr Aufwand erfordere, als sie der Gemeinschaft im Sinne der »inclusive fitness« nützten, hätten diese menschlichen Neuter-Kasten Chancen, einen »evolutionären Trend« zu setzen.[371] Denn wenn dieser »trait«[372] (Zug, Merkmal) auf den Genen ein Nachteil im ›Kampf ums Dasein‹ wäre, könnte es Populationen mit homosexuellem Anteil ja gar nicht geben, da sie ausgestorben wären und das Feld ihren *straighten* Konkurrenten überlassen hätten. Die evolutionsbiologisch formulierte Homosexuellenfrage wird also mit einem Schlag gelöst, wenn man sich nur daran erinnert, dass soziale Insekten und Humangesellschaften vergleichbar sind. Im Rahmen der *inclusive fitness*-These zur Entstehung von Eusozialität entsprechen Homosexuelle dann einfach den sterilen Arbeiterinnen der Ameisen und Bienen. Dass dies die Perspektive auf Homosexualität (ihre kulturelle Konstruktion) entsprechend verändert, weil diese nun funktional an die Seite der unverzichtbaren Arbeiterkaste der sozialen Insekten treten, liegt auf der Hand. Weil es sie gibt, muss die »benefit-to-cost ratio« stimmen. Der *Wired*-Autor Brandon Keim versieht am 3. Januar 2008 seinen Artikel mit einer Frage als Überschrift: »Is Homosexuality an Evolutionary Step Towards the Superorganism?«[373] Der Artikel referiert die Ausführungen zur Eusozialität von Wilson und kommt dann zu den offenbar allzu naheliegenden Schlussfolgerungen:

> »Mit allen nötigen Vorbehalten gegen Reduktionismus und Unterschlagung von Tatsachen können wir fragen: sollten menschliche Gesellschaften sich nicht selbst überprüfen auf Mechanismen der Gruppenselektion? Haben wir nicht bereits Züge von Eusozialität entwickelt? Und – um es auf die Spitze zu treiben – manifestiert sich nicht unter nicht-repro-

duktiven Menschen – Schwule, Lesben und Heterosexuelle ohne Kinderwunsch – emergente Eusozialität?«

Wired ist nicht der *Osservatore Romano*, und daher nimmt der Artikel am Ende ein erwartbares kalifornisch-libertäres Ende, doch zieht auch er, trotz allen Kauteln und Klammern, *moralische* Konsequenzen aus einer *biologischen* Analogisierung:

> »Es könnte womöglich auch nach hinten losgehen, mit Eusozialität bestimmte Lebensstile zu rechtfertigen: es impliziert eine Unterordnung des individuellen Wohlergehens unter das der Gemeinschaft. Aber wenigstens würden dann gewisse unorthodoxe Lebensstile nicht mehr länger als ›unnatürlich‹ gelten.«

Als evolutionärer Trend mit einer gesamtgesellschaftlich günstigen Kosten-Nutzen-Bilanz im Wettbewerb um »fitness« haben auch homosexuelle und hedonistische Lebensstile eine Rechtfertigung durch die Natur gefunden. Wenn sie ihren Neigungen nachgehen (Egoismus), verrichten sie in Wahrheit »service to the greater good« (Altruismus). Das Paradox erinnert an eine wohlbekannte Maxime aus einer Bienenfabel: *Private vices, public benefits.*

Vom Gen zur Gruppe

Die hier vorgestellte Hamilton-Regel und ihre Ausdeutung hat sich in der neueren Forschung nicht halten können,[374] zumindest ist sie überaus umstritten. Zum einen gab es stets ein prominentes Gegenbeispiel unter den sozialen Insekten: die Termiten. Diese und viele andere Insekten[375] sind anders als Ameisen und Bienen *diploid* (und folglich *nicht* zu 75 % mit ihren Schwestern verwandt) und *dennoch eusozial und kooperativ.*[376] Die Entstehung von Sozialität kann also nicht so ›einfach‹ genetisch berechnet werden wie im Fall der Ameisen und Bienen.[377] Bienen liefern ein Gegenbeispiel, denn sie verhalten sich selbst dann ›altruistisch‹ oder ›kooperativ‹, wenn sie eine neue Königin bekommen, mit der sie *nicht verwandt* sind.

237

Auch dann versorgen sie die Eier und Larven so gut, als seien es ihre eng verwandten Schwestern.[378] Und um auf das Schulbeispiel der Entomologen zu kommen: Unter Ameisen sind ›Sklaven‹ mit ihren ›Herren‹ überhaupt nicht verwandt, denn sie gehören nicht einmal zur gleichen Spezies und pflegen doch aufopfernd die Brut einer fremden Königin. Es genügt, dass sie den Koloniegeruch teilen, um schwesterlich zu handeln. Wenn man nur will, gibt es gute Gründe, die *inclusive fitness*-These samt der Hamilton-Regel aufzugeben.[379] Es lasse sich nicht belegen, so argumentieren Nowak, Tarnita und Wilson, dass der Verwandtschaftsgrad die Wahrscheinlichkeit für die Emergenz von Sozialität erhöhe.[380]

Die Folgen sind beachtlich: Die Familie verliert ihren Status als »causative agent« und ihren alten Rang einer Keimzelle der Gesellschaft, der ihr seit der Antike zugesprochen wurde.[381] Was tritt an ihre Stelle? Das Fundament für die Entwicklung »hochkomplexer sozialer Systeme« wird nun *nicht länger genetisch gelegt, sondern sozial*: Der erste Schritt besteht nun in der »Formation von Gruppen«, der Formierung einer kooperativen Gruppe.[382] Erst der zweite Schritt bringt das Genmaterial zurück ins Spiel. Nowak, Tarnita und Wilson gehen davon aus, dass die Stabilisierung dieser Gruppe dann erfolgt, wenn »preadaptive traits«[383] genutzt werden können, um die soziale Arbeit zu teilen und ein gemeinsames Nest zu gegenseitigem Vorteil aufzubauen und zu verteidigen.[384] Die Formierung einer Gruppe kann viele Gründe haben. Anders als im Falle einer Familie – jedes Kind hat Eltern – ist es *kontingent*, dass sie sich bildet, »or even randomly by mutual local attraction«.[385] Diese »spontane« Gruppenbildung (statt der durch Geburt in eine Familie oder durch einen Vertrag von vernünftigen Individuen) hatte schon Thomas Hobbes den Grund geliefert, Ameisen und Bienen gegen die aristotelische Tradition den Status als politisches Tier abzusprechen.[386] Was von Natur aus entstehe, sei eben kein Werk politischer Tat. Espinas dagegen hat in seiner Aristoteles- und Hobbes-Lektüre eingewendet, eine

Polis bilde sich in einem »natürlichem Medium« und unter seinen lokalen »Einflüssen« heraus.[387] Es könne »zufällig« geschehen oder unter »bestimmten«, aber vom Organismus selbst nicht planbaren »Bedingungen«, dass »lebende Wesen« ein »gewohnheitsgemäßes Wechselverhältnis von Dienstleistungen« aufnehmen,[388] um schließlich »ohne Hülfe des anderen nicht [mehr] existieren [zu] können«. Et voilà: genau dies nennt Espinas eine »Gesellschaft«.[389] Die Umgebung kann die Kooperation fördern, und zwar zufällig und spontan, wenn denn zufälligerweise die anwesenden Organismen dazu in der Lage bzw. »vorangepasst« *(pre-adaptive)* sind, wie es heute heißt. Und wenn sie dann ohne einander gar nicht mehr sein können, erhalten sie das Prädikat *eusozial*.

›Voranpassung‹ ließe sich boshaft als funktionales Äquivalent für das in Verruf gekommene Schema der Teleologie bezeichnen: Im Rückblick wird festgestellt, dass soziale Insekten für eine soziale Lebensführung wie geschaffen sind, weil sie dank bestimmter, bislang inaktiver oder nutzloser Merkmale an das, was sich zufällig ergeben hat, bereits angepasst waren. Eine attraktive Idee. Niklas Luhmann hat dieses ebenfalls von Haldane vertretene Modell der »pre-adaptive advances« aufgegriffen und in eine Theorie der Evolution von Gesellschaft integriert.[390] Auch die soziale Evolution warte, so Luhmann, auf »nutzbare Zufälle«.[391] Sobald aus *kontingenten* Gründen wie der Konzentration von Ressourcen an einem Ort und seiner der Verteidigung äußerst günstigen Beschaffenheit eine »Gruppe« entsteht – *a selfish herd*,[392] eine egoistische Herde, die zusammenarbeitet –, können jene »Vorentwicklungen« positiv selektiert werden, die der Gruppe nutzen.[393] Vorher nicht. Wenn jedoch keine präadaptiven Vorteile genutzt werden können, erhält die Organisation keine Dauer und zerfällt spätestens mit dem Absterben ihrer Mitglieder. Die Evolution führt also zur positiven Auslese solcher *Kollektive*, deren Individuen der Gemeinschaft nützliche Eigenschaften aufweisen und vererben: zum Beispiel die Fähigkeit zur Zeugung einer

Kaste sterilen wie dienstbereiten Personals. Der hohe Verwandtschaftsgrad innerhalb eines solchen Kollektivs ist mithin keine Voraussetzung, sondern eine Folge von Gemeinschaftsbildung.[394]

Die Erforschung sozialer Insekten wird mit der Abkehr von »Hamiltons Theorie der Insektensozialität«,[395] im Vergleich zu älteren Studien Wilsons, soziologischer. Denn nicht der hohe Verwandtschaftsgrad führt zur Genese kooperativen Verhaltens,[396] sondern die spontane, in der gegebenen Situation vorteilhafte Entstehung einer »Gruppe« stellt eine evolutionäre Errungenschaft dar, die dann, wenn sie durch Vererbung stabilisiert werden kann, die enge Verwandtschaft der Insektengesellschaften erklärt.[397] Oder mit Luhmann formuliert: »Die Unwahrscheinlichkeit des Überlebens isolierter Individuen oder auch isolierter Familien wird transformiert in die (geringere) Unwahrscheinlichkeit ihrer strukturellen Koordination, und damit beginnt die soziokulturelle Evolution.«[398] Soziokulturelle Evolution beginnt also genau dann, wenn »Gruppen« durch »Kooperation« Vorteile in der Reproduktion erlangen. »Das nennt die Biologie heute Gruppenselektion.«[399] Genau, und die Soziologie nennt dies heute Gesellschaft. Beide Disziplinen beschäftigt das Problem, wie soziale Ordnung möglich ist. Im Falle neuerer systemtheoretischer und soziobiologischer Ansätze greifen sie auf die gleiche Metatheorie zurück, die Theorie der Evolution. Von einer »grundsätzlich anderen Beschaffenheit des sozialen Gegenstands im Vergleich zum biologischen«[400] kann hier gar keine Rede sein. Im Gegenteil. Es handelt sich für Wilson ausdrücklich um Probleme der gleichen, vereinigten Wissenschaft.[401] Was sich dagegen verändert hat, ist die Ebene, auf der das Rätsel der sozialen Ordnung gelöst werden soll. Nach einer Lösung suchen Nowak, Tarnita, Wilson und viele andere nunmehr auf der Ebene der Gruppenbildung, nicht auf der Ebene der Gene. Erst formiert sich die Gruppe, dann springen »pre-adaptive advances« an, und die Gesellschaft kann die Koordination der Gruppe übernehmen.

Exkurs: Bilder der Gesellschaft. (Visuelle Semantik Teil I)

Jede Gesellschaft erzeugt Bilder von sich selbst. Diese Bilder kann die moderne Gesellschaft nur innerhalb ihrer selbst finden.[402] Auch wenn Niklas Luhmann in seiner Antwort auf das Problem der »kommunikativen Unerreichbarkeit der Gesellschaft«[403] zumindest rhetorisch auf visuelle Strategien verweist – imaginäre Konstruktionen sind dann besonders durchsetzungsfähig, wenn ihnen eine besondere Evidenz zukommt bzw. sie spektakuläre Merkmale aufweisen –, werden Bilderfragen in der Systemtheorie zunächst nicht weiter reflektiert. Luhmann bezieht in seine Ausführungen über Traditionslinien und den historischen Wandel von Selbstbeschreibungen der Gesellschaft nur die »Form des [...] schriftlich fixierten Ideengutes« ein.[404] Erst in jüngster Zeit ist die Frage in den Blick der Forschung gerückt, ob nicht gerade eine spezifische Bildlogik zum Erfolg bestimmter »Kandidaturen für Sinnformen der Selbstbeschreibung«[405] und zum Misserfolg anderer führt. Für das Teilsystem Wirtschaft und speziell am Beispiel der Finanzwerbung hat Urs Stäheli verdeutlicht, dass die »Sichtbarkeit sozialer Systeme« eine entscheidende Rolle für die Selbst- und Fremdbeschreibung spielt. Semantikanalyse darf sich, so Stäheli, nicht auf Texte beschränken, sie muss die Analyse von Bildern, also die Untersuchung einer »visuellen Semantik« mit einbeziehen.[406] Bisher noch unbearbeitet ist jedoch die Frage geblieben, welchen spezifischen Bildlogiken Repräsentationen des Ganzen der Gesellschaft folgen. Welche Strategien muss die visuelle Semantik ausbilden, wenn sie als Selbstbeschreibung des Gesellschaftssystems erfolgreich sein will?

Ein besonders beliebtes Bildfeld liefern seit Jahrhunderten die sozialen Insekten. Die Selbstbeschreibung der Gesellschaft im Medium von Ameisen und Bienen, Wespen oder Termiten unterscheidet sich von alternativen Bildern der Gesellschaft durch eine auffällige Persistenz. Von ähnlich etablierten ›Staatsmetaphern‹ wie dem Pastorat, dem Schiff oder dem

Haus unterscheidet die visuelle Semantik der sozialen Insekten die Darstellbarkeit von großen Mengen, von wimmelnden Massen und Schwärmen. Wie gezeigt werden konnte, fungieren gerade auch Ameisengesellschaften als evidente Bilder, die gleichwohl vollkommen unterschiedliche Beschreibungen des Ganzen implizieren: vom faschistoiden Totalstaat bis zum libertären Schwarm. Dies Kapitel konnte darüber hinaus nachweisen, dass soziobiologische Kontroversen nicht nur mit Beiträgen für Fachzeitschriften geführt werden, sondern auch in Romanen. Die Übertragungen aus dem Feld der sozialen Insekten auf die Einrichtung unserer Gesellschaft, die den *papers* freilich immanent bleiben, sind in *Anthill* unübersehbar. Zur Wissens- und Kulturgeschichte der in der soziologisch-entomologischen Passage zum Einsatz kommenden Topoi zählt aber auch die Frage nach den hier entworfenen und verbreiteten Bildern der Gesellschaft im eigentlichen Sinne. Wie sind diese Bilder beschaffen, welche Bildlogik ist ihnen zu eigen, dass sie eine solche Suggestionskraft zur Beschreibung des Ganzen oder Wesentlichen der Gesellschaft entfalten können? Neben der medialen Differenz, die bei Formbildungen visueller Semantiken sozialer Insekten eine wichtige Rolle spielt, muss berücksichtigt werden, dass sich die Bilder in und zwischen zwei Registern der Sichtbarmachung bewegen: Sie entstehen nicht nur als ›epistemische Bilder‹ in Forschungsprozessen, sondern werden auch innerhalb des Wissenschaftsbereichs durch mediale Träger fortgesetzten Prozessen der Sichtbarmachung unterzogen. In einem nächsten Schritt sind sie als kulturelle Darstellungsformen in populärwissenschaftlichen Aufbereitungen, in fiktionalen und nichtfiktionalen Medienformaten anzutreffen. Soziale Insekten verdichten sich zu einem evidenten Modell der Selbstbeschreibung von Gesellschaft erst im Transfer zwischen wissenschaftlichen Bildwelten und medienkulturellen Darstellungen.

Die Visualisierungen von Ameisengesellschaften bringen entomologische, epistemologische, kulturelle und politische

Überzeugungen zur Anschauung und lassen Alternativen im Schatten stehen. Ein Hinweis darauf, dass der Bildpolitik eine Hauptrolle nicht nur in den Massenmedien zukommt, gibt auch der hochkontroverse *Nature*-Artikel von Nowak, Tarnita und Wilson. Denn in diesem *paper* wird die Gruppen- und Gesellschaftsbildung der Ameisen, trotz größter Raumnot, geradezu üppig illustriert. Anders als Gene sind Gruppenfotos prädestiniert für die Repräsentation von sozialer Ordnung. Die Fotografien von Wilsons Kollegen und Freund Bert Hölldobler, die Blattschneiderameisen als soziale Tiere in Szene setzen, sollen zwei Sachverhalte demonstrieren: 1.) die Unterschiede in der Morphologie, über die sich Darwin gewundert hat und die ihn zur These der Gruppenselektion gebracht haben; 2.) die Kooperation der Ameisen aller Kasten zum Wohle der Gemeinschaft. Dies mag niemanden überraschen, die Bilder dienen der Illustration einer Hypothese, nichts Neues also. Damit wäre aber nicht nur die Funktion von Bildern in den Wissenschaften schlechthin unterschätzt, die keineswegs »einen Text oder eine Theorie nur erläutern« helfen, wie Lorraine Daston und Peter Gallison gezeigt haben, sondern epistemologische Politik betreiben.[407] Erst ein Blick auf die Formgeschichte dieser Ameisenbilder führt zu einem erstaunlichen Befund: Diese Fotos, die im Beitrag die »Emergenz eines Superorganismus aus schlichter Eusozialität«[408] zugleich belegen, illustrieren und inszenieren sollen, unterscheiden sich nicht wesentlich von den Aufnahmen, die genau einhundert Jahre zuvor Wheeler seiner Monographie *Ants* beigibt.[409]

»Jedes Mitglied dieser Gesellschaft ist *sichtbar* prädestiniert für die Verrichtung einer bestimmten sozialen Arbeit im Gegensatz zu anderen«,[410] hat damals, 1910, Wheeler festgestellt. Diese Aussage würde man heute erheblich modifizieren müssen, denn angesichts solcher Phänomene wie *task switching* und *flexible team work* kann – anders als in der *Brave New World* – von einer »sichtbaren Prädestination« der Individuen für die Verrichtung spezifischer Aufgaben innerhalb der sozialen Ar-

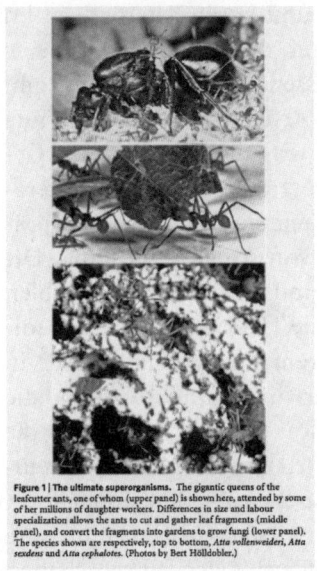

Figure 1 | The ultimate superorganisms. The gigantic queens of the
leafcutter ants, one of whom (upper panel) is shown here, attended by some
of her millions of daughter workers. Differences in size and labour
specialization allows the ants to cut and gather leaf fragments (middle
panel), and convert the fragments into gardens to grow fungi (lower panel).
The species shown are respectively, top to bottom, *Atta vollenweideri*, *Atta
sexdens* and *Atta cephalotes*. (Photos by Bert Hölldobler.)

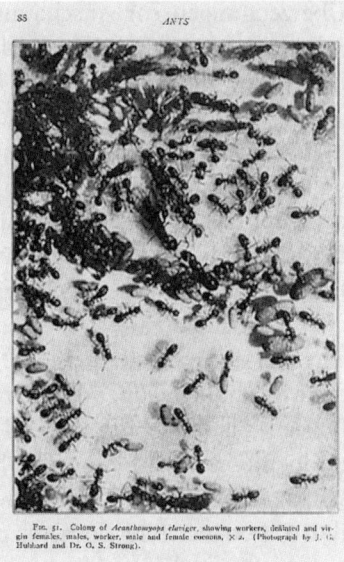

88 ANTS

FIG. 51. Colony of *Acanthomyops claviger*, showing workers, dealated and vir-
gin females, males, worker, male and female cocoons, × 2. (Photograph by J. H.
Hubbard and Dr. O. S. Strong).

Links: Nowak, Wilson, Tarnita 2010, S. 1058, Rechts: Wheeler 1910,
S. 88.

beitsteilung keine Rede sein. Dennoch hat sich das *Bild* der sozialen Insekten als erstaunlich stabil erwiesen. Die visuelle Semantik bleibt einem engen Formrepertoire treu. Nicht die
Taxonomie und Morphologie wie noch bei den minutiösen Illustrationen John Lubbocks aus dem 19. Jahrhundert, sondern
die Gruppe kommt ins Bild. Es übersteht epistemische Revolutionen wie die Entwicklung der modernen Genetik und den
Einzug der Spieltheorie oder der Computersimulation in die
Entomologie genauso wie die Abkehr von der Hamilton-Regel
oder die Entdeckung flexibler Formen des Nest-Managements.
Eine Zusammenstellung von Motiven, wie den von Wheeler
und Wilson verwendeten, ergäbe eine veritable Bilderflut.

   Über ein ganzes Jahrhundert hinweg evozieren diese vielen,
vielen Bilder *vor aller theoretischer Differenzierung* 1.) die gleiche Vorstellung von »feuriger Aktivität und Kooperation« und

244

Die Bildunterschrift von Mark Moffet lautet: »Ein Fließband von
Marauder-Ameisen auf einem Grashalm in Singapur. Ein Klasse B
Arbeiter extrahiert Grassamen, die dann von den niederen Arbeitern
weggetragen werden.« Die schönen Fotos des Buches inszenieren
immer wieder Formen der Kooperation, die Bildunterschriften bieten
Übertragungen an, hier etwa der Begriff des Montagebandes. Mark
Moffet, *Adventures among Ants. A Global Safari with a Cast or Trillions*,
Berkeley, Los Angeles, London: University of California Press 2010,
S. 46. Wilson lobt die Aufnahmen als »die besten, die jemals gemacht
wurden« (Titelcover).

zugleich 2.) »schlagende Ähnlichkeiten zwischen Menschen-
und Ameisengesellschaften«.[411] Bereits Wheeler stellt fest, dass
diese Bilder und Analogien häufig wiederholt worden seien,
sich ebendarum aber auch niemand von ihnen freimachen
könne. Daran hat sich bis heute nichts geändert, auch wenn das
Spektrum des Medienverbundes, der diese »similes« (Abbil-
der, Gleichnisse, Vergleich) verbreitet, sich erheblich erweitert
hat.[412] Fleiß und Kooperation bezeugen schon zahlreiche antike Autoren, die auch gerne Analogien hergestellt haben, aber
von verteilter Intelligenz oder inklusiver Fitness noch nichts
ahnen konnten. Um auf Wilsons spöttisches Wort von der
›Wurzelmetapher‹ zurückzukommen: Wer heute eine Uhr
sieht, fühlt sich nicht unbedingt an die Schöpfung als Werk
eines Demiurgen erinnert, und die Abbildung eines Wals wird
nicht allzu viele Betrachter an den Staat denken lassen. Wer dagegen »Ants at work« sieht,[413] etwa an einer »assembly line«
(Fertigungsstraße), assoziiert heute wie vor hundert Jahren
Fragen der Organisation von Gesellschaft, die nicht nur Ameisen, sondern auch uns betreffen. Unter den ›Wurzelmetaphern‹, die unsere Gesellschaft in einem Bild zu fassen suchen,
liegt die Ameisengesellschaft ganz weit vorne.

1810, ein Jahrhundert vor Wheelers *Ants* und zweihundert
Jahre vor der Illustration des »ultimativen Superorganismus« in
Nature (vgl. Abb. S. 244), findet sich im Eintrag *Formica* der *Encyclopaedia Britannica* zwar der Hinweis, dass diese Insekten
der Ordnung Hymenoptera sich »gegenseitig Gesellschaft« bö-
ten und in einer »Art von Republik« lebten. Überdies werden
morphologische Unterschiede der Klassen, insbesondere der
flügellosen »Neuter«, benannt, doch setzt die dem Artikel bei-
gegebene Abbildung das Soziale nicht in Szene. Ein Ameisennest (A) wird gezeigt, aber ohne einen Blick auf die Gemeinschaft zu gestatten.

Eine entomologische Einführung aus dem Jahre 1817 druckt
aufwendige farbige Abbildungen – ausgerechnet aber nicht von
dem, was die Ameisen mit uns gemeinsam zu haben scheinen,

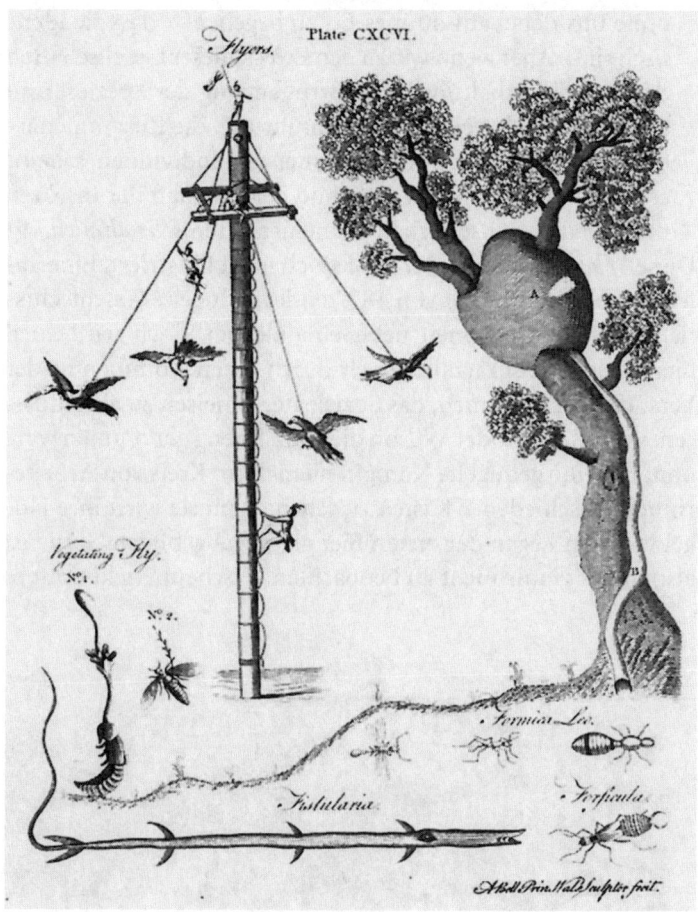

Encyclopaedia Britannica. Ausgabe von 1812. Plate CXCVI, nach Seite 348.

ihrer sozialen Organisation. Die Autoren Spence und Kirby schreiben:

> »Vollkommene Insektengesellschaften weisen in ihrer Gesetzmäßigkeit und ihren Errungenschaften gewisse *Ähnlichkeiten* mit der menschlichen Gesellschaft auf. Ohne genau zu verstehen, was Instinkt ist, können wir jedoch nicht sagen –

ohne uns dabei auf dünnes Eis zu begeben –, dass sie identisch sind. Aber wenn wir an den Zweck dieser Gesellschaften denken, die Erhaltung und Fortpflanzung der Spezies, und an die Art und Weise der Durchführung, die Zusammenarbeit und Kooperation von Millionen von Individuen, scheint es so, als wäre die Motivation und Leidenschaft der Insekten und die der menschlichen Gemeinschaften *sehr ähnlich*.«[414] Diese »Ähnlichkeiten« werden jedoch nicht illustriert. Eine Tafel in *Brehms Tierleben* von 1877 bildet geflügelte Geschlechtstiere und Arbeiterinnen nebeneinander ab, doch wird auch hier weder bildsprachlich noch durch einen Kommentar der Versuch unternommen, das Soziale der Ameisen zu akzentuieren, wie Wheeler oder Wilson dies tun. Streng genommen wäre ohnehin eine geflügelte Königin niemals im Kreis von Arbeiterinnen verschiedener Kasten zu sehen, denn sie wirft ihre Flügel vor dem Legen der ersten Eier ab; die abgebildete Szene ist also in der Natur nicht zu beobachten. Taschenberg kommt es

Bisitenameise (Oecodoma cephalotes). a Männchen, b Weibchen, kleine und große Arbeiter; alle in natürlicher Größe.

Ernst Ludwig Taschenberg: *Brehms Thierleben. Allgemeine Kunde des Thierreichs. Vierte Abteilung: Wirbellose Thiere*. Mit 277 Abbildungen und 21 Tafeln von Emil Schmidt. Bd. 1, Leipzig: Verlag des Bibliographischen Instituts 1877, S. 270.

Fig. 76

Fig. 39.

Das Ordnen der Larven und Puppen nach dem Alter bzw.
der Größe. Nach Ern. André.

Links: Forel 1929, Fig. 76, S. 449. Rechts: Escherich 1917, Fig. 39, S. 99.

darauf nicht an, sondern allein auf die Integration vieler Ameisen unterschiedlicher Gestalt in einem Bild.

Im 20. Jahrhundert findet sich dagegen kaum eine entomologische Abhandlung, die sich die Illustration der Sozialdimension entgehen ließe. Auguste Forel weist darauf hin, seine Abbildung Nr. 76 zeige eine gemischte Kolonie von Ameisen, die alle
»miteinander in Frieden leben und kommunizieren«. Die »soziale Welt der Ameisen« wird im Bild sichtbar gemacht.[415] Auch
Escherichs Illustrationen (etwa Fig. 39) zeigen eine geordnete
Welt.[416] Neben den einzelnen Ameisen wird nun immer auch
der Superorganismus gezeigt, und entsprechend bestimmt die
New Encyclopaedia Britannica aus dem Jahre 2005 im Eintrag
Ameisen *(ant)* die Familie der *Formicidae* als grundsätzlich »social in habit« (soziales Verhalten) und setzt ihr Zusammenleben
gleich mehrfach ins Bild. In allen Fällen handelt es sich um eine
›Fabrikation wissenschaftlicher Fakten‹ im Medium des Bildes.

Wenn das Bild einer Ameisengesellschaft seit nunmehr gut
hundert Jahren tatsächlich vergleichsweise stabil ist, dann wirft
dies allerdings mehr Fragen auf, als dass es einen Ausgangspunkt
für Antworten darstellte, denn die Biologie und Soziologie der

Ameisen spurtet in dieser Zeit von einem Paradigmenwechsel zum nächsten. Wenn aber die entomologischen und soziobiologischen Theorien sich wandeln, warum das Bild nicht, das von der Ameisengesellschaft entworfen wird?

Ein Bild für alle Fälle. Die Funktion der visuellen Sematik (Visuelle Semantik Teil II)

Der Grund für diese Kontinuität liegt in einer *invariablen Funktion* des Bildes, das gleichwohl *mehrfach codierbar* ist. Das relativ konstante Bild transportiert an den diversen (medialen, diskursiven) Stätten seiner Wirkung ganz unterschiedliche Botschaften, deren Effekte mindestens so sehr variieren wie die Erklärungsversuche zur Entstehung des sozialen Verhaltens der Ameisen. Meine These hierzu ist folgende: Die Illustrationspraktiken von Wheeler bis Wilson belegen die Funktion einer Bildrhetorik über die Jahrzehnte und Paradigmenwechsel hinweg, einer Bildrhetorik, die auch dort erwartbar Evidenzen erzeugt, wo unterschiedliche Heuristiken und Rechenmodelle zu unterschiedlichen Ergebnissen führen. Unabhängig von akademischen Debatten um die Hamilton-Regel, altruistischen und egoistischen Genen oder um Emergenz bleiben so die Ameisen das Muster sozialer Organisation und Kooperation. Trifft dies zu, dann wären diese Bilder auf ihre gegenstandskonstitutiven Effekte zu befragen. Was Gesellschaft ist, wird in Form von Bildern (und dies schließt die figurative Rede nicht aus) augenfällig, die damit ihren (ästhetischen und poetologischen) Teil zur Konstitution der Ameisengesellschaft als Formel gesellschaftlicher Selbstbeschreibung beitragen. Aus all dem folgt:

Wenn man denn überhaupt Gesellschaften vergleichen möchte, *dann sind Ameisen und das Bild der Ameisengesellschaft gesetzt.* Diese Selbstverständlichkeit, mit der Ameisen komplexe Formen sozialer Organisation zugesprochen werden, weist einer entomologischen Forschung den Weg, die immer auch Soziologie sein will. Wheelers *Ants* beginnt mit einer Fo-

Female, males, major and minor workers and brood of *Camponotus americanus*, × 2.
(Photograph by Mr. J. G. Hubbard and Dr. O. S. Strong.)

William Morton Wheeler: *Ants*, New York 1910, S. IV. Die Aufnahme zeigt Ausschnitte eines künstlichen Nestes, ist also hochgradig artifiziell. Gleichwohl demonstriert sie die soziale Natur der Ameisen.

tografie kastenübergreifender Kooperation. Seine Soziologie der Insekten folgt diesem Bild. Einen Schlüssel zu dieser Verschaltung von Bild und Wissen, Rhetorik und Epistemologie findet sich auch im *Ameisenroman*.

Wilson hat in *Anthill* das Verhältnis von Ameisen und Menschen als *Metapher* bestimmt.[417] Diese glückliche, aber nicht näher begründete Intuition trifft sich mit einer materialgesättigten motivgeschichtlichen Beobachtung Dietmar Peils, dass im Falle der sozialen Insekten der politische und der zoologische Bereich gleichermaßen als *Bildspender und Bildempfänger* fungieren können.[418] Das Ameisennest oder auch der Bienenstaat können einerseits soziale Ordnungen verbildlichen und andererseits politische Metaphern in den entomologischen Diskurs integrieren. So ist eine doppelte Metaphorik entstanden, die zwischen Gesellschaft und Natur, Biologie und Soziologie Übertragungen ermöglicht und so jene *Passage* etabliert, zu deren Kartierung eine wissenshistorische Rekonstruktion des entomologisch-soziologischen Diskurses allein offenbar

251

nicht ausreicht. Zwischen den Bemühungen um eine (wissenschaftliche) »Repräsentation« und (ästhetische) »Präsentation« von Natur ist allenfalls heuristisch zu unterscheiden,[419] im reichen textförmigen wie visuellen Material der Semantik der sozialen Insekten fällt dies jedoch äußerst schwer. Denn ihr »Bildfeld«[420] wird nicht allein politisch oder biologisch, sondern auch ästhetisch und rhetorisch, poetisch und medial organisiert. Dies ist auch von der an sozialen Insekten interessierten Wissenschaftsforschung registriert worden, ohne aber selbst einschlägige Studien zu entsprechenden Konsequenzen bewegen zu können: Charlotte Sleigh hat in ihrer luziden Kulturgeschichte der Myrmekologie nicht nur die großen Paradigmenwechsel und die Rolle der wichtigsten Schulen nachgezeichnet, sondern auch darauf hingewiesen, dass die Metaphern und Narrative der Entomologie ein Eigenleben führen, das nicht wissenschaftlichen, sondern rhetorischen Regeln folgt.[421] Diesem wichtigen Hinweis geht sie selbst aber nicht nach, sondern lässt die Frage nach der poetischen und ästhetischen Konstitution des Wissens offen. Der Medienhistoriker Jussi Parikka hat das »Insekten-Paradigma« als Diskurs bestimmt, in dem die »moderne Medienkultur« nach neuen Möglichkeiten des Wissens, der Organisation und der Form sucht.[422] Figuren wie der Schwarm erweisen sich als »wichtigster Motor für verschiedenste Praktiken, von der Biotechnologie bis zu neuen Medientechnologien«[423] – und bis zu Film,[424] Literatur[425] und Kunst.[426] Wo immer Insekten auftauchen, deterritorialisierten sie bestehende Hegemonien oder gängige Paradigmen, lautet die zentrale These von Parikkas *Insectmedia*. Dies ist nun einerseits nicht sehr genau, weil das Vorbild der sozialen Insekten ja nicht nur ›deterritorialisiert‹, sondern allzu oft dazu dient, etablierte Ordnungen – von der Sklavenhaltung bis zur Kastendifferenzierung – zu affirmieren. Und anderseits überlässt sich Parikkas Arbeit selbst dieser beobachteten Bewegung, die das Buch von Friedrich Murnaus expressionistischem Meisterwerk *Nosferatu* (1922) bis zum postfeministischen Softporno *Teknolust* (2002) treibt,[427] ohne dass dies noch etwas Bestimmtes mit Insekten zu tun hätte. Wenn es überhaupt einen roten Faden gibt, dann ist es das Motiv der Auflösung von Ganzheiten in Partikel und deren Selbstorganisation zu einem Netzwerk. Insekten spielen hier jedoch eine kontingente Rolle; es kann genauso gut um »Bakterien«[428] oder um »Tierkörper«[429] gehen. Seine Warnung vor »losen Analogien«[430] hat Parikka nicht befolgt, weshalb seine Studie eher selbst ein Exempel für die Organisation eines Diskurses durch Bilder wäre als ein Beitrag zu einer Poetologie des Wissens. Seine Hypothese: »insects act as art (creation) and media«,[431] ist aber trotz dieser Schwächen umso ernster zu nehmen, insofern die Produktivität der poetischen Form und visuellen Evidenz der sozialen Insekten im soziologisch-entomologischen Wissensfeld kaum zu überschätzen ist, gestaltet sie doch auch Parikkas eigenes Buch. Genau dieses Feld der Sozialtheorie und der Theorie der sozialen Insekten möchte Diane M. Rodgers vermessen, deren Studie mit dem Titel *Debugging* mögliche Erwartungen, hier würde ein Programmfehler entstört werden, allerdings enttäuscht. Rodgers' materialreich vorgeführte These ist vielmehr die, dass Soziologie und Entomologie ihre Annahmen in einem »legitimation loop« gegenseitig stützen. Die Plausibilisierung ihrer These der Legitimationsschleife gelingt durchaus, aber solche Überlegungen finden sich schon bei Jean-Marc Drouin, Abigail Lustig und Charlotte Sleigh.[432] Was die *Form* des Diskurses betrifft, um den es uns hier geht, so diskutiert Rodgers im Zuge ihrer Engführung von soziologischen und entomologischen Theorien zwar minutiös Unterschiede zwischen Analogisierungen und Metaphorisierungen, doch wirkt das Ergebnis ihrer Ausführung für eine mit allen Wassern der *science and technology studies* gewaschene kritische Diskursanalyse doch erstaunlich altbacken: »Metapher und Analogien«, warnt Rodgers, könnten in den »Wissenschaften« zu »Missverständnissen, Vorurteilen und Beschränkungen« führen.[433]

Alle für eine, eine für alle

Vom Einsatz zurück: Eine Soldatin (oben) wird von der Körperflüssigkeit eines Beuteinsekts gereinigt. Bei der Nahrungssuche markieren Arbeiterinnen den Weg mit Pheromonen, so dass andere ihnen folgen können. Nahrung transportierende Ameisen halten sich in der Mitte, Artgenossinnen auf dem Weg zur Beute benutzen die Ränder. Ameisenarten, die tagelang auf den gleichen Straßen unterwegs sind, halten sie durch Erdarbeiten und die Beseitigung von Abfällen instand. Die Nomaden von *Eciton burchellii* kämpfen sich jeden Tag durch neues Gelände. Schwierigkeiten wie eine Lücke zwischen zwei Blättern auf dem Weg werden gemeinsam bewältigt: Kleine und mittlere Arbeiterinnen bilden eine lebende Brücke (rechts), über die die Armee weiterzieht. ☐

National Geographic. August 2007, Doppelseite 76/77.

254

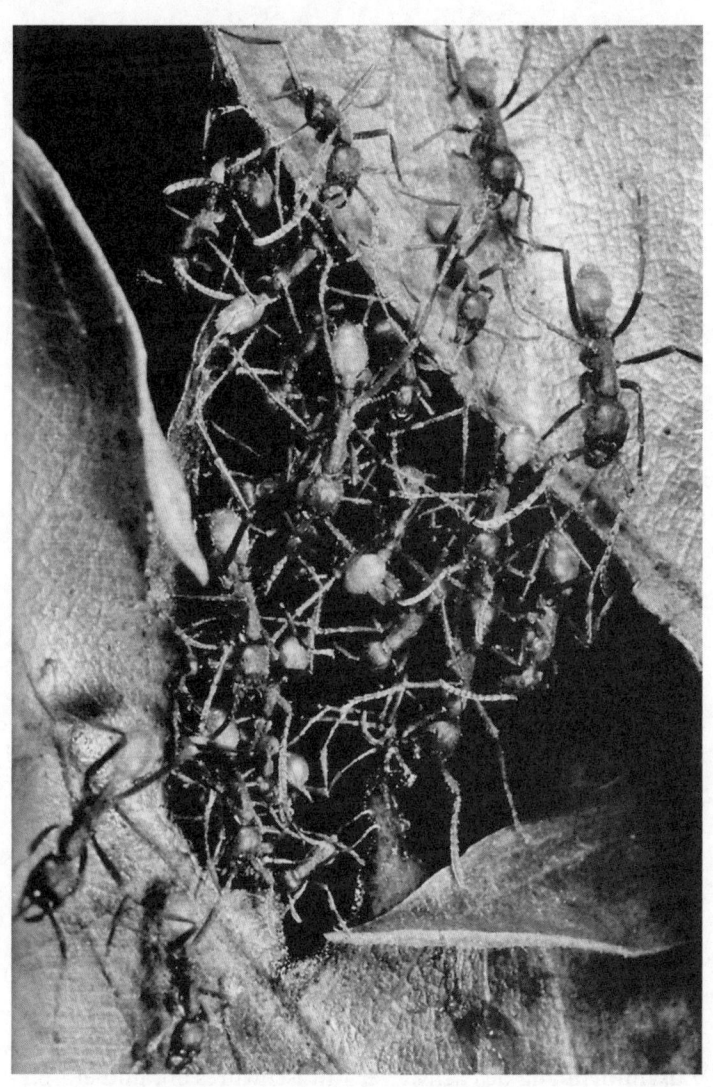

Der Mensch wird, nach Blumenbergs bedachter Auskunft, auch als noch so aufgeklärter oder abgeklärter Wissenschaftler nie zur unvermittelten »Klarheit des Gegebenen« gelangen, sondern sich immer im Kontext »des von ihm selbst Erzeugten« bewegen: In der »Welt seiner Bilder und Gebilde, seiner Konjekturen und Projektionen«.[434] Um diese Bedingungen der Erkenntnis weiß durchaus auch Wilson, wenn er schreibt, die Welt werde »durch Bilder« erzeugt. Doch weist er diese Art der Welterzeugung exklusiv den Sozial- und Geisteswissenschaften zu. Von den Künsten der Welterzeugung unterscheidet seine asymmetrische Epistemologie Methoden der Welterklärung, die den Naturwissenschaften vorbehalten sind.[435] Für die ›Hintergrundmetaphorik‹ seiner eigenen Forschung, die unentwegt die offiziösen Unterscheidungen von Natur und Kultur, von Insekten und Menschen, von Bild und Begriff, von Entomologie und Soziologie unterläuft, hat Wilson kein Gespür, obwohl die hin- und herlaufenden Spuren nicht gerade unauffällig sind. Zu einer deutschen Ausgabe des *National Geographic* (8/2008) mit dem Schwerpunkt *Schwarmintelligenz* haben Wilson und sein Schüler Mark Moffet Text und Fotos beigesteuert, die in ihrem Zusammenspiel und im Kontext des Heftes durchaus eine ebenso starke wie bildgewaltige These präsentieren.

»Einer für alle, alle für einen«, überschreibt Wilson seinen Kurztext zu Moffets Bildern der Kooperation. Auch dies ist kein Zufall. Es wird uns zu Wilsons Roman, zu seiner Biographie und zu seiner soziobiologischen Agenda zurückführen. Das besagte Motto hat Alexandre Dumas' Erfolgsroman *Die drei Musketiere* (1843/44) berühmt gemacht, aber die Proliferation hat viel früher begonnen. Heinrich Zschokke führt es 1822 im Zusammenhang des Schweizer Rütlischwures an, und ein verdienter Veteran verwendet das Motto 1829 zur Beschreibung des Korpsgeists der bayrischen Armee.[436] Worauf es hier allein ankommt, ist: Wenn es angeführt wird, geht es um die Beschwörung einer *exzeptionellen* Gemeinschaft. Der Gemeinschaft der Pfadfinder zum Beispiel. Ein Team, in dem jeder jedem aushilft, um so dem Nächsten und dem Ganzen zugleich zu helfen, zählt offenbar nicht als Normalfall von Gesellschaft, sondern als Ausnahme. Deshalb ist es das Motto von Musketieren und Eidgenossen gewesen. Anders als bei den Urkantonisten, der Garde und den Pfadfindern ist jedoch unter Ameisen das Befolgen dieser Regel enttäuschungssicher zu erwarten. Es wäre keine Ausnahme, sondern die Norm, wenn alle für ein gemeinsames Ziel kooperieren, etwa beim Brückenbau oder bei der Feldarbeit. Die Ameise kann nicht anders. Von den Biologen und Entomologen der 1960er und 70er Jahre wie Hamilton, Williams und Wilson selbst hatten wir gelernt, dass kooperatives Verhalten ein Rechenexempel darstelle und *ohne Moral* auskomme. Zwischen einem Ethos und einer Ethologie wurde scharf unterschieden. Im *National Geographic* wird diese Differenz zwischen wertgestütztem Entscheiden (Ethik) und den sich akkumulierenden Wahrscheinlichkeiten instinktiven Verhaltens (Ethologie) eingezogen. Denn dieses nachgerade klassische wilsonsche Emblem aus *Motto*, *Pictura* (Bild) und *Subscriptio* (Text) macht aus der Ameise einen tapferen Musketier. Deshalb können wir denn auch von ihr lernen, wie es das Titelcover verspricht. Denn Instinkte können Menschen nicht imitieren, Verhaltensweisen schon.

»Einer für alle, alle für einen.« Nehmen wir einmal den sehr wahrscheinlichen Fall eines amerikanischen Pfadfinders, eines *Boy Scout of America,* an, der auf dieses Motto als Maxime von Ameisen in einem Artikel der Zeitschrift *Scouting* stieße. Er fände einen Text vor, der den trotz aller Spezialisierung enorm »starken« Zusammenhalt ihres Sozialsystems beschwört und dabei die bekannten Analogien bemüht:

»Das Leben dieser bemerkenswerten Arbeiter ähnelt dem des Menschen auf vielerlei Art und Weise. Sie sind Bauern, Viehtreiber, Ingenieure, Akrobaten und Sklaventreiber. Sie leben in unterirdischen Städten oder in Wolkenkratzern. Auf dem Grundsatz *Alle für einen und einer für alle* basiert ihr

Kasten- und Sozialsystem, das daher außerordentlich stark, gut organisiert und funktional ist.«[437]

Im Ameisennest dient der Wahlspruch der Musketiere als Grundlage einer funktionsdifferenzierten, aber doch reibungslos und glatt zusammenarbeitenden Gesellschaft. Davon sind die USA, und gewiss nicht nur sie, in der 1970er Jahren genauso weit entfernt wie im 21. Jahrhundert. Jede Handlungsanweisung setzt eine Lagebeschreibung voraus, und diese sicher mehr implizierte als explizierte Beschreibung ergibt sich für die Boy Scouts aus der Differenz zu einem als Vorbild gesetzten Modell einer »starken Gemeinschaft« (»startlingly strong social system«). Erst werden die üblichen Parallelen betont, dann fallen die Unterschiede ins Auge. Spezialisiert und arbeitsteilig ist auch die Gesellschaft der USA, aber friktionsfrei kann man sie nicht gerade nennen, und eben mit dem Zusammenhalt der Gemeinschaft über alle Schichten hinweg hapert es doch sehr. So erweist sich die Skizze einer Ameisengesellschaft, deren Motto durchaus wie in der *Brave New World Community, Identity, Stability* lauten könnte, als ein kulturkritisches Bild. Eine Alternative zu einer gängigen Konstruktion der Gesellschaft wird im Bild der Ameisen beobachtbar.

Nicht jeder kann Pfadfinder werden, um hier zu lernen, welche Ordnung die richtige für unsere Gesellschaft wäre. Wilson aber war ein Pfadfinder, bevor er nach Harvard ging. Und Raff, sein Protagonist aus dem *Ameisenroman*, folgt ihm auf diesem Weg: erst *Boy Scout*, dann *Harvard Man*. Wilsons Leser können ihn, wie bei einem guten alten Bildungsroman, auf dem erwünschten Weg zu »*Self-Control, Conduct, Discipline, Correction, Decision*« nachfühlend begleiten.[438] Die Beobachtung von Ameisen wird – in der realen und in der fiktiven Realität – bei den Pfadfindern mit einem Verdienstabzeichen belohnt. Besonderes Engagement führt zur Beförderung. Es ist ein großartiges Thema, denn die Pfadfinder lernen hier nicht nur etwas über Ameisen in ihrer Umwelt, sondern immer auch über sich selbst und ihren Verhaltenskodex.[439] *All for one and one for all.*

Schließlich sind wir alle nur Teile eines »menschlichen Amei-senhaufens«.[440] Am Ende des Romans führt Raff selbst eine Gruppe Pfadfinder in das Biotop von Lake Nokobee und gibt sein Wissen, seine Erfahrung und seine Überzeugungen an die nächste Generation weiter. Die *Woodland-Kolonie*, die Bio-sphäre von Nokobee, Stadt und Land, Kapitalinteressen und Naturschutz, Wohlstand und Nachhaltigkeit, Eliten und Mas-sen und letztlich Raphael Semmes Cody selbst finden zu einer neuen Balance. »Weil der Nokobee überlebte, überlebte auch er. Der Nokobee hatte ihm dieses kostbare Geschenk gemacht und würde nun für seine Genesung sorgen. Im Gegenzug hatte er ihm seine Unsterblichkeit gesichert, die ewige Jugend, und eine fortdauernde Zukunft für seine uralte Geschichte.«[441] Un-sterblichkeit und Ewigkeit, dies klingt religiös, doch liegt aus Wilsons Sicht unser Schicksal nicht in Gottes Hand. Es hängt vielmehr von unserer Geschicklichkeit ab, das *Darwin game* nachhaltig zu spielen, und dies können wir am besten als Kol-lektiv bzw. als Team.[442] Wer es anders hält, geht unter. Raff, die *Boy Scouts* und, mittelbar, sogar die Firma von Onkel Cyrus und der Staat Alabama lernen an den Ameisen, wie man das Spiel gewinnt und den Ertrag auch behält. Die Letzten werden hier die Ersten sein, denn nicht der schnelle Gewinn des egois-tischen Einzelnen, sondern der nachhaltige Erfolg der Gemein-schaft zählen letztendlich im ›Kampf ums Dasein‹. Sie lernen, dass es Gruppen sind, nicht einzelne Individuen, deren *fitness* die Herausforderungen der feindlichen Welt bestehen. Und sie lernen, dass die so gewonnene *fitness* nur in einem Äquilibrium nachhaltig sein kann, sonst führt sie nach dem Exempel der su-perfitten Superkolonie in den Untergang. Die Diegese des Ro-mans, der Paradigmenwechsel von der *kin* zur *group selection*, Wilsons Lebenslauf und die Pfadfinderprogrammatik greifen hier Hand in Hand.

Die Dawkins-Wilson-Kontroverse (I)

Die Anpassungsfähigkeit der entomologisch belehrten Gemeinschaften in *Anthill* und die Nachhaltigkeit ihrer Homöostasen verweisen auf den *Nature*-Aufsatz über *group selection* und seine Folgen zurück. Diskutiert wurde dort die Genese von Eusozialität im Falle sozialer Insekten. Die möglichen Konsequenzen dieser These für den Menschen und seine soziale Ordnung ließen sich in *Anthill* herauspräparieren, doch muss man sich mit meinen Lektüren und Extrapolationen gar nicht begnügen, denn Wilson selbst macht in seiner jüngsten Monographie *The Social Conquest of Earth* aus dem Jahre 2012 deutlich, dass er seine Thesen übertragen und verallgemeinert wissen will. Was im Roman nur auf der Bildebene vertreten wird und über Übertragungsangebote wirkt, stellt er in dieser Publikation als Tatsache fest: Nicht nur Ameisen seien eusozial, sondern gerade auch der *homo sapiens*, und zwar »im striktesten biologischen Sinn«.[443] Die Kontoverse mit Dawkins um die Ebene der Selektion wird hier fortgeführt, rhetorisch aber als entschieden behandelt. Wilson stellt fest: Wie bei den sozialen Insekten gehe nicht aus der Verwandtschaft *(kin)* die Sozialität hervor, sondern aus geteilten Interessen einer Gruppe in einer bestimmten, man könnte fast sagen, geopolitischen Lage. Der Mensch habe wie die Ameisen gelernt, gemeinsam mit anderen an einem vorteilhaften Ort »campsites« zu sichern, auszubauen und zu verteidigen. Die primordiale Gemeinschaft ist keine Familie, sondern ein Schutzbündnis gegen gemeinsame Feinde. Der erste Anlass zu ›gegenseitiger Hilfe‹[444] ist der Verteidigungsfall.

»Es gibt einen Grund anzunehmen, dass Zeltplätze die wesentliche Adaption auf dem Weg zur Eusozialität seien, denn im Kern sind es *von Menschenhand errichtete Nester*. Ausnahmslos haben alle Tierspezies, die Eusozialität erreicht haben, zuerst einmal Nester errichtet, um sich gegen externe Gefahren zu schützen.«[445]

Ameisenähnlicher geht es kaum.[446] Die menschliche Gemeinschaft entsteht als »Nest«, und mit dem »Nest« entstehen Innen- und Außenpolitik. Das Soziale wird hier, am Schauplatz seiner Entstehung, reduziert auf das Politische im Sinne Carl Schmitts. Zum Schutz des eigenen Nestes tritt die Sicherung der überlebenswichtigen Ressourcen hinzu, was die Errichtung einer Art Einflusszone um die »campsite« herum zur Folge hat, in der Konkurrenten nichts – und schon gar keine Nahrung – zu suchen haben. Wilsons Abriss der Evolution des Menschen wird – genau wie die Geschichte der Superorganismen und Superkolonien im *Ameisenroman* – als Wettstreit um Ressourcen, als Kampf um Raum und als Krieg gegen alle Konkurrenten erzählt. Bis jetzt jedenfalls ist unsere Gattung siegreich.

> »Durch den Wettbewerb um Nahrung und Lebensraum oder das regelrechte Hinmetzeln der Konkurrenz waren unsere Vorfahren auf die ein oder andere Weise bestimmt, sich gegen diese Neandertaler und jede andere sich entwickelnde Spezies durchzusetzen im Zuge der adaptiven Ausbreitung des *Homo*.«[447]

Der *Homo sapiens* setzt sich gegen alle Wettbewerber deswegen durch, weil er lernt, in einer Verteidigungs- und Angriffsgemeinschaft zusammenzuarbeiten. Die Evolution belohnt *Teamwork*.[448] Die Kooperation untereinander, der gleichsam gezähmte Egoismus der Individuen, erhöht die Adaptivität der Gruppen und letztlich den nachhaltigen Erfolg der Art.

> »Der Weg hin zu Eusozialität war gekennzeichnet von einem Selektionswettbewerb; der jeweilige Erfolg von Individuen in Gruppen gegen den jeweiligen Erfolg der Gruppen untereinander war hier entscheidend.«[449]

In der Gruppe lernt der Mensch sich gegenseitig zu unterstützen, die Arbeit bis hin zu Jagd und Krieg zu teilen und den Nachwuchs zu schützen. »In this respect, they are technically comparable to ants, termites, and other social insects.«[450] Diese Aussage ist ihrem buchstäblichen Wert nach nicht neu. Wir haben das seit einem Jahrhundert, seit Wheelers Aufsatz über das

Ameisennest als Organismus im Jahre 1911, immer wieder gehört. Neu sind jedoch an diesem Vergleich erstens das besonders hervorgehobene *tertium* (*group selection, nest / campsite* statt, wie sonst üblich, die auch morphologisch manifestierte Arbeitsteilung) und zweitens die Konsequenzen, die sich aus dem Wechsel von der Hypothese der *kin selection* zu der Theorie der *group selection* ergeben. Immerhin muss der seit Kropotkin und Forel zur Grundausstattung des Bildes sozialer Insekten zählende heroische Altruismus neu begründet werden. Die schöne Geschichte Hamiltons von der Rettung naher Verwandter vor dem Ertrinken im Fluss kann vielleicht noch am Stammtisch erzählt werden, unter Biologen verliert sie an Kredit. Die Hamilton-Regel wird zum alten Eisen geworfen: »Die antiquierte Theorie der *kin selection* und des *egoistischen Gens* besagt, die Gruppe sei ein Verbund von Individuen, die miteinander kooperieren, weil sie verwandt sind.«[451] Konventionell und obsolet wäre damit auch die Erklärung, dass Soldaten und Arbeiter der Hymenopteren ihr Leben für ihre »Mutter oder Schwester« opfern, weil aufgrund der engen Verwandtschaft so auch die Verbreitung der eigenen Gene am besten gesichert würde.[452] Und weder der Heroismus barbarischer Kulturen noch der Hedonismus kalifornischer Homosexueller ließe sich aus dem Verhältnis der Verwandtschaftsbeziehungen zum Quotienten aus Kosten und Nutzen ($R > c/b$) berechnen.[453] Der Deutung der Homosexualität als evolutionärer Vorteil im Sinne der inklusiven Fitness fehlt nun die evolutionsbiologische Grundlage, wenn sie denn jemals eine hatte. Viele der oben skizzierten ›evidenten‹ Übertragungen verlieren ihren genetischen und mathematischen Halt. Was die meisten Evolutionsbiologen über Dezennien hinweg geglaubt hätten, »zumindest bis 2010«, sei nun widerlegt. Denn in diesem Jahr haben »Martin Nowak, Corina Tarnita und ich gezeigt […], dass die Theorie der inklusiven Fitness oder *kin selection* sowohl mathematisch als auch biologisch falsch ist«.[454]
Eine neue Epoche beginnt für die Evolutionsbiologie und

die Entomologie sozialer Insekten – und zugleich errichtet Wilson auf diesem neuen Fundament eine neue Weltanschauungslehre. Sie hält sich, wie es auch für Ideologien typisch ist, in allen Fragen für zuständig und offeriert für jedes Problem eine Lösung. Die Entomologie erweist hier erneut ihre semantische Ergiebigkeit. Diesmal ist es nicht die Soziologie, die von ihren Methoden und Ideen profitiert, sondern die Selbstbeschreibungssemantik der Gesellschaft wird von ihr ohne Umwege – etwa über Literatur und Film – umfassend beliefert. Zum Schluss dieses Kapitels komme ich daher noch ein letztes Mal auf die beiden Schlüsseltexte aus dem Jahre 2010 zurück, um Wilsons Antwort auf die drei großen Fragen der Menschheit zu würdigen: »Where do we come from?« »What are we?« »Where are we going?«[455] Diese drei Fragen – »Wer sind wir? Wo kommen wir her? Wohin gehen wir?« – leiten gemeinhin einen philosophischen Reflexionsprozess ein, der die Stellung des Menschen im Weltprozess bedenken möchte.[456] Wer so fragt, betreibt Metaphysik oder macht ihr Konkurrenz. Wer antwortet, übernimmt die Rolle eines Propheten, Ideologen oder Weisen.

»Die Antwort [lautet] *group selection*.«[457] Auf diesem Fels baut Wilson seine Lehre. Die meisten Entomologen würden hier von Sand sprechen, denn die Thesen von Nowak, Tarnita und Wilson auch nur umstritten zu nennen wäre noch untertrieben. Er gebe einen »Frontbericht«, merkt Wilson selbst an, als er sich daranmacht, die vom *Nature*-Artikel ausgelöste Kontroverse um die Frage der selektiven Kräfte der sozialen Evolution zu schildern.[458] Es tobt also ein Krieg. Doch über das Schlachtfeld, auf dem die Kombattanten antreten, herrscht Einigkeit. Strittig sind nämlich ausschließlich Hypothesen, die davon ausgehen, die natürliche Selektion steuere auf dem Wege der biologischen Organisation des Lebens auch die Evolution des sozialen Verhaltens.[459] Dies ist der *common ground*. Strittig ist allerdings, wer hier wen und wie steuert.

Wozu Gesellschaft? Das egoistische Gen als Steuermann ohne Mannschaft (Dawkins vs. Wilson II)

Für Richard Dawkins ist es das »egoistische Gen«, das sich »Überlebensmaschinen« konstruiert hat, die zu nichts anderem dienen, als das Gen so lange zu schützen, bis es sich repliziert hat. Körper und Gene verhalten sich zueinander wie Fahrzeug und Pilot. Dawkins bezeichnet diese Maschinen auch als »Roboter«, die von den Genen auf »gewundenen, indirekten Wegen« manipuliert und »durch Fernsteuerung« gelenkt werden.[460] Auffällig ist an dieser Semantisierung die Asymmetrisierung von Gen und Maschine, Steuermann und Roboter, Zweck und Mittel, Zentrum und Peripherie. Die Staatenbildung, etwa die der Ameisen oder Bienen, gilt dann als weiterer Trick der Gene, ihren eigenen Fortbestand zu sichern,[461] diesmal durch organisatorische Mittel wie dem der Arbeitsteilung und der Monopolisierung der Vermehrung. Soziales Verhalten, seine Organisation und Differenzierung sind also nichts anderes als wie auch immer ›gewundene‹ oder ›ferngesteuerte‹ Manipulationen der Gene. Diese Einsicht sei, so Dawkins, der »spektakulärste Triumph der Theorie des egoistischen Gens«.[462]

Dawkins' Gen ist aber nicht nur Egoist, es ist auch Soziopath. Dieser listige Kybernaut baut sich immer ›gigantischere‹ Überlebensmaschinen,[463] aber er kooperiert nicht. Eine evolutionär wirksame Ebene der Gruppenselektion schließt Dawkins aus. Die Vorstellung einer »Population«, deren einzelne Angehörige sich »für das Wohl der Gruppe zu opfern« bereit seien, hält er für naiv. Diese Theorie werde nur von solchen Biologen vertreten, welche »mit den Einzelheiten der Evolutionstheorie nicht vertraut waren«.[464] Es kann nicht überraschen, dass Dawkins' Antipode Wilson nun seinerseits die These vom ›egoistischen Gen‹ für obsolet erklärt.[465] Es verhalte sich umgekehrt: Seine These zur *group selection* löse die Hypothese der ›egoistischen‹ *individual selection* mit Recht als die »zielstrebigere und verständlichere« Theorie ab.[466] Eine bessere Erklärung, aber was wird erklärt? Etwas, das Dawkins freilich gar nicht interessiert, aber für Myrmekologen seit einem Jahrhundert zentral ist: die Entstehung sozialer Ordnung. Wilson betreibt Genetik nur, insoweit sie auch Erklärungen für die ›Evolution des Sozialen‹ zu liefern vermag.[467] Für Dawkins ist das Soziale dagegen nur eine weitere Extension einer ›Überlebensmaschine‹, die das Gen um sich herum errichtet. Unabhängig davon, welche Lehrmeinung hier für Biologen plausibler sein mag oder sich letztlich im Fach durchsetzen wird, ist der Streit zwischen Dawkins und Wilson von Relevanz. Denn für das in unserer Kultur verhandelte Selbstverständnis von Gesellschaft und ihrer Elemente machen die Theorien einen Unterschied. Clemens Knobloch hat auf den Unterschied und die Folgen hingewiesen: Während »Neodarwinisten« wie Dawkins »Sozialität für eine Chimäre« halten, liefert sie für Wilson gerade das Problem, an dem er sich in seinen Forschungen zu den »staatenbildenden Insekten« abarbeitet. Für die »heutigen Neodarwinisten ist der Soziobiologe Wilson […] ein romantischer ›group selectionist‹, der den harten und unbedingten Egoismus der Gene/Meme noch nicht begriffen hat«.[468] Ganz allein steht Wilson aber nicht. Die einhundertdrei Autoren, die seinem gemeinsam mit Nowak und Tarnita verfassten *Nature*-Artikel widersprochen und so die Kontroverse eröffnet haben, haben ja gar keinen Zweifel daran geäußert, dass die Kräfte der biologischen Evolution auch das soziale Verhalten von Individuen, Familien, Gruppen, Gemeinschaften oder auch Gesellschaften zu erklären vermögen. Auch ihnen geht es um Eusozialität, und in der zitierten Forschungsliteratur wird dies am Exempel der sozialen Insekten diskutiert. Ameisenkolonien sind Gesellschaften. Die Sozialdimension des Forschungsgegenstands ist damit immer schon gegeben. Dass die ›Staatenbildung‹ keine evolutionäre Errungenschaft erster Ordnung sein soll, kann man Entomologen nicht weismachen. Wovon sie auch sonst überzeugt sein mögen: Ihre Mission zielt auf die Gesellschaft ab. Dies war schon

Table 1 | Inclusive fitness theory has been important in understanding a range of behavioural phenomena

Research area	Correlational?	Experimental?	Theory–data interplay
Sex allocation	Yes	Yes	Yes
Policing	Yes	Yes	Yes
Conflict resolution	Yes	Yes	Yes
Cooperation	Yes	Yes	Yes
Altruism	Yes	Yes	Yes
Spite	Yes	Yes	Yes
Kin discrimination	Yes	Yes	Yes
Parasite virulence	Yes	Yes	Yes
Parent–offspring conflict	Yes	Yes	Yes
Sibling conflict	Yes	Yes	Yes
Selfish genetic elements	Yes	Yes	Yes
Cannibalism	Yes	Yes	Yes
Dispersal	Yes	Yes	Yes
Alarm calls	Yes	Yes	Yes
Eusociality	Yes	Yes	Yes
Genomic imprinting	Yes	Yes	Yes

Data are taken from refs 9–11. Correlational studies test predictions using natural variation in key variables, whereas experimental studies involve their experimental manipulation. Interplay between theory and data means that theory has informed empirical study, and vice versa. Inclusive fitness is not the only way to model evolution, but it has already proven to be an immensely productive and useful approach for studying eusociality and other social behaviours.

24 MARCH 2011 | VOL 471 | NATURE | E1

Sozialität inklusive. Tabelle aus Abbott et al., »Inclusive fitness theory and eusociality«, in: *Nature*, Nr. 471/7339 (2011), S. E1.

bei Wheeler und Eschrich so, und es verhält sich bei Wilson und Hölldobler nicht anders.

Noch eine weitere Autorengruppe, es sind nur neun, die in der in *Nature* geführten Debatte der *inclusive fitness* eine Lanze brechen, argumentiert auf der Grundlage der Annahme, dass die Evolutionsbiologie Antworten auf die Frage nach der Entstehung sozialer Ordnung zu geben hat. In diesem Fall lautet die konkrete These übrigens, die Monogamie sei der Quell der Eusozialität. Die Biologen sorgen mit ihren Formulierungen schon selbst dafür, dass sich auch ein größeres Publikum für ihre Thesen interessiert. Nicht aus der Promiskuität, sondern der ehelichen Treue gehen Nächstenliebe und Gemeinschaftssinn hervor. Schon vor der Entstehung von Kooperation habe man Unterschiede in der Promiskuität zwischen kooperativen und nichtkooperativen Spezies entdeckt. Diese zeigten, dass die Ausbildung der »*Monogamie der Entwicklung gegenseitigen Helfens vorausging*«.[469]

Diese Unterscheidung von kooperativen und nichtkooperativen Arten wäre für Dawkins ohne große Relevanz, da für ihn jede Spezies nichts ist als ein Medium des egoistischen Gens. Das Narrativ, das Dawkins anbietet, ist, wenn man es denn einordnen will, als Weltanschauung genommen neoliberal und entspricht seinem Primat der Individualselektion. Das egoistische Gen arbeitet nämlich mit »versicherungskalkulatorischen Gewichtungen« wie eine (private) »Lebensversicherung«.[470] Die schiere Menge der Akteure und Optionen sowie die negative Selektion aller erfolglosen Strategien durch die Umwelt liefern ideales Material für eine wahrscheinlichkeitstheoretische Modellierung. Das Gen ist der Spieler.[471] Im Laufe der Zeit sterben Handlungspräferenzen aus, die im Wettbewerb mit anderen Strategien auch nur im Geringsten unvorteilhafter ausfallen als andere. Es geht um die Frage, ob ein Gen mit seinem Wirt ein »gutes Risiko« eingeht oder nicht.[472] Das Verhalten von Individuen einer Population, das einem Beobachter so vorkommen mag, als sei es hilfsbereit oder egoistisch, kooperativ oder kompetitiv, angriffslustig oder friedfertig, wird versicherungsmathematisch erklärt.[473] Auch Altruismus wäre nichts als die blumige Bezeichnung der evolutionär stabilen Strategie eines *egoistischen Gens*. Alle nur denkbaren Ausprägungen der Kooperation oder Konkurrenz, der gegenseitigen Hilfe oder des Ausnutzens von Schwächen gelten als Kalküle im permanenten »Kriegsspiel«,[474] das die Evolution gegen sich selber spielt, indem sie unterschiedliche Varianten[475] einer Art gegeneinander antreten lässt. Als Jury firmiert die natürliche Selektion.

Auf Charles Darwin kann sich Dawkins hier nicht berufen. *Die Abstammung des Menschen* etwa berichtet von Vogelarten, die ihre erblindeten Gefährten füttern, und zwar auch dann, wenn diese älter und nicht verwandt sind.[476] Darwins Beschrei-

bungen von gegenseitiger Hilfe legen es eher nahe, dass er eine
»form of group selection« vor Augen gehabt haben muss.[477] Die
Vorstellung, dass diese Lebewesen Maschinen seien, gesteuert
von einem »selfish gene«, würde er wohl zurückweisen.[478] Für
Dawkins dagegen dienen die »individuellen Körper« den DNA-
Molekülen als »Vehikel« der genetischen Reproduktion und
Weitergabe.[479] Die von ihm verwendeten Metaphern der Roboter und der Fernlenkung, des Vehikels und der Überlebensmaschine[480] installieren eine ganz andere Passage als die der sozialen Insekten, die in der von Entomologen geführten Debatte
um *kin* und *group selection* und die Entstehung von Eusozialität
die Hauptrolle spielen. Seine »Replikator / Vehikel-Terminolo-
gie«[481] taugt nicht für die Selbstbeschreibung moderner Gesellschaften, wohl aber für die Inszenierung eines Krieges der
Replikatoren und Maschinen. Auch Dawkins' Unterscheidung
hat ihren Niederschlag in der populären Kultur gefunden.
Der erste *Alien*-Film von Ridley Scott, der 1979 drei Jahre nach
Dawkins' Bestseller in die Kinos kam, hat den Organismus
als Überlebensmaschine seiner Gene eindrucksvoll inszeniert.
Crew und Schiff werden zu Vehikeln des außerirdischen Repli-
kators. Im Sequel *Alien II* (1984) bekämpft Ripley die Königin
im Exoskelett eines Laderoboters, dessen gewaltige Stahlarme
sie aus dem Innern steuert. Der Krieg der Replikatoren wird
von gigantischen Vehikeln geführt. Das Experiment mit der
Vorstellung, was passiere, wenn die Gensequenz, die gleichsam als Steuermann der Überlebensmaschine fungiert, ausge-
tauscht wird, führt zu Filmen wie *Species* (1995). Der menschliche Körper wird hier zum Medium außerirdischer Replikatoren. Anders als die vielen Ameisenfilme von *Phase IV* bis *Antz*
haben *Alien* oder *Species* im Bild der fremden Arten keine Alternativen sozialer Ordnungsbildung ventiliert, sondern den
struggle for existence als erbarmungslosen Kampf um die Weitergabe des Gens und die Instrumentalisierung der Vehikel inszeniert. Die entomologisch-soziologische Passage wird hier
nicht befahren, trotz aller Ähnlichkeiten der Alien-Spezies mit

268

einer Insektengesellschaft. In allen *Alien*-Episoden werden Königinnen von geschlechtslosen Exemplaren unterschieden, doch spielt trotz dieser Parallele zur Morphologie der Ameisen die Sozialdimension der Art keine Rolle. Erst in *Alien IV* (1997) kommt mit der Opferung eines Exemplars für die Fortexistenz der Gattung (in der Szene der Befreiung aus dem Labor durch das säureartige Blut der Kreatur) die Ebene der Gruppenselektion und damit auch gleich die Frage der Kooperationsfähigkeit und sozialen Intelligenz der Spezies ins Spiel. Die Zusammenarbeit der Aliens gipfelt in der Ermordung einer der ihren zum Wohle der Gruppe. Es ist aber kein Selbstopfer, wie es typisch für das Bild der Ameisen ist, sondern Mord. Die kulturelle Resonanz der antagonistischen Evolutionstheorien Wilsons und Dawkins' weist in eine je eigene Richtung. In der Faszinationsgeschichte der Ameisengesellschaften kann die Theorie des egoistischen Gens nur eine Nebenrolle übernehmen. Ob sie nun wahr oder falsch ist, die von Dawkins als »Konfetti«-Produktion »semantischer Parvenüs« verunglimpfte Forschungsliteratur zur »Gruppenselektion«[482] hat an dieser Geschichte federführend mitgeschrieben. Deshalb, nicht weil sie plausibler wäre, wird sie hier gewürdigt.

Entomologische Aufklärung und biologischer Realismus (Dawkins vs. Wilson III)

In *Anthill* wird die Alternative beider Modelle, *kin* und *group selection*, einerseits dargestellt, andererseits wird hier der Paradigmenwechsel zur *group selection* bereits vollzogen. Die evolutionstheoretische Kontroverse wird in den Roman verlagert und dort mit literarischen Mitteln entschieden. Raff wird von seinem Onkel mütterlicherseits unterstützt, der keine eigenen Söhne hat. Ohne das großzügige, aber nicht uneigennützige Angebot von Cyrus Semmes hätte Raff seinen Weg in die akademische Welt niemals einschlagen können.[483] Der Onkel erhöht durch die Förderung seines Neffen die eigene *inclusive fit-*

ness und sichert zugleich die Nachfolge in seiner Firma *(kin selection)*. Die länglichen Passagen über die Familiengenealogie, über die sich die Rezensenten mokiert oder gewundert haben,[484] finden hier ihre Motivation. Sie mögen langatmig sein, machen aber einen Punkt in der Debatte um ›soziale Evolution‹ deutlich. *Family first* lautet die Devise der Verwandtschaftsselektion im Roman. Aber es gibt nicht nur einen Onkel als Sponsor, sondern auch einen Pfadfinder als Mentor. Der Entomologe Prof. Frederick Norville erinnert eigens daran, dass er in seiner Jugend den Rang eines »Eagle Scout« erreicht habe; nun sorgt er dafür, dass auch Raff so früh wie nur irgend möglich bei den »Boy Scouts of America« eintritt. »I could not have been more pleased«, fügt der Ich-Erzähler eigens hinzu.[485] Mit 12 Jahren wird Raff aber nicht nur Pfadfinder, sondern er beginnt auch mit der methodischen Untersuchung des Lake Nokobee als Habitat.[486] Seine eigene Laufbahn führt auch ihn über Ehrenabzeichen für Aktivitäten wie »Zoologie, Botanik und Entomologie« zum »Eagle Scout«.[487] Organisiert bei den Pfadfindern und angeleitet von Professor Norville, entwickelt sich Raff bereits als Teenager zu einem veritablen »naturalist explorer« und »scientist«.[488] Der Gegenstand seiner Erkundungen, Forschungen und, immer deutlicher, Verehrung sind die Ameisenvölker von Nokobee. Raff lernt hier alles, was er wissen muss, um mit Kategorien wie Evolution, Emergenz, Organisation oder Arbeitsteilung die Funktion sozialer Systeme zu verstehen.[489] Zugleich erfährt er, welches Prinzip hinter diesen Mechanismen steckt *(group selection)* und welchen Sinn es hat (Nachhaltigkeit, Biodiversität). In Harvard tritt er selbst einer auf den ersten Blick altruistischen Gruppe bei, der *Gaia Force*, eine Vereinigung von Umweltaktivisten, die die Natur zum Wohle der Menschheit zu schützen vorgibt.[490] Gaia erweist sich aber eher als Plattform zur Rekrutierung von Sexualpartnern und als Bühne für Hahnenkämpfe konkurrierender Bewerber.[491] In diesen Episoden auf dem Campus von Harvard wird die sexuelle Selektion abgehandelt, die ganz offensichtlich eine

Individualselektion ist und nach dem *the winner takes it all*-Prinzip funktioniert, also egoistisch, nicht altruistisch. Raff findet hier nicht wieder, was er in Nokobee erfahren hat. Zurück in Alabama, verlässt sich Raff nicht – wie seine Mutter – allein auf seine Familienbande. Vielmehr baut er ein Netzwerk auf, das belastbarer sein wird als alle Bindungen, die er in Boston eingegangen ist. »Sie waren echte Partner, verbunden durch die gemeinsame Zeit«,[492] heißt es über seine Freundschaft zu einem Umweltjournalisten. Frauen spielen in dieser Phase keine Rolle. Es geht Raff nicht um *direct fitness*, sondern um die Rettung Nokobees vor der Erschließung als Wohngebiet und Zerstörung als Biosphärenreservat. Als Fachanwalt für Umweltfragen in einem Immobilienunternehmen kann er dank seiner Integrität zugleich eine respektierte Rolle in der »lokalen Umwelt-Community« spielen. Es passt, dass er in dieser Phase auch »eine führende Rolle beim amerikanischen Pfadfinderverband« übernimmt.[493] Raff entwickelt Führungsverantwortung in einer exzeptionellen Gemeinschaft. In wenigen Jahren gelingt es ihm mit der Hilfe seiner Netzwerke, die Zerstörung Nokobees zu verhindern und den Investor davon zu überzeugen, dass Umweltschutz ökonomisch profitabel sein kann. Zehn Prozent des Gebiets werden luxuriös bebaut,[494] neunzig Prozent werden unter Naturschutz gestellt. »His victory on behalf of the reserve was as complete as he could have hoped.«[495] Es ist ein Sieg für die Gesellschaft, deren Umwelt erhalten bleibt, ein Sieg für die Biodiversität, die Nachhaltigkeit und die Homöostase. Die fanatischen Gegner dieser ökologisch-ökonomischen Allianz lässt der Erzähler in den Sümpfen des *Nokobee Trakts* im Bauch eines Alligators enden.[496] »It's been rough«, erklärt Raff seinen Freund Bill, »*very* rough«,[497] Raffs eigenes Leben ist von Gegnern des Umweltschutzes bedroht worden. Aber die Natur von Nokobee hilft ihrem Freund, selektiert die Spinner aus und favorisiert die Kräfte eines *New Enlightment*.[498]

»Die neue Aufklärung« tauft Wilson das Vermächtnis seiner evolutionsbiologischen Wende. Ihr Rückgrat bildet die Annahme der Gruppenselektion als treibender Kraft der Evolution.[499] Sie erklärt die Entstehung des Menschen als einer Spezies, die zu »avanciertem sozialen Verhalten« nicht nur fähig, sondern geradezu verdammt ist.[500] Der *homo sapiens* ist ein Produkt der Gruppenselektion. Deshalb gibt es Gesellschaften, und deshalb lassen sich umgekehrt auf der Ebene der Gene des Menschen »group-level traits« ausmachen, »including cooperativeness, empathy, and patterns of networking« (Emphatie, Fähigkeit zur Kooperation und zum Ausbilden von Netzwerken). Der Mensch – Aristoteles hat doch recht gehabt – ist ein soziales Tier. Zentrale soziale Eigenschaften sind ihm erblich, »heritable in humans«.[501] Andere werden nicht genetisch vererbt, erschließen sich der Biologie aber durchaus. Denn sie formuliert die »epigenetic rules«, »which evolved by the interaction of genetic and cultural evolution«.[502] Die Epigenetik verbindet die biologische und kulturelle Evolution des Menschen. Nicht das Verhalten des Menschen ist demnach »genetically hardwired«, wohl aber die epigenetischen Regeln, die uns zu einer Reihe von Verhaltensweisen disponieren.[503] Dazu zählen ästhetische Urteile, sexuelle Präferenzen, Ängste und Phobien, die Bindung zu den Kindern und Sexualpartnern, »and so on across a wide range of other categories in behavior and thought«.[504] Nicht unsere individuelle Interpretation dieser Regeln im täglichen Handeln, aber die Regeln selbst seien »hardwired«, in unseren Anlagen »fest verdrahtet« und bilden so »the true core of human nature«.[505] Durch das 20. Jahrhundert hindurch sei diese menschliche Natur allerdings von »den meisten Soziologen geleugnet« worden.[506] Stattdessen habe man dem absurden Dogma angehangen, alles soziale Verhalten sei erlernt und, je nach Kultur, auch anders denkbar.[507] Was den Menschen als Menschen ausmacht, sei so von den *Humanities* mit dem Fluch der Kontingenz geschlagen worden. Statt die Natur des Menschen zu erforschen und sein Verhalten, seine Kultur, seine Gesellschaft als Varianten epigenetischer Regeln zu verstehen, haben die *Humanities* trotzig (»stubborn«) an

272

den Idiosynkrasien ihrer Disziplinen festgehalten. Sie werden nie erwachsen, solange sie nicht auch die biologischen Rahmenbedingungen akzeptieren: »Surely we will never see a full maturing of the humanities until these dimensions are added.«[508] Die Geisteswissenschaften verharren in einer epistemischen Pubertät, aus der sie erst eine biologische Aufklärung befreien wird.

Derart von Wilson aufgeklärt, wissen wir und wissen es ganz sicher, dass die meisten noch so komplexen menschlichen Verhaltensweisen »ultimately biological« seien.[509] Wenn der Mensch dies verstanden und seine soziale Ordnung und kulturelle Vielfalt als Resultat der »genetisch-kulturellen Koevolution« verstanden habe,[510] könne er sich endlich von jenen Kräften befreien, die ihn in der vorbiologischen Unmündigkeit gehalten hätten. Der erste Schritt zur »Befreiung der Menschheit« würde uns von der Religion erlösen. Der zweite von den politischen Ideologien.[511] Jeder, der »im Namen von« etwas Höherem dogmatisch spricht, wird als Scharlatan entlarvt, denn es gibt nichts ›über uns‹, sondern nur die epigenetischen Regeln ›in uns‹.[512] Die Soziobiologie weiß besser als die Religionen oder die politischen Theorien, woher der Mensch kommt, was er ist und wohin er geht. Wilson gibt nun die letzten Antworten auf die entscheidenden Fragen: was der Mensch sei, wie Zivilisation, Sprache, kulturelle Vielfalt, Moral und Ehre, Religion und schöne Künste entstanden sind.[513] Wenn wir wissenschaftlich wissen, wer wird sind, können wir auch wissenschaftlich entscheiden, was zu tun und zu lassen ist. Von der Klimaerwärmung bis zur Raumfahrt gelangt Wilson zu Handlungsempfehlungen,[514] die selbstredend nicht kindisch, dogmatisch oder ideologisch sein können,[515] sondern aufgeklärte Entscheidungen, getroffen auf der Höhe des »scientific knowledge«.[516] Die Evolutionsbiologie befähigt Wilson zur Entscheidung jeder beliebigen Frage. Seine Theorie der genetisch-kulturellen Koevolution mit der *group selection*-Regel im Zentrum nimmt alle Züge einer Weltanschauung an.

Natural selection

Wenn er herabschaut auf die Welt, dann zeigt sich Wilson im Großen und Ganzen einverstanden mit den Gewohnheiten, Sitten, Normen, Gesetzen und Einrichtungen unserer Weltgesellschaft. Das kann auch gar nicht anders sein, denn sie haben sich ja im *Darwin game* bewährt. »Ich hege keinen Zweifel daran, dass in der großen Mehrheit von Fällen Grundsätze und Verhaltensregeln, die heute von den meisten Gesellschaften geteilt werden, den Test des biologisch-basierten Realismus bestehen.«[517]

Einige kulturelle Eigentümlichkeiten fallen durch diesen Test des »biologischen Realismus« jedoch hindurch. Seiner Auswahl würde ich sogar zustimmen: das Verbot der Benutzung empfängnisverhütender Mittel, die Zwangsverheiratung junger Frauen oder die Verbannung homosexueller Präferenzen. Nicht aber der biologischen Begründung. Denn wer immer geglaubt haben mag, in allen diesen Fällen müssten moralische und kulturelle Differenzen oder auch Machtpolitiken verhandelt werden, sieht sich von Wilson eines Besseren belehrt. Die Sache ist bereits wissenschaftlich entschieden, und nur wer sich den Erkenntnissen der evolutionären Biologie entzieht wie namentlich der Papst der katholischen Kirche,[518] bleibt weiter in der Blindheit der religiösen und ideologischen Doktrinen gefangen.[519] An der Figur des Reverend Wayne LeBow und seiner Gemeinde lässt sich in *Anthill* studieren, zu welchen Fehlschlüssen und Gewalttaten ein Leben im vorbiologischen Schlummer führen muss. Es wird selektiert. Der Reverend verschwindet im Bauch eines Alligators.[520] Seine Weltanschauung wird mitvertilgt.

In der Geschichte der genetisch-kulturellen Koevolution des Menschen,[521] die uns von der ersten Ausprägung der Eusozialität schließlich über allerlei Epigenesen und Adaptionen hinweg bis zur Möglichkeit der biologischen Einsicht in diese evolutionären Prozesse geführt hat, ist nun der Zeitpunkt gekommen, an dem sich der Mensch endlich aus seiner selbstverschuldeten Unmündigkeit befreien lassen kann. Ethik »in the manner of Kant« begehe zu viele Denkfehler.[522] Der Motor der Befreiung ist daher nicht die philosophische Selbstreflexion auf die eigenen Fähigkeiten und Grenzen, sondern biologische Aufklärung: *A New Enlightenment*.[523] Der große Vorzug dieser Aufklärung vor allen anderen Weltbildern, Glaubensformen und Lebenslehren ist ihre großartige Eigenschaft, dass sie wirklich wahr ist, weil sie auf einem soliden wissenschaftlichen Fundament ruht. »It is not just ›*another way* of knowing‹«, stellt Wilson heraus.[524] Es ist vielmehr *die richtige Art* und Weise, die Realität so zu sehen, wie sie ist. Es ist die Art, mit der auch außerirdische Wissenschaftler die Sache angehen würden. Und weil selbst die komplexesten Formen menschlichen Verhaltens letztlich biologisch motiviert und biologisch verstanden werden können,[525] musste die Aufklärung unserer Gesellschaft so lange warten, bis die Evolutionsbiologie endlich Form, Genese und Funktion dieser Verhaltensweisen befriedigend erklärt.

Den »Schlüssel zur conditio humana« hat Wilson aber gar nicht in unserer eigenen Spezies gefunden, sondern bei den sozialen Insekten.[526] Es sind Ameisen, die den Weg zur »sozialen Eroberung der Erde« Millionen von Jahren vor dem Menschen eingeschlagen haben. Die *group selection* hat ihre komplexen Ordnungen und ihre sozialen Tugenden hervorgebracht. An ihrem Muster lassen sich die biologischen Gesetze und »Forces of Social Evolution« studieren,[527] die aus einzelnen Lebewesen Gruppen, Gemeinschaften und schließlich Gesellschaften formen. Den Weg zur biologischen Aufklärung hat uns die Ameise gewiesen. Wir können Entomologie studieren und die Welt retten – oder zumindest einen Teil von ihr, der aber für das Ganze steht – wie Raphael Semmes Cody. Oder wir begnügen uns damit, die Agenda von Leuten wie Raff zu unterstützen und ihrem Rat zu folgen. Wer nicht selbst das Glück oder Verdienst hat, zu einer »elite elected group«[528] zu gehören, kann der Elite folgen, wie Paretos und Tardes Massen, die Durchschnittsameise in *Anthill* oder die simplen Agenten der Schwarmforschung es auch tun. Was aus Wilsons entomologischen und literarischen Texten zu lernen ist, hat Wheelers hochgelehrter Termitenkönig Wee-Wee in seinem evolutionsbiologischen Brief über die Gesellschaft schon vor über 90 Jahren auf den Punkt gebracht. Eine bessere Gesellschaft wäre möglich, aber die Reformschritte zum Staat der Zukunft müssten von Biologen geplant und überwacht werden. »All [...] these problems can be solved only by the biologists.«[529] Die Biologen und nur sie könnten die drängenden Probleme der Gesellschaft dann lösen, wenn »Theologen, Philosophen, Juristen und Politiker« keine Rolle mehr spielten.[530] Die Empfehlung Wee-Wees, die Anzahl der Stellen zu verhundertfachen und ihr Gehalt zu erhöhen, werden die Biologen sicher unabhängig von ihren epistemologischen Überzeugungen mit Wohlwollen aufgenommen haben. Die evolutionären Vorteile dieser *group selection* liegen auf der Hand.

VI. Expeditionen und Invasionen

Das Missverstehen des Anderen

Selbstauskünfte zählen in der Systemtheorie nicht viel. In seinem Vorwort zu Luhmanns *Funktionen und Folgen formaler Organisation* hatte Fritz Morstein Marx die Systemsoziologie mit der Entomologie verglichen und dann herausgestellt, es gehe nicht darum, »was die Ameisen über sich selbst zu sagen haben«, sondern um das, was sich den Mitgliedern der Gesellschaft gar nicht erschließt, die »verdeckten Gesetzmäßigkeiten« ihrer Kollektivität.[1] *Anthill* dagegen erteilt den Ameisen das Wort. Aus ihrer Sicht will der Entomologe seinen Roman erzählen: Wilsons *alter ego* Norville erklärt in seiner Eigenschaft als Ich-Erzähler seinen Lesern, gemeinsam mit seinem Kollegen Professor William A. Needham, dem zweiten Betreuer der entomologischen »thesis« von Raphael Semmes Cody, dessen »Bericht« von akademischem Dekorum wie »Messungen und Diagrammen« befreit und in eine »story« dessen umformuliert zu haben, »was in solchen Ameisenhügeln während der unerbittlichen Kämpfe und Kriege wirklich vorgeht« – und zwar »as near as possible to the way *ants see such events themselves*«.[2] Die Ameisen, die sonst nur beschrieben werden, aber nie schreiben, erhalten im Roman eine Stimme.[3] Kein ›Homerisches‹ Ameisenepos, sondern ein Bericht dessen, was aus der Sicht der Ameisen geschieht, werde in den »Anthill Chronicles« mitgeteilt.[4] Der Begriff der *Chronik* verstärkt den Eindruck, dass es sich bei diesem *account* um eine Wiedergabe von Daten und Fakten handele, die kein Erzähler in einen Sinnzusammenhang stellt. Das Gegenteil ist der Fall.

277

Die Behauptung, es gehe in den *Ameisenchroniken* um einen Tatsachenbericht aus der Perspektive, die die Ameisen selbst einnehmen, ist für Entomologen sicher ungewöhnlicher als für Literaten oder Ethnologen. So hat beispielsweise der fiktive Privatdozent der Entomologie und Kustos des Budapester Insektenhauses Timotheus Thümmel seinerseits die »Chroniken« der Awumi-Ameisen aus dem Kongo entdeckt, übersetzt und der Nachwelt mitgeteilt.[5] Wilsons erklärtes Vorhaben, die Welt so zu schildern, wie sie den Ameisen erscheint, steht literaturgeschichtlich in der Tradition *fiktionaler Ethnographien*, wie sie auch Philip Grove in *Consider her ways* erprobt hat.[6] Die ethnographische Methode der teilnehmenden Beobachtung wäre auch im Falle der Beobachtung von Ameisengesellschaften so ziemlich das Gegenteil eines systemtheoretischen Blicks von ganz oben, aus dem Cockpit des Instrumentenflugs über den Wolken, als den Luhmann sein soziologisches Großunternehmen verbildlicht hat.[7] Groves Roman weist darauf hin, dass das Problem der Staatenbildung der Ameisen nicht nur die Theoriebildung von Soziologen wie Tarde, Weber, Pareto, Parsons oder Luhmann geprägt hat, sondern auch zu einer Reflexion der ›westlichen‹ oder ›modernen‹ Kulturen im Spiegel des Anderen herausfordert, wie sie die Ethnographie seit den 1920er Jahre betreibt. Beide Disziplinen, die Anthropologie wie die Entomologie, professionalisieren sich zu Beginn des 20. Jahrhunderts, trennen Akademiker von Amateuren, verlassen ihre Schreibtische und gehen ins Feld und sichern dort ihre Wissenschaftlichkeit durch ›objektive‹ Methoden, vor allem evolutionsbiologische und funktionalistische.[8] Den eigenen Forschungsgegenstand als Projektionsfläche eigener Modelle zu verwenden oder sich in seiner Alterität zu verlieren, gilt als Risiko der Ethnographie wie der Entomologie. Die beiden wichtigen Akteure der jungen Fächer, Bronislaw Malinowski und William Morton Wheeler, haben ihre Forschungen gegenseitig wahrgenommen.[9] Sie haben im gleichen Verlag und in der gleichen Zeitschrift publiziert.[10] Die gemeinsame Fahrt dieser beiden Fächer durch die im Bild der Ameisen etablierte Passage ist das Thema dieses Kapitels. Es bildet in wissensgeschichtlicher und epistemologischer Hinsicht das Pendant zum vorigen Kapitel, das mit der Engführung von Espinas und Pareto, Wheeler und Parsons, Wilson und Luhmann die Genese einer systemsoziologischen und soziobiologischen Beschreibung der Gesellschaft rekonstruiert hat, die von außen, von einer Raumstation, aus einem Flugzeug oder auch von einem Milliardär mit Jet-Pack beobachtet wird. Niemand schaut zurück. Und niemand will zur Kenntnis nehmen, »was die Ameisen über sich selbst zu sagen haben«.[11] Dieser ungestörte wie unerwiderte Blick von außen wird in einer Reihe von Romanen aufgegeben, die ins Herz ethnographischer und entomologischer Konstruktionen der Gesellschaft führen.

Philip Groves fiktive Dokumentation des Berichts einer Forschungsexpedition von Blattschneiderameisen in die Vereinigten Staaten nutzt die Kulturgeschichte der Entomologie von Plinius und Aristoteles bis Forel, Huber und Emery, um die Menschheit im Spiegel der Ameisen beobachten zu können.[12] Wie gelangt aber dieser Bericht einer Ameise überhaupt in das von Groves Erzähler edierte Buch? Das Rätsel wird intradiegetisch mit einer schon bekannten entomologisch-literarischen Spekulation gelöst: Einem Amateur-Myrmekologen wird in Venezuela eine Art von telepathischer Verschmelzung mit einer Ameise zuteil, die ihm dank dieser »mesmerischen Übertragung«[13] ihren »Forschungsbericht« mitteilen kann. Die Literaturangabe des Gedankendiktats lautet: *Die Geschichte einer Expedition, von den Tropen bis in die nördliche Region des Kontinents, aufgenommen auf Geheiß von Ihrer Majestät Orrha-wee CLXVI. Zusammengetragen von WAWA-quee, R. S. F. O.*[14] Der Myrmekologe wird hier zum Medium der Ameisen, und zugleich wird das *Medium* zur Botschaft, denn der telepathische Kontakt gelingt nur unter Ausschaltung der Individualität des Forschers, was – die Tilgung der Individualität – zugleich die zentrale *Message* der Ameisenutopie oder -dystopie darstellt, je nachdem, ob man nun an seiner Individualität leidet oder sie eher schätzt.[15]

»Mein Ich, meine Individualität, wurde durch eine Art mesmeristische Kraft ein- bzw. aufgesaugt in ein fremdartiges [*alien*] Massenbewusstsein, das mich durch Kanäle führte, die nicht denen der Sinne entsprachen. In dem Moment, als ich mich selbst aufgab, war nicht länger mein Bewusstsein gegenwärtig, sondern das von Ameisen, jedoch nicht von einer einzelnen, sondern der gesamten Ameisenschaft.«[16]

Der Traum von der telepathischen Kommunikation, der sich in Maeterlincks *hive mind*, in Stapledons Konzeption einer *wireless communication* des Schwarms, in Tardes Überlegungen zu Insektengesellschaften oder auch in Freuds Ausführungen zur Gedankenübertragung manifestiert hat, wird auch in diesem Roman wahr, und das problematische Begleitprodukt der Moderne, die Individualität, wird am Tor zu diesem Traumreich abgegeben. Ameisen zu verstehen heißt aufhören, ein Mensch zu sein. Die Kommunikation mit Ameisen wirft damit zugleich die Frage auf, was den Menschen als Menschen ausmacht bzw. wann das Humane des Menschen beginnt und aufhört.

»Wer ist denn je mit Ameisen zu irgendwelcher Verständigung gekommen?«, fragt Mr. Bedford Mr. Carver in Herbert G. Wells *The First Men in the Moon*, den kein anderer als Frederick Philip Grove ins Deutsche übersetzt hat.[17] Der Erfinder und der Schriftsteller treffen in diesem Roman auf dem Mond auf eine hochentwickelte Zivilisation von ameisenartigen Insekten, deren Gesellschaft ohne Krieg, ohne soziale Spannungen, ohne Neid und Leid und allerdings auch ohne Individualismus auskommt. Die Kommunikationsversuche der beiden Gentlemen mit den »Seleniten« missglücken zunächst, weil die Mondbewohner sie (und vermutlich zu Recht) für unintelligente, aber aggressive Tiere halten, während zugleich die Besucher ihren »unheilbare[n] Anthromorphismus« nicht loswerden und daher die Insekten völlig falsch adressieren.[18] Der Kontakt mit

280

einer anderen intelligenten Spezies führt zu Fehlattributionen, die zunächst jede Verständigung verhindern. Das Fremde bleibt vor allem dann fremd, wenn es anthropomorphisiert wird: »Er war für uns eine leere, schwarze Gestalt, aber instinktiv lieh unsere Phantasie seinem Umriß sehr menschliche Züge.«[19] Aber dies führt in die Irre, und Wells' Protagonist Bedford muss schließlich feststellen: »Nur waren die menschlichen Züge, die ich ihm geliehen hatte [attributed], durchaus nicht da.«[20] Die intelligenten Insekten können es aber keineswegs besser,[21] sie sind gefangen in einem »myrmecomorphism«,[22] der auch Groves Ameisen dazu nötigt, elektrische Lampen für Glühwürmchen oder Flugzeuge für gigantische Käfer zu halten. Ameisen sind Ameisen, Menschen sind Menschen, es gibt keine Gemeinsamkeiten, »everything about their world is different to us«, ließe sich immerhin aus Bernard Werbers *Empire of the Ants* lernen,[23] doch hält sich niemand an diese Einsicht, Menschen nicht und Ameisen auch nicht. Ameisen und Menschen entwerfen sich die Welt des anderen nach ihrem eigenen Bild. Diesen nicht ethno-, sondern artenzentrischen Attributionsvorgang spiegeln die zitierten Romane. Das Bemühen um das Verstehen des Anderen führt bei Grove zu einer ethnographischen Expedition nach Nordamerika, bei Wells dagegen zu einer selenitischen Invasion.[24] Denn auch der Selenitenschwarm, die »great multitude of those insect Selenites«, hat die Menschen gründlich studiert und myrmekozentrisch missverstanden, bevor sie zur Erde aufbrechen,[25] und zwar genau so, wie sich Hölldobler und Wilson die ideale evolutions- und soziobiologische Forschung vorgestellt haben, nämlich aus der Entfernung eines anderen Planeten. Einerseits führt die Fernerkundung zum Besuch, andererseits setzt die teilnehmende Beobachtung eine Invasion voraus. Die Verschaltung von Ethnographie und Entomologie im Roman bringt Invasionsszenarien hervor. Die Feldbiologie wie die ethnologische Feldforschung können aber gar nicht anders, sie müssen in die Räume des Anderen vorstoßen.

Das Imperium schlägt zurück

1901, im gleichen Jahr wie *The First Men in the Moon*, erscheint Rudyard Kiplings Roman *Kim*. Beide Romane schauen aus dem Zentrum des britischen Empires auf die Peripherien: auf das kolonisierte Indien und auf den zu kolonisierenden Mond. »We must annex the moon«, erklärt Bedford angesichts der intelligenten »Insekten«, die von den britischen Raumfahrern als dominante Spezies (und Hindernis für eine ungestörte Ausbeutung der kostbaren Bodenschätze) ausgemacht und nach der griechischen Mondgöttin Selene benannt werden, um sie wenigstens symbolisch umgehend zu domestizieren. Bedford phantasiert sich in die Rolle eines Cäsar und Kolumbus hinein, sein Begleiter Cavor besinnt sich viel grundsätzlicher und anthropologischer auf sein »Rückgrat«, das ihn vor allen Insekten *(invertebrae)* auszeichne. »This is part of the White Man's Burden«, fügt Bedford zur Begründung einer Mission hinzu, die sich für Briten also von selbst verstehen sollte.[26] Das Andere wird nur deshalb erkundet, weil es dann besser unterworfen werden kann. Die Ethnologie ist Teil des zivilisatorischen bzw. imperialistischen Projekts. Auf die »examination« folgt das »prospecting«.[27] Dies gilt für die Erfassung der Topographie und des Klimas genauso wie für die Erforschung von Fauna und Flora oder der Physiologie und Kultur der Einwohner, seien es Inder, seien es Seleniten.[28] Deshalb sind praktischerweise Kolonialbeamte zugleich Ethnographen. »You see, as an ethnologist, the thing's very interesting to me. I'd like to make a note of it for some Government work that I am doing«, merkt Colonel Creighton in *Kim* an, der den Beruf des Geheimdienstoffiziers zum Wohle des Empires mit dem des Ethnographen zu verbinden weiß.[29] In beiden Tätigkeiten generiert er Herrschaftswissen, das London die Führung eines unaufhörlichen wie nicht erklärten Krieges – »the Great Game«[30] – auf dem Subkontinent ermöglicht, in dessen Dienst Kim Briefe übermittelt und Informationen sammelt. Kampf und Erkenntnis fallen auch auf dem Mond zusammen, wenn Bedford über die Physiologie der Seleniten erst etwas lernt, als er sie massakriert.[31] Während jedoch Kim im Verlaufe der Geschichte begreifen lernt, was es heißt, ein Sahib zu sein, nämlich ein weißer Mann, und kein Inder, Afghane, Perser, Araber oder Tibeter,[32] macht Bedford auf dem Mond, ganz ähnlich wie Groves Protagonist während seiner telepathischen Kommunikation mit den Ameisen, die Erfahrung einer Dissoziation: »I became, if I may so express it, dissociate from Bedford, I looked down on Bedford as a trivial incidental thing with which I chanced to be connected, I saw Bedford in many relations …«[33] Bedford wird von seinem Selbst getrennt und löst sich als Persönlichkeit auf. Das ist die Horrorvision der Europäischen, dass ihre Subjekte samt ihrer Subjektivität im Feld, im Fremden verlorengehen – wie Colonel Kurtz im Kongo.

Vergleichbare Identitätskrisen und blutige Massaker finden sich nicht in *Kim*, wohl aber im *Heart of Darkness*, Joseph Conrads Kongo-Kolonie-Roman, der 1899 erscheint, zwei Jahre vor *Kim* und *Die ersten Menschen im Mond*.[34] Die von Marlon Brando in *Apocalypse Now* berühmt gemachten letzten Worte des Colonel Kurtz: »the horror, the horror«,[35] finden bei Wells ein dreifaches Echo.[36] Wenn sich das ganz Andere nicht einhegen oder zivilisieren lässt, dann wird es beschossen.[37] Bedfords Vorsatz, auf den Mond mit einer Armee gerüstet für einen Vernichtungsfeldzug zurückzukommen, korrespondiert mit Marlowes Schilderung eines Massenmordes an Eingeborenen, der auf der Rückreise aus dem Herzen der Dunkelheit flussabwärts mit Repetiergewehren von Bord eines Dampfschiffes aus in aller Bequemlichkeit begangen wird.[38] Es ist im Kongo beinahe wie auf dem Mond, denn die »Erde wirkte unirdisch« und die Menschen »unmenschlich«.[39] Sie waren »zumeist schwarz und nackt, krochen wie Ameisen umher«.[40]

Die Fahrt den Fluss hinauf führt auch in *Apocalypse Now* (1979, United Artists), Francis Ford Coppolas kongenialer Umsetzung von Conrads *Heart of Darkness*, nicht nur zu Colonel Kurtz, sondern auch zum Anderen in uns. Die militärische Strafexpedition, die zugleich eine ethnographische Reise zu den vermeintlichen Ursprüngen der Gesellschaft unternimmt, löst sich am Ende nahezu vollständig im Feld auf.

Als Gegenstück zu dieser Flusspartie auf dem Kongo lässt sich die Fahrt des Kanonenboots *Benjamin Constant* den Amazonas hinauf lesen, die Wells 1905 im *Empire of Ants* erzählt.[41] Wollte man diese Namensgebung des Kriegsschiffs motivieren, ließe sich auf einen Brief des französischen Autors verweisen, in dem er den modernen Menschen mit einer im wimmelnden Nest (»fourmilière«) untergetauchten Ameise vergleicht.[42] Ein modernes Bild der modernen Gesellschaft. Der Kapitän der *Constant* jedenfalls erhält den Auftrag, einer Ameisenplage auf den Grund zu gehen, die die Einwohner einer Zuckerraffinerie an einem entlegenen Nebenarm heimgesucht hat. Was die kolonialen Interessen betrifft, so entspricht das Zuckerrohr Brasiliens dem Elfenbein in Belgisch Kongo (beides gilt als weißes Gold) und dem Edelmetall der Seleniten auf dem Mond. Die von Portugiesen und Niederländern errichteten brasilianischen Plantagen werden nun aber nicht von Eingeborenen, sondern von Ameisen bedroht – ein interessanter metonymischer Tausch, auf den ich noch zurückkomme. Der Kapitän des Kriegsschiffs hält seine Mission zunächst für einen schlechten Scherz seiner Vorgesetzten auf seine Kosten – ein Krieg gegen Insekten? Absurd! –, bringt ihr aber mehr und mehr Interesse entgegen, als er erfährt, es handele sich um eine gänzlich »neue Sorte von Ameisen«. Üblicherweise sei es in den Dörfern am Amazonas so, dass die Armee-, Treiber- oder Legionärsameisen (Subfamilie der *Ecitonae*) periodisch in die Häuser einfielen und dort alle Kleinstlebewesen auffräßen. Solche Ameisenschwärme heißen in den Tropen und Subtropen auch »visiting ants«, weil sie, wie der kreolische Kapitän Gerilleau sich erinnert, stets kommen, um wieder zu gehen. Die Bewohner verlassen für diese Zeit ihren Wohnort. Nach wenigen Stunden können sie wieder einziehen, und die Hütten sind frei von

Kleintieren, Ungeziefer und Trägern von Erregern. Diese nicht unwillkommenen *Besucherameisen* seien, so Diane Rodgers, von den europäischen Kolonisatoren in *army ants* umbenannt worden, um sie damit zum Spiegelbild der europäischen Kolonialarmeen zu machen. Es handele sich bei dieser Umbenennung um diskursive Gewalt, die das lokale Wissen der Einheimischen verdränge und eine Nomenklatur etabliere, die dazu geschaffen sei, die kolonialen Operationen als naturhaft zu legitimieren.[43]

Dies ist eine schöne postkolonialistische Geschichte, nur ist sie falsch. Die in Wells' Roman beschriebene südamerikanische Sauba-Ameise wird beispielsweise zur Zeit der Hochphase des europäischen Imperialismus in *Brehms Thierleben* von 1877 als »Visitenameise« bezeichnet.[44] Der Ausdruck »visiting ants« ist auch in der englischsprachigen Entomologie seit den 1880er Jahren geläufig.[45] Richtig ist sicher, dass die gleiche Spezies auch »soldados«, »legionary« oder eben »army ants« genannt worden ist.[46] Ob ihre »nächtlichen Besuche« in den Häusern der Indianer erwünscht sind, weil sie es von Ungeziefer befreien, oder lästig, weil sie »alles plündern«, was immer »sie an süßen Stoffen für sich verwerten können«, hängt sicher von der jeweiligen hygienischen Situation einer Wohnstätte und der Üppigkeit ihrer Bevorratung ab.[47] Entsprechend finden sich zur gleichen Zeit beide Formen der Beschreibung der Sauba. Die unterschiedliche Perspektivierung der Ameisen, die sich in der Bezeichnung als Armee oder Besucher mitteilt, lässt sich bereits in einer der verbürgten Quellen von Wells nachweisen. Charles Waterton berichtet über eine tropische südamerikanische Ameisenart, die er auf seiner dritten Reise erforscht:

»Es gibt eine Spezies von großen roten Ameisen in Guinea, manchmal Ranger, manchmal Coushie genannt. Diese Ameisen marschieren zu Millionen durch das Land, in zusammengehaltener Ordnung wie ein Soldatenregiment; sie essen jedes Insekt auf, das ihnen in die Quere kommt, und wenn sich ihnen ein Haus in den Weg stellt, gehen sie einfach hindurch. Auch wenn sie fürcherlich stechen, freut sich der Besitzer [planter] über ihren Durchmarsch, da sie jegliche Art von Ungeziefer vernichten, das hier Unterschlupf gefunden hat.«[48]

Die *Coushie* sind zum einen *Ranger*, bewaffnete, schwer aufzuhaltende Soldaten, aber sie sind zum anderen Besucher, die auf der Durchreise auch noch selber das Haus saubermachen. Wells macht diese Ambivalenz zum Thema, doch liegt der Grund für die Bezeichnung als »army ant« nicht in einer Unterdrückung des indigenen Wissens um ihre Qualitäten als »visitor«,[49] sondern im veränderten Verhalten der Ameisen. Die kommen zwar noch immer zu Besuch, aber wie der Kommandant Gerilleau in gebrochenem Englisch formuliert: »De ants avn't gone. [...] De ants fight.« Die Ameisen sind nicht wieder gegangen hier, sie kämpfen. Sie sind zu Okkupanten geworden. Auch über eine solche Besatzung eines Dorfes durch eine rote, bösartige, stechende Ameisenart berichtet ein weiterer Gewährsmann von Wells, Henry Walter Bates, eine Sauba-Autorität, auf die noch Wheeler und Hölldobler / Wilson zurückgreifen:[50] »The houses are overrun with them. [...] They seem to attack persons out of sheer malice.«[51] Sie drohen die Zivilisation mit ihrer gewaltigen Übermacht zu überrollen. Bates weist auf das enorme Ausbreitungstempo dieser »fire ant« hin.[52] Sie wird uns wieder begegnen, wenn sie ein halbes Jahrhundert später, in den 1920er Jahren den Süden der USA erreicht und dort die sogenannten »fire ant wars« auslöst, die vom Staat mit entomologisch fundierten Anleitungen zur chemischen Ausrottung (»eradication programs«) geführt werden.[53] Die semantische Karriere der Sauba führt in Szenarien der Invasionen und Kriege.

Zurück zum *Empire of the Ants*. Die Amazonas-Indianer, deren Dorf heimgesucht worden ist, glauben laut Bates, die »Feuerameisen« nährten sich von menschlichem Blut.[54] Das Dorf, dessen Ufer die *Constant* nach langer Fahrt erreicht, ist nun passenderweise voller toter Menschen und lebendiger Ameisen. Auf diesen neuen Feind muss sich ein Soldat, der ausgebildet worden ist, seinesgleichen zu bekriegen, erst einstellen. Die Wissenschaft mag dabei helfen: »We have got to be – what do you call it? – entomologie.«[55] Die Myrmekologie wird kriegswichtig. Der Ingenieur auf der *Constant*, der evolutionsbiologisch gebildete Brite Holroyd, spekuliert, der Grund für diese Ereignisse könnte in einem epochalen Entwicklungsschritt der Ameisenspezies liegen:

>»Die wenige tausend Jahre dauernde Transformation des Menschen aus der Barbarei hinein in eine zivilisatorische Entwicklungsstufe machte den Menschen glauben, er sei der Herr über die Zukunft und den Planeten! Aber was hinderte die Ameisen daran, sich ebenso zu entwickeln? Ameisen, wie man sie kannte, lebten zu ein paar Tausenden in kleinen Gemeinschaften und sie machten keine gemeinsamen Anstalten gegen die große Welt. Aber hätten sie eine Sprache und verfügten sie über Intelligenz! Warum sollten sie eher auf der barbarischen Entwicklungsstufe stehen bleiben als die Menschheit? Nehmen wir an, die Ameisen begännen zur Zeit damit, Wissen zu speichern, ebenso wie die Menschen es mit Hilfe von Büchern und Speichermedien getan haben, und benutzten Waffen, erschufen Imperien und begännen Kriege zu führen.
>
>In a few thousand years men had emerged from barbarism to a stage of civilization that made them feel lords of the future and masters of the earth! But what was to prevent the ants evolving also? Such ants as one knew lived in little communities of a few thousand individuals, made no concerted efforts against the greater world. But they had a language, they had an intelligence! Why should things stop at that any more than men had stopped at the barbaric stage? Suppose presently the ants began to store knowledge, just as men had done by means of books and records, use weapons, form great empires, sustain a planned and organized war?«[56]

Was eine bloße Aggregation von Individuen von ihrer Organisation zu einem (Super-)Organismus unterscheidet, ist für

Emerson wie für Wheeler, Espinas und Spencer die Fähigkeit zu koordinierter Handlung (»concerted action as a unit«).[57] Genau diese Fähigkeit »for planned and organized [...] concerted efforts« wird sozialen Insekten von Holroyd zugesprochen.[58] Damit folgt er Spencers und Espinas' Überlegung, der zufolge »die organische Zusammensetzung eine unbegrenzte Zahl höherer Stufen (oder besser concentrischer Kreise)« zu bilden bzw. zu emergieren erlaube.[59] Der funktionalen Ausdifferenzierung und Arbeitsteilung innerhalb des Organismus tritt die Ausbildung einer neuen, höherstufigen ›Assemblage‹ von Organismen an die Seite. Diese Formel lässt sich genauso gut soziologisch auffassen, wie der Begriff des Imperiums (aus Provinzen oder Kolonien) zeigt, wie biologisch verstehen, wenn aus der Kooperation von Individuen (Ameisen) ein Superorganismus hervorgeht. Was man sich unter einer Kooperation von Superorganismen vorstellen kann, hat Wells – dies ist einer der Vorzüge literarischer Beiträge zum Thema – in wenigen und anschaulichen Zeilen entworfen: Die Ameisennester beginnen zu kooperieren, formen ein Empire und machen der Menschheit Konkurrenz im Kampf ums Dasein. Aus Organismen werden Superorganismen, aus Superorganismen Superkooperatoren. Wer oder was sollte schließlich die Ameisen daran hindern, zu evoluieren und jene Kulturtechniken nachzuahmen, die sie für ihre imperiale Raumnahme benötigen?[60]

Die Organisation weniger Tausend in einem kleinen Nest mag man ignorieren können, doch geht die Zahl eines Sauba-Heeres in die Millionen.[61] Was bedeutet diese Größe für die dann vorauszusetzende Struktur der sozialen Organisation? Muss sie nicht komplexer und der Superorganismus entsprechend intelligenter sein? Schlägt Quantität in Qualität um? Emergiert hier eine neue Ordnung, die den Millionen gerecht wird? Holroyds Beschreibungen verbleiben zwar völlig im Rahmen der hinreichend bekannten Analogien, befinden sich aber auch auf der Höhe der zeitgenössischen Forschung; ja, er ist ihr sogar einen Schritt voraus, denn er unterstellt die Ausbildung von kooperativen Superkolonien rund sechzig Jahre vor ihrer entomologischen Beschreibung[62] und der mit ihr einhergehenden Auslösung eines veritablen »Krieges« der menschlichen Bevölkerung gegen ›evoluierte‹, in Tausenden von Nestern zusammenarbeitende Feuerameisen.[63] Die Selbstverständlichkeit, mit der Holroyd die Entwicklung menschlicher Kulturen aus der ›Barbarei‹ zur ›Zivilisation‹ zum Modell für einen entsprechenden Fortschritt der Ameisengesellschaften nimmt, belegt zudem einmal mehr die Bedeutung der entomologisch-soziologischen Passage und die Stärke ihrer Strömung.

Anders als Watertons *Coushie*, die zu einer Ungeziefervernichtung vorübergehend zu Besuch kommen, ziehen die Ameisen bei Wells in den Krieg um mehr Raum, Ressourcen und die Erringung einer letztlich globalen Vormachtstellung. Der Terminus *Empire* im Titel wird also völlig zu Recht verwendet. Die Sauba spiegeln so einerseits die kolonialen Raumnahmen wider, andererseits repräsentieren sie die bedrohliche Bevölkerung der Kolonien, deren Entwicklung Europas Ansprüche herausfordert. Wells formuliert hier die Furcht des britischen *Empire* vor den Folgen der von ihm wirklich oder vorgeblich betriebenen ›Zivilisierung‹. Noch mögen die ›Barbaren‹ verteilt auf ›kleine Gemeinschaften‹ und ohne Austausch untereinander den Briten das Gefühl lassen, sie seien die Herren der Erde. Aber wer oder was sollte die Evolution aufhalten, die aus barbarischen Stämmen eine organisierte Gemeinschaft macht, welche dann unweigerlich die alten Mächte in einem Krieg herausfordern würde? Immerhin kämpfen die Ameisen des Amazonas bereits wie »*moderne* Infanterie«, haben also doch wohl die Barbarei, die Antike und auch das Mittelalter längst hinter sich gelassen.[64] »What can one *do*?«, lautet die mehrfach und immer ratloser wiederholte rhetorische Frage des Kanonenbootkapitäns angesichts der Hilflosigkeit seiner Mittel gegen das Heer der Ameisen.[65] Ja, was kann man da machen? Dagegen nichts! Denn es ist die Evolution, die dieses Szenario eines zurückschlagenden Imperiums so wahrscheinlich macht, denn sobald bestimmte kulturelle Schwellen erreicht sind *(communication, storing knowledge)*, folgen wie aus einem Lehrbuch von Harold Adams Innis[66] unweigerlich weitere Entwicklungsschritte zum »great empire« und seiner modernen Kriegsführung.[67] Wells' *army ants* sind also gerade nicht, wie Diane Rodgers annimmt, ein legitimierendes Abbild der kolonialen Raumnahme, sondern das Schreckbild der gigantischen Bevölkerung des riesigen kolonialen Raums, die ihr Wissen austauscht, ihre Tribalisierung überwindet, sich organisiert und den vermeintlichen »Herren des Planeten«[68] den Kampf ansagt. Die Ameisen sind in der Überzahl, wie Holroyd erschrocken feststellt.[69] Dies gilt auch für das Verhältnis der britischen Kolonisten zur einheimischen Bevölkerung in Indien, Afrika oder Südamerika bzw. die in den Kolonien zwangsangesiedelten Sklaven oder Kulis.

Das Empire sieht Holroyd daher in großer Gefahr: »Er sagt, sie bedrohten British-Guiana, das sich nicht weniger als tausend Meilen von ihrem derzeitigen Wirkungsraum weg befindet, und das Kolonialbüro sollte sofort etwas gegen sie unternehmen.«[70] Die Adressierung seiner Sorge an das *Colonial Office* bestätigt diese Lesart von Wells' Superameisen als Metonymie einer zivilisierten und bewaffneten Kolonialbevölkerung. Die Ameisen sind die Anderen der Zukunft – nach ihrem epochalen Sprung in die Moderne. Der *Sepoy*-Aufstand (*Great Mutiny* von 1857 / 58) in Indien, an den Kipling in *Kim* immer wieder erinnert, hat gezeigt, was gut ausgebildete einheimische Truppen vermögen, wenn sie aufhören, sich von britischen Offizieren kommandieren zu lassen, und sich stattdessen gegen das Kolonialregime stellen. Aus großer Entfernung mit Kanonen den Dschungel zu beschießen, wie dies die französische und brasilianische Kriegsmarine in den Romanen Wells' und Conrads tut,[71] bezeugt weniger die militärische Überlegenheit, sondern eher die Hilflosigkeit der militärischen Führung. »What else was there to do?«[72]

Die britische Antwort lautet: Forschung. Holroyd, der die erste entomologische Beschreibung der »zivilisierten« Amazonasameisen anfertigt, ihre Entwicklung mit der Geschichte Großbritanniens kurzschließt und dem Colonial Office in London seine dringende Warnung vor den Konkurrenten aus dem Süden, den »new competitors for the sovereignty of the globe« zukommen lässt,[73] kommt einem Brandbrief britischer Zoologen an den Staatssekretär für die Kolonien, Lord Crewe, um ganze fünf Jahre zuvor, der vor den »insect enemies« warnt und eine entomologische Offensive empfiehlt. Die Tropen würden nicht von ihren primitiven, faulen oder unorganisierten einheimischen Bevölkerungen, sondern von äußerst aggressiven und durchaus fleißigen Insekten gegen den ›weißen Mann‹ verteidigt. Dieser Feind ist zahlenmäßig weit überlegen und muss geschlagen werden, bevor er selbst in die Offensive geht. »Tropical entomology« ist daher, wie Charlotte Sleigh gezeigt hat, »insect warfare« im Dienste der Kolonisten und des imperialistischen Projekts.[74] Entomologisches Wissen ist für imperiale Nationen überlebenswichtig.

Giftgaskrieg gegen Schädlinge

Dies gilt auch für deutsche Kolonisten und die deutsche Entomologie. Karl Escherich, dessen totalstaatsbegeisterte Münchener Rektoratsrede schon behandelt wurde, ist ihr führender Kopf. Auf einer Studienreise durch die USA im Jahre 1911 erfährt er vom *Bureau of Entomology*, das die Erforschung der Insekten und die Schädlingsbekämpfung koordiniert, die »sog. *Argentine ant*« (*Linepithema humile*, bei Escherich noch *Iridomyrmex humilis*) habe schon vor »etwa 20 Jahren (angeblich durch Kaffeeschiffe)« ihre »Heimat in Brasilien und Argentinien« verlassen können, um in den Süden der USA einzuwandern. »Sie traf dort sehr gute Bedingungen für ihr Fortkommen (vor allem Fehlen natürlicher Feinde) und konnte sich infolgedessen so stark vermehren, dass sie heute zu einer ernsten Plage nicht nur in Louisiana, sondern des größten Teils der Vereinigten Staaten geworden ist. Ihr Schaden ist sehr vielseitig.« Sie schadet der heimischen Landwirtschaft und verdrängt »andere nützliche Ameisen«, die in den USA zu Hause sind. Beamtete »Staatsentomologen« sind bereits mit der »Erforschung und Bekämpfung dieses lästigen Südamerikaners« beschäftigt.[75] Als »entschieden *amerikanischste* Bekämpfungsmethode« stellt Escherich die »Räucherung mit Blausäuredämpfen« vor.[76] Der Vorschlag der Vergasung müsse wohl von jedem kultivierten Europäer reflexartig von sich gewiesen werden, merkt Escherich noch eigens an, doch sei die Methode praktikabel und erfolgreich. Dass allein in Kalifornien in einer Saison »4 Millionen Reichsmark!« für den Giftgaskrieg gegen Insektenschädlinge ausgegeben werden, hält er für bemerkenswert. Die zu erwartende »große Zukunft« der »Blausäurebehandlung« habe dagegen »bei uns« noch gar nicht begonnen.[77] Offenbar ist man im Deutschen Reich noch nicht so weit.

Diese amerikanische Episode zeugt im Übrigen gegen den jüngst erhobenen Vorwurf Charlotte Sleighs, Escherich habe die deutsche Entomologie auf die Vernichtung der europäischen Juden vorbereitet, denn er sei »verantwortlich für die Entwicklung von Gaskampfmitteln gegen Schädlinge« gewesen, die »deutsche Bäume« bedrohten, womit er »genau diejenigen Techniken und Gaskampfmittel« entwickelt habe, die »von den Nazis schon bald gebraucht werden würden, um menschliche Schädlinge auszumerzen«.[78] Hier werden Tatsachen aus ideologischen Gründen unterschlagen. Escherich war – nach der Machtergreifung – zweifellos ein Nazi, und seine Vorschläge für die Gestaltung einer totalen Gesellschaft nach dem Vorbild sozialer Insekten sind bereits ausführlich thematisiert worden. Den Gaseinsatz in der Schädlingsbekämpfung hat er jedoch nicht erfunden, nicht einmal propagiert. Sarah Jansen, auf deren Aufsatz *Chemical-warfare techniques for insect control* Sleigh verweist, hat diese Kausalkette Escherich–Schädlingsbekämpfung–Gaskammer womöglich

292

nahegelegt, aber nicht behauptet. Vielmehr könnte man auch bei ihr – in Escherichs Buch von 1913 ja ohnehin – nachlesen, dass Zyanidgase zuerst auf kalifornischen Obstplantagen eingesetzt und die entsprechenden Chemikalien bereits vor dem Ersten Weltkrieg in den USA hergestellt worden sind.[79] Ob diese Insektenbekämpfung auch dort metaphorisch auf »menschliche Schädlinge« übertragen worden ist, wie es anscheinend im Deutschen Reich unumgänglich geschehen musste, um schon im 19. Jahrhundert die Weichen des Sonderwegs in Richtung »genocide of jews and other human ›pests‹« zu stellen,[80] fragen weder Sleigh noch Jansen. Und dies, obschon Escherich dort, in den staatlich organisierten und gut ausgestatteten entomologischen Einrichtungen der USA, das Vorbild für die hoffnungslos zurückliegende und unterfinanzierte »angewandte Entomologie« des Reichs ausgemacht hat. Immerhin hat nicht Escherich, sondern William Morton Wheeler schon im Jahre 1920 in seiner entomologischen Satire *Termitodoxa* auf die entomologische Diskussion der Euthanasie der unproduktiven, überalterten Bevölkerungsteile (»the superannuated«) durch Vergasung hingewiesen: »Certain economic entomologists have advocated some more vigorous insecticide, such as hydrocyanic acid gas.«[81] Die Vergasung wird als eugenische Option verhandelt.

Die Avantgarde des entomologischen Gaskriegs stellen aus der Sicht Escherichs jedenfalls die Amerikaner, und im Vergleich mit den dort unternommenen Anstrengungen zur systematischen Erforschung »biologischer Bekämpfungsmethoden« gegen Insekten macht er im Deutschen Reich ein Defizit aus: »Beinahe noch krasser ist die Vernachlässigung der kolonialen Entomologie! Wie wir oben gehört, existierte bis vor kurzem nur eine einzige entomologische Arbeitsstätte in unseren Kolonien.«[82] Gefordert wird ein Zentralinstitut nach dem Muster des *Bureau of Entomology*, das von einem »angewandten Entomologen« geleitet werden solle, der »längere Zeit in der Praxis, womöglich in den Tropen, tätig war« und die Risiken aus eigener Anschauung kennt.[83] Auch ein »Aufenthalt in Amerika, dem klassischen Land der angewandten Entomologie«, wird empfohlen.[84] Escherich bringt sich hier offenkundig selbst in Stellung. Mit Erfolg. Im Jahr 1913 wird er erster Vorsitzender der *Deutschen Gesellschaft für angewandte Entomologie*, die bis heute herausragende Entomologen, Zoologen und Ethologen mit einer Escherich-Medaille ehrt, was gewiss viel über die Kontinuität der deutschen Entomologie durch alle historischen Epochen hinweg besagt und ein Defizit der Zunft im Umgang mit der politischen Verwertbarkeit ihrer Theorien in der Vergangenheit belegt. Die Kolonien, um die Escherich sich 1913 sorgt, gehen wenig später zwar alle in andere Hände über, aber die deutsche Entomologie bleibt am Ball. Die Ameisenwarnung an die Kolonialmächte hat überall Gehör gefunden. Schließlich sind ja die europäischen Kolonisten vieler Nationen noch als Siedler und Pflanzer vor Ort. Auch über Ameisen in Brasilien, dem Schauplatz von Wells' Erzählung, erscheinen in der Zwischenkriegszeit Dutzende von Berichten und Monographien. Die Gefahr ist erkannt, aber nicht gebannt. In einer Arbeit über *Tropische und subtropische Weltwirtschaftspflanzen* des Juristen Andreas Sprecher von Bernegg von 1934 wird das geflügelte Wort zitiert: »Entweder werden die Brasilianer mit den Ameisen fertig, oder die Ameisen machen den Brasilianern den Garaus.«[85] Wells' Szenario eines Krieges der Imperien hat sich vollständig bewahrheitet.

Die *Benjamin Constant* zieht sich flussabwärts zurück, Holroyd warnt das *Colonial Office*. Das Empire kann sich noch ein wenig Zeit lassen, aber in Südamerika ist Gefahr im Verzug. Im Amazonasbecken muss sich daher ein deutscher Kolonist der Bedrohung stellen, obwohl ihn die brasilianischen Behörden zur Flucht vor den anrückenden Heerscharen raten, die auf ihrem Vormarsch von der gesamten Fauna nichts als abgenagte Knochen zurücklassen. *Leiningens Kampf gegen die Ameisen*, so der Titel der Erzählung aus dem Jahre 1937, erzählt Wells' Geschichte einfach fort, ganz als handelte es sich bei dem Expeditionsbericht der *Constant* um ein authentisches Dokument. Leiningens Kampf führt nun deshalb zu einem glücklichen Sieg, weil der Farmer, wie Holroyd, myrmekologisch gebildet ist:

»Er kannte die Intelligenz der Ameisen, er wusste, dass es unter ihnen Arten gab, die andere Insekten als Melkkühe, als Haushunde, als Waschfrauen, als Sklaven hielten und benützten; er kannte ihre Anpassungsgabe, ihren Ordnungssinn, ihr Organisationstalent. [...] Er wusste, dass es die Gewohnheit der Ameisen war, ihren Opfern zunächst die Sehkraft zu rauben. Schließlich stopfte er Baumwolle in Nase und Ohren [...]; er besaß eine Salbe, die er aus einer Gattung von Käfern bereitet hatte, die den Ameisen unerträglich ist. Dieser Geruch feit die Käfer gegen alle Angriffe noch so mörderischer Ameisen«.[86]

Er schießt nicht mit einem Colt auf Ameisenschwärme wie Charlton Heston in seiner Rolle als Leiningen in der Verfilmung der Novelle (*The Naked Jungle*, Regie: Byron Haskin, Paramount 1954); eine absurde Handlung, die aber gut zu jener filmischen Fixierung der Marabunta-Ameisen durch »kreisrunde Ausschnitte auf schwarzem Untergrund« passt, womit die »Krisenbilder der krabbelnden Tiere visuell [...] domestiziert werden«, wie Petra Lange-Berndt beschrieben hat.[87] Der Schnitt macht aus dem Gewimmel ein Ziel, auf das Heston schießen kann wie ein Westernheld. Stephensons Leiningen tut dies nicht, er feuert auch keine Kanone ab wie der ratlose Kapitän der *Constant*; was ihm vielmehr in Brasilien das Leben und den Besitz rettet, ist das, was er aus der entomologischen Forschung »kannte« und »wusste«. Nach dieser Expertise verlangte schon Kapitän Gerilleau: »We have got to be [...] entomologie.«[88] Leiningen liest und siegt. Sein *Kampf gegen die Ameisen* ist eine deutsche Novelle, aber in dem Land, das an der vordersten Front der Ameisenkriege kämpft, hat Stephensons Text den nachhaltigsten Erfolg. Er wird nicht nur verfilmt, sondern bereits 1948 als Hörspiel für das Radioprogramm *Escape* adaptiert.[89] Es geht knapp aus, aber den Stellvertreterkrieg im Dschungel kann Leiningen für die Menschheit entscheiden. Seine Plantage wird geflutet, die Ameisenarmee verbrannt und ertränkt. So einfach wird es danach nie wieder sein. Auch in Saul Bass' Ameiseninvasionsfilm *Phase IV* (Paramount 1974) wird zuerst eine Stute zum Opfer der Ameisen. Das mächtige, panische, gequälte Tier wird, wie bei Stephenson, aus Mitleid erschossen. Dann werden die mit Benzin gefüllten Wassergräben aus Beton, die um das Farmhaus führen, entzündet, um die Ameisen aufzuhalten. Vergeblich. Die flüchtenden Farmer sterben genau den grausamen Tod, dem Leiningen entkommt. Diesen Ring aus Feuer durch einen Giftgasschleier um ihre Forschungsstation zu ersetzen hilft den beiden Hauptprotagonisten des Films bei der Abwehr der attackierenden Heere auch nur ein einziges Mal. Bei der zweiten Konfrontation wissen die Ameisen schon, was kommen wird, und überwinden die Hindernisse, an denen sie beim ersten Versuch scheitern mussten. Im Verlaufe ihrer fiktiven Geschichte lernen die Ameisengesellschaften ein ums andere Mal dazu – ganz wie Holroyd prognostiziert hat. Die Evolution zwingt sie dazu, denn sie haben einen »ebenbürtigen Gegner« gefunden, »erfinderisch, methodisch, grausam und ihrer würdig«. Ohne diesen »ernsthaften Feind« würden sie in »sorglosen, unsicheren und schwächlichen Kolonien in den Tag hinein leben«, so mussten sie aber ihre Gesellschaft fortentwickeln oder untergehen.[90] Was Maurice Maeterlinck über die evolutionär produktive Feindschaft von Ameisen und Termiten ausführt und auch von Wheelers Briefpartner Wee-Wee angeführt wird,[91] bestimmt von Wells bis Bass das Verhältnis von Ameisen und Menschen. »These are intelligent ants. Just think, what that means!«, entsetzt sich Holroyd.[92] Es macht sie zu »neuen Rivalen im Wettstreit um die Herrschaft über den Planeten«.[93] Der Entomologe in *Phase IV*, Dr. Hubbs, ist ein weiterer Engländer, den diese Sorge umtreibt. Er entdeckt zuerst, dass Ameisen über alle Gattungen hinweg kommunizieren, kooperieren und rückgekoppelte Ver-

Phase IV. Ameisen mehrerer Subfamilien und Gattungen in einem Meeting. Der natürliche »Antagonismus« der Arten habe aufgehört zu existieren, führt Dr. Hubbs aus, mit »dramatischen« Folgen. Der »Antagonismus« betritt dann eine andere Ebene, und der Krieg zwischen Mensch und Ameise beginnt.

fahren der Entscheidungsfindung entwickelt haben. Er warnt und er forscht. In einem abgelegenen Tal in Arizona wird sich zeigen, dass die Menschheit in der Ameise den Feind gefunden hat, den Maeterlinck ihr gewünscht hat, damit sie an ihm wachse.[94]

Noch hat aber die Schlacht um Brasilien (um Arizona, um die Welt) nicht begonnen. In der Blütezeit des Kolonialismus, ein gutes Dutzend Jahre vor Ausbruch des Weltkriegs, dampft die *Benjamin Constant* den Amazonas hinauf. Wells' Erzählung stützt sich auf Berichte seiner Landsmänner, Henry Walter Bates *The naturalist on the River Amazons: a record of adventures, habits of animals, sketches of Brazilian and Indian life and aspects of nature under the Equator during eleven years of travel* aus dem Jahre 1863 und Charles Watertons 1828 erschienenen *Wanderings in South America*. Wells selbst nennt beide Bücher.[95] Neben dieses Selbstzeugnis treten intertextuelle Befunde: In Bates minutiösem Reisebericht findet sich nämlich die Schilderung einer aus *Empire of the Ants* wohlbekannten, ungewöhnlich großen, starken, tiefschwarzen Ameisenspezies, deren Exemplare über 1¼ Inches messen, in Reih und Glied marschieren und mit Stacheln bewaffnet sind. Bates schreibt sie der Gattung *Dinoponera grandis* zu. Diese sogenannte Dinosaurierameise zählt zu den größten Ameisen der Welt. Weiter trifft Waterton auf eine Spezies »besonders großer und schwarzer Ameisen«, die derartig »giftig« seien, dass ihr Stich zu einem Fieber führe.[96] Diese große und giftige Ameise führt in Wells das Kommando über Heerscharen von Blattschneiderameisen, die der portugiesische Volksmund an Bord der Kanonenboots »Saúba« nennt.[97] *Saúba* wäre die korrekte Schreibweise, aber Wells hat sein Wissen von Bates, und der schreibt ebenfalls »saúba«; die Art wird als *Œcodoma cephalotes* bestimmt.[98] Es handelt sich um die schon vorgestellte »Zug- oder Visitenameise« aus *Brehms Thierleben*.[99] Diese Ameise marschiere, be-

»Eciton erratica constructing a covert road – soldiers sallying out being disturbed.« Henry Walter Bates, *The naturalist on the River Amazons: a record of adventures, habits of animals, sketches of Brazilian and Indian life and aspects of nature under the Equator during eleven years of travel*. Bd. 2, London: Murray 1863, S. 364.

richtet Bates, in »breiten Säulen« und gelte in Gegenden mit Ackerbau als »Plage« und »schreckliche Pest«.[100] In Bates' Werk findet sich eine Illustration von Arbeiterinnen, die eine »verdeckte Straße« errichten, während Soldatinnen ausschwärmen und den Perimeter sichern.[101] Zu sehen sind bei Bates jene »auffälligen, seltsamen Erdwerke«, die Holroyd als Werk der »Eroberer« des Zuckerrohrplantagendorfes ausmacht. Bates' Abbildung könnte auch Wells' Erzählung schmücken.[102]

Den Amazonas hinauf in die Vergangenheit. Die Evolutionstheorie als Zeitmaschine

Expeditionen, die im Regenwald Ströme hinauffahren, lassen nicht nur in den Romanen Conrads und Doyles die Moderne hinter sich, um Siedlungsgebiete halbwilder Indianer und Kannibalen zu durchqueren und sich schließlich dem »prähistorischen Menschen« oder »anthropoiden Affen« zu nähern.[103] Auf das, was Darwins Zeitgenosse und Wegbereiter der Evolutionstheorie Charles Lyell unter dem Namen »missing link« zu größter Popularität verholfen hat,[104] trifft Waterton im Dschungel um British-Guiana schon 1824, also gut sieben Jahre bevor Darwin seine Reise mit der *Beagle* antritt.[105] Das »Tier«, das Waterton entdeckt, ruft »größte Verwunderung und nicht wenig Irritation« hervor, scheint es doch trotz seiner langen Behaarung und dem Schwanz aufgrund seiner Gesichtszüge und Kopfform nicht unbedingt ein Affe zu sein. Da war etwas in seinem Gesicht, das die Klassifikation erschwert.[106] Offenbar muss sich der Waterton-Leser auf die Möglichkeit einstellen, in den Tropen auf hybride Übergangsformen zu treffen. Genau diese Vorstellung übernimmt der evolutionstheoretisch gebildete Wells für die entwicklungsgeschichtlichen Spekulationen über Ameisen, die sein Protagonist Holroyd anstellt.[107] Die Ausformungen der Gattungen sind im Fluss. Wer kann denn sagen, dass die bekannten Ameisenspezies, deren wundervolle Ordnung und Arbeitsorganisation den Naturkundler bereits in

Das missing link? Jedenfalls ein Hybrid. Charles Waterton, *Wanderings in South America, the North-west of the United States, and the Antilles, in the years 1812, 1816 & 1824*, London: B. Fellowes 1828, Frontispiz.

Erstaunen versetzt,[108] nicht nur eine »Übergangsform« zu einer höheren Ordnung darstellen?

Flussfahrten um 1900 funktionieren wie Zeitmaschinen. Sie legen nicht nur räumliche Distanzen zurück, sondern durchqueren zugleich Entwicklungsepochen, die in geologischer Zeit gemessen werden. Der von Darwins Lehren beflügelte Roman vermag »Raum und Zeit zu manipulieren«.[109] Im Falle von Conan Doyles *Lost World* führt die Amazonas-Reise – es ist wieder der Amazonas – noch über die Steinzeit hinaus ins Jurassische. *Die verlassene Welt*, übrigens Edward O. Wilsons »favorite novel«, deutet die Möglichkeit an, dass »Dinosaurier noch lebend gefunden werden mögen, und zwar auf den unerklommenen Tepuis [Tafelberge] Südamerikas«.[110] Wilsons eigene Expedition, die er im selben Kapitel beschreibt, in dem er sich zur Inspiration durch Doyles *Lost World* bekennt, führt ihn nach Mexiko, auf den 5747 Meter hohen Tafelberg *Orizaba*, freilich auf der Suche nach unentdeckten Ameisen aus der Vorzeit. Auch Entomologen sind auf der Suche nach »*missing link* ants«.[111] Wilson geht wie Doyles Protagonist Professor Challenger davon aus, dass an isolierten Orten wie Inseln oder Bergen beste Chancen bestehen, sonst überall ausgestorbene Gattungen lebend anzutreffen. Diese Überlegung entspricht vollkommen derjenigen, die Darwin in der *Origin of Species* für die andauernde Existenz älterer, vorsintflutlicher Gattungen anstellt. Grundsätzlich gilt »Einmal untergegangene Arten kommen nicht wieder zum Vorschein«.[112] Denn die von ihnen abstammenden Gattungen vertilgen ihre Vorgänger im Kampf ums Dasein immer vollständig. Die jüngeren Varianten besetzen all jene ökologischen Nischen effizienter, die ihre Vorfahren zum Überleben benötigten: »Daher werden die abgeänderten und verbesserten Nachkommen einer Spezies gewöhnlich die Austilgung ihrer Stammart veranlassen [...].«[113] Dieses in der Zeitdimension angesiedelte Gesetz kennt aber räumliche Ausnahmen, die sich Doyle kenntnisreich zunutze macht. Denn die Vertilgung einer Art ereignet sich nicht mit einem Mal, sondern als gradueller Prozess, dessen Tempo und Ausbreitung auch von den Unterschieden der Umwelt abhängen. Als Hemmnis der Verbreitung neuer und der damit einhergehenden Vertilgung älterer Arten haben »geographische Schranken aller Art« einen »mächtigen und handgreiflichen Einfluss«.[114] Dieser ist dann am größten, so Darwin, wenn von der »Isolierung« einer ökologischen Nische gesprochen werden kann, denn in solchen abgesonderten Zonen verzögert sich die Bildung neuer Arten bzw. kontinuieren die dort befindlichen Arten »beinahe einförmig«.[115] Ohne Migration von außen bildet ihre Nische ein lebendes Archiv. Während der Klimawandel und die Entstehung neuer Arten Fauna und Flora der ganzen Welt verändern, überleben ältere Arten in natürlichen Reservaten, auf einsamen Inseln, im unwegsamen »Hochland« oder »auf den Bergen«.[116] Auf den Galapagos-Inseln, die von der Ausbreitung der erfolgreichen Säugetiere verschont worden sind, konnten »Reptilien« ihre Stelle vertreten und sich einzigartig fortentwickeln.[117] In sein *Journal* trägt Darwin über die Galapagos-Inseln ein, die Inseln seien ein »Paradies« für die verschiedensten Reptilien (17. 9. 1835). Die »kraftvollen« Mauern, die nach der Auskunft von Darwins Lieblingsdichter Milton das Paradies umgeben,[118] schützen die Gattungen vor dem »eternal war« mit ihrer Konkurrenz.[119] Austausch bedeutet Krieg oder Verdrängung, lautet die auch geopolitisch verwendbare Lehre, die gerade auch, wie Ethnographen wissen, für Gesellschaften gilt.[120] Sobald die Isolation endet, beginnt die Selektion. »Die verschiedenen so gestrandeten Wesen«, schreibt Darwin über isolierte Biotope, »kann man mit wilden Menschenrassen vergleichen, die fast alle rückwärtsgedrängt sich noch in Bergvesten erhalten als interessante Überreste der ehemaligen Bevölkerung der umgebenden Flachländer.«[121]

Für die Literatur nach Darwin haben diese Einsichten intradiegetische Konsequenzen: Die erzählte Welt scheint nun vor allem aus abgelegenen Gebirgsplateaus und unberührten Inseln zu bestehen. In Conan Doyles *Lost World* treffen die Forscher hinter schroffen Felswänden und tiefen Schluchten auf veritable Dinosaurier – nicht etwa Dinosaurierameisen, die Waterton in Brasilien findet –, aber auch auf die »Überreste« einer alten Bevölkerung anthropoider Affen. Auch dies gehört zum Inventar des darwinistischen Erzählraums. Diese vorsteinzeitlichen »Affenmenschen« sind als Horde organisiert

und liefern sich einen »blutigen Krieg«[122] mit allen zufällig ein-
dringenden anderen Humanoiden.[123] Nach dem Muster der
Expedition Henry Walter Bates' lernen die Abenteurer verschiedene Typen menschlicher Entwicklung kennen vom Affenmenschen bis zum Urmenschen der Amazonasstämme und zu
verschiedenen Mischformen nativer und fremder Typen (etwa
Kreolen oder Mestizen). Professor Challenger, gefragt, woher
die Affenmenschen denn gekommen seien, setzt auf Darwins
Mischthese aus Klimawandel, verschärfter Konkurrenz und
Wanderungsbewegungen. Es sei die singuläre Konkurrenz mit
den Dinosauriern des isolierten Hochtals, die den Affenmenschen zu einem Höhlenleben gezwungen und die Weiterentwicklung der Art zu einer Kulturnation verhindert habe. Die
Natur, schreibt Darwin, befinde sich in einem »Krieg« aller gegen alle, vor allem aber im verzweifelten Verteidigungskampf
der älteren Arten gegen ihre Nachkommenschaften.[124] Doyle
gibt ihm recht. In der *Lost World* wird dieser Krieg von den Eu-
ropäern mit nur vier Repetiergewehren entschieden. Jede Stelle
im Haushalt der Natur kann eben nur einmal besetzt werden,
und dort, wo der europäische Mensch die ökologische Nische
betritt, muss der Affenmensch aussterben: entweder langsam
durch eingeschleppte Krankheiten und die Veränderung der
Umwelt oder schnell durch »Scharmützel« und »Treibjagden«,
wie Darwin aus Australien berichtet.[125] Watertons seltenes
Exemplar eines humanoiden Primaten wurde trotz seines gut-
mütigen Gesichts so selbstverständlich erlegt wie jedes andere
Wild auch.[126] Diese Grausamkeit des Umgangs anthropoider
Formen untereinander entspricht für Darwin vollkommen den
Erwartungen, gelte doch ganz allgemein, dass der »Kampf zwischen Arten *einer* Gattung, wenn sie in Konkurrenz miteinander geraten, gewöhnlich [...] heftiger [sei] als zwischen Arten
verschiedener Genera«.[127] Keine menschliche Art hat die weltweite Ausbreitung des *Homo sapiens* überlebt. Aber auch seine
Ablösung steht freilich, wie Wells im *Empire of Ants* andeutet,
auf der Tagesordnung der Evolution. Die Ameisen stehen be-

reit. Und die Grausamkeit der Kriegsführung bestätigt die enge (soziologische, nicht biologische) Verwandtschaft dieser imperienbildenden Tiere.

Die Entdeckung Europas

Einen gravierenden Unterschied gibt es doch, der aber die Regel des darwinistischen Narrativs bestätigt: Die Fahrt der *Benjamin Constant* nimmt zwar genau denselben Fluss wie Bates und Challenger, doch führt sie nicht in die Stein- oder Kreidezeit der Halbaffen und Saurier *zurück*, sondern *voraus*, in die Zukunft. Raum wird in allen angeführten Erzählungen in evolutionäre Zeit umgerechnet und überbrückt selbst enorme Entwicklungsschritte. Die Kanonenboot-Expedition muss sich nur weit genug von den Küstenstädten Brasiliens entfernen, um auf eine ungemein *fortgeschrittene* Ameisenzivilisation zu stoßen, die sich anschickt, mit dem Menschen um die Weltherrschaft zu streiten. Ein Prisenkommando, das der Kapitän auf ein von den Ameisen genommenes Schiff entsendet, wird von diesen zurückgetrieben. Eine Landpartie des Kanonenboots wird angegriffen. Holroyd beobachtet die Ereignisse von Bord aus mit einem Fernstecher:

»Er bemerkte einige gigantische Ameisen – es schien so, als seien sie fast 10 cm lang –, die eine unförmige Last mit sich trugen, für die er keinen Zweck ersinnen konnte. Und sie bewegten sich zielstrebig von einem Ort zum anderen. Nicht in Reih und Glied im ungeschützten Gebiet, sondern in Linien, ähnlich einer unter Beschuss stehenden, modernen Infanterieabteilung. Einige nahmen Deckung unter den Kleidern eines Leichnams, und ein perfekter Schwarm versammelte sich genau dort, wo da Cunha gleich entlangkommen musste.«[128]

Die Ameisen antizipieren da Cunhas Manöver und warten schon auf ihn. Der Leutnant des Kanonenbootes wird von seiner Truppe abgeschnitten, attackiert und getötet. Der Versuch einer Vergeltung mit Artillerie bleibt vom Lärm abgesehen ohne erkennbare Wirkung.[129] Die *Benjamin Constant* zieht sich stromabwärts zurück. Ihre Mission ist vollkommen gescheitert, die Region verloren. Es sind tatsächlich die Ameisen, die den Brasilianern den Garaus machen. Europäische Waffen und Berater haben nichts genützt. Holroyd hält das britische *Empire* für bedroht und schlägt Alarm in London. Wells' Erzähler teilt schließlich mit, dass in nur drei Jahren, die seit der Expedition vergangen sind, die Ameisen ihr Territorium erheblich erweitern konnten. Die Mitteilungen lesen sich wie ein Heeresbericht:

>»They have achieved extraordinary conquests. The whole of the south bank of the Batemo River, for nearly sixty miles, they have in their effectual occupation, they have driven men out completely, occupied plantations and settlements, and boarded and captured at least one ship. It is even said that they have in some inexplicable way bridged the very considerable Capuarana arm and pushed many miles towards the Amazon itself.
>
>Sie haben unglaubliche Eroberungen zu verzeichnen. Ein Gebiet von fast sechzig Meilen entlang der Südbank des Batemo wird von ihren beherrscht. Sie haben die Menschen komplett vertrieben, Plantagen und Siedlungen besetzt und mindestens ein Schiff gekapert. Man geht sogar davon aus, dass sie – auf unerklärliche Weise – den äußerst beachtlichen Flussarm des Capuarana überqueren konnten und bereits viele Meilen in Richtung Amazonas hinter sich gebracht haben.«[130]

Wie man sich diesen Eroberungszug samt seiner Organisations- und Pionierleistungen genau vorzustellen hat, lässt sich in einer schon zitierten deutschen Novelle nachlesen.[131] Das Marschtempo eines zur Jagd aufgefächerten Schwarms schneller Treiberameisen beträgt 30 cm in der Minute. Das sind 18 m pro Stunde oder 432 m am Tag. Selbst ohne Rast oder sonstige Hindernisse benötigten die brasilianischen Ameisenarmeen für 157,68 km ein ganzes Jahr, und selbst die Nebenflüsse des Amazonas messen 2000 km und mehr. Bis zur Küste könnte ihre Invasion Brasiliens also Jahrzehnte benötigen. Um 1920, so vermutet Wells' gut informierter Erzähler mit einigem Recht, hätten sie voraussichtlich den Atlantik erreicht. Dies impliziert aber nicht das Ende der Raumnahme. Wie jedes Imperium strebt auch das der Ameisen nach Weltherrschaft.

»And why should they stop at tropical South America? [...] I fix 1950 or '60 at the latest for the discovery of Europe.«[132] Europa werde entdeckt! Die Ameisen entdecken den alten Kontinent und zwingen uns zu einem Rollentausch. Auch so könnte es sich erlernen lassen, mit den Augen des Anderen zu sehen. Die möglichen epistemologischen Konsequenzen dieser Zumutung, dass Europa von einer südamerikanischen Expedition entdeckt werde, führt Wells aber nicht aus. Ein Blick auf die Fortführung seines Narrativs etwa bei Carl Stephenson bis hin zu *Phase IV* lässt es geboten erscheinen, seinen Ausblick der »Invasionsbiologie« zuzuschlagen.[133] Ihr beliebtestes Exempel ist die bereits vielfach erwähnte rote Feuerameise, die ihren wissenschaftlichen Namen *Solenopsis invicta* zu Recht trägt: die Unbesiegte.[134] Denn alle heimischen Spezies, Menschen inklusive, haben es schwer gegen sie. Die aktuelle Verbreitung der Arten ist stets nur eine Relation aus »invasion rate« und »expulsion rate«.[135] Ihr Eroberungszug konnte bislang nur unterbrochen, nicht aber gestoppt werden.

Eine ganze Reihe von Gemeinsamkeiten zwischen Wells' *Empire of Ants* und den zeitgleichen Romanen Conrads, Doyles und Kiplings habe ich betont. Ein Unterschied muss hervorgehoben werden: In Gestalt der Ameisen erwächst dem britischen Kolonialreich echte Konkurrenz. Oder anders formuliert: Was in *Kim* oder *Heart of Darkness* als Denkmöglichkeit gar nicht vorkommt, macht die zentrale Botschaft bei Wells aus. Im Medium der Ameisenzivilisation beschwört seine Erzählung eine Bedrohung herauf, die dem britischen Weltreich in seinen zahlreichen Kolonien dadurch erwächst, dass die zahllosen

Die argentinische Feuerameise als *global invader* lässt sich von keiner Grenze aufhalten. Das Bild ist aus Mark Moffet, *Adventures among Ants. A Global Safari with a Cast or Trillions*, Berkeley, Los Angeles, London: University of California Press 2010, S. 201.

Stämme, Horden, Klans und Ethnien ihrem »barbarischen« oder »primitiven« Stand entwachsen, ein Bewusstsein ihrer Lage erringen, sich vereinen, organisieren und modernisieren, um gemeinsam dem bisherigen Herrn den Krieg zu erklären.[136] Genau dies haben nämlich die Ameisen getan: Statt länger in viele, segmentäre Gesellschaften zu zerfallen, organisieren sie sich zu einer geschlossenen, überlegeneren Nation. »There can be little doubt that they are far more reasonable and with far better social organisation than any previously known ant species; instead of being in dispersed societies they are organised into what is in effect a single nation«.[137] *Eine* Nation übrigens, die nicht nur etwa alle ehemals untereinander konkurrierenden Kolonien zu einer schlagkräftigen Gemeinschaft vereint, sondern die verschiedensten Ameisenspezies in einen gemein-

307

sam agierenden Verbund integriert. Alle Ameisenvölker operieren vereint. Was dies für die vielen Ethnien der britischen Kolonien bedeuten würde, liegt auf der Hand. Wenn Teilen Herrschen bedeutet, dann kann umgekehrt aus der Kooperation der vielen versprengten Gruppen nur Unheil für die Herren des Empire hervorgehen.

Es trifft sich, dass alle Aufstände gegen die europäischen Kolonialmächte und insbesondere das englische Imperium wie etwa die *Great Mutiny* in Indien oder der Boxeraufstand in China auch als Angriffe von schwärmenden Insekten metaphorisiert worden sind. Für ein Beispiel von vielen greife ich erneut auf Wilsons Lieblingsautor Doyle zurück. »The whole country was up like a swarm«, berichtet Mr. Abelwhite Sherlock Holmes über seine Erlebnisse als Soldat während des Sepoy-Aufstands, der »plötzlich« und »ohne jede Warnung« über das von der Ostindien-Kompanie verwaltete, friedliche Indien hereingebrochen sei. Die gewaltige Überzahl der »Meuterer« ist aber nicht die einzige Herausforderung für die Besatzer. Dass es von den Briten selbst rekrutierte und gut ausgebildete Truppen sind, empört einen Veteranen besonders: »Es war ein Kampf der Millionen gegen ein paar Hundert, und das Gemeinste an der Sache war, daß die Männer, gegen die wir kämpften, sei es nun Infanterie, Kavallerie oder Artillerie, eben die Truppen waren, die wir selbst ausgehoben, ausgebildet und exerziert hatten, und daß sie mit unseren Hornsignalen zum Angriff gegen uns bliesen.«[138] Solche Truppen lassen sich nicht von ein paar Artilleriegranaten von ihrem Vorhaben abbringen, und man kann davon ausgehen, dass sie unter feindlichem Feuer in einer Schützenlinie von Deckung zu Deckung vorgehen wie die von Wells beschriebenen Ameisen, also wie ›moderne Infanterie‹. Einerseits werden die einheimischen Aufständischen mit Insekten verglichen. Es schwärmt und wimmelt. Andererseits werden die Kolonialtruppen von Insektenschwärmen belästigt, wenn nicht gar attackiert und aufgegessen: »um ein Haar wurden wir bei lebendigem Leibe von Schwärmen kleiner, grüner

Insekten aufgegessen, die zu Tausenden unsere nackten Beine befielen«.[139] Diese Insektenschwärme stehen metonymisch und metaphorisch für die aufständischen Inder. Die Invasion der englischen Hosenbeine, an die sich ein Sergeant der *Ninety-Third Sutherland Highlanders* erinnert, nimmt wiederum synekdochisch die Invasion Europas vorweg. Charlotte Sleigh schreibt über diese »Colonies within colonies«:

»The reason why army ants were perceived as threatening lies in their location: the colonies. Here they were lumped in with the other insects that bit and pestered the colonists, destroying their crops, depleting their workforce and bringing disease. Most interestingly, their alien quality of danger lay in their supposed kinship with their ›savage‹ human compatriots.

Der Grund für die Erfahrung der Ameisen als Bedrohung liegt in ihrer Lokalisierung: den Kolonien. Hier lungerten sie, zusammen mit anderen Insekten, herum, bissen und nervten die Kolonisten, zerstörten das Saatgut, schwächten ihre Arbeitskraft und brachten Krankheiten. Interessanterweise liegt ihre besondere Qualität als Gefährdung in ihrer vermeintlichen Verwandtschaft mit ihren ›wilden‹ menschlichen Landsleuten.«[140]

Bei dieser ›Wildheit‹ bleibt es aber nicht, denn wie Doyle und Wells deutlich machen, wird aus verstreuten Barbaren gerade in Kolonien schnell eine moderne Nation, wenn sie die Entwicklungsgeschichte der letzten Jahrtausende im Eiltempo nachholen, indem sie einfach die Europäer nachahmen. Und *Nachahmung* – das war eine der beiden zentralen Organisationsregeln der sozialen Insekten.[141] Aus den geschichtslos, wunschlos, kulturlos und zufrieden im Dschungel herumlungernden Indianern, die Bates beschreibt, könnte gemäß der Alarmmeldung Holroyds ans *Colonial Office* in kurzer Zeit eine echte Gefahr werden, die Europas Grenzen überwindet und es überschwemmt wie einst die Horden Dschingis Khans oder der Hunnen. Dieses Bild der ›asiatischen Gefahr‹ wird auch von

Entomologen aufgerufen: Wheeler und erneut Wilson und Hölldobler halten in geradezu wilhelminischer Beredsamkeit fest: »driver and legionary ants are the Huns and Tartars of the insect world.«[142] Ihrer fächerförmigen, tief gestaffelten Angriffsformation entkommt nichts Lebendiges.

Die Einsicht in die überwältigende »Dominanz der Ameisen« auf Erden trifft die Biologen wie ein Schlag.[143] Es sind *10 000 Billionen*, und sie stellen auf Erden die »aggressivste Biomasse neben der Menschheit«.[144] Die Bewunderung für die Ordnung, Organisation, Anpassungsfähigkeit und Intelligenz der Ameisen kann jederzeit umschlagen in ein Gefühl der Gefährdung. Diese ganz gegensätzlichen, aber aufeinander angewiesenen literarischen wie entomologisch-soziologischen Konstruktionen der Ameisengesellschaft als utopisches Modell und als dystopischer Horror stehen auch in unseren ›postkolonialen‹ Zeiten zur Verfügung. Saul Bass' großartiger Film *Phase IV* greift auf das diskutierte Invasionsnarrativ zurück, setzt die gesellschaftlichen Fähigkeiten der Ameisen ins Bild, steigert sie zur Bedrohung der menschlichen Zivilisation und stützt seine im Stil einer naturkundlichen Dokumentation gedrehten Passagen auf den allerneusten Stand der entomologischen Forschung. Anders als bei Wells oder Stephenson spielt die Sorge um den Verlust der Kolonien bei Bass keine Rolle mehr. Der 1974 noch nicht beendete, aber nach der Tet-Offensive verloren gegebene Krieg der USA in Vietnam hat als geopolitischer Rahmen die Furcht vor einer *Great Mutiny* im britischen Empire ersetzt. Auch Coppola lässt Marlowe in *Apocalypse Now* den Mekong hochfahren und nicht den Kongo wie Conrad in *Heart of Darkness*.

In *Phase IV* tritt eine technisch bestens ausgerüstete, von gut gesicherten Stützpunkten aus agierende angelsächsische Truppe gegen einen vermeintlich primitiven, aber zahlenmäßig überlegenen Feind an. Auch dieser Krieg gegen die Ameisen ist ein Stellvertreterkrieg. »Die Repräsentation von Schwärmen und Gewimmel in Analogie zu kriegerischen Eindringlingen« –

hier dem Vietcong, die wie die *army ants* von Wells bis Wilson aus dem Dschungel heraus auf verborgenen, teils unterirdischen Pfaden in amerikanisch kontrolliertes Gebiet einfallen oder plötzlich aus dem Untergrund Saigons auftauchen – »schafft Distanz zwischen Mensch und Insekt, zudem werden die Tiere national eindeutig verortet, um als Bedrohung inszeniert zu werden.« Die Alternative wäre, schlägt Petra Lange-Berndt mit Blick auf *Phase IV* vor, im Schwarm die Möglichkeit einer »Befreiung aus vorhandenen Strukturen« und Körperpanzern zu entdecken,[145] wie Deleuze und Guattari dies in ihren Überlegungen zum »Tier-Werden« angeregt haben.[146] Insofern »Ameisen« in den *Tausend Plateaus* als exemplarisches »Tier-Rhizom« eingeführt werden, das »Segmentierungslinien« mit »Fluchtlinien« verbindet,[147] wären gerade in diesem Falle visuelle und diegetische Maßnahmen zu erwarten, um der Deterritorialisierung Herr zu werden und die bewährte Ordnung des Staatsapparates zu erhalten. Die Identifikation der Ameisen mit dem ebenfalls rhizomatisch in Zellen organisierten Vietcong schlösse eine Identifikation mit dem Schwarm als alternativer gesellschaftlicher Form aus.

Ein Blick auf das Filmplakat weckt allerdings Zweifel daran, dass *Phase IV* ein »gelungenes Beispiel« dafür darstellen könnte, »hergebrachte Identitätsentwürfe« zu destabilisieren und der Menschheit einen »Übergang« in eine Epoche oder besser: in eine Phase anzubieten, die »das dichotome Schema von Mann und Frau sowie die Trennung von Mensch und Tier« hinter sich lässt.[148] Das Poster verspricht seinem amerikanischen Publikum ganz traditionellen (und eher unpolitischen, unkritischen) *B-Movie-Horror*, ganz ähnlich wie das Poster zur Verfilmung von Wells' *Empire of Ants*, das auch die Taschenbuchausgabe von *Tempo Books* ziert.

Bemerkenswert in beiden Fällen ist die Verschiebung der Proportionen: Das Paar, ganz klein gehalten und rechts im Bild des *Phase IV*-Plakates zu sehen, scheint vor gigantischen Ameisen zu fliehen, die mit bedrohlich aufgerissenen Mandibeln

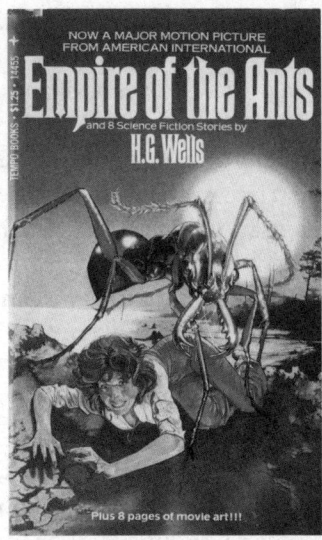

Die Welt auf dem Weg zum Friedhof der Menschen. *Phase IV* und
Empire of Ants. Dt. Titel: *In der Gewalt der Riesenameisen*.

von links ins Bild stürmen, während der Horizont in Flammen
aufgeht. Der *Claim* des Werbeplakats verspricht, an diesem Tag
werde die Erde von durchgedrehten, von einer Macht im All
kontrollierten Invasoren (»ravenous invaders controlled by a
terror out in space«) in einen Friedhof verwandelt. Dies ist
einerseits ein fernes Echo jener außerirdischen Invasionen, die
Wells in Form einer Bedrohung durch ameisenartige Seleniten
in *First Men in the Moon* imaginiert hat, andererseits wird hier
Dawkins' Narrativ eines Krieges der Replikatoren und Überlebensmaschinen aufgegriffen, denn die Invasionsarmee ist ja
ferngesteuert (»controlled«, »commanded«) aus dem Weltall.
Auf dem Titelcover der Wells-Ausgabe macht sich eine Ameise
von der Größe eines Ponys über eine hilflose Frau in Jeans und
weißem Hemd her, der panischer Schrecken ins Gesicht geschrieben steht. Die hier geweckten Erwartungen werden
von Bass' Film und Wells' Erzählung enttäuscht.[149] Von Riesen-

ameisen keine Spur. Die sind auch nicht nötig, denn die Gefahr droht von der Sozialität der Ameisen und der Intelligenz ihres Superorganismus, nicht der Größe ihrer Exemplare. Die Entscheidungen fällen diese Kolonien selbst, sie werden von keiner irdischen oder außerirdischen Macht kommandiert oder kontrolliert. Erst dies macht sie zum »würdigen« Feind der Menschheit,[150] die sich ja ebenfalls nicht aufgrund ihrer physischen Überlegenheit zum Herrn der Welt aufgeschwungen hat, sondern genau dank jener Eigenschaften, die die Ameisengesellschaften bei Wells und Bass auszeichnen und bei beiden Spezies, wenn man Wilson folgt, ein Effekt der *group selection* darstellen.[151] Die Ameisen können also so klein bleiben, wie man sie kennt, zertreten lassen sich ihre Heere trotzdem nicht. Freilich könnten Filme durch Nahaufnahme und Zoom auch noch so kleine Lebewesen in bildfüllender Größe zeigen, doch lässt Bass' Kameramann Ken Middleham nie einen Zweifel an den Relationen zwischen Mensch und Insekt aufkommen. Der Thrill von *Phase IV* ist kein Effekt der unheimlichen Riesengröße der Ameisen, wie in den vielen Insektenhorrorfilmen des Typs *Them!* (dt.: *Formicula*. Warner Bros. 1954) oder *Tarantula* (Universal 1955), die vage als Folge jener Experimente, Umweltverschmutzungen und Atombombenversuche plausibel gemacht werden, die der populären Kultur eine Reihe von Super-Helden und Mega-Schurken beschert haben, zu denen sich 1962 auch Marvels *Ant-Man* gesellt. »Spine tingling«[152] bei Wells und Bass ist dagegen genau jener Evolutionssprung, dessen soziale Folgen Holroyd als Bedrohung des britischen Weltreichs und Hubbs als Herausforderung der Menschheit ausmacht. Die Superkolonien sind selbstorganisiert, nicht ferngesteuert, und sie sind keine bloßen Automaten (im Sinne der Kybernetik erster Ordnung), sondern lernfähige Organisationen (im Sinne der in den Macy-Konferenzen verhandelten Kybernetik zweiter Ordnung). Das macht sie so gefährlich wie faszinierend.

Die von Wells imaginierte Evolution einer Ameisenspezies

Filmausschnitt aus *Them!*. Die Größe der Ameisen verweist auf die
Gefahr von Mutationen in der Folge atomarer Verseuchung. Die zunehmend von Menschen beeinflussten Umweltbedingungen zerstören die Homöostase der Welt und ihrer Fauna und Flora. Dieses
Großthema bedienen auch *Phase IV* und Wilsons *Anthill*. Wann immer Ameisen in den populären Medien zur Bedrohung werden, wird
die kulturkritische Semantik mitbeliefert. Die Gesellschaft zerstört
ihre Lebensgrundlagen, sei es durch Risikotechnologien, durch Um-
weltverschmutzung, Ressourcenverschwendung oder Klimawandel.

zu einem weltumspannenden Imperium hat inzwischen längst
stattgefunden. »Ant mega-colony takes over world«, lautet eine
Schlagzeile der *BBC-Earth-News* vom 1. Juli 2009. Es handelt
sich um die notorische *Argentine ant*, die sich von ihrer Heimat
in den Tropen Südamerikas aus über die ganze Welt hinweg verbreitet habe und in ausgedehnten, Staatsgrenzen über-
schreitenden »Megakolonien« hause.[153] Der für die *Headline*
maßgebliche Forschungsbeitrag hat es nicht ganz so spektakulär formuliert: *Intercontinental union of Argentine ants*.[154] Die
Arbeiter dieser Spezies, deren weltweite Verbreitung eine Folge
der verkehrstechnischen Globalisierung ist, leben in jenen von
Wilsons *Ameisenroman* beschriebenen Superkolonien, die die

Eigentümlichkeit aufweisen, dass sich Angehörige einzelner Nester *nicht* gegenseitig bekämpfen (»intraspecific aggression is absent«). Die argentinischen Ameisen konkurrieren nicht untereinander, sondern arbeiten miteinander gegen ihre vielen Rivalen und Feinde, die sie dank ihrer risikoarmen und temporeichen Expansion verdrängen. Diese Ameisenart zählt zu den ersten, die Wilson als noch junger Entomologe der Universität von Alabama untersucht.[155] Sechzig Jahre später spielt sie eine Hauptrolle in seinem Roman. Ihre schiere Existenz wird in *Anthill* auf einen genetischen Defekt zurückgeführt, und nach ihrer ungesunden Expansion ereilt sie das Schicksal einer Extermination durch einen *deus ex machina*: Die Superkolonie wird vergast. Wilsons Roman verweist hier, wissentlich oder unwissentlich, auf *Phase IV*, dessen Film ebenfalls den Aufstieg einer Superkolonie erzählt, der hier übrigens über das Setting mit dem Abstieg eines Immobilienentwicklungsprojekts kurzgeschlossen wird. Dieser Zusammenhang bildete einen der Haupthandlungsstränge in *Anthill*. In *Phase IV* kann man sehen, wie Raffs geliebtes Nokobee einmal aussehen könnte, wenn die Entwicklung des Bebauungsplanes und der Ameisengesellschaften nicht eine andere, nachhaltigere Richtung genommen hätte.

Anders als in *Anthill* gelingt es den verzweifelten Wissenschaftlern Dr. Hubbs (Entomologie) und Lesko (mathemati-

Phase IV. Nachhaltige Verwüstung in Paradise City, Arizona. Was die Developer nicht betoniert haben, konsumieren die Ameisen. In *Anthill* kann Raff dagegen sein Paradies vor der Zerstörung retten.[156]

sche Kommunikationswissenschaften) in *Phase IV* jedoch nicht, in einem uneingeschränkten Giftgaskrieg den Schwarm zu vernichten. Im Gegenteil: Die Kampfstoffe *blue* und *yellow* werden dem Metabolismus der Ameisen hinzugefügt, die dann so resistent gegen Gas sind wie Krankenhausbakterien gegen Antibiotika. Diese genetische Variabilität wird von Bass aber nicht als Defekt ausgewiesen, sondern als evolutionärer Vorteil, der die Adaptivität erhöht. Was dem Erzähler von *Anthill* zur Superkolonie einfällt, ist ihre Vernichtung durch die Schädlingsbekämpfung. Das vielgepriesene Gleichgewicht der Natur kann nach dem Gasangriff wie auf einer *tabula rasa* aufs Neue etabliert werden, so wie es Wilson und MacArthur in ihren Versuchen mit der »defaunation« von Inseln experimentell erprobt haben.[157] Die Expertise in der Durchführung flächendeckender Entlaubungsexperimente ist zu dieser Zeit in den USA freilich sehr hoch. So einfach wie Wilsons *Anthill* wird es uns Saul Bass in seiner Engführung von Entomologie und Ethnographie, imperialer Raumnahme und Evolutionsbiologie aber nicht machen.

Ameisenethnographien

Krieg und Erkenntnis fallen bei Wells wie bei Conrad und Kipling zusammen. Auch die von Grove erfundene Ameisenexpedition in die USA besteht nicht nur aus einem Team von Sprachwissenschaftlern, Ethologen, Medizinern, Biologen, Ethnologen und Soziologen, sondern zumal aus einer gigantischen Armee. Die bislang unveröffentlichte Monographie, die aus dieser Forschungsreise in die USA hervorgeht, umfasst 262 Seiten und trägt den Titel *MAN: His Habits, Social Organisation, and Outlook*.[158] Was in den USA als *fire ant invasion* dramatisiert wird, deklarieren die Ameisen selbst für eine wissenschaftliche Erkundungsreise. Grove hieß in einem früheren Leben einmal Felix Paul Greve, und es ist durchaus möglich, dass ihm als Berliner Vielschreiber und Übersetzer auch Kurd

Laßwitz' *Tagebuch einer Ameise* in die Hände fiel, in dem aus der anthropologisch-soziologischen Studie einer Rotameise namens Ssrr mit dem Titel *Leben und Treiben des Menschen* berichtet wird.[159] Die Abhandlung *MAN* ist also nicht die Erste ihrer Art. Sicher darf man in ihr den satirischen Widerhall der vielen Monographien mit dem Titel *Ants* erkennen. Doch erinnert sie auch an ethnographische Berichte, gibt sie doch einen Überblick über die Stellung des nordamerikanischen Menschen im Reich der Natur, seine soziale und politische Ordnung und Differenzierung, seine Ökonomie und Kultur.[160] Insofern Entomologen dieser Zeit üblicherweise in ihren Werken Hinweise zur »Bekämpfung« der »lästigen« Ameisen geben,[161] diskutiert auch *MAN* die Möglichkeiten der Ausrottung der Spezies *homo sapiens*.

Der »formikarische Autor«[162] von *MAN* geht genauso vor wie der Urheber von Wheelers *Ants*, dessen Werk Grove hier mit Bedacht ausschlachtet.[163] Wie es sich für Studien politischer Tiere gehört, wird hier nicht seziert, sondern die lebende Spezies in ihrer natürlichen und sozialen Umgebung beobachtet.[164] Das Ergebnis liest sich wie das seitenverkehrte Abbild der Ameisen aus der Pfadfinderzeitschrift: Das soziale System der Menschheit ist kompetitiv, individualistisch und egoistisch. Es leidet grundsätzlich an mangelndem Mitgefühl mit dem anderen.[165] Starke Bindungen fehlen. Ein »jeder sorgt für sich« und »nicht etwa für die Gemeinschaft«.[166] Der Mensch widmet sich ganz dem Erwerb von substanzlosen Luxusgütern, statt, wie bei den Ameisen üblich,[167] dem Nützlichen und Wesentlichen.[168] Diese offenkundige Kulturkritik Groves im Medium einer Ameisenethnographie findet ihr Pendant in seiner Vision einer Art »pastoraler Utopie«, die für Menschen unerreichbar in der Atta-Kolonie seines Romans angesiedelt wird.[169]

Die offensichtlichen Verkehrungen und Analogien – die Expedition führt die Ameisen aus den hochzivilisierten Tropen in den unterentwickelten Norden, die Königin fungiert als Schirmherrin, die *Royal Society* schickt ihre Mitglieder – liefern den schnell durchschauten Witz des Romans, der diesen fremden und zugleich allzu vertrauten Blick auf die USA nutzt, um im Spiegel einer »fremden Fremderfahrung« zu zeigen, wie wir sind. Um es mit einem Ethnographen zu formulieren: Bewusst werden bei der Lektüre des Berichts die »Selbstverständlichkeiten des eigenen Weltbilds«, die so auch »zur Disposition gestellt werden«.[170] Die *dichte Beschreibung*[171] einer Zahnarztpraxis führt einerseits zu einer grotesken Fehllektüre, denn die beobachtenden Ameisen halten das zeremonielle Öffnen des Mundes für die Einleitung einer Regurgitation, wirft aber zugleich einen scharfen Blick auf die Machtverhältnisse zwischen Arzt, Assistenten und Patienten und ihre ethnischen und geschlechtsspezifischen Ausprägungen. Die Zahnarzthelfer hält Wawa-quee, in Analogie zu den durch Pierre Huber bekannt gemachten Praktiken der Art *Polyergus rufescens*,[172] für Angehörige einer versklavten Rasse. Die Patientin halten die Forscher für das Opfer eines brutalen Rituals. Der Bericht nimmt für sich in Anspruch, allein Fakten mitzuteilen und die Schlussfolgerungen den Rezipienten zu überlassen, doch kommt er nicht umhin anzumerken, dass von »Kooperation, wie sie unter Ameisen üblich ist«, unter den fünfhundert Menschen der beobachteten (dörflichen) Kolonie leider nirgends die Rede sein könne.[173] Es sind also Barbaren. Der Mensch sei insofern nützlich, lautet eine andere Forschungsmeinung, als er einer überlegenen Spezies »eine schier unerschöpfliche Nahrungsquelle« zur Verfügung stelle, den Ameisen natürlich, die sich geradezu eine Spezies wie den Menschen heranzüchten müsste, wenn die Natur ihn nicht bereits zu ihrem Nutzen erschaffen hätte.[174] Dies ist vermutlich für solche Leser amüsanter, die aus den wissenschaftlichen oder populären Schriften zum Thema den obligaten Hinweis auf die »usefulness of ants« kennen, zum Beispiel ihren Beitrag zur »Beseitigung organischer Substanzen« oder zur Bekämpfung von Schädlingen.[175] Die Ameise ist für sog. »economic entomologists« ein »Nützling«, kein »Schädling«.[176] Ob dies auch für den Menschen gilt, ziehen die

Bücher MAN und *Consider her ways* in Zweifel, und Wilson äußert sich im direkten Vergleich von Ameisen- und Menschengesellschaften ähnlich. »Humankind's actions are impoverishing the earth«, Ameisen dagegen nicht,[177] wenn sie nicht gerade aufgrund eines genetischen Defekts aus der Art schlagen wie die Superkolonie von Nokobee. Die Gesellschaft so einzurichten, dass ihre Entwicklungsdynamik nicht auf die Vernichtung der Artenvielfalt der Fauna und Flora hinausläuft, ist das durchaus ehrenwerte Ziel Wilsons, über dessen Begründung und Mittel sich aber streiten ließe. Die Ethnographie der Ameisen findet vorerst, zumindest bei Grove, nicht zu einer alternativen oder reversen Perspektive. Die *Atta* der ethnographischen Expedition sehen sich im Vergleich zu anderen Ameisenarten ganz selbstverständlich als überlegene Zivilisation. Aus dem Spiegel der Primitiven schaut ihnen immer eine Hochkultur entgegen. Sie hat Zoologen, Ethologen und Soziologen hervorgebracht, die unentwegt Analogien festhalten und, wie in der entomologisch-soziologischen Passage üblich, unermüdlich wie vergebens vor Analogisierungen warnen.[178] Ein Myrmekologe, den die forschen Ameisen genauer beobachten, erhält ob seines kuriosen Fortbewegungsmittels den Namen »the Wheeler«.[179]

Der berühmte Forscher, dessen Studien Grove für seine Narration nutzt[180] und der selbst mehrere Subspezies von Blattschneiderameisen entdeckt und bestimmt hat, bemerkt nicht, dass er bei seinen Feldforschungen von Ameisen beobachtet wird.[181] Er selbst lernt nichts von seinen Ethnographen. Allerdings könnten – ähnlich wie im Falle des von Wheeler mitgeteilten Kulturvergleichs der Termite Wee-Wee – die Leser des Forschungsberichts der Atta-Expedition etwas lernen, wenn sie reflektierten, wie sie beobachtet werden. Aus dem ethnographischen Lehrbuch MAN ließe sich etwa die Lehre ziehen, dass auch eine Forschung wie die der Blattschneiderinnen, die strengsten Methoden und vorurteilsfreiester Reinheit verpflichtet ist, den ›Wurzelmetaphern‹ der eigenen Kultur nicht

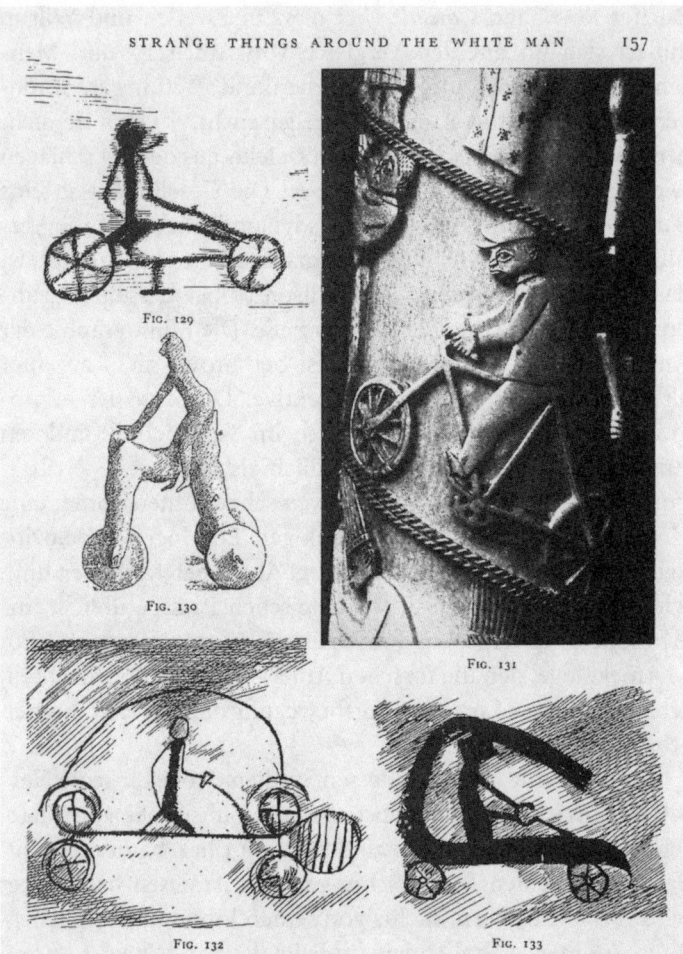

FIG. 129

FIG. 130

FIG. 131

FIG. 132

FIG. 133

The Wheeler oder der fremde Blick auf die ›merkwürdige Dinge‹, die der weiße Mensch so treibt. Abbildung aus Julius Lips, *The Savage hits back. The White Man through Native Eyes*, London: Dickson 1937, S. 157.

320

entkommt. Das wäre ja nicht wenig: statt einer biologischen Aufklärung würde so eine epistemologische Aufklärung angestoßen. Diese Möglichkeit scheint den Roman allerdings zu überfordern und wird trotz mancher Vorlagen in diese Richtung nicht miterzählt. So bleibt auch das genaue Studium der entomologischen Werke William Morton Wheelers und Adele Fields durch die Ameisen ohne Konsequenzen für ihre eigene Selbstbeschreibung und ihre wissenschaftlichen Vorannahmen bei ihrer eigenen Erforschung des Menschen.[182] Die Passage bleibt trotz aller Transfers und Analogien anthropozentrisch oder myrmekozentrisch, je nachdem. Auch *Anthill* scheitert mit dem Anspruch, es mit einer alternativen Perspektive zu versuchen, die dem Anderen eine Stimme gibt. Für sein Lob der Biodiversität, der Elite, der Selbstaufopferung und der Nachhaltigkeit ist diese *voice* auch gar nicht nötig. Es ist einem geradezu singulär dastehenden Film vorbehalten, hier einen Schritt weiterzugehen und die Erfahrung der Beobachtung der Beobachtung durch andere zu einem zentralen Thema des Verhältnisses von Mensch und Ameise zu machen.

Ameise werden – in vier Phasen

Mit *Phase IV* setzt Saul Bass einen Meilenstein der Adaption des Stoffes der Ameiseninvasionen und Superkolonien, der eine völlige Neuorientierung in der kulturellen Konstruktion der Ameisen ankündigt: Auch für das Massenpublikum wird wahrnehmbar, dass von Sprüngen der Evolution nicht zu befürchten ist, dass sich Ameisen in gigantische Monster verwandeln, sondern eher zu erwarten wäre, dass die evolutionären Vorteile der sozialen Insekten durch minimale Variationen noch stärker zum Tragen kommen könnten. Ameisen sind keine Ungeheuer. Sie bilden aus Millionen unbedeutender Einheiten ein gut koordiniertes, altruistisches, robustes und effektives Kollektiv. Es ist selbstgesteuert von verteilter Intelligenz. »They are tiny functioning parts of the whole«, wie Dr. Hubbs im Film formu-

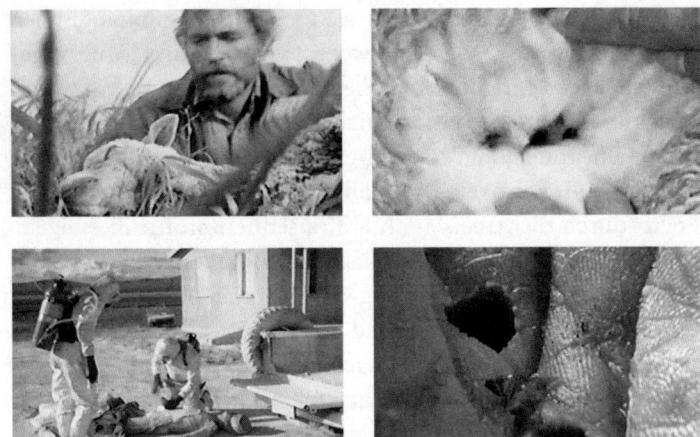

Invasionen der Körper in *Phase IV*. Erst das Schaf, dann der Hirte. Die Ameisen räumen mit der Artenvielfalt der politischen Zoologie radikal auf. Wer keinen Schutzanzug trägt, wer sich also nicht hermetisch von der Umwelt isoliert, muss mit seinem Ende rechnen. Dass es sich bei diesen Invasionen auch um Expeditionen handelt, die Wissen über den Menschen gewinnen, wird erst am Ende des Films deutlich.

lieren wird, »defenseless as an individual, so powerful as a mass«. Dieses funktionierende Ganze wird in *Phase IV* einerseits zum Feind der Menschheit, weil es sich in der Konkurrenz um knappe Ressourcen so entschieden durchsetzt wie Stapledons Schwarm vom Mars. Die Ameise ist ein Omnivore wie wir. Fauna und Flora von Arizona werden abgeweidet und aufgefressen. Anderseits erscheint der Superorganismus im Film als faszinierende Gemeinschaft, die das Begehren stimuliert, mit ihr eins werden zu wollen. Entweder der Mensch wird von innen heraus von den Ameisen zerfressen, wie auf dem bereits abgebildeten Werbeplakat zu sehen ist, oder er wird selbst zur Ameise, wie es von der deutschen Variante des Posters angedeutet wird. Der Film erzählt beide Varianten der Story: den

Krieg gegen die Ameisen und die Umarmung ihres Superorganismus. Einige menschliche Opfer werden von innen aufgefressen: Der Mensch wird zur Ressource. Erst werden die Felder abgeerntet, dann das Nutzvieh vertilgt, schließlich kommen die Farmer an die Reihe.

Andere, der Entomologe Hubbs und der Kommunikationswissenschaftler Lesko sowie die hübsche Überlebende einer vom Schwarm einverleibten Farmerfamilie namens Kendra, machen einen Transformationsprozess durch, der sie in je spezifischer Weise zu Ameisen werden lässt. Der von einer Ameise gebissene Ethologe Hubbs macht eine Mutation durch, die an Jeff Goldblums Verwandlung in Cronenbergs *The Fly* erinnert. Die genetische Adaptivität der Ameisen ist ansteckend, Hubbs kann sie aber nicht produktiv wenden. Sein Arm sieht wie eine Mandibel aus, als er seinem Kollegen James Lesko die informationstheoretischen Berechnungen vom Tisch wischt und pathetisch ausruft: »We will not … *Men* will not give in.« Der Mensch werde nicht aufgeben. Hubbs weiß es: Beide Spezies

Agent yellow und *agent blue* im Einsatz. Die Ameisen passen ihren Metabolismus an den Kampfstoff an und sind künftig immun. Wie das berüchtigte agent orange der Firmen Monsanto und Dow Chemical kam auch *agent blue* im Vietnamkrieg zum Einsatz. Der sogenannte Regenbogen der in Südostasien eingesetzten Gase umfasst noch die Agenten *pink*, *green*, *purple* und *white*. Vgl. Jeanne Mager Stellman, Steven D. Stellman, Richard Christian, Tracy Weber, Carrie Tomasallo, »The extent and patterns of usage of Agent Orange and other herbicides in Vietnam«, in: *Nature*, Nr. 422 6933 (2003), S. 681–687.

befinden sich im Endspiel. Die Kapitulation des Forscherteams stünde aus seiner Sicht stellvertretend für die Niederlage der Menschheit. Auch nach dem erfolglosen Gaskrieg mit *yellow* und *blue* will der Entomologe die Superkolonie vernichten.

Bevor er zum letzten, verzweifelten Gegenschlag ausholen kann, wird Hubbs vom Schwarm eine Falle gestellt, wie sie der Vietcong nicht simpler, effizienter und besser ausdenken konnte. In einem engen, tiefen Loch einer Fallgrube wird der Entomologe von Myriaden von Ameisen konsumiert, die wie schwarzer Regen auf ihn herabprasseln. Der Kommunikationswissenschaftler Lesko dagegen will immer noch »another message« senden. Damit hat er in gewisser Weise Erfolg, denn dieser Erfolg markiert zugleich auch das Ende der Menschheit. Denn er und Kendra werden in genau der Art mit dem Ameisenschwarm kommunizieren, die in den Romanen von Wells bis Grove beschrieben worden ist: Der mesmeristische oder telepathische Kontakt löscht die Individualität aus.

Lesko erliegt dem Irrtum vieler Kommunikationstheoretiker, dass die Kommunikation selbst immer auch zur Verständigung beitrage. Statt sich schiedlich friedlich mit dem Anderen auszutauschen, nutzen die Ameisen ihren Kanal in das nahezu hermetisch abgeschirmte Forschungslabor jedoch dafür, um erst Hubbs, dann Kendra und schließlich Lesko heraus-, in die Falle bzw. ihren Bau zu locken. Nach der somnambulen Kendra gibt sich zuletzt auch Lesko dem *Hive Mind* hin. Ihre Gestalt mag noch menschlich sein, aber sie sind nicht mehr Subjekte ihres Handelns. Sie sind vielmehr vom Schwarm aufgenommen geworden: »we'll be part of their world«, ist sich Lesko in der letzten Filmminute vor dem Abspann sicher, »but we didn't know to what purpose«. Zu welchem Zweck er und Kendra adaptiert wurden und wie sie künftig dem Schwarmkollektiv dienen würden, weiß Lesko nicht. So gehört es sich aber auch für einen *simple agent*.

Damit ist die Phase III auf der Ebene der Diegese abgeschlossen, womit der Film endet und die Phase IV des Geschehens beginnen kann. Die Einblendung der Phase I bis III im Verlaufe des Films und der erst am Ende des Films gezeigte Titel deuten darauf hin, dass nun mit einer weiteren Stufe eines Experiments zu rechnen ist. In der Pharmaforschung bezeichnet Phase IV den Schritt von Wirkungserforschungen an wenigen Probanden zu Testreihen mit großen Patientenkollektiven. Die Ameisen werden ihre bislang an ein paar wenigen Farmern und Forschern gewonnenen Erfahrungen nun in einer größeren Feldstudie überprüfen. Es sind also nicht Hubbs und Lesko, die zur Phase IV ihrer Forschungen übergehen, sondern der Superorganismus der Ameisen. Auch die Phasen I bis III können aus dieser Perspektive eines formikarischen Experiments rekonstruiert werden. Phase I beginnt mit der Erkundung des Terrains und der Einrichtung der Forschungsstation; zugleich beginnt die Beobachtung der Wissenschaftler durch die Ameisen. Phase II startet mit einer Intervention. Hubbs zerstört alle hochhausartigen Bauten der Ameisen mit einer Ausnahme. Die vorher gewonnenen Messdaten sollen mit den zu erwartenden Reaktionen auf den Angriff verglichen werden. Dies ist erfolgreich. Lekso macht Fortschritte bei der Entzifferung der Ameisensprache. Aber auch die Ameisen beginnen damit, die Umgebung der Menschen zu verändern, um ihre Reaktionen zu testen. Das Ergebnis der Analyse ist, dass sie genauso auf ihr klimatisiertes Habitat angewiesen sind wie die Ameisen. Hubbs' Angriff auf die Ameisenstadt wird erwidert mit der Zerstörung des Generators und der Errichtung von Reflektoren, die die heiße Sonne von Arizona bündeln und auf das Forschungsmodul ausrichten. Dort wird es nicht nur ungemütlich warm, darüber hinaus versagen nach und nach alle komplexeren technischen Systeme, die wie die großen Rechnerarchitekturen auf Kühlung angewiesen sind. Beide Spezies bekämpfen den Gegner, indem sie die Umweltbedingungen lebensfeindlich werden lassen. Sie prüfen die Fähigkeit der Systeme, ihr Äquilibrium nicht nachhaltig stören zu lassen. Auf die Sabotage der Stromversorgung reagiert Hubbs mit einem breitflächigen Einsatz

Agent yellow wird von einer Königin analysiert. Das Ergebnis ist rechts im Bild der Überwachungskamera. Die Arbeiterin ist immun. Sie wird auf dem verseuchten Boden jene Bauten errichten helfen, die die Sonne auf die Station reflektieren. Hubbs und Lesko stellen sich auf diese Adaptivität der Ameisen nicht ein, sondern werden überrascht.

von *agent yellow*. Die Analyse der Kampfstoffe wird von den Ameisen in ihren Metabolismus überführt. Eine ähnliche Adaptivität lässt sich bei den Menschen nicht beobachten. In der Phase III lernen die Ameisen mehr über die Menschen als umgekehrt.

Ihre zentralen Bauten werden nun unterirdisch errichtet. Aus der Forschungskuppel wird derweil – in Entsprechung zum *Formicarium* der Wissenschaftler – ein *Homicarium*. Die Ameisen studieren unter kontrollierten Bedingungen die Verhaltensweisen der Menschen. Das theoretische Modell, das diese Studien anleitet, ist das gleiche, das die Entomologie favorisiert: das Modell der Homöostase. Als Symbol dieser Forschungen kommt das Thermometer immer wieder ins Bild. Verschiedene Maßnahmen der Ameisen von der Erhöhung der Sonneneinstrahlung durch Reflektoren bis zur Sabotage der externen und internen Energieversorgung und der Kühlsysteme stören das Gleichgewicht von Menschen und Maschinen im Habitat. Die Temperatur steigt. Die Population reagiert darauf mit Versuchen, das Gleichgewicht wiederherzustellen, etwa mit Notstromaggregaten, oder sich an die neue Temperatur zu gewöhnen, indem sie mehr trinkt und schwitzt und

die Kleidung reduziert. Ein Regelkreislauf aus Temperatur-
messung, Erfassung der Regeldifferenz (es ist zu heiß oder zu
kalt) und dem Ansteuern der Stellgröße (durch eine Heizung,
eine Klimaanlage, das Herablassen von Jalousien oder der Jus-
tierung von Spiegeln) liefert ein prototypisches Beispiel für
eine Kybernetik erster Ordnung. In den 1970er Jahren wird
schließlich die These lanciert, ein »biosphärisches Thermo-
stat« sei für das globale Klima verantwortlich. Die Atmo-
sphäre der Erde, ihre chemische Zusammensetzung, Luft-
druck und Temperatur seien zu beschreiben als Effekt eines
»biological cybernetic system which sustains homeostasis«.[183]
Die dem uns bekannten Leben so günstigen, außergewöhnlich
unwahrscheinlichen, ja geradezu »anormalen« Bedingungen
der Erde verdanken wir einer »Homöostase«, die in globaler
Dimension vom »Leben selbst« eingerichtet und aufrecht-
erhalten werde.[184] Mehrfach wird in diesem Text von Lovelock
und Margulis auf die Regulierung der lokalen Temperatur
durch soziale Insekten hingewiesen; auch die Arbeit von Wilson aus dem Jahre 1971 wird angeführt.[185] Insektengesellschaften werden dort konsequent als »kybernetische Systeme«
im oben skizzierten Sinne beschrieben:[186] Die Ameisengesellschaft als Superorganismus / kybernetisches System sorgt mit
einer Reihe von Maßnahmen dafür, dass die Stellgrößen nicht
allzu weit von der Messgröße abweichen. Auf diesem For-
schungsstand der 1970er operiert der Film von Saul Bass. Das
entomologische und soziobiologische Wissen wird souverän
in filmische Mittel überführt. Die unterirdischen Bauten, die
die Ameisen in *Phase IV* errichten, machen schon auf den ersten Blick einen kühlen Eindruck. Das schattige Ventilations-
system steht in sichtbarem Kontrast zu der gleißenden Sonne,
die auf das Forschungsmodul herunterbrennt. Die Behausun-
gen der Ameisen wirken steril, völlig aufgeräumt und kalt, die
Station macht dagegen einen chaotischen, aufgeheizten Eindruck.

Was Grove und Wilson nur in auktorialer Manier behaupten, wird in Bass' Film ins Werk gesetzt: Die Ameisen haben zu einer überlegenen Ordnung gefunden. Anders als die Ameisen, deren Kolonie nichts anderes als ein biologisches, kybernetisches, homöostatisches System ist, sind die Bewohner des Moduls auf externe Energieversorgung angewiesen. Der Strom kommt erst aus einem Dieselgenerator, dann aus einer Batterie. Wilsons großes Thema der Nachhaltigkeit, das er in *Anthill* entfaltet, ist in *Phase IV* bereits aufgerufen. Auf die Herausforderung der Biosphäre durch Treibhausgase weisen auch Lovelock und Margulis bereits hin.[187] Ihre Thesen zur Atmo- und Biosphäre als homöostatischem System vermögen die globale Dimension der Vorgänge zu erfassen, die *Phase IV* in Arizona abhandelt.

In der Wüste von Arizona jedenfalls haben sich die Ameisen nachhaltiger eingerichtet als ihre Konkurrenten. Die Wissenschaftler und die für sie maßgeblichen technischen Geräte sind auf Dauer bei einer Temperatur von 90 Grad Fahrenheit (bzw. 32,22 Grad Celsius) nicht lebensfähig. Die Maschinen versagen, die Probanden verlassen die Station. Auf Anstrengungen der Menschen, ihre Versuchsanordnung zu zerstören, sind die Ameisen vorbereitet. Sie wissen noch aus den vorhergehenden Phasen, über welche Mittel Hubbs und Lesko verfügen. Der Weg zur Zerstörung der Sonnenreflektoren ist von Bodenfallen verstellt. In einer findet Hubbs sein Ende. Den von Lesko eingerichteten Kommunikationskanal nutzt die Superkolonie, um genau die Botschaft zu senden, die Kendra und Lesko dazu befähigt, sich in das unterirdische Zentrum des Ameisenbaus zu begeben. Dort werden beide »verändert«, womit der Startschuss zur Phase IV gegeben wird. Von Arizona aus kann nun die Welt erobert werden. Der Film führt die Forscher resp. die Menschheit in vier Phasen zum Ende ihrer Art und zur Entstehung einer neues Spezies:

den Varianten durchgespielt: Der Entomologe Hubbs und der Kommunikationstheoretiker Lesko können sich nicht vorstellen, dass sie selbst bei der Beobachtung der Ameisenkolonie von den Ameisen dieser Kolonie beobachtet werden. Und schon gar nicht ahnen sie, dass sie etwas zu sehen bekommen könnten, das sich nur als Konsequenz der Beobachtung der Forscher bei der Beobachtung der Ameisen durch die Ameisen verstehen ließe. Der Film lässt aber gar keinen Zweifel daran, dass die Ameisen dagegen in ihre Beobachtungen zweiter Ordnung erfolgreich eine Feedback-Schleife integriert haben, die jene Annahmen berücksichtigt, die die beobachteten Forscher im Verlaufe ihrer Beobachtung der Ameisen gewonnen haben. Dass sie einen neuen Belagerungsring errichten, überrascht Hubbs und Lesko nicht, womit sie aber nicht rechnen ist, dass die Ameisen erwarten, dass sie diese Bauten wiederum zu zerstören suchen werden, und sie daher mit Fallgruben gesichert sind. Hubbs fällt in eine hinein, als er auf einen der Belagerungsbauten zuläuft. Die Ameisen erweisen sich als die besseren Ethnographen und auch als bessere Ethologen, zumindest treffen ihre Prognosen ins Schwarze, was die Verhaltensweisen ihrer Versuchstiere betrifft.

Wenn meine Beschreibungen zutreffen, dann lässt sich das mysteriöse Ende des Films, das bisher der Forschung Rätsel aufgegeben hat, kohärent deuten. Es sei nicht zu entscheiden, meint Petra Lange-Berndt, ob »Kendra noch sie selbst ist, oder die Ameisenkönigin oder alle Ameisen verkörpert. Plötzlich wird erst Kendra, dann das Bild des Paares unter Einsatz von pulsierenden, stroboskopartigen Lichteffekten mit einem insektoiden Insektenauge überblendet, bis sich Innen- und Außenraum verschränken.«[190] Dies stimmt zwar, doch ist diese Kameraperspektive, die suggeriert, der Blick falle aus dem Facettenauge einer Ameise auf die Außenwelt, im Film nichts Neues, kann also *nicht* als Beleg für eine Metamorphose Kendras zur Königin oder Verkörperung des Schwarms angeführt werden.

Schutzanzüge brauchen sie jetzt nicht mehr, denn Kendra und Lesko sind nun Agenten des Schwarms geworden. Sie stehen, wie die Ameisen der *Woodland Colony* in *Anthill*, an der *frontier* und schauen in die Welt hinaus, die sie nun im Dienste des *hive minds* erkunden werden.

Aber es gibt zwei gute Gründe, warum Kendra weder die Ameisenkönigin (es gibt ohnehin Hunderte) noch ›alle Ameisen‹ inkarniert. Zum einen widerspräche es vollkommen der Epistemologie und Entomologie des Schwarms, die den Film strukturiert, am Ende die Vielheit wieder in einem geschlossen Körper zu repräsentieren. Die Superkolonie ist kein Leviathan. Zum Zweiten haben Kendra und Lesko ganz sicher eine Aufgabe, die sie übernehmen werden, wie sie selbst sagen, wenn sie auch nicht wissen, zu welchem Zweck. Weshalb sie nicht das Schicksal des Entomologen und der Farmer teilen, liegt aller Wahrscheinlichkeit daran, dass der Übergang von Phase III zur Phase IV der Studie darin besteht, Menschen nicht mehr in einem abgeschlossenen Homicarium zu beobachten, sondern in ihrer natürlichen Umgebung. Wenn Kendra und Lesko am Ende des Films in Richtung Horizont schauen, dann dürfte klar sein, dass sie ausgeschickt werden in die Ferne. Sie sind das Herzstück der anthropologischen Expedition der Ameisen. Ihre Studie schreitet von der Labor- zur Feldforschung.

Das Ende der Arten. Gattung und Gesellschaft

Dabei können wir es leider nicht belassen. Im Juni 2012 ist eine bisher unbekannte Sequenz des Films entdeckt worden, die das Ende von *Phase IV* deutlicher herausarbeitet. Eine erste Sichtung dieser Szene legt die Vermutung nahe, in der Phase IV stehe weder eine Machtübernahme der Ameisen an, wie Hubbs befürchtet hat, noch ein Schritt der anthropologischen Mission der Ameisen aus dem Labor ins Feld, wie ich es eben nahegelegt habe, sondern eine Verschmelzung der beiden Spezies. Wer *Phase IV* mit der aufgefundenen Schlusssequenz sehe, der realisiere,

> »die Ameisen wollen an der Menschheit teilhaben, bzw. sich mit ihr verbinden, um eine neue Entwicklung in beiden Spezies zu veranlassen, woraus eine radikal neue Spezies entstehen könnte. Am Schluss schaut das Paar, das aus einer abgeschlossenen Transformation hervortritt, auf eine vom Licht des Sonnenuntergangs getönte Landschaft und erkennt, dass die Menschheit eine neue Entwicklungsstufe erreicht hat: ›Phase IV‹.«[191]

Mit dieser Sicht auf das Ende von *Phase IV* findet auch dieses Kapitel einen logischen Abschluss, denn mit der Verschmelzung von Mensch und Ameise zu einer hybriden oder chimärischen Spezies fielen all jene Differenzen weg, auf denen die imperialen und ethnographischen Narrative von Herbert G. Wells bis Philip Grove oder Bernard Werber basieren. Die Rede von Anthropozentrismen oder Myrmekozentrismen verlöre ihren Sinn. Auch die vielen, immer wieder ignorierten Warnungen der Entomologen und Soziologen vor falschen Analogieschlüssen von Ameisengesellschaften auf die Gesellschaften der Menschen und umgekehrt wären dann überflüssig; die Soziologie der Ameisen und Menschen könnte stattdessen mit gutem Gewinn ein Fach werden. Weder wären Menschen *wie* Ameisen, wie Michael Eisner annahm, noch *wären* sie Ameisen, wie Bill Gates ihn korrigierte, vielmehr gingen alle Differenzen verloren, denen die Zeichentrickepisode ihren Witz verdankt. Es entstünde etwas anderes.

Die Geschichte der Invasionen und Expeditionen dieses Kapitels ist von einer Freund-Feind-Logik strukturiert, die auch Bass' Film bis zu jenem Ende beherrscht, an dem sie nach dieser letzten Lesart suspendiert wird. Denn auf der neuen, hybriden Ebene der Evolution hörte die Feindschaft auf. Die bis dahin dominante binäre Logik, die das Feld des Politischen (Freund / Feind) genauso prägt wie die des Darwinistischen *struggle for existence* (positive oder negative Selektion), der kolonialen Raumnahmen und der ethnographischen Expeditionen (wir / sie, vertraut / fremd, zivilisiert / primitiv), macht einer neuen, hybriden Spezies als einer Figur des Dritten Platz. Es wäre der von einer zweiwertigen Logik ausgeschlossene Dritte, der hier die Bühne betritt. Solche »ausgeschlossene Drittwerte« sind »Parasiten« dualer Codes.[192] Diesen biologischen Begriff hat Michel Serres 1980 generalisiert und in die Geisteswissenschaften eingeführt. Über Figuren des Dritten im Allgemeinen und Parasiten im Besonderen ist seitdem viel und oft auch begeistert geschrieben worden,[193] so dass der bloße Hinweis darauf, die duale Logik werde am Ende von *Phase IV* womöglich verlassen und in einer hybriden Figur überwunden, niemanden mehr beeindrucken muss. Wissensgeschichtlich interessant und produktiv für die Diskussion des Endes (von *Phase IV* und der distinkten Arten) könnte aber ein Verweis werden, den Serres auf den Zusammenhang von Evolutionstheorie und Parasiten gibt:

> »Und plötzlich kommt der Gedanke, ob die Evolution nicht unter einem bestimmten Gesichtspunkt das Werk des Parasiten ist. Ob nicht zwischen Evolution und Parasitentum Kreisläufe von Ursachen und Wirkungen bestehen, offene rückgekoppelte Kreisläufe. Die Evolution bringt den Parasiten hervor, der wiederum die Evolution hervorbringt.«[194]

Dieser Gedanke, der Serres »plötzlich« kommt, schmarotzt selbst ein wenig am Tellerrand des evolutionstheoretischen

Diskurses. Denn genau in der Zeit, in der Serres am *Parasiten* arbeitet und Saul Bass *Phase IV* konzipiert und dreht, unterbreitet die Biologin und Paläontologin Lynn Margulis nicht nur die schon erwähnten Vorschläge zur Erde als homöostatischem System, sondern auch zu einer alternativen Theorie der Evolution. Nicht nur durch Mutation komme es zu Variationen, die dann, wenn alles passt, selektiert und zu neuen Arten stabilisiert werden, sondern im Regelfall durch Einverleibung. Alles Leben, jede Spezies ist durchdrungen von Symbionten und Parasiten, die munter ihre RNA miteinander und ihren Wirten austauschen, ganz ohne Rücksicht auf mögliche Folgen. Im Falle von Bakterien, die in jedem Organismus nachweisbar und sehr reisefreudig sind, könne man nicht einmal von einer Art sprechen, denn Bakterien könne man nicht als solche bezeichnen. »Bacteria have no species.«[195] Vor der Entstehung der Arten existiert bereits ein Leben im Modus eines schrankenlosen Austauschs von genetischen Informationen.[196] »Symbiotic interaction is the stuff of life«,[197] Symbiose sei Leben, und man tut zumindest der von Margulis verwendeten Sprache kein Unrecht, sich Evolution als promiskuitive Folge von Verschmelzungen und Einverleibungen vorzustellen.[198]

Distinkte Spezies lassen sich erst dann ausmachen, wenn sich nachhaltige symbiotische Verhältnisse etabliert haben. Für die Entstehung einer neuen Gattung ist es also gar nicht nötig, dass die DNA qua Mutation variiert, eine Vorstellung, die besonders spektakulär bei der Bildung von Monstermutanten in Filmen wie *Godzilla*, *Tarantula* oder *Formicula* ins Bild gesetzt wird. Der Austausch von Partikeln reicht laut Margulis dafür vollkommen aus, und für diesen »exchange of parts«[199] genügt es ihrer Ansicht nach schon, wenn ein Organismus atmet, isst, berührt oder sonst wie mit seiner Umwelt in Kontakt kommt. Jeder Virus, jeder Parasit, jede Bakterie fungiert für Margulis als »Quelle evolutionärer Variation«.[200] Ob diesem Ansatz nun in der »Forschergemeinde immer noch Skepsis entgegengebracht«[201] wird oder nicht: Dass die Quelle der Variation Ein-

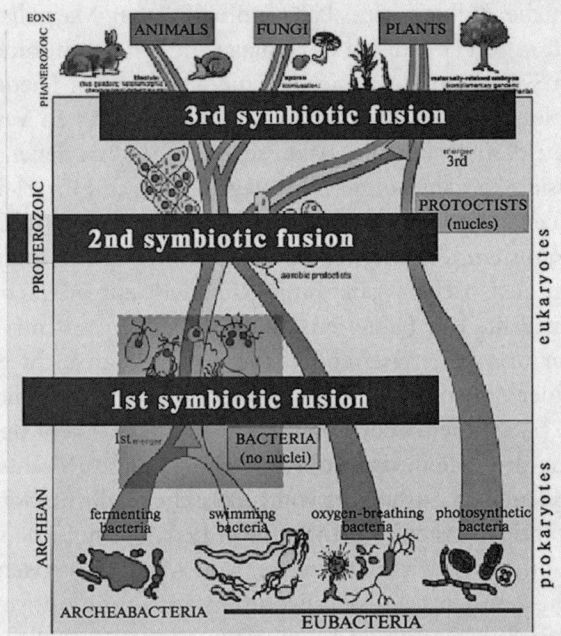

Fig. 11. Origin and evolution of nucleated organisms from bacteria by symbiogenesis (color; illustration by Kathryn Delisle).

Abbildung aus Lynn Margulis, »Symbiogenesis. A new principle of evolution rediscovery of Boris Mikhaylovich Kozo-Polyansky (1890–1957)«, in: *Paleontological Journal*, 44. Jg., Nr. 12 (2010): S. 1525–1539, S. 1536. Verschmelzungen sind auch auf der Ebene höherer Taxa immer wieder möglich. Ohnehin kommt es in ihnen im Medium der Bakterien und Parasiten ständig zum Austausch von genetischen Informationen.

verleibung ist, haben die Ameisen in *Phase IV* vorgeführt. Die Handlung des Films sorgt immer wieder dafür, dass die Grenzen zwischen den Arten (Haut, Luftschleusen, Schutzanzüge …) fallen und Kontaktzonen entstehen. Auf die Inkorporation der Partikel folgt die Variation.

Evolutionäre Variation wäre also eine Folge von Einverleibungen, Interaktionen und Verschmelzungen auf der Ebene der Symbionten, Parasiten oder gar Bakterien. Eine neue Spezies wäre insofern immer ein Hybrid, da sie aus der Interaktion von Lebensformen hervorgeht und nicht aus der DNA der Mutterspezies.

Wenn sich auch die symbiotische Evolutionstheorie von Margulis und die Deutung der klassischen Evolutionstheorie als parasitäre Dialektik durch Serres als hilfreich bei der Deutung des Films erweisen, so bleibt doch noch die Frage völlig offen, was dies für die Faszinationsgeschichte der Ameisengesellschaften besagt. In ihrem Bild, das ist die These, die mein Buch trägt, beschreibt sich die Gesellschaft selbst. Wenn Lesko und Kendra zu Elementen des Superorganismus werden, betritt die Semantik der sozialen Insekten einen Raum »jenseits von Mensch und Tier«.[202] Gewiss, der Superorganismus ist so wenig ein Ganzes, dessen Teile Ameisen bilden, wie die Gesellschaft eine Einheit ist, die aus Menschen zusammengesetzt ist. Darüber herrscht seit der Einführung von Modellen der Emergenz in die Biologie und Soziologie vor hundert Jahren weithin Einigkeit. Als Umwelt der Gesellschaft, als Medium des Superorganismus, als Agenten des Schwarms sind Ameisen oder Menschen dennoch unverzichtbar. Gravierende Veränderungen in der Umwelt, neue Kopplungsmöglichkeiten des Mediums, veränderte Leistungsgrößen der Agenten bleiben nicht ohne Folgen auf der emergenten Ebene des System, auch wenn diese nicht kausal ausgelöst werden, sondern als Effekte eines vom System selbst gesteuerten, autopoietischen Umgangs mit Irritationen beschrieben werden können. Aber dennoch, wenn sich der Organismus ändert, hat dies soziale Folgen. Im

Grunde waren schon Ernst Jünger und Aldous Huxley davon überzeugt, dass nur eine organische Revolution die Gesellschaft verändern würde. Olaf Stapledon hat mit der Idee einer hybriden, marsianisch-humanoiden Gattung gespielt und sie mit der Vision einer Gesellschaft verbunden, die dank telepathischer, absoluter Kommunikation keine Entfremdung, keine Isolation, keine Konflikte und keine Einsamkeit mehr kennt. So weit geht Wilson in *Anthill* nicht, er hält die Gattungen separiert, denn so kann die Menschheit am Muster der Ameisengesellschaft erzogen werden, ihre Zivilisation in einer homöostatischen Balance mit der Welt, ihren Ressourcen und ihrer Biodiversität einzurichten.

Den Schritt, den Saul Bass am Ende seines Films anzudeuten scheint, macht mit größter Konsequenz wohl Dietmar Dath in seinem Roman *Die Abschaffung der Arten*. Rechtzeitig zum Jubiläum der *Entstehung der Arten* (1859) imaginiert dieser Roman 1.) die Auflösung der Differenzen zwischen Mensch und Tier und 2.) verschiedene soziale Ordnungen, die dann, und erst dann, emergieren könnten. Evolutionstheoretisch würde Dath auf der Seite von Lynn Margulis stehen, zumindest liest sich seine Beschreibung der Variation des Lebens genau so, als würde er ihre Theorie für sein Schreiben nutzen. »Die ... diese Einzeller schuscheln und zittern aufeinander zu. Schieben sich ... sie verklumpen. Matschen aneinander.« Ob das dann ein »neues, eigenständiges Lebewesen« sei, falle »schwer zu sagen«, aber genau aus solch einem Gewusel und Gewimmel gehen Organismen hervor.[203] Die sich hier über die Entstehung der Arten unterhalten, sind keine Menschen, sondern »Gente«, eine intelligente Art jenseits aller Arten. Die »Evolutionstheorie der Menschen«, sind sich die Gente sicher, sei von der »falschen Seite an die Sache heran«gegangen, nämlich »von oben nach unten«, in der Annahme, alles laufe auf sie selbst, den Menschen, als höchster der hohen Ordnungen zu. Auch dies ließe sich als »retroaktive Sinngebung« bezeichnen.[204] Sie haben »Stammbäume« gemalt und Evolution als Differenzierungsprozess der Arten entlang einer »Achse zunehmender Komplexität« aufgefasst. Alles falsch. Erst »die Gente haben sich der Sache richtig herum genähert: von den chemischen Systemen selbst her, den molekularen Komponenten in ihrer Gesamtauffächerung«.[205] Nicht wie ein »Hundezüchter« müsse man über die Evolution nachdenken, sondern wie ein »Chemiker«.[206] »Ungeachtet aller Zufallsvariation auf Speziesebene«,[207] findet die Evolution woanders statt, auf der Ebene der »Bakterien«. Genau so sieht es Margulis, mit deren Theorie *Phase IV* als Geschichte der Einverleibungen und Variation der Arten zu rekonstruieren ist: »The book of life [...] is written in the language of carbon chemistry.«[208] Margulis' promiskuitives Verschmelzungsprogramm bringt Dietmar Daths Roman als Orgie auf die Bühne einer Bar für »schmierige Gente«.[209]

Die Gente sind jene Wesen, die die Evolution erstmals richtig verstanden und technisch beherrschbar gemacht haben. Die Gattungen werden abgeschafft, das neue Leben macht sich die Liquidität des Lebens zunutze und nimmt nahezu beliebige, hybride Gestalten an. Menschen, das sind »abgedankte Alphatiere«;[210] die Gente haben sich von den genetischen Fesseln aller Tiere befreit: »Niemand hatte vor Zähnen und Klauen noch Angst«,[211] die laut Alfred Lord Tennyson ja stets rot gefärbt seien vom im Kampf ums Dasein vergossenen Blut.[212] Da die Gente ihre Gene so zusammensetzen, wie sie gerade wollen, haben sich alle Gattungsgrenzen aufgelöst. Der »struggle for existence« kommt an ein Ende. »Fitness« verliert ihren selektiven Sinn. Die *Abschaffung der Arten* führt ins Paradies: »Die schmalen Wölfe küssten die Schwäne, streichelten ihre Federn mit feuchten, schwarzen Schnauzen und schliefen bei ihnen, wenn der Mond unverschämt pink über den Dachfirsten von Kapseits stand.«[213] Wölfe? Schwäne? Das sind nur Worte, die keine Referenz mehr haben: »der Name ›Pferd‹ zum Beispiel bezeichnete kein Wesen wie vor der Befreiung, sondern der neue Pferdekopf wies so gut wie jedes andere Haupt jedes anderen Geschöpfs, das Sprache hatte, Hominidenzüge auf. Hinter allen

Gentestirnen blühte das Bewusstsein aus demselben ersten Funken.«[214] Der Mensch und die Tiere haben sich in den Genten aufgelöst, auch wenn man hier und da noch sehen kann, dass jemand gerne die Zähne und Klauen eines Wolfes trägt. Aber nur als »Schmuck« oder »Schrulle«.[215] Schwanenhals oder Löwenmähne ginge ja auch.

»Die Unterscheidungen zwischen den echten Spezies aber waren, da jedes Geschöpf nunmehr nach seiner je eigensten Art schlug und nahezu alle mit allen andern Nachkommen zeugen konnten, ebenso sinnlos geworden wie die Unterscheidung zwischen den Menschenrassen in dem Augenblick an gewesen waren, da der *homo sapiens* sich die Natur erstmals so weit dienstbar gemacht hatte, daß nun auch seine Gesellschaft nach vernünftigem Plan hätte eingerichtet werden müssen.«[216]

Der Vergleich macht den gesellschaftskritischen Einsatz des Romans deutlich. Was den Menschen in ihren sozialen Ordnungen nicht gelungen ist, nämlich die Unterschiede der Menschenrassen unerheblich werden und »alle mit allen andern« glücklich werden zu lassen, setzt nun die genetische Revolution auf die Tagesordnung. Nicht die biologische Aufklärung über die eigene Art, sondern die Abschaffung der Arten verspricht dem intelligenten Leben ein Paradies auf Erden. Die Gesellschaft der Gente wäre, dieser Vision nach, eine Gesellschaft ohne Sünde[217] und ohne Feindschaft. Zu »Kriegen« würde es nicht mehr kommen, »so kleinlich war die Geschichte nach der Geschichte gar nicht«, heißt es auf der letzten Seite des Romans.[218]

Daths Posthistoire hat neben der Befreiung des Lebens aus den Zwängen oder Wahrscheinlichkeiten der genetischen oder epigenetischen (Prä-)Determination noch ein weiteres Standbein. Es betrifft die Kommunikationsverhältnisse. Die Gente verkehren »pherinfonisch« miteinander,[219] also durch Düfte. Die Gente können sich riechen. Publizität ist immer gegeben. »Die Gente kannten keine Geheimdiplomatie.«[220] Sie ließen ihre »Moleküle flüstern, kitzeln, flirten«, und bei diesem »Botenstofftausch« nahm »die Nähe immer weiter zu«.[221] Dieses Pherinfonsystem, stellen Florian Kappeler und Sophia Könemann fest, »folgt der olfaktorischen Kommunikationslogik bestimmter Tiere, überwindet aber zugleich deren biologische, z. B. artenspezifische Begrenzungen: Es besteht aus Netzwerken, Datenspeichern und Foren, auf die ortsungebunden und radikal demokratisch von allen jederzeit zugegriffen werden kann.«[222] Genau dieses Kommunikationssystem hatte Stapledon seinem Schwarm vom Mars angemessen. Daths Pherinfonsystem teilt mit dem Modell der telepathischen Kommunikation aller mit allen im marsianischen Schwarm nicht nur die wesentlichen mediensoziologischen Eigenschaften – distribuiert, netzwerkförmig, instantan, offen für alle –, sondern darüber hinaus artikuliert es das gleiche Begehren nach einer Kommunikation ohne Missverstehen, ohne Exklusion, ohne Zurückhaltung. Die Pheromonkommunikation entspricht den telepathischen Spekulationen Stapledons, Tardes oder Freuds aus den ersten Jahrzehnten des 20. Jahrhunderts, aber auch jenem rückhaltlosen, authentischen, totalen »exchange of thoughts«, den Bernard Werber den Ameisen seiner Romantrilogie zugesteht, die das entomologische Wissen der 1990er Jahre fortspinnt: »Zwischen zwei Gehirnen wird es immer Missverständnisse und Lügen geben [...]. Die einzige Möglichkeit, das zu vermeiden, wäre absolute Kommunikation.«[223] Aus dem Geist einer Ameisengesellschaft gewonnene Utopien artikulieren über alle Jahrzehnte hinweg das Begehren nach einer anderen Form der Kommunikation. Wie eine Gesellschaft beschaffen ist, hängt eben »nicht nur mit dem Produktivkraftstand zusammen«, sondern auch mit den »Verkehrsverhältnissen«.[224] Sie erweisen sich auch für Daths Utopie einer Gente-Gesellschaft[225] als entscheidend. Denn die Gente verstehen sich dank der pherinfonischen Post.[226] Ihr Schritt aus der »Naturgeschichte«[227] hätte nicht gereicht, denn gerade ihre »Einzig-Art-igkeit«[228] könnte das Konfliktpotential, das

Schmitt und Escherich, Jünger und Huxley dem Individualismus zugetraut haben, vervielfachen. Die singuläre Individualität der Gente wird aber glücklicherweise in der pherinfomischen, absoluten Kommunikation aufgehoben. Auch Daths Utopie weist den Medien der Gesellschaft eine zentrale Funktion zu. Der Aufhebung der Gattungsgrenzen entspricht auf der Ebene der Medien die Überwindung der seit Brechts Zeiten problematisierten Asymmetrien von Sender und Empfänger, Zentrum und Peripherie, Zeichen und Bedeutung oder auch Bewusstsein und Kommunikation. Insofern das egalitäre, distribuierte, inklusive, posthierarchische, instantante wie totale Kommunikationsnetzwerk der Gente auf Pheromonbasis operiert, erweist sich auch ihre Polis[229] als Ameisengesellschaft. »Geh zur Ameise«, liest man auch bei Dath.[230] Auch seine Vision einer Gesellschaft nach der Abschaffung der Arten erliegt der unwiderstehlichen Faszination der Ameisengesellschaften.

VII. Schluss

Ameisen seien unschlagbar. Was ihre Adaptivität und Abundanz betrifft, finde man kaum ihresgleichen. Die evolutionären Vorteile der Gattung überträfen nahezu alle Konkurrenten, seien diese nun Insekten oder Säugetiere. Die Eroberung der Erde scheint ihnen wie kaum einer anderen Spezies gelungen zu sein, findet man ihre Kolonien doch in der kältesten Tundra und der heißesten Wüste, im tropischen Dschungel wie auf den Bergen der Hochalpen. Obschon es nur etwa fünfhundert Myrmekologen auf der ganzen Welt gibt,[1] hat sich diese Auffassung von der »Überlegenheit der Ameisen« weit verbreitet.[2] Kein Wunder, denn das Lied von der erstaunlichen Erfolgsgeschichte der Ameisen (»ants have been so amazingly successful«)[3] wird nicht nur von Entomologen angestimmt. Es ist vielmehr seit Jahrhunderten überall dann zu hören, wenn es um die Darstellung von Gesellschaft geht. Wenn ein Bild der Gesellschaft entworfen wird, wenn das Problem verhandelt wird, wie aus einer Menge von Exemplaren einer Gattung eine Gemeinschaft, ein Kollektiv, eine Formation, ein Staat oder ein Schwarm wird, wenn im Gewimmel der Massen Muster sozialer Ordnung nachgewiesen werden – dann stellen sich mit hoher Wahrscheinlichkeit Verweise auf Ameisengesellschaften ein. Es gibt kaum ein anderes Bild, kein anderes politisches Tier, kein anderes Kollektivsymbol, das so kontinuierlich und derart prägnant Gesellschaft repräsentiert.

Den Gründen für diese unvergleichliche Faszinationsgeschichte der Ameisengesellschaften bin ich in den vorigen Kapiteln nachgegangen. Was macht den semantischen Erfolg der Ameisen aus? Mit Blick auf ihre Konkurrenten unter den sozialen Insekten, zumal den Bienen und den Termiten, ist es die morphologische Differenzierung der Ameisen in unterschiedliche Kasten, die die Komplexität einer arbeitsteiligen Gesellschaft besonders augenfällig werden lässt. In einem Ameisennest gibt es nicht nur eine Königin, viele Arbeiterinnen und ein paar Drohnen, sondern eine Vielzahl unterschiedlicher Formen mit unterschiedlichsten Aufgaben, vom Türsteher bis zum Honigfass, vom Soldaten bis zum Kindermädchen. Im Unterschied zu anderen Symbolfiguren des Politischen wie dem Wolf, dem Fuchs, dem Löwen, dem Schaf oder dem Wal sind Ameisen als politische Tiere nicht nur immer sehr, sehr viele, sondern sie weisen überdies Merkmale auf, die spätestens im 19. Jahrhundert als Hinweise auf funktionale Spezialisierung und Arbeitsteilung aufgefasst werden und die Entstehung einer modernen Soziologie begünstigen. Und anders als ein Fisch- oder Vogelschwarm lassen sich die Errungenschaften dieser sozialen Ordnung der Ameisen an Bauten und Kulturtechniken beobachten: Ameisen errichten Städte und Straßen, Scheunen und Ställe; sie züchten Nutzpflanzen und halten Haustiere, schlagen Brücken über Flüsse, bauen Flöße, sie schneiden und nähen, unterhalten ein stehendes Heer und führen Eroberungs- und Raubzüge etc. Kein anderes Tier, kein anderes Insekt scheint eine derartig komplexe Zivilisation hervorgebracht zu haben. All diese unzähligen Analogien drängen sich gegen Ende des 19. Jahrhunderts so sehr auf, dass Soziologie und Entomologie eine enge Verbindung eingehen und ihre Hypothesen und Methoden in einem Austausch entwickeln, der bis heute immer wieder seine Fruchtbarkeit erweist. Dafür wird allerdings ein Preis gezahlt, mal ein kleiner, mal ein hoher. Die Soziologie der simplen Agenten etwa wird mit der Individualität und Singularität der Akteure erkauft: Menschen sollen nun grundsätzlich nicht anders funktionieren als Ameisen oder Maschinen. In der Geschichte der entomologisch-soziologischen Passage nähern sich die Arten immer weiter an, bis sie verschmelzen, wie in *Phase IV*, und nicht mehr unterschieden werden, wie in den *Macy*-Konferenzen oder in der Zeichentrickfilmszene mit Gates und Eisner.

Wer sich für die Frage interessiert, welches Menschenbild und welcher Entwurf einer sozialen Ordnung in einer bestimmten historischen Epoche und kulturellen Situation die Diskurse dominieren, erhält von der Analyse des Bildes der Ameisengesellschaft immer eine Antwort. Daher lohnen sich die genauen Lektüren von Jünger oder Huxley, Wells oder Wilson. Die Texte verhandeln nicht nur entomologisches Wissen. Sie erkunden, wer wir sind oder sein könnten und in welche soziale Ordnung wir eingefügt sind oder sein werden. Gerade in literarischen Texten lässt sich aber auch beobachten, was die Evidenz der Selbstbeschreibungsformeln der Gesellschaft gemeinhin überstrahlt. Wie in einer ethnographischen Feldstudie wird im Zuge der Erkundung des Anderen die eigene Kultur kontingent gesetzt. Dies ist um 1900 so, um 1930 und auch noch um 2010. Neue Erkenntnisse der Myrmekologie ändern daran nichts, sondern verschieben die Passage nur in andere Gewässer.

Die Paradigmenwechsel der entomologischen Forschung haben der Faszinationsgeschichte der Ameisengesellschaft keinen Einhalt geboten, im Gegenteil, die Myrmekologie hat mit ihren Entdeckungen das allgemeine Interesse an den Ameisen immer wieder erneuert und befördert. Wenn das 19. Jahrhundert darüber gestaunt hat, wie eine einzige Königin eine ganze Population spezialisierter und zugleich uneigennütziger Töchter hervorbringen kann, so bewundern wir heute die Effizienz und Schwarmintelligenz einer Gesellschaft, deren Ordnung in Algorithmen überführt wird, die längst in unserem Alltag zum Einsatz gelangen: vom Amazon-Algorithmus bis zur Routenoptimierung von Logistik-Unternehmen, von der Router-Steuerung bis zur Personaleinsatzplanung. Schritte zur Einführung autonomer Agentensysteme nach dem Vorbild selbstorganisierter Ameisengesellschaften sind bereits unternommen worden.

Die Forschung, von der Myrmekologie über die Soziobiologie bis zur Soziologie, Kybernetik und Schwarmintelligenzforschung, erfindet die Ameisen immer wieder neu. Aber auch mediale und technische Entwicklungsschübe haben das Bild verändert, hinzu kommen historische Umbrüche wie die beiden Weltkriege. Eine lineare Geschichte des Bildes der Ameisengesellschaft konnte ich daher nicht erzählen. Es erwies sich, dass selbst in der gleichen Epoche stets mehr als ein Bild kursierte. Escherich und Schneirla, Huxley und Stapledon sind Zeitgenossen. Die Facetten dieser Bilder hängen von epistemischen Faktoren genauso ab wie von medialen, kulturellen, politischen und ästhetischen. Dies mag ein weiterer Grund dafür sein, dass die Faszinationskraft des Bildes der Ameisengesellschaft nie erlahmt: Es verbindet ästhetische und rhetorische Evidenz mit größter Flexibilität und Ambivalenz. Es bleibt sich gleich und kann doch alles Mögliche konnotieren, totalitäre, anarchistische, libertäre, demokratische, kommunitaristische oder neogouvernementale Ordnungen. So hält es allen gesellschaftlichen Veränderungen stand, ja es greift gesellschaftlichen Veränderungen voraus. Denn in der Literatur oder im Film, aber auch in den literarischen Werken der Entomologen Wheeler oder Wilson nimmt das Bild der Ameisengesellschaft utopische oder dystopische Züge an. Dabei spiegelt die Literatur-, Bild-, Foto- und Filmgeschichte der Ameisengesellschaften die epistemischen Brüche der Forschungsgeschichte nicht einfach wider. Literarische Texte und Filme experimentieren mit dem entomologischen Wissen ihrer Zeit, verschalten es mit anderen Wissensbeständen und bringen so das Bild in eine neue und unerwartete Form. Stapledons Verschaltung von Entomologie, Medientechnik und Massenpsychologie hat dafür ein besonders ergiebiges Beispiel geliefert. Kein Entomologe oder Soziologe, Kybernetiker oder Philosoph, sondern ein Romanautor skizziert als Erster eine schwarmintelligente Netzwerkgesellschaft. Und angeregt von Wells' *Empire of Ants* inszeniert Saul Bass' Meisterwerk *Phase IV* die ökologischen und

sozialen Folgen des evolutionären Sprungs der Ameisengesellschaften auf die Ebene einer Superkolonie Jahre vor der Publikation entsprechender entomologischer Forschungen.

Die je nach Epoche, Kontext, Episteme, Diskurs und Medium wechselnden kulturellen Konstruktionen einer Ameisengesellschaft sind nicht auf das wissenschaftliche Wissen über sie
zu reduzieren. Das Bild produziert immer einen Überschuss.
Arbeitsteilung, Sklavenhaltung, Trophallaxis, Nistplatzwahl,
Futtersuche, Vorratshaltung, Task Switching, Schwärmen – all
dies verweist nicht nur auf entomologische Theorien, sondern
über sie hinaus. Ameisen rufen selbst in den Spezialdiskursen
der Wissenschaften Entwürfe unserer Gesellschaft auf, unserer Gesellschaft, wie sie ist, oder unserer Gesellschaft, wie sie
sein könnte. Die vom Bild der Ameisengesellschaft evozierten
Aussichten auf die Menschheit und ihre soziale Ordnung mögen gelegentlich phantastisch sein oder bedrohlich, wie jüngst
bei Michael Crichton oder Daniel Suarez,[4] jedenfalls belegen
sie, dass die Faszinationsgeschichte nicht abreißt. Drohnen-
schwärme, deren Ameisenalgorithmen die Freund-Feind-Ken-
nung steuern und über die Tötung von Menschen entscheiden,
stellen den jüngsten, sicher aber nicht den letzten Schritt dieser
Geschichte dar. Eine Schlagzeile der *Daily Mail* vom 12. August
2012 lautet: *Boeing showcases hard-to-detect drones that behave
like a ›swarm of insects‹.*[5] Die Konturen eines neuen, autonomen Imperiums von ameisenartigen Schwärmen nimmt in
Suarez' Roman bereits Gestalt an. In der Literatur gehört ihnen
bereits die Zukunft der asymmetrischen Kriegsführung. Ob die
Entscheidung über Leben und Tod auch künftig einzig von
Menschen getroffen werden wird, bleibt abzuwarten. *Kill Decision* jedenfalls schlägt ein neues Kapitel der Verschaltung von
Entomologie, Technik, Medien und Soziologie auf. Versanden
wird die von mir beschriebene Passage nicht.

Ob Staat oder Schwarm, hierarchisch oder verteilt, beherrscht oder selbstorganisiert: Die Fragen, die Soziologen
oder Entomologen, Ökonomen oder Philosophen an die von

ihnen modellierten, beschriebenen, erforschten oder entworfenen Insektengesellschaften richten, sind stets *Grundfragen*. Was der Mensch sei und seine Kultur, wird am Exempel der Ameisen-, Bienen- oder Termitenvölker verhandelt. Über den Umweg dieser sozialen Insekten verhandeln diverse Diskurse ihr gemeinsames Thema: die kulturellen Grundlagen sozialer Ordnung. Dies geschieht in wissenschaftlichen Monographien und Fachzeitschriften, aber nicht exklusiv: Ein zentraler Schauplatz dieser Aushandlungen ist die Literatur, eine weitere Bühne stellen die Bildmedien. Die Topoi und Bilder der Ameisen ordnen und schmücken nicht die Texte und Filme allein, vielmehr organisieren sie auch das, was die Wissenschaften als soziale Ordnung in Bild und Text repräsentieren können. Am Leitfaden der Bilder und Topoi der Ameisengesellschaften ließ sich daher mehr als nur eine Motivgeschichte der Literatur oder der populären Kultur erzählen. In den Figurationen der Ameisengesellschaften zwischen Staat und Schwarm konnte beobachtet werden, wie unsere Gesellschaft sich selbst beobachtet und entwirft.

»Soziale Ordnung ist ein in mehrfacher Hinsicht voraussetzungsreiches und unwahrscheinliches Phänomen. Sie muss sich fortlaufend selbst garantieren und ist dabei auf kulturelle Ressourcen angewiesen: auf Kohärenz stiftende und zugleich Variation ermöglichende Rituale, Symbole, Narrative, Gründungsmythen und Selbstbilder, in denen sie sich als Einheit und Ganzheit imaginiert.« So lautet das Forschungsprogramm des Konstanzer Exzellenzclusters *Kulturelle Grundlagen der Integration*, an dem ich meiner Arbeit an diesem Buch unter dem Titel *Raumkontrolle und Grenzregime bei sozialen Insekten* unter nahezu paradiesischen Bedingungen nachgehen konnte. Dafür möchte ich dem Cluster, den Kollegiaten und besonders Fred Girod und Ana Mujan danken. Allen Diplomaten, deren Geschick meine Freistellung von der Universität Siegen für die Forschung bewirkt hat, gebührt besonderer Dank.

Im Spiegel der Ameisen entwirft sich unsere Gesellschaft immer wieder aufs Neue, und welche Bilder ihr so entgegentreten, hängt entscheidend vom Wissen ab, das über soziale Insekten zur Verfügung steht. Auf dieses Wissen muss man sich so weit einlassen, wie es nötig ist, um zu sehen, wie es an den Narrativen und Selbstbildern mitschreibt. Es war ein Glücksfall, dass ich am Konstanzer Zukunftskolleg auf Entomologen gestoßen bin, die sich für eine Kultur- und Wissensgeschichte ihres Feldes interessieren und Geduld mit Laien haben. Für viele Anregungen und einen für Literaturwissenschaftler ungewöhnlichen Besuch in den Ameisen-Laboren danke ich Giovanni Galizia und Christoph Kleineidam.

Wenn ein Germanist sagt, er forsche über Ameisen, schüttelt fast jeder erst einmal den Kopf. Die Kollegen des Siegener Forschungs-Netzwerks *Ästhetik und Pragmatik der Kulturkritik* haben dies nicht getan, sondern meinen vielleicht doch zunächst etwas idiosynkratischen Neigungen einen Rahmen gegeben, in dem sich das Thema weiterentwickeln ließ. Im Bild der Ameisen verdichten sich kulturkritische Semantiken, war sich Georg Bollenbeck sicher. Mein Dank geht an Monika Schausten, Jörg Döring, Georg Stanitzek, Clemens Knobloch und Erhard Schüttpelz. Es hat sich als Glücksfall erwiesen, im Zuge der Arbeit am Siegener Graduiertenkolleg *Locating Media* die *science and technology studies* und die Akteurs-Netzwerk-Theorie mit dem schönen Akronym ANT besser kennenzulernen. Dass ich jede krude Idee, jede steile These, jede Formulierung dieses Buches diskutieren und gegebenenfalls noch rechtzeitig revidieren konnte, verdanke ich der Expertise und Gründlichkeit von Maren Lickhardt und Lars Koch. Jeden benötigten Text zauberten in erstaunlichem Tempo Eva Brandt und Demian Göpfer auf die physischen und virtuellen Desktops in Köln und Siegen. Alexander Roesler ist ein gewisses Wagnis eingegangen, als er mich aufgrund einiger Aufsätze und Forschungsskizzen eingeladen hat, dieses Buch zu schreiben. Ich danke ihm herzlich für die Begleitung dieses Projektes. Entschuldigen muss ich mich quasi bei allen anderen, Freunden, Verwandten, Kollegen, Studenten, dass ich während des Endspurts an diesem Buch so sehr mit meiner Zeit gegeizt habe. Zuletzt danke ich Karol für den *Ant-Man*. Er hing immer gleich unter dem Monitor meines Rechners.

Anmerkungen

I. Von der Analogie zur Identität

1 Die Namen Gates und Eisner sowie Microsoft und Disney referieren in meinem Text ausschließlich auf Cartoon-Figuren und ihre Firmen innerhalb der fiktiven Welt der Serie *Family Guy*.

2 Immanuel Kant, *Kritik der praktischen Vernunft* [1788], in: *Werke in 12 Bänden*. Bd. VII, hrsg. von Wilhelm Weischedel, Frankfurt am Main 1974, S. 300 f.

3 Mit dem Stichwort »Verameisung« ruft etwa Werner Sombart ein ganzes kulturpessimistisches Szenario der Vermassung in der modernen Wohlstandsgesellschaft auf. Vgl. Werner Sombart, *Händler und Helden. Patriotische Besinnungen*, München, Leipzig 1915, S. 108. Für den Hinweis bedanke ich mich bei Peter Schnyder.

4 Vgl. Urs Stäheli, »Fatal Attraction? Popular Modes of Inclusion in the Economic System«, in: *Soziale Systeme. Zeitschrift für soziologische Theorie*, 1. Jg. (2002): S. 110–123. Der Pulitzer-Preis für Bert Hölldobler, Edward O. Wilson, *The Ants*, Berlin, Heidelberg et al. 1990 markiert den Beginn einer Phase breiter öffentlicher Aufmerksamkeit für das Thema, die bislang andauert.

5 Es handelt sich um die 41. Episode der 3. Staffel. Der deutsche Titel ist *Scharfe Köter*.

6 Gustave Le Bon, *Psychologie der Massen* [Psychologie des Foules, 1895], Stuttgart 1973, S. 17.

7 Vgl. Ebd., S. 83. Vgl. dazu kritisch, aber eben auch als Bestätigung der Geläufigkeit dieser Sichtweise der Masse Ellis Freeman, *Conquering the Man in the Street. A Psychological Analysis of Propaganda in War, Fascism and Politics. A Study of the Group Mind*, New York 1940, S. 139 ff.

8 Aristoteles, *Politik*, hrsg. von Olof Gigon, München 1973, S. 49.

9 Martin A. Nowak, with Roger Highfield, *Supercooperators. Al-*

truism, Evolution, and Why we need each other to succeed, New York, London 2011.

10 Ellis Freeman, *Conquering the Man in the Street*, S. 141.

11 Joseph Vogl, Anne von der Heiden, »Vorwort«, in: *Politische Zoologie*, hrsg. von Joseph Vogl, Anne von der Heiden, Berlin 2007, S. 7–12, S. 9.

12 Thomas Hobbes, *Leviathan* [1651], Stuttgart 2000, S. 115 f.

13 Ebd., S. 116.

14 Hier ergibt sich freilich für Hobbes ein wichtiger Unterschied zwischen Ameisen und Menschen: Menschen können Verträge schließen, Ameisen nicht, denn ihnen fehlt die Sprache. Vgl. Thomas Hobbes, *Leviathan* [1651], Hamburg 2005, S. 143 f. Die Entomologen des 20. Jahrhunderts werden allerdings die Ameisen mit dieser Fähigkeit ausstatten.

15 Originaltitel, *A Bug's Life*.

16 Originaltitel, *The Ant Bully*.

17 Z. B. auf Viktor von Weizsäcker. Vgl. Carl Schmitt, *Völkerrechtliche Großraumordnung mit Interventionsverbot für raumfremde Mächte* [1941], Berlin 1991, S. 80 f. Vgl. Carl Schmitt, *Der Begriff des Politischen* [1932], Berlin ³1991, und Carl Schmitt, *Politische Theologie* [2. Auflage 1934], Berlin 1996.

18 Vgl. Carl Schmitt, »Nehmen / Teilen / Weiden. Ein Versuch, die Grundfragen jeder Sozial- und Wirtschaftsordnung vom Nomos her richtig zu stellen« [1953], in: *Verfassungsrechtliche Aufsätze aus den Jahren 1924–1954. Materialien zu einer Verfassungslehre*, Berlin 1973, S. 489–504.

19 Vgl. Jakob von Uexküll, *Staatsbiologie* [1920], Hamburg 1933. Der ganze Staat ist für Uexküll ein Organismus, zusammengesetzt aus Organen. Da er sich den Staat offenbar als »Wabenwerk« vorstellt (S. 34), muss es sich entsprechend um eine »Monarchie« handeln, gleichgültig wie man den »höchsten Beamten« nennt (S. 29). Selbstorganisation und Selbstregulierung kann er sich nicht vorstellen. Die »staatlichen Funktionen« werden von einem »Punkt« aus »beherrscht« (S. 29). Schmitt würde diesen Punkt als *locus decisionis* bezeichnen und dem Souverän zuordnen.

20 »Amazingly successful« seien die Ameisen. »*Overwhelming power* [is] arising from the cooperation of colony members.« So formulieren es im Duktus von Militärdoktrinen die Nestoren

der Myrmekologie: Bert Hölldobler, Edward O. Wilson, *Journey to the Ants. A Story of Scientific Exploration*, Cambridge, Mass., London 1994, S. i. Kursiv von mir.

21 Aristoteles, *Naturgeschichte der Thiere*, Stuttgart 1866, S. 13. Ameisen, Bienen und Wespen zählen noch heute zu den sozialen Insekten. In der Liste fehlt allein die Termite. Der Kranich spielt dagegen heute keine Rolle als politisches Tier.

22 Carl Schmitt, *Der Nomos der Erde* [1950], Berlin 1997, Schmitt, »Nehmen / Teilen / Weiden«, a. a. O.

23 Claudius Aelian, *On the characteristics of animals. De natura animalium*. Bd. 3 (3 Bde.), übers. von Alwyn Faber Scholfiled, Cambridge, Mass. 1972; Claudius Aelian, *On the characteristics of animals. De natura animalium* (3 Bde.), übers. von Alwyn Faber Scholfiled, Cambridge, Mass. 1971 / 72, II, 15; II, 25; II, 43.

24 II, 25. Übersetzung von mir.

25 IV, 43. Übersetzung von mir.

26 IV, 43.

27 XVI, 15.

28 Gaius Plinius Secundus, *Naturalis historiae libri XXXVII*, hrsg. von Carolus Mayhof, Lipsiae 1892–1909, Liber XI, vs. 108.

29 Paul Erich Wasmann, *Die zusammengesetzten Nester und gemischten Kolonien der Ameisen*, Münster 1891, S. 2.

30 Zur rhetorischen Technik des Vor-Augen-Stellens zählen laut Rüdiger Campe »Evidenz und Schilderung, lebendiges Bild und anschauliche Metapher, pathetische Vergegenwärtigung«. Vgl. Rüdiger Campe, »Vor Augen Stellen. Über den Rahmen rhetorischer Bildgebung«, in: *Poststrukturalismus. Herausforderung an die Literaturwissenschaft. DFG-Symposion 1995*, hrsg. von Gerhard Neumann, Stuttgart, Weimar 1997, S. 208–225, S. 208 f.

31 Hans Blumenberg, *Paradigmen zu einer Metaphorologie* [1960], Frankfurt am Main 1998.

32 Steven Johnson, *Emergence. The connected lives of ants, brains, cities and software*, London 2001, S. 77.

33 Ebd., S. 31. Vgl. dazu auch Kurt Vonnegut, »Die versteinerten Ameisen«, in: *Ein dreifach Hoch auf die Milchstraße*, 2010, S. 207–228.

34 Michael Hardt, Antonio Negri, *Multitude. Krieg und Demokratie im Empire* [*Multitude*, New York 2004], Frankfurt / New York 2004, S. 110 f.

35 Gustave Flaubert, *Bouvard und Pécuchet* [1881], übers. von Caroline Vollmann, Frankfurt am Main 2009, S. 196.

36 Ebd., S. 356.

37 Matteus Tympius, *Predigbuch oder Deutliche Anweisung wie die Seelsorger aus der heiligen Schrift austeilen sollen samt sehr notwendigen Regeln des Lebens*, Münster 1618, S. 21.

38 Vgl. nur den Eintrag »Apes« bei Johann Jacob Grasser, *Epithetorum opus perfectissimum*, Basel 1617, S. 67 f.

39 Kevin Kelly, *Das Ende der Kontrolle. Die biologische Wende in Wirtschaft, Technik und Gesellschaft* [1994], Regensburg 1997, S. 16.

40 Vgl. Thomas D. Seeley, *Honeybee Democracy*, Princeton, Oxford 2010, S. 1.

41 Ebd., S. 1.

42 Ebd., S. 220, 221, 224, 226, 230.

43 Ebd., S. 189.

44 Ebd., S. 189.

45 Ebd., S. 218.

46 Ebd., S. 234.

47 Ebd., S. 236.

48 Ebd., S. 236.

49 Kelly, *Das Ende der Kontrolle*, S. 16.

50 Dagegen wird man in der fiktiven Realität der Gesellschaft fündig: in der Literatur. Zur Unterscheidung realer/fiktiver Realität vgl. Niklas Luhmann, »Literatur als fiktionale Realität«, in: *Schriften zu Kunst und Literatur*, hrsg. von Niels Werber, Frankfurt am Main 2008, S. 276–291 und Elena Esposito, *Die Fiktion der wahrscheinlichen Realität*, Frankfurt am Main 2007.

51 Nietzsche hat angemerkt, dass die »Philologen« dazu prädestiniert sind, »Ameisenarbeit« zu leisten; ihr Fleiß komme den »Philosophen« zugute. Friedrich Nietzsche, *Nachgelassene Fragmente 1875–1879*, in: *Kritische Studienausgabe*. Bd. 8 (15 Bde.), hrsg. von Giorgio Colli, Mazzino Montinari, Berlin 1988, S. 32. Ich gehe diesem Vergleich, den man wiederum mit der Blumenlese als Verfahren vergleichen müsste, nicht weiter nach, weil dies sehr weit wegführte von der Kernfrage nach den Ameisen als Medium der Beschreibung der Gesellschaft.

52 Vergil (Publius Virgilius Maro), *Landbau/Georgica*, übers. von Johann Heinrich Voss, Hamburg 1789, S. 262, S. 273.

53 Bernard de Mandeville, *The Fable of the Bees, or Private Vices,*

Publick Benefits [1714], London ³1724. Mandevilles Schreibweise wird beibehalten.

54 Bernhard Mandeville, *Die Bienenfabel* [1714], hrsg. von Friedrich Bassenge, übers. von Otto Bobertag et al., Berlin 1957, S. 27–39.

55 Vgl. die ausgezeichnete Deutung der Fabel von Danielle Allen, »Burning *The Fable of the Bees*. The Incendiary Authority of Nature«, in: *The Moral Authority of Nature*, hrsg. von Lorraine Daston, Fernando Vidal, Chicago, London 2004, S. 74–99.

56 Mandeville, *Fable of the Bees*, S. 9. Mandeville, *Die Bienenfabel*, S. 31.

57 Thorstein Veblen, *Theory of the Leisure Class* [1899], Bremen 2011, S. 50. Dt. als *Theorie der feinen Leute. Eine ökonomische Untersuchung der Institutionen.*

58 Anders als bei antiken Fabeln, als deren Übersetzer sich Mandeville verdient gemacht hat, begnügt sich die *Bienenfabel* nicht mit der Charakterisierung von einzelnen Akteuren, sondern entwirft Kollektive.

59 So auch Allen, »Burning *The Fable of the Bees*«, S. 79, S. 99.

60 Mandeville, *Fable of the Bees*, S. 2. Mandeville, *Die Bienenfabel*, S. 27.

61 Mandeville, *Fable of the Bees*, S. 2–4. Mandeville, *Die Bienenfabel*, S. 28 f.

62 Mandeville, *Fable of the Bees*, S. 1. Mandeville, *Die Bienenfabel*, S. 27.

63 Mandeville, *Fable of the Bees*, S. 152. (Remark N). Mandeville, *Die Bienenfabel*, S. 130. Hier ist die Rede von der »Macht der Erziehung« und der »angelernten Denkgewohnheit«, die mit den »Absichten der Natur« leicht zu verwechseln sind.

64 Vgl. Allen, »Burning *The Fable of the Bees*«, S. 94.

65 Mandeville, *Fable of the Bees*, S. 51 (Remark B), 61 (C), 94 (Remark H), 150 (remark N), 168 (R. 0), 194 (P), 221 8R), 226 (R) und mehr.

66 Ebd., S. 95. (Remark H)

67 Ebd., S. 476 fast am Ende. Kursiv im Original. Vgl. Allen, »Burning *The Fable of the Bees*«, S. 77.

68 Vgl. das hier sehr deutliche Resümee: Mandeville, *Die Bienenfabel*, S. 332.

69 Friedrich August von Hayek, *Grundsätze einer liberalen Gesell-*

357

schaftsordnung: Aufsätze zur Politischen Philosophie und Theorie, in: *Gesammelte Schriften in deutscher Sprache*. Bd. 5, hrsg. von Alfred Bosch, Tübingen 2002, S. 10 f.

70 John Maynard Keynes, *How to pay for the war. A radical plan for the chancellor of the exchequer*, London 1940, S. 7.

71 Friedrich August von Hayek, *Rechtsordnung und Handelsordnung: Aufsätze zur Ordnungsökonomik*, in: *Gesammelte Schriften in deutscher Sprache*. Bd. 1 (4 Bde.), hrsg. von Alfred Bosch, Tübingen 2003, S. 78.

72 Vgl. Mandeville, *Fable of the Bees*, Seite 4 des unpaginierten *Preface*.

73 Um 1900 beginnt die Entomologie mit künstlichen Kolonien zu experimentieren. Die im Labor beobachteten Verhaltensgesetze der Ameisen sind genauso ›natürlich‹ wie andere in Laboren konstruierte Tatsachen wie Bakterien, Strahlen oder Krankheiten. Vgl. Bruno Latour, *Die Hoffnung der Pandora. Untersuchungen zur Wirklichkeit der Wissenschaft*, übers. von Gustav Roßler, Frankfurt am Main 2000, sowie Hans-Jörg Rheinberger, *Experimentalsysteme und epistemische Dinge* [2001], Frankfurt am Main 2006.

74 Flaubert, *Bouvard und Pécuchet*, S. 196.

75 Jules Michelet, *L'Insectes* [1857], Paris ⁵1863.

76 Steven Blythe, »Von den Ameisen lernen«, in: *Brand Eins*, 6. Jg. (2002): S. 122–125. Oder, mit Blattschneiderameisen auf dem Cover zum Thema »Schwarm-Intelligenz«: Was wir von Tieren lernen können, *National Geographic*, August 2007.

77 Seeley, *Honeybee Democracy*, a. a. O.

78 Flaubert, *Bouvard und Pécuchet*, S. 196.

79 Berichtet Susanne Donner, »Blutiger Machtwechsel. Von wegen sozial: In vielen Ameisen-, Termiten- und Bienenvölkern regieren Mord und Totschlag«, *Die Zeit*, 15. 3. 2012.

80 Johann Swammerdam, *Bibel der Natur: worinnen die Insekten in gewisse Classen vertheilt, sorgfältig beschrieben, zergliedert … und zum Beweis der Allmacht und Weisheit des Schöpfers angewendet werden* [1675], Leipzig 1752, S. 149.

81 Ralph Dutli, *Das Lied vom Honig. Eine Kulturgeschichte der Biene*, Göttingen 2012, S. 65, S. 129, S. 141.

82 Ebd., S. 129.

83 Vgl. Ernst Jünger, *Die gläsernen Bienen*, Stuttgart 1957. Dazu

Niels Werber, »Jüngers Bienen«, in: *Deutsche Zeitschrift für Philologie*, Nr. 2 (2011): S. 245–260.

84 Eva Johach, »Der Bienenstaat. Geschichte eines politisch-moralischen Exempels«, in: *Politische Zoologie*, hrsg. von Anne von der Heiden, Joseph Vogl, Berlin 2007, S. 219–233.

85 Friedrich Heinrich Wilhelm Martini, *Allgemeine Geschichte der Natur in Alphabetischer Ordnung mit vielen Kupfern*. Bd. 2, Berlin, Stettin 1775, S. 122.

86 Etwa im Reineke Fuchs. Vgl. Friedrich Wilhelm Genthe, *Reineke Vos, Reinaert, Reinhart Fuchs im verhältniss zu einander: Beitrag zur Fuchsdichtung*, Eisleben 1866, S. 21.

87 Es gibt Ausnahmen, etwa den Krieg der Bienen gegen die Hornissen bei Waldemar Bonsels, *Die Biene Maja und ihre Abenteuer*, Stuttgart, Berlin 1912.

88 Vgl. Ayelet Shavit, Millstein, Roberta L., »Group Selection Is Dead! Long Live Group Selection«, in: *BioScience*, 58. Jg., Nr. 7 (2008): S. 574–575. Martin A. Nowak, Corina E. Tarnita, Edward O. Wilson, »The evolution of eusociality«, in: *Nature*, Nr. 466 (2010): S. 1057–1062

89 Vgl. Joseph Lehrer, »Kin and Kind. A fight about the genetics of altruism«, in: *The New Yorker*, March 5. Jg. (2012): S. 36–42.

90 Alexandre Pope, *Essay sur l'Homme – en cinque langues* [1734], Strasbourg 1772, S. 323

91 François Marie Arouet Voltaire, *Dictionnaire Philosophique portatif* [Genf 1764]. Bd. 2 (G-V), London ²1767, S. 342. Übersetzung von mir.

92 Gotthold Ephraim Lessing, »Ernst und Falk« [entstanden 1776–1778], in: *Werke in 8 Bänden*. Bd. 8, hrsg. von Herbert G. Göpfert, München 1970, S. 451–488, S. 459.

93 Vgl. dazu Michel Foucault, *Die Ordnung des Diskurses* [1970], Frankfurt am Main, Berlin, Wien 1977.

94 Lessing, »Ernst und Falk«, S. 431.

95 So mutmaßt Lea Ritter-Santini, »Translatio Domestica oder Vom übersetzten Europa«, in: *Die europäische République des lettres in der Zeit der Weimarer Klassik*, hrsg. von Michael Knoche, Lea Ritter-Santini, Göttingen 2007, S. 211–253, S. 229. Ich konnte keine Ameisen in der freimaurerischen Symbolik des 18. Jahrhunderts finden. Auf Bienen und Bienenkörbe trifft man dagegen ständig.

96 Lessing, »Ernst und Falk«, S. 457.

97 Ebd., S. 458.

98 Ebd., S. 460.

99 Ebd., S. 460.

100 So etwa Ritter-Santini, »Translatio Domestica oder Vom über-setzten Europa«, S. 29, Fußnote 19. Zitiert werden Hölldobler und Wilson, die die Ameisen mit Clausewitz vergleichen. Der »Mythos« der Ameisen Lessings wird vom Narrativ einer »Außenpolitik« der Ameisen abgelöst. Offenbar fällt es schwer, nicht nur die Insektenkunde des 18. Jahrhunderts, sondern auch den aktuellen Stand des entomologischen Wissens kontingent zu setzen.

101 Pierre Huber, *Recherches sur les Mœurs des Fourmis indigène*, Paris, Genève 1810; Pierre Huber, *The Natural History of Ants* [1810], übers. von James Rawlins Johnson, London 1820.

102 Huber, *The Natural History of Ants*, S. 333–336. Übersetzung von mir. Im Schweizer Französisch des Originals heißt es noch aschgraue Ameisen, in der englischen Übersetzung dann »negro ants«. Huber, *Recherches sur les Mœurs des Fourmis indigène*, S. 278.

103 Huber, *The Natural History of Ants*, S. 337.

104 Zum Beispiel: Bernd Isemann, *Die Ameisenstadt. Ein Tier-Roman*, Straßburg 1943; Arpad Ferenczy, *Timotheus Thümmel und seine Ameisen*, Berlin 1923.

105 William Morton Wheeler, »The ant-colony as an organism«, in: *Journal of Morphology*, 22. Jg., Nr. 2 (1911): S. 307–325.

106 Kelly, *Das Ende der Kontrolle*, S. 426. Kursiv im Original.

107 Wasmann, *Kolonien der Ameisen*, S. 53. Über Polyergus refuscens.

108 Hölldobler, *Journey to the Ants*, S. 9.

109 *Gesellschaft* meint hier die Dimension primärer Differenzierung, die etwa segmentär, stratifiziert oder funktional sein kann. Was der Fall ist, kann umstritten sein. Heute steht der moderne Typus funktionaler Differenzierung durchaus in Frage, er sei von Netzwerken abgelöst worden. Vgl. Dirk Baecker, *Studien zur nächsten Gesellschaft*, Frankfurt am Main 2007. Dann, wenn mit Blick auf die Gesellschaftsstruktur Einigkeit besteht, kann doch die *Kultur* variieren, die die entsprechende Semantik trägt. Zu dieser Unterscheidung von Gesellschaft und Kultur vgl. Niklas

Luhmann (Hrsg.), *Gesellschaftsstruktur und Semantik. Studien zur Wissenssoziologie der Gesellschaft* (4 Bde.), Frankfurt am Main: 1980 ff.

110 Vgl. Gilles Deleuze, Félix Guattari, *Tausend Plateaus* [1980], übers. von Gabriele Ricke und Ronald Voullié, Berlin 1997.

111 Aristoteles, *Politik*, S. 50.

112 Vgl. Michel Serres, *Hermes V. Die Nordwest-Passage* [1980], Berlin 1994, S. 19.

113 Ebd., S. 27.

114 Kelly, *Das Ende der Kontrolle*, S. 426.

115 Vgl. Jacques Derrida, »The Animal That Therefore I Am (More to Follow)«, in: *Critical Inquiry*, 28. Jg., Nr. 2 (Winter, 2002): S. 369–418. Dazu Niels Werber, »Schwärme, soziale Insekten, Selbstbeschreibungen der Gesellschaft. Eine Ameisenfabel«, in: *Schwärme. Kollektive ohne Zentrum. Eine Wissensgeschichte zwischen Leben und Information*, hrsg. von Eva Horn, Lucas Marco Gisi, Bielefeld 2009, S. 183–202.

116 Jules Michelet, *Das Insekt. Naturwissenschaftliche Betrachtungen und Reflexionen über das Wesen und Treiben der Insektenwelt* [1857], Braunschweig 1858, S. 120, 253.

117 Peter Kropotkin, *Gegenseitige Hilfe in der Entwicklung*, übers. von Gustav Landauer, Leipzig 1904.

118 Karl Escherich, *Termitenwahn. Eine Münchener Rektoratsrede über die Erziehung zum politischen Menschen*, München 1934, S. 15 f.

119 William Morton Wheeler, »The Termitodoxa, or Biology and Society«, in: *The Scientific Monthly*, 10. Jg., Nr. 2 (1920): S. 113–124.

120 Jedenfalls in der Version von Jean de la Lafontaine und Toni Morrison mit den Illustrationen von Sloan Morrison. Toni Morrison, Sloan Morrison, *Who's Got Game? The Ant or the Grasshopper*, New York 2003.

121 Die Ameise sei »the paragon of social insects«: William Morton Wheeler, *Social Insects*, New York 1928, S. 162.

122 »Wherein do these [ant societies, NW] differ from the common necessities and aims of men in their social aggregations? They are practically the same.« Henry Christopher McCook, *Ant Communities and how they are governed. A study in natural civics*, New York, London 1909, S. xvi. Übersetzung von mir.

361

123 Norbert Wiener, *Mensch und Menschmaschine*, Frankfurt am Main, Berlin 1958, S. 48.

124 Ebd., S. 48 f.

125 Ebd., S. 21.

126 Walter McCulloch zit. n. Charlotte Sleigh, *Six Legs Better. A Cultural History of Myrmecology*, Baltimore 2007, S. 164.

127 Norbert Wiener, *Kybernetik. Regelung und Nachrichtenübertragung in Lebewesen und Maschine* [1948, 1961], Reinbek ²1968, S. 40.

128 Sleigh, *Six Legs Better*, S. 165.

129 Vgl. hierzu Rheinberger, *Experimentalsysteme und epistemische Dinge*.

130 Wiener, *Mensch und Menschmaschine*, S. 49.

II. Vom Leviathan zum Termitenstaat 1938

1 Carl Schmitt, *Der Leviathan in der Staatslehre des Thomas Hobbes. Sinn und Fehlschlag eines politischen Symbols* [Hamburg 1938], Stuttgart 1982, S. 77. Vgl. etwa Jacques Derrida, *Schurken*, übers. aus dem Französischen von Horst Brühmann, Frankfurt am Main 2003; Friedrich Balke, *Figuren der Souveränität*, München 2009, oder Joseph Vogl, Anne von der Heiden (Hrsg.), *Politische Zoologie*, Berlin: diaphanes 2007.

2 Vgl. Albrecht Koschorke, Susanne Lüdemann, Thomas Frank, Ethel Matala de Mazza, *Der fiktive Staat. Konstruktionen des politischen Körpers in der Geschichte Europas*, Frankfurt am Main 2007.

3 Vgl. nur Morrison, *Who's Got Game? The Ant or the Grasshopper*. Die Grille wird in den Umschriften der Fabel aus der jüngsten Zeit immer mehr zu einem Opfer einer egoistischen und kapitalistischen Gesellschaft stilisiert, die den musischen Bohemien ausgrenzt und verhungern lässt. In den 1930ern gilt die Grille dagegen als Vagabund, der sein Leben leichtsinnig aufs Spiel setzt, weil er nicht arbeitet und nicht vorsorgt.

4 Schmitt, *Der Leviathan*, S. 77.

5 Zur Kunstgeschichte des Bildes vgl. Horst Bredekamp, *Thomas Hobbes: Der Leviathan. Das Urbild des modernen Staates und seine Gegenbilder. 1651–2001* [Thomas Hobbes Visuelle Strategien], Berlin 2003.

6 Carl Schmitt, *Land und Meer* [1942], Stuttgart 1993.

7 Schmitt, *Der Leviathan*, S. 39, S. 17.

8 Herman Melville, *Moby-Dick* [1851], übers. von Matthias Jendis, München 2001, S. 597.

9 Ich führe Kafka hier an, weil Schmitt ihn rezipiert hat.

10 Melville, *Moby-Dick*, S. 864.

11 Vgl. Herman Melville, »Benito Cereno« [1855], in: *Billy Budd, Sailor and other Stories*, London 1985, S. 217–317.

12 Vgl. Schmitt, *Der Leviathan*, S. 9 f.

13 Schmitt ist – meistens – kein Konstruktivist. Land und Meer figurieren für ihn nichts, sondern schaffen geopolitische Tatsachen. Für die Ausnahme einer Raumkonstruktion aus verteilter Handlungsmacht vgl. Schmitt, *Völkerrechtliche Großraumordnung mit Interventionsverbot für raumfremde Mächte*, S. 80 f.

14 Vgl. Niels Werber, »Archive und Geschichten des ›Deutschen Ostens‹. Zur narrativen Organisation von Archiven durch die Literatur«, in: *Gewalt der Archive. Studien zur Kulturgeschichte der Wissensspeicherung*, hrsg. von Thomas Weitin, Burkhardt Wolf, Paderborn 2012, S. 89–111.

15 Vgl. für den Ertrag der Lektüre Niels Werber, *Die Geopolitik der Literatur. Eine Vermessung der medialen Weltraumordnung*, München 2007.

16 Sie fiel mir erst wieder ein, als Eva Horn im Herbst 2007 anregte, ich solle doch einmal über Schwärme nachdenken. Dafür herzlichen Dank. Vgl. Eva Horn, Lucas Marco Gisi, *Schwärme. Kollektive ohne Zentrum. Eine Wissensgeschichte zwischen Leben und Information*, Bielefeld 2009.

17 Es muss natürlich heißen: *Termitenwahn*. Schmitt ergänzt das H und macht im Text, S. 57, aus Karl Carl. Schließlich heißt er selbst ja *Carl* Schmitt. Ob Schmitt bei *Thermiten* an den Sprengstoff *Thermit* gedacht hat, muss offen bleiben.

18 Koschorke, *Der fiktive Staat. Konstruktionen des politischen Körpers in der Geschichte Europas*, S. 9.

19 Schmitt, *Der Leviathan*, S. 57.

20 In der Fabel sind sie dies aber nicht immer.

21 Schmitt, *Der Leviathan*, S. 57.

22 Vgl. Carl Schmitt, *Der Wert des Staates und die Bedeutung des Einzelnen* [1914], Berlin 2004, S. 10 f.

23 Ebd., S. 13 f, S. 65.

24 Schmitt, *Der Leviathan*, S. 57.

25 Jean de La Fontaine, *Fabeln. Französisch / Deutsch*, hrsg. von

Jürgen Grimm, Stuttgart 2003, S. 34: »La raison du plus fort est toujours la meilleure.« Die Fabel stammt aus der römischen Kaiserzeit und ist von Babrios. Johannes Irmscher (Hrsg.), *Sämtliche Fabeln der Antike*, Köln: Anaconda 2006, S. 286. Das zum Sprichwort gewordene Promythion hat de La Fontaine ergänzt.

26 Gotthold Ephraim Lessing, »Abhandlungen (über die Fabel)« [1759], in: *Werke in 8 Bänden*. Bd. 5, hrsg. von Herbert G. Göpfert, München 1970, S. 355–419, S. 390.

27 Schmitt, *Der Leviathan*, S. 57.

28 Die hier implizierte Anthropologie ist durch und durch pessimistisch, ob man sich nun auf Hobbes' *homo homini lupus* beruft oder von »egoistischen Genen« (selfish genes) ausgeht, die Tier und Mensch durch den *Kampf ums Dasein* steuern. Vgl. Richard Dawkins, *The selfish gene* [1976], Oxford 2006.

29 Schmitt, *Der Wert des Staates und die Bedeutung des Einzelnen*, S. 95.

30 Ebd., S. 54.

31 Schmitt, *Der Leviathan*, S. 58.

32 Ebd., S. 58.

33 Schmitt, *Der Wert des Staates und die Bedeutung des Einzelnen*, S. 87.

34 Die lautet wie ein Aufsatztitel: Niklas Luhmann, »Wie ist soziale Ordnung möglich?«, in: *Gesellschaftsstruktur und Semantik. Studien zur Wissenssoziologie der Gesellschaft*. Bd. 2, Frankfurt am Main 1981, S. 195–285.

35 Escherich, *Termitenwahn*, S. 13.

36 Das Konditionierungscenter in der von Huxley ersonnenen *Brave New World* trägt den Namen Pawlows.

37 Auch bei Schmitt nicht: »das Individuum aber als Einzelwesen verschwindet, um […] vom Staat […] erfasst zu werden« (Schmitt, *Der Wert des Staates und die Bedeutung des Einzelnen*, S. 10). Was so *verschwindet*, war aber erst gewiss einmal vorhanden.

38 Escherich, *Termitenwahn*, S. 14. Das Zitat im Original im Fettdruck.

39 Carl Schmitt, »Der Reichsbegriff im Völkerrecht« [1939], in: *Positionen und Begriffe im Kampf mit Weimar – Genf – Versailles. 1923–1939*, Berlin 1994, S. 344–354, S. 354.

40 Escherich, *Termitenwahn*, S. 19.

41 Schmitt, *Der Leviathan*, S. 36 f.
42 Schmitt, *Der Wert des Staates und die Bedeutung des Einzelnen*, S. 10.
43 Schmitt, *Der Leviathan*, S. 84 f.
44 Ebd., S. 118. Kursivierung von mir.
45 Vgl. Carl Schmitt, »Der Führer schützt das Recht« [1934], in: *Positionen und Begriffe im Kampf mit Weimar – Genf – Versailles. 1923–1939*, Berlin 1994, S. 227–232.
46 Schmitt, *Der Leviathan*, S. 57. Kursivierung von mir.
47 Ein drastisches Beispiel liefert Ernst Jüngers Beschreibung der Verwundung eines Gefreiten in der Schlacht bei Cambrai: »Obwohl ihm das Gehirn bis zum Kinn über das Gesicht lief, war er noch bei klarem Verstand«, Ernst Jünger, *In Stahlgewittern* [1920/1978], Stuttgart [31]1988, S. 239.
48 Vgl. William Morton Wheeler, *Ants*, New York 1910, S. 52 ff.
49 Hanns Heinz Ewers, *Ameisen*, München 1925, S. 500 f. Über den Begriff der Intelligenz wird natürlich gestritten. Vgl. Paul Erich Wasmann, *Vergleichende Studien über das Seelenleben der Ameisen und der höheren Thiere*, Freiburg im Breisgau 1897, S. 14–16; Karl Escherich, *Die Ameise. Schilderung ihrer Lebensweise*, Braunschweig 1917, S. 306–311.
50 Vgl etwa Wasmann, *Kolonien der Ameisen*, S. 202.
51 Ebd., S. 229ff, 268 ff. Da steht er sicher nicht allein. Auch Fabre hält Instinkte eher für die Benennung eines komplexen Phänomens, nicht aber für seine Erklärung. Vgl. Jean Henri Fabre, *Aus der Wunderwelt der Instinkte* [Souvenirs entomologiques, 1879–1907], Meisenheim/Glan 1950, S. 127.
52 Wheeler, *Ants*, S. 540 ff.
53 Ebd., S. 2.
54 Vgl. Niels Werber, »Kleiner Grenzverkehr. Das Bild der sozialen Insekten in der Selbstbeschreibung der Gesellschaft«, in: *Bildwelten des Wissens. Kunsthistorisches Jahrbuch für Bildkritik*, 6. Jg., Nr. 2 (2008): S. 9–20.
55 Schmitt, *Der Leviathan*, S. 59.
56 Für einen Überblick vgl. Tony White, *Expert Assessment of Stigmergy. A Report for the Department of National Defence*, Ottawa, Ontario 2005, S. 3 ff. Der Klassiker ist Eric Bonabeau, Marco Dorigo, Guy Theraulaz, *Swarm Intelligence: From Natural to Artificial Systems*, Oxford 1999.

57 White, *Expert Assessment of Stigmergy. A Report for the Department of National Defence*, S. 3.

58 Karl Escherich, *Biologisches Gleichgewicht. Zweite Münchener Rektoratsrede über die Erziehung zum politischen Menschen*, München 1935, S. 12. Gesperrt im Original.

59 Ebd., S. 12 f.

60 Escherich, *Termitenwahn*, S. 15.

61 Schmitt, *Der Wert des Staates und die Bedeutung des Einzelnen*, S. 86.

62 Vgl. Bert Hölldobler, Edward O. Wilson, *The Superorganism. The Beauty, Elegance, and Strangeness of Insect Societies*, New York 2009.

63 Schmitt, *Der Leviathan*, S. 60.

64 Schmitt, *Der Wert des Staates und die Bedeutung des Einzelnen*, S. 87.

65 Escherich, *Termitenwahn*, S. 15. Kursivierung von mir.

66 Ebd., S. 15

67 Ebd., S. 14 f.

68 Schmitt, *Der Leviathan*, S. 59 f. Wir lesen Schmitt gegen den Strich, legitimiert durch die unmittelbar im Kontext seiner Überlegungen rezipierten entomologischen Konzepte vom Superorganismus.

69 Alice Berend, *Der Glückspilz*, München 1919, S. 143 f.

70 Carl Schmitt, *Die Militärzeit 1915 bis 1919. Tagebuch Februar bis Dezember 1915. Aufsätze und Materialien*, hrsg. von Ernst Hüsmert, Gerd Giesler, Berlin 2005, S. 522.

71 Berend, *Der Glückspilz*, S. 21.

72 Ebd., S. 160.

73 Ebd., S. 102 f.

74 Ebd., S. 131.

75 Escherich, *Die Ameise*, S. 311. Im Original gesperrt.

76 Ebd., S. 311.

77 Schmitt, *Die Militärzeit 1915 bis 1919. Tagebuch Februar bis Dezember 1915. Aufsätze und Materialien*, S. 521.

78 Escherich, *Die Ameise*, S. 310.

79 Ebd., S. 3.

80 Ebd., S. 3.

81 Ebd., S. 310.

82 Im Gegenteil: »Er glaubte über kurz oder lang beweisen zu kön-

nen, dass die neuen Regierungsformen der Zukunft Bedeuten-
des von der Weisheit dieses Insektes zu lernen vermochten.« (Berend, *Der Glückspilz*, S. 6)

83 Escherich, *Die Ameise*, S. 17.
84 Schmitt, *Der Leviathan*, S. 59 f.
85 Wheeler hat wie Escherich in Würzburg geforscht.
86 Wheeler, »The ant-colony as an organism«, S. 310. Übersetzung
    von mir.
87 Carl Schmitt, »Die Wendung zum totalen Staat« [1931], in:
    Positionen und Begriffe im Kampf mit Weimar – Genf – Versailles,
    Berlin 1988, S. 166–178, S. 167.
88 Wheeler, »The ant-colony as an organism«, S. 310. Übersetzung
    von mir.
89 Ebd. S. 310.
90 Vgl. Carl Schmitt, »Nehmen / Teilen / Weiden. Ein Versuch, die
    Grundfragen jeder Sozial- und Wirtschaftsordnung vom Nomos
    her richtig zu stellen« [1953], in: *Verfassungsrechtliche Aufsätze
    aus den Jahren 1924–1954. Materialien zu einer Verfassungslehre*,
    Berlin 1973, S. 489–504.
91 So auch bei Berend, *Der Glückspilz*, S. 158: »Wertlose Individuen
    waren in diesem Staate systematisch ausgemerzt worden.«
92 Vgl. Frank Stevens, *Ausflüge ins Ameisenreich*, Linz 1910, und
    Isemann, *Die Ameisenstadt. Ein Tier-Roman*. Dazu Rembert Hü-
    ser, »Ameisen sind müßig«, in: *Die Schrift an der Wand. Alexan-
    der Kluge: Rohstoffe und Materialien*, hrsg. von Christian Schulte,
    Osnabrück 2000, S. 293–315.
93 Escherich, *Termitenwahn*, S. 18.
94 Berend, *Der Glückspilz*, S. 190.
95 Escherich, *Termitenwahn*, S. 14.
96 Ebd., S. 18.
97 Vgl. zum Posthistoire als letzter Epoche der Moderne Arnold
    Gehlen, *Zeit-Bilder. Zur Soziologie und Ästhetik der Modernen
    Malerei* [1960], Frankfurt am Main [3]1986.
98 Escherich, *Termitenwahn*, S. 19.
99 Ebd., S. 19.
100 Ebd., S. 13.
101 Ebd., S. 20.
102 Zu einer ganz anderen Deutung kommt Eva Johach, »Termi-
    todoxa. William M. Wheeler und die Aporien eugenischer Se-

xualpolitik«, in: *Nach Feierabend. Züricher Jahrbuch für Wissen-schaftsgeschichte*, Nr. 4 (2008): S. 69–86. Sie betont Escherichs »Distanzierung vom Termitenmodell« (S. 81).

103 Wheeler, »The ant-colony as an organism«, S. 325. Übersetzung von mir.

104 Escherich, *Termitenwahn*, S. 19.

105 Im Original »spirit of the hives«, Wheeler, »The ant-colony as an organism«, S. 320. Übersetzung und Kursivierung von mir.

106 Ebd., S. 321.

107 Ebd., S. 321.

108 Maurice Maeterlinck, *Das Leben der Termiten. Das Leben der Ameisen* [1926 / 1930], hrsg. von dem Kreis der Nobelpreis-freunde, Zürich o. J., S. 217.

109 Schmitt, *Der Leviathan*, S. 174. Das Zitat stammt aus dem in der Ausgabe von 1982 mit abgedruckten Nachtrag von 1965.

110 Carl Schmitt, *Der Hüter der Verfassung* [1931], Berlin 1985. Als Präsident, als Monarch, als Kanzler, als Vorsitzender des Zentralkomitees, als Pater patriae etc. Wo die Entscheidungsspitze sich aufhält, sieht man immer an den Korridoren und Vorhöfen der Macht, die sich um den Souverän herum bilden. Vgl. Carl Schmitt, *Gespräch über die Macht und den Zugang zum Machthaber. Gespräch über den neuen Raum* [1954], Berlin 1994. Im Ameisenstaat führt eine solche Deutung der gut gesicherten Brutkammer der Königin aber in die Irre. Sie entscheidet nichts.

111 Wheeler, »The ant-colony as an organism«, S. 321.

112 AT, Sprüche, Kap. 6, 6–8. Für diese Ansicht aus dem antiken Nahen Osten (hebräisch, arabisch, AT) vgl. Peter Riede, *Im Spiegel der Tiere. Studien zum Verhältnis von Mensch und Tier im alten Israel*, in: *Orbis Biblicus et Orientalis*. Bd. 187, Freiburg (CH), Göttingen 2002, S. 7.

113 Jacques Derrida, »›Fourmis‹. Lectures de la différence sexuelle«, in: *Rottprints. Memory and Life Writing*, hrsg. von Helene Cixous, Mireille Calle-Gruber, London, New York 1997, S. 119–127, S. 119.

114 Ebd., S. 121. »… as if there were never *one* insect but a *collective* of insects, an anthill of insects«. Kursivierung und Übersetzung von mir.

115 Ebd., S. 120 f. Bis auf *fourmi: Ameise* Kursivierung und Übersetzung von mir.

116 Hardt, *Multitude*, S. 111. Gemeint ist wohl der *Chant de guerre Parisien*, der ungeheuer forciert gelesen werden muss, wenn man sich Hardt und Negri anschließen will.

117 Ebd., S. 370 ff.

118 Derrida, »»Fourmis«. Lectures de la différence sexuelle«, S. 119.

119 Vgl. den Artikel »Ameise« im *Lexikon der christlichen Ikonographie*, Bd. 1, Rom 1968, Spalte 111.

120 Vgl. Michel Foucault, *Geschichte der Gouvernementalität I. Sicherheit, Territorium, Bevölkerung. Vorlesungen am Collège de France 1977–1978*, übers. von Jürgen Schröder, Claudia Brede-Konersmann, Frankfurt am Main 2004.

121 Deleuze, *Tausend Plateaus*, S. 19.

122 Heinrich Steinhövel, *Ulmer Äsop*, 1476/77, Illustration von Sebastian Brant, Basel 1501.

123 Vgl. Hölldobler, *The Ants*, S. 358. Diese Sicht wird in der zweiten Hälfte des 20. Jahrhunderts unpopulär, wird dann aber zusehends rehabilitiert. Vgl. David Sloan Wilson, Elliot Sober, »Reviving the Superorganism«, in: *Journal of theoretical Biology*, 136. Jg. (1989): S. 337–356, S. 346.

124 Wheeler, *Social Insects*, S. 230 f. *Communication* ist hier keineswegs ein Synonym zum Begriff Sprache. Wheeler benutzt den Begriff etwa so wie Harold Adams Innis in *Empire & Communications*.

125 Schmitt, *Der Leviathan*, S. 77.

126 Johannes Sambucus, *Emblemata*, Antwerpen 1564, S. 24.

127 Thomas Hobbes, *Grundzüge der Philosophie. Zweiter und dritter Teil: Lehre vom Menschen und Bürger* [1642–58], Leipzig 1918, S. 131.

128 Huber, *Recherches sur les Mœurs des Fourmis indigène*. Vgl. Michelet, *Das Insekt*.

129 Johannes Geiler von Kaysersberg, *Die Emeis oder Quadragesimale*, Straßburg 1516, S. VIII, S. VI.

130 Gaius Plinius Secundus, *Naturalis historiae libri XXXVII. post L. Iani obitum recognovit et scripturae discrepantia adiecta edidit Carolus Mayhoff*, Lipsiae 1892–1909, Liber XI, vs. 108. Zitiert nach der Ausgabe der Bibliotheca Augustana, URL: www.hs-augsburg.de / harsch / Chronologia / Lspost01 / Plinius Maior / plm_hi11.html.

131 Wheeler, »The ant-colony as an organism«, S. 323.

132 Ebd., S. 325. Zur Emergenz bei Wheeler vgl. Jussi Parikka, *Insect-media. An Archeology of Animals and Technology*, Minneapolis 2010, S. 52 ff. Wheeler ist der Autor von *Emergent evolution and the development of societies* (New York: Norton 1927), einem Buch, das in Boston unter Soziologen interessierte Leser gefunden hat.

133 Escherich, *Biologisches Gleichgewicht*, S. 12.

134 Schmitt, »Die Wendung zum totalen Staat«, S. 171 ff.

135 Ebd., S. 171.

136 Ebd., S. 176.

137 Schmitt, *Der Leviathan*, S. 174.

138 Schmitt, *Politische Theologie*.

139 Escherich, *Termitenwahn*, S. 5.

III. Schauplatz einer neuen Insektenspezies ... 1932

1 Maeterlinck, *Das Leben der Termiten. Das Leben der Ameisen*, S. 158.

2 Ernst Jünger, *Der Arbeiter. Herrschaft und Gestalt* [1932], Stuttgart 1982, S. 44 f. Kursiv vom Verfasser. Zum Begriff *Übertier* vgl. Benjamin Bühler, Stefan Rieger, *Vom Übertier. Ein Bestiarium des Wissens*, Frankfurt am Main 2006.

3 Zur *group selection* vgl. Hölldobler, *The Ants*, S. 212. Die Unterschiede zu Theorien der *kin selection* und der *genetic selection* spielen vorerst keine Rolle. Hier geht es nur um die Favorisierung kooperativen Verhaltens von Menschen und Ameisen durch die Evolution. Vgl. zu den verschiedenen Ebenen der Selektion auch Edward Osborne Wilson, *The Social Conquest of Earth*, New York, London 2012, S. 17–20.

4 Jünger, *Der Arbeiter*, S. 45.

5 Ebd., S. 23.

6 Ferdinand de Saussure, *Grundfragen der allgemeinen Sprachwissenschaft* [1916], Berlin 1967, S. 141.

7 Jünger, *Der Arbeiter*, S. 112 f. Kursivierung von mir.

8 Ebd., S. 45.

9 Ebd., S. 113.

10 Ebd., S. 102.

11 Vgl. hierzu ausführlich Niels Werber, »Formen des Schwärmens. Zur Poetik der Selbstbeschreibungen von Gesellschaft«, in: *Berichte zur Wissenschaftsgeschichte*, Nr. 3 (2011): S. 242–263.

12 Vgl. Christoph Lotz, *Ernst Jüngers Lektüre bis zum Ende des Ersten Weltkriegs*, Marburg 2002, S. 82 f.

13 Vgl. Heimo Schwilk, *Ernst Jünger. Ein Jahrhundertleben. Die Biografie*, München, Zürich 2007, S. 119.

14 Hans Driesch, *Der Vitalismus als Geschichte und als Lehre*, Leipzig 1905, S. 83

15 Wheeler, »The ant-colony as an organism«, S. 319 f.

16 Bert Hölldobler, Edward O. Wilson, *The superorganism: the beauty, elegance, and strangeness of insect societies*, New York 2009, S. 10.

17 Maeterlinck, *Das Leben der Termiten. Das Leben der Ameisen*, S. 119. Gumbrecht führt in seiner Synopse des Jahres 1926 Maeterlinck und Jünger im Kapitel »Individualität versus Kollektivität« an, stellt aber keine direkte Verbindung her. Hans Ulrich Gumbrecht, *1926. Ein Jahr am Rand der Zeit*, Frankfurt am Main 2001, S. 321–323.

18 Maeterlinck, *Das Leben der Termiten. Das Leben der Ameisen*, S. 118–122.

19 Ebd., S. 122.

20 Ebd., S. 253.

21 Ebd., S. 253–257.

22 Ebd., S. 254.

23 Jünger, *In Stahlgewittern*, S. 41.

24 Ebd., S. 41 ff. Vgl. etwa Kropotkin, *Gegenseitige Hilfe in der Entwicklung*, S. 17, insbesondere die »militärischen« Ausführungen zu Ameisen und Termiten, S. 15 f.

25 Ernst Jünger, *Sturm* [1923], Stuttgart 1979, S. 10. Genau so Schmitt, *Der Wert des Staates und die Bedeutung des Einzelnen* und die Parodie im Medium der Entomologie: Berend, *Der Glückspilz*.

26 Jünger, *Sturm*, S. 11.

27 Ebd., S. 17.

28 Ebd., S. 49.

29 Ebd., S. 45.

30 Vgl. Ernst Jünger, *Kriegstagebuch 1914–1918*, hrsg. von Helmuth Kiesel, Stuttgart 2010, S. 46 ff.

31 Ebd., S. 150.

32 Jünger, *In Stahlgewittern*, S. 46.

33 Ebd., S. 265. Für den Schiffsuntergang interessiert sich Jünger

auch als Motiv von Fotografien. Vgl. Ferdinand Bucholtz, Ernst Jünger (Hrsg.), *Der gefährliche Augenblick. Eine Sammlung von Bildern und Berichten*, Berlin: Junker & Dünnhaupt 1931, S. 49–56.

34 Jünger, *Sturm*, S. 28.

35 Jünger, *In Stahlgewittern*, S. 69.

36 Ebd., S. 266.

37 Ebd., S. 19.

38 Ebd., S. 106.

39 Wheeler, »The ant-colony as an organism«, S. 320, S. 321. Basileus: König, Hegemon: Führer, Machthaber.

40 Jünger, *Der Arbeiter*, S. 113. Umgekehrt bilden etwa bei Bölsche Termitensoldaten eine »Leibwache« oder eine »Postenkette« (Wilhelm Bölsche, *Der Termitenstaat*, Stuttgart 1931, S. 23). Das Termitennest sei ein »Kammer- und Ganznetz«, die Verbindungsstücke bezeichnet er als »unterirdische Laufgräben« (S. 19). Die Soldaten hält Bölsche für eine »bis zum äußersten durchgeführte Unterkaste der echten Arbeiter«. (S. 25) So sieht es auch Jünger, der Bölsches Arbeiten kennt (Ernst Jünger, »Subtile Jagden« [1967], in: *Sämtliche Werke. Essay IV.* Bd. 10, Stuttgart 1980, S. 60).

41 Jünger, »Subtile Jagden«, S. 330.

42 Die Universitäten Leipzig und Heidelberg promovieren ihre Biologen und Zoologen zum doctor rerum naturalium.

43 Auguste Forel, *The Social World of the Ants* [1921–23] (2 Bde.), New York 1929. Jünger hat die Witwe des »Psychologen und großen Kenners der Ameisen« nach eigener Auskunft noch »vor dem Zweiten Weltkrieg« kennengelernt (Jünger, »Subtile Jagden«, S. 35). Dass er auch das Werk ihres Mannes kennt, ist anzunehmen.

44 Forel, *The Social World of the Ants*, Bd. 1, S. 446. Übersetzung von mir.

45 Ebd., Bd. 1, S. 468 f. Vor allem der Wehrertüchtigung.

46 Jünger, *Der Arbeiter*, S. 104.

47 Maeterlinck, *Das Leben der Termiten. Das Leben der Ameisen*, S. 339.

48 Jünger, *Der Arbeiter*, S. 104.

49 Ebd., S. 104.

50 Vgl. Niklas Luhmann, »Lob der Routine«, in: *Verwaltungsarchiv.*

Zeitschrift für Verwaltungslehre, Verwaltungsrecht und Verwaltungspolitik, 55. Jg., Nr. 1 (1964): S. 1–53, S. 2.

51 Friedrich Nietzsche, *Also sprach Zarathustra*, in: *Werke in drei Bänden*. Bd. 2 (3 Bde.), hrsg. von Karl Schlechta, München 1954, S. 281.

52 Jünger, *Der Arbeiter*, S. 101 f.

53 Ebd., S. 125.

54 Ernst Jünger, *Der Waldgang* [1950]. Bd. 3, Frankfurt am Main 1952, S. 116.

55 Mircea Eliade, Ernst Jünger, *Antaios. Zeitschrift für eine freie Welt*. Bd. 1, Stuttgart 1960, S. 42.

56 Jünger, *Der Arbeiter*, S. 207.

57 Ebd., S. 288.

58 Maeterlinck, *Das Leben der Termiten. Das Leben der Ameisen*, S. 217. Auf diese »ätherhaften« und »psychischen« Verbindungen komme ich unter dem Stichwort »Telepathie« und drahtlos (»wireless«) zurück.

59 Gesellschaft wohlgemerkt, nicht Gemeinschaft. »Gesellschaft ohne Technik [...] ist nicht möglich [...]. Jeder Verkehr zwischen Menschen, welcher des Werkzeugs, des künstlichen Mittels bedarf, hebt sich aus der Gemeinschaftssphäre heraus und wirkt gesellschaftlich«, schreibt Helmuth Plessner, *Grenzen der Gemeinschaft. Eine Kritik des sozialen Radikalismus* [1924], Frankfurt am Main 2002, S. 40. Um hier kein Missverständnis aufkommen zu lassen: Plessner bejaht die moderne Gesellschaft und hält die Sehnsucht nach der Unmittelbarkeit der Gemeinschaft für eine Schwäche (S. 31). Jünger dagegen führt seinen Arbeiter mit hochtechnischen Mitteln zurück in eine Gemeinschaft.

60 Jünger, *Der Arbeiter*, S. 45.

61 Die Auswahl ist hier vollkommen willkürlich. Es ließe sich auch Robert Musils *Mann ohne Eigenschaften* anführen oder Hermann Hesses *Siddharta* oder *Demian*. Döblin ist ein Beispiel für viele, die belegen, dass die bei Jünger nachgewiesene Passage auch bei anderen Autoren befahrbar ist.

62 Vgl. Gabriel de Tarde, *Die Gesetze der Nachahmung* [1890], Frankfurt am Main 2003.

63 Vgl. Eva Johach, »Andere Kanäle. Insektengesellschaften und die Suche nach den Medien des Sozialen«, in: *Zeitschrift für Medien-*

wissenschaft, 4. Jg., Nr. 1 (2011): S. 71–82. Auf Tarde gehe ich noch ausführlich ein.

64 Alfred Döblin, *Berge, Meere und Giganten*, Berlin 1924, S. 19.

65 Ebd., S. 70.

66 Aldous Huxley, *Brave New World* [1932], London 1994. Hinzugezogen wird als Übersetzungshilfe auch Aldous Huxley, *Schöne Neue Welt* [1932], übers. von Herberth H. Herlitschka, Fischer 2012.

67 Döblin, *Berge, Meere und Giganten*, S. 70.

68 Ebd., S. 71.

69 Ebd., S. 71.

70 Hölldobler, *The Ants*, S. 1.

71 Döblin, *Berge, Meere und Giganten*, S. 71.

72 »Several writers have described ants as building […] bridges«. Wheeler, *Ants*, S. 540. Vgl. auch Hölldobler, *The Superorganism*, S. 161.

73 Jünger, *Der Arbeiter*, S. 45.

74 Ebd., S. 302 f.

75 Maurice Maeterlinck, »The Life of The Ant«, in: *Fortnightly review*, 128. Jg. (Okt. 1930): S. 445–461, S. 461.

76 Wiener, *Mensch und Menschmaschine*, S. 48 f.

77 Ich erinnere an die Ausführungen von Karl Escherich, die im Vorwort referiert wurden.

78 Ewers, *Ameisen*, S. 56. Kursiv im Original.

79 Maeterlinck, *Das Leben der Termiten. Das Leben der Ameisen*, S. 183. Kursivierung von mir.

80 Jünger, *Der Arbeiter*, S. 241.

81 Huxley, *Brave New World*, S. 1. *Gemeinschaftlichkeit, Einheitlichkeit, Beständigkeit.*

82 Ebd., S. 37.

83 »Wir werden sie noch schlagen!«, verspricht einer der Angestellten der Reproduktionsanstalt. »So ist's recht«, lobt der Direktor. Es geht darum, aus einer Eizelle mehr als 17 000 Klone zu gewinnen. Huxley, *Schöne Neue Welt*, S. 26.

84 Vgl. Lars Koch, *Der Erste Weltkrieg als Medium der Gegenmoderne. Zu den Werken von Walter Flex und Ernst Jünger*, Würzburg 2006, S. 287–330. Die »planetarische Vision des *Arbeiters*«, von der das Kapitel handelt, wird von Jünger negativ formuliert. Er inszeniert einen Bruch. Klaus Vondung hat hier sogar von

Apokalypse gesprochen. Aber es wird eben nur klar, was untergeht, und nicht das, was kommen soll. Der Ameisenstaat füllt diese Lücke mit einem Bild.

85 Vgl. Stephen J. Cross, William R. Albury, »Walter B. Cannon, L. J. Henderson, and the Organic Analogy«, in: *Osiris*, 3. Jg. (1987): S. 165–192.

86 Wheeler, *Social Insects*, S. 230.

87 Ebd., S. 113, S. 183f, S. 215.

88 Ebd., S. 228

89 Ebd., S. 226 f.

90 Vilfredo Pareto (Hrsg.), *Traité de sociologie générale* [1916], in: Œuvres complètes. Bd. 12, hrsg. von Raymond Aron, Genf, Paris: Librairie Droz 1968. Wheeler hat dieses Werk intensiv studiert. Wir kommen darauf zurück. Hier kommt es vor allem darauf an, dass Wheeler mit Pareto davon ausgeht, dass alle Systeme nach einem Gleichgewichtszustand mit ihrer Umwelt trachten. Vgl. Wheeler, *Social Insects*, S. 2. Von dieser Annahme geht übrigens auch Jüngers Lehrer Driesch aus.

91 Alfred E. Emerson, »Populations of Social Insects«, in: *Ecological Monographs*, 9. Jg., Nr. 3 (1939): S. 287–300, S. 289. Vergleiche mit der Bevölkerungskontrolle »menschlicher sozialer Organisationen« werden ausdrücklich gezogen (S. 288).

92 Wheeler, *Social Insects*, S. 226.

93 In der BNW sorgt ein modernes Controlling mit der Hilfe von Hollerith-Maschinen für die tägliche Feinabstimmung der Produktion auf den Bedarf und die Ressourcen. Vgl. Huxley, *Brave New World*, S. 7, bzw. Huxley, *Schöne Neue Welt*, 26 f. Über die Verbindung von Hollerith-Maschine und Arbeitsstaat schreibt Gerhard Nebel am 21. 3. 1948 an Ernst Jünger, er sei »für entschiedene Neutralität zwischen Stachanow-Ameisen und Hollerith-Maschinen«, also zwischen bolschewistischem Ameisenstaat und US-amerikanischem Fordismus und Taylorismus. Das eine sei nicht besser oder schlechter als das andere. Stachanow war Held der Arbeit in der Sowjetunion, *der* Arbeiter schlechthin. Vgl. Ernst Jünger, Gerhard Nebel, *Briefe. 1938– 1974*, hrsg. von Ulrich Fröschle, Michael Neumann, Stuttgart 2003, S. 182.

94 Berend, *Der Glückspilz*, S. 160.

95 Ebd., S. 160.

96 Plessner, *Grenzen der Gemeinschaft*, S. 44.

97 Helmut Lethen, *Verhaltenslehren der Kälte. Lebensversuche zwischen den Kriegen*, Frankfurt am Main 1994. Vgl. Jünger, *Der Arbeiter*, S. 101 f.

98 Anderseits bemerkt Jünger, dass sich mit dieser Top-down-Steuerung der Krieg nicht gewinnen lässt, und plädiert daher für autark operierende Kampftrupps.

99 Huxley, *Brave New World*, S. 7, bzw. Huxley, *Schöne Neue Welt*, S. 21.

100 Huxley, *Brave New World*, S. 36.

101 Ich benutze, wie die von mir zitierten deutschen Autoren der hier behandelten Epoche, den Titel des Originals. Vgl. Carl Schmitt, *Glossarium. Aufzeichnungen der Jahre 1947–1951*, Stuttgart 1991, S. 200, oder Ernst Jünger, *Strahlungen*, Tübingen 1949, 17. 7. 1943, S. 359.

102 Huxley, *Schöne Neue Welt*, S. 56, bzw. Huxley, *Brave New World*, S. 37.

103 Jünger, *Der Arbeiter*, S. 112.

104 Huxley, *Schöne Neue Welt*, S. 23, bzw. Huxley, *Brave New World*, S. 3.

105 Huxley, *Brave New World*, S. 1. Aldous Huxley verwendet die gleichen Begriffe wie sein Bruder. Dort heißt die Zentrale »Center of Hatcheries and Conditioning«. Dies verstärkt den von den organisatorischen Parallelen erzeugten Eindruck, es handele sich um eine Ameisengesellschaft. Vgl. etwa zum *Hatching* der Eier Julian Huxley, *Ants*, Ernest Benn 1930, S. 17, oder zur *Kontrolle* der Nachwuchsproduktion S. 21.

106 Das berühmte Bonmot fällt in einem für uns einschlägigen Zusammenhang: »In einer höheren Phase der kommunistischen Gesellschaft, nachdem die knechtende Unterordnung der Individuen unter die Teilung der Arbeit, damit auch der Gegensatz geistiger und körperlicher Arbeit verschwunden ist; nachdem die Arbeit nicht nur Mittel zum Leben, sondern selbst das erste Lebensbedürfnis geworden; nachdem mit der allseitigen Entwicklung der Individuen auch ihre Produktivkräfte gewachsen und alle Springquellen des genossenschaftlichen Reichtums voller fließen, erst dann kann der enge bürgerliche Rechtshorizont ganz überschritten werden und die Gesellschaft auf ihre Fahne schreiben: Jeder nach seinen Fähigkeiten, jedem

nach seinen Bedürfnissen!« Karl Marx, *Brief an Wilhelm Bracke*, London, den 5. Mai 1875: MEW, Bd. 19, S. 19. Alle Probleme der bürgerlichen Ordnung, die Marx nennt, sind für unsere Entomologen in der Ameisengesellschaft immer schon gelöst. »In our view, the competitive edge that led to the rise of the *ants as a world-dominant group* is their highly developed, self-sacrificial colonial existence. It would appear that socialism really works under some circumstances. *Karl Marx just had the wrong species.*« Hölldobler, *Journey to the Ants*, S. 9. Kursiv von mir.

107 Und ein »sehr langsam laufendes Band«, Huxley, *Brave New World*, S. 7.

108 Ebd, Huxley, *Schöne Neue Welt*, S. 24, bzw. Huxley, *Brave New World*, S. 5.

109 Huxley, *Ants*, S. 79.

110 Charlotte Sleigh, »Brave new worlds: Trophallaxis and the origin of society in the early twentieth century«, in: *Journal of the History of the Behavioral Sciences*, 38. Jg., Nr. 2 (2002): S. 133–156, S. 152.

111 Aldous Huxley, *Brave New World Revisited* [1958], New York 2000, S. 23.

112 Gabriel de Tarde, *Monadologie und Soziologie* [1893], Frankfurt am Main 2009, S. 42. Im Anschluss an Espinas. Wir kommen auf beide Autoren noch zu sprechen.

113 Huxley, *Ants*. Der Essay des Biologen und Genetikers John Burdon Sanderson Haldane *Deadalus* von 1924, einem Freund der Brüder Huxley, muss als weitere, wichtige Quelle der Inspiration genannt werden. Haldane prägt den Begriff der »ectogenesis«, der künstlichen »in vitro«-Befruchtung und Brut von menschlichen Klonen. Haldane hat mit Julian Huxley ein zoologisches Fachbuch (*Animal Biology*, 1927) verfasst und war auch mit Aldous gut bekannt. Vgl. hierzu Mark B. Adams, »Last Judgment: The Visionary Biology of J. B. S. Haldane«, in: *Journal of the History of Biology*, 33. Jg., Nr. 3 (2000): S. 457–491. Haldane spielt eine entscheidende Rolle bei der Entwicklung der *kin selection*-Theorie in der Biologie, die wiederum in Wilsons Entomologie eine bedeutende Rolle einnimmt. Vgl. Nowak, *Supercooperators*, S. 96 ff. Kurz: Sleigh entgeht Haldane, aber Adams entgeht Wheeler und Wilson, obschon entscheidende

Stichworte (»super-organism«) fallen. Im Übrigen wird Haldane von Julian Huxley zitiert: Huxley, *Ants*, S. 26. Übersetzung von mir.

114 Zu den »Medien des Sozialen« vgl. Johach, »Andere Kanäle. Insektengesellschaften und die Suche nach den Medien des Sozialen«, a. a. O.

115 Sleigh, »Brave new worlds«, S. 152 ff.

116 Huxley, *Ants*, S. 25.

117 Vgl. Bölsche, *Der Termitenstaat*, S. 51. Forel, *The Social World of the Ants*, S. 67, S. 79 f. benutzt die Begriffe »sozialer Magen« oder »sozialer Vorrat«. Übersetzung von mir.

118 Huxley, *Ants*, S. 27.

119 Vgl. etwa John Lubbock, *Ameisen, Bienen und Wespen. Beobachtungen über die Lebensweise der geselligen Hymenopteren*, Leipzig 1883, S. 188 f. Lubbock beobachtet sehr genau, wie die Ameisen Honig fressen und Honig transportieren, nicht aber das gegenseitige Füttern.

120 Wheeler, *Social Insects*, S. 233.

121 Ebd., S. 234.

122 Ebd., S. 235.

123 Ebd., S. 244.

124 Maeterlinck, *Das Leben der Termiten. Das Leben der Ameisen*, S. 235 f. Maeterlinck, »The Life of The Ant«, S. 447 f. Kursivierung von mir.

125 Huxley, *Ants*, S. 25.

126 Vgl. Koch, *Der Erste Weltkrieg als Medium der Gegenmoderne*, S. 278 ff.

127 Ernst Jünger, »Die totale Mobilmachung« [1930], in: *Sämtliche Werke. Essay I. Betrachtungen zur Zeit*. Bd. 7, Stuttgart 1980, S. 119–142, S. 126 f., S. 131.

128 Ebd., S. 126.

129 Ebd., S. 129.

130 Ewers, *Ameisen*, S. 42. Kursiv im Original.

131 Huxley, *Brave New World*, im unpaginierten Vorwort von 1946.

132 Ebd., S. 1.

133 Wheeler, *Social Insects*, S. 226. Übersetzung von mir.

134 Ebd., S. 228.

135 Ebd., S. 228.

136 Huxley, *Ants*, S. 79.

137 Huxley, *Brave New World*, S. 204, bzw. Huxley, *Schöne Neue Welt*, S. 221.

138 Vgl. hierzu Werber, »Kleiner Grenzverkehr. Das Bild der sozialen Insekten in der Selbstbeschreibung der Gesellschaft«.

139 Vgl. Koschorke, *Der fiktive Staat. Konstruktionen des politischen Körpers in der Geschichte Europas.*

140 Caryl P. Haskins, *Of Ants and Men*, New York 1939, S. 111. Sie sei das soziale Bindeglied, das »social bond«.

141 Wheeler, *Social Insects*, S. 244: »circulating blood current«, »internal medium«.

142 Ebd., S. 232. »mutual commercial relations«.

143 Ebd., S. 231.

144 Dieser Schritt gelingt Ethnologen ganz gut. Vgl. Bronislaw Malinowski, *Argonauten des westlichen Pazifik. Ein Bericht über Unternehmungen und Abenteuer der Eingeborenen in den Inselwelten von Melanesisch-Neuguinea* [1922], hrsg. von Fritz Kramer, übers. von Heinrich Ludwig Herdt, Frankfurt am Main 1979.

145 Scipio Sighele, *Psychologie des Auflaufs und der Massenverbrechen*, Dresden, Leipzig 1897, S. 4 f. Schmitt, *Der Wert des Staates und die Bedeutung des Einzelnen*, S. 35.

146 Vgl. dazu Bredekamp, *Hobbes Leviathan*. Als »Gegenbild« spielen Ameisenstaaten bereits im 17. Jahrhundert eine »isokratische« Rolle, der Bredekamp aber nicht nachgeht.

147 Jünger, *Der Arbeiter*, S. 207.

148 Sleigh, »Brave new worlds«, S. 153. Übersetzung von mir.

149 R. Pearl, Gold, S. A., »World Population Growth«, in: *Human Biology*, Nr. 8 (1936): S. 399–419, S. 418. Vgl. Emerson, »Populations of Social Insects«, S. 288.

150 Vgl. die erstaunlichen Parallelen in der verhaltensbiologischen Forschung zu Ratten und Mäusen in den 1950er und 60er Jahren. Dazu Edmund Ramsden, Adams, Jon, »Escaping the laboratory: the rodent experiments of John B. Calhoun and their cultural influence«, in: *Journal of Social History*, 42. Jg., Nr. 3 (2009): S. 761–792. Für den Hinweis danke ich Andrew Pickering.

IV. Schwärme aus Schwärmen aus Schwärmen 1930

1 Jean-Paul Lachaud, Dominique Freeneau, »Social Regulation in Ponerine Ants«, in: *From individual to collective behavior in social Insects. Les Treilles Workshop*, hrsg. von Jacques M. Pasteels, Jean-Louis Deneubourg, Basel, Boston 1987, S. 197–217, S. 213.

2 Von »Offizieren« spricht Karl Escherich, wenn er auch betont, es handele sich um eine »Vermutung«, dass diese Exemplare etwa einen »Marsch [...] überwachen« (Karl Escherich, *Die Ameise*, Braunschweig 1906, S. 135). Ich konnte die Stelle in der zweiten Auflage nicht mehr nachweisen (Escherich, *Die Ameise*). Hat Escherich 1917 Analogien zu hierarchischen Organisationsmustern aus seinem Buch getilgt? Im Übrigen gilt der Paradigmenwechsel nicht für die populäre Naturkunde, wie sie etwas Bölsche für den Kosmos-Verlag betreibt. Vgl. Bölsche, *Der Termitenstaat*, S. 57.

3 Lachaud, »Social Regulation in Ponerine Ants«, S. 214.

4 Escherich, *Die Ameise*, S. 61. Der Polymorphismus der Ameisen wird als Funktion der Arbeitsteilung bestimmt.

5 Nigel R. Franks, Philippa J. Norris, »Constraints on the division of labour in ants: D'Arcy Thompson's Cartesian transformations applied to worker polymorphism«, in: *From individual to collective behavior in social Insects. Les Treilles Workshop*, hrsg. von Jacques M. Pasteels, Jean-Louis Deneubourg, Basel, Boston 1987, S. 253–275, S. 254. Einige Beiträger zählen zur Avantgarde der *Schwarmintelligenz*-Forschung.

6 Ebd., S. 254.

7 Ebd., S. 254.

8 Ebd., S. 254.

9 Ebd., S. 266.

10 Ebd., S. 267.

11 Jean-Louis Deneubourg, Simon Goss, Jacques M. Pasteels, Dominique Fresneau, Jean-Paul Lachaud, »Self-Organisation in Ant Societies: Learning in Foraging and Division of Labor«, in: *From individual to collective behavior in social Insects. Les Treilles Workshop*, hrsg. von Jacques M. Pasteels, Jean-Louis Deneubourg, Basel, Boston 1987, S. 177–196, S. 194.

12 Jacques M. Pasteels, Jean-Louis Deneubourg (Hrsg.), *From individual to collective behavior in social Insects. Les Treilles Workshop*, Basel, Boston: Birkhäuser 1987, S. 13. Übersetzung von mir.

13 Mike Campos, Eric Bonabeau, Guy Théraulaz, Jean-Louis De-
neubourg, »Dynamic Scheduling and Division of Labor in Social
Insects«, in: *Adaptive Behavior*, 8. Jg., Nr. 2 (2000): S. 83–95,
S. 92.

14 Deneubourg, »Self-Organisation in Ant Societies: Learning in
Foraging and Division of Labor«, S. 180 ff. Vgl. die Graphiken
auf S. 180 und 182.

15 Dies mag etwa Alexander Kluge kaum wahrhaben, der aber eben
Ernst Jünger besser kennt als die neueste Entomologie. Vgl.
10 000 Billionen Ameisen (*10 vor 11* bei RTL am 2. 12. 1996). Wir
kommen auf dieses Feature zurück.

16 Wheeler, *Social Insects*, S. 163: »distinct morphological expres-
sion of the behavioristic and physiological division of labour«.

17 Vgl. für die Umsetzung entomologischer Thesen in der Kriegs-
kunst: John Arquilla, David Ronfeldt, *Swarming & the Future of
Conflict*, hrsg. von RAND Corporation, Santa Monica, Cal. 2000.

18 Bonabeau, *Swarm Intelligence: From Natural to Artificial Systems*. James Kennedy, Russell C. Eberhart, *Swarm Intelligence*,
San Francisco 2001. Die Forschung setzt freilich früher ein, vgl.
etwa Janet T. Landa, »The political economy of swarming in honeybees: Voting-with-the-wings, decision-making costs, and the
unanimity rule«, in: *Public Choice*, 51. Jg. (1986): S. 25–38. Diskursive Wucht bekommt die Schwarmforschung aber erst um
2000.

19 Campos, »Dynamic Scheduling and Division of Labor in Social
Insects«, S. 83 f. Das Stichwort im Original heißt »equilibrium
theory« (S. 83). Diese Theorie geht davon aus, dass in jeder Gesellschaft bestimmte Aufgaben verrichtet werden müssen. Die
Systemtheorie würde hier von Funktionen sprechen. Die Verteilung knapper Güter etwa ist für die moderne Gesellschaft essentiell. In der Verrichtung der Funktionen erlaubt sie sich jedoch
Flexibilität, Luhmann spricht hier von »funktionalen Äquiva-
lenten«. Campos et al. finden die Voraussetzung für Flexibilität
in der Elastizität der Individuen: »Die Flexibilität der Aufgabenverteilung auf der Ebene der Kolonie ist mit der *Elastizität* der
einzelnen Arbeiter verknüpft.« (S. 84) Übersetzung von mir.

20 Ebd., S. 83, S. 92.

21 Ebd., S. 83. Übersetzung von mir, Kursiv im Original. »A social
insect colony *is* a complex system.«

22 Ebd., S. 85. Übersetzung von mir.

23 Das Akronym ANT für Akteur-Netzwerk-Theorie bekommt dann eine besondere Bedeutung, wenn Latour empfiehlt, der »ANT-Forscher« solle sich »wie eine Ameise abmühen [...], um noch die allerwinzigste Verbindung herzustellen«. Bruno Latour, *Eine neue Soziologie für eine neue Gesellschaft. Einführung in die Akteur-Netzwerk-Theorie* [2005], Frankfurt am Main 2007, S. 48.

24 Campos, »Dynamic Scheduling and Division of Labor in Social Insects«, S. 92. Übersetzung und Kursivierung von mir. »Another perspective on this work is also possible. Task allocation can be seen as a scheduling problem, which is continually solved by ants in a variable environment. *One major difference* between a market and an insect colony is the role that *evolution has played in shaping social insect colony organization.* Evolutionary theory suggests that solutions found by ants may be close to global optimality if the scheduling formulation is relevant to the behavior of ants. Auction protocols, on the other hand, have been designed by man to generate optimal resource allocation: *why not use evolutionary algorithms* to produce optimal auction protocols?«

25 ANT-Algorithmen kommen beispielsweise bei der Selbststeuerung von Busrouten, Müllabfuhr, Post- und Auslieferungsrouten, bei Maschinenbelegungsproblemen, der Beschickung von Lackieranlagen, der Fertigungssteuerung, der Programmierung von Routern in Telefonnetzwerken und im Internet, bei der Personaleinsatzplanung und bei der Kalkulation der Auslastung von Fahrzeugen und Fahrwegen zum Einsatz. Erprobt werden fliegende Miniatursysteme zum Aufspüren von Gaslecks und Bränden. Die Liste lässt sich verlängern.

26 Nowak, *Supercooperators*, S. 168.

27 Ebd., S. 213.

28 Ebd., S. 269 ff.

29 Ebd., S. 207 ff.

30 Ebd., S. xvii.

31 Peter Kropotkin, *Mutual Aid: A Factor of Evolution*, London 1904.

32 Kropotkin, *Gegenseitige Hilfe in der Entwicklung*, S. 74. Kursiv im Original.

33 Ebd., S. 75.

34 Ebd., S. 75.

35 Ebd., S. 76.
36 Ebd., S. 78.
37 Ebd., S. 81.
38 Ebd., S. 306.
39 Nowak, *Supercooperators*, S. 153.
40 Ebd., S. xvii, S. 200 ff.
41 Vgl. Escherich, *Termitenwahn*.
42 Martin A. Nowak, Corina E. Tarnita, Edward O. Wilson, »The evolution of eusociality«, in: *Nature*, 466. Jg., Nr. 8 (2010): S. 1057–1062 S. 1057. Auf diesen folgenreichen Beitrag komme ich im nächsten Kapitel ausführlich zurück.
43 Vgl. dazu Lorraine Daston, Fernando Vidal (Hrsg.), *The Moral Authority of Nature*, Chicago, London: 2004. Darin vor allem A. J. Lustig, »Ants and the Nature of Nature in Auguste Forel, Erich Wasmann, and William Morton Wheeler«, in: *The Moral Authority of Nature*, hrsg. von Lorraine Daston, Fernando Vidal, Chicago, London 2004, S. 282–307.
44 Nowak, *Supercooperators*, S. 200 ff. Bei dieser »Tragödie« handelt es sich um eine Variante des Gefangenendilemmas. Einem bäuerlichen Dorf steht eine Allmende zur Verfügung, auf der jeder sein Vieh weiden lassen darf. Aus egoistischen Gründen lassen alle Bauern mehr Vieh auf die Weide, als sie verkraften kann, um eigene Ressourcen zu schonen. Das Ergebnis: Die »commons« (Allmende) verwüsten. Langfristig hätten alle Bauern mehr davon, weniger Vieh auf die Weide zu treiben, um gemeinsam mit allen anderen von der Allmende nachhaltig zu profitieren. Diese Tragödie spielt sich zur Zeit auf allen Weltmeeren ab. Statt Überweiden ist hier das Überfischen das Problem. Auch das *Climate Game* kann so spieltheoretisch modelliert werden.
45 Ebd., S. 168.
46 Sleigh, »Brave new worlds«, S. 153. Wheelers Vorschlag setzt sich auf breiter Front durch. Auch Forel oder Maeterlinck gehen davon aus, dass das Ameisennest als Superorganismus aufzufassen sei.
47 Olaf Stapledon, *Last and First Men* [1930], London 2004, S. xiii. Im Folgenden ziehe ich die deutsche Übersetzung hinzu: Olaf Stapledon, *Die letzten und die ersten Menschen. Eine Geschichte der nahen und fernen Zukunft*, übers. von Kurt Spangenberg, München 1983, S. 11.

48 Aristoteles, *Poetik*, hrsg. von Manfred Fuhrmann, Stuttgart 2002.

49 Stapledon, *Die letzten und die ersten Menschen*, S. 11.

50 Ebd., S. 12.

51 Ebd., S. 13.

52 Ebd., S. 13.

53 Ebd., S. 14.

54 Ebd., S. 14.

55 Vgl. Adams, »Last Judgment: The Visionary Biology of J. B. S. Haldane«, S. 468, S. 473. Zu Wells und Stapledon vgl. auch Robert Shelton, »The Moral Philosophy of Olaf Stapledon«, in: *The Legacy of Olaf Stapledon*, hrsg. von Patrick A. McCarthy, Charles Elkins, Martin Harry Greenblatt, New York, Westport, London 1989, S. 5–22, S. 7. Auf Wells und Haldane gehe ich in den nächsten Kapiteln noch näher ein.

56 Zu Haldane und zur Eusozialität im Zusammenhang der *kin selection*-Theorie vgl. Hölldobler, *The Ants*, S. 180–196. Der Untersuchungsgegenstand ist die Gesellschaftsbildung der Ameisen.

57 Vgl. dazu Nowak, *Supercooperators*, S. 96 f., sowie Curtis C. Smith, »Diabolical Intelligence and (approximately) Divine Innocence«, in: *The Legacy of Olaf Stapledon*, hrsg. von Patrick A. McCarthy, Charles Elkins, Martin Harry Greenblatt, New York, Westport, London 1989, S. 87–98.

58 Stapledon, *Die letzten und die ersten Menschen*, S. 188.

59 Stapledon, *Last and First Men*, S. 132.

60 Ebd., S. 132; Stapledon, *Die letzten und die ersten Menschen*, S. 189.

61 Damit ließe sich Stapledon auch in das Genre der »Gedankenexperimente« einordnen, deren Geschichte und Relevanz insbesondere auch Annette Wunschel und Thomas Macho im Hinblick auf »Transgressionen zwischen *facts* und *fictions*« erschließen. Annette Wunschel, Thomas Macho, »Mentale Versuchsanordnungen«, in: *Science & Fiction. Über Gedankenexperimente in Wissenschaft, Philosophie und Literatur*, hrsg. von Thomas Macho, Annette Wunschel, Frankfurt am Main 2004, S. 9–14, S. 12. Eines von Stapledons Experimenten könnte so lauten: Wie sähe eine Gesellschaft aus, deren Mitglieder keine Individuen sind, sondern komposite Mengen? Ein anderes: Ist

eine Gesellschaft, die sich wie ein Ameisenvolk organisiert, unserer Gesellschaft überlegen? Doch wäre dies vielleicht zu sehr so formuliert, als gäbe es einen Experimentator, der eine Versuchsanordnung nur anlegt, um eine These zu überprüfen. Für Stapledons Roman finde ich Michel Serres' Konzept der Passage treffender. Vgl. Serres, *Nordwest-Passage*, S. 15 ff.

62 Stapledon, *Last and First Men*, S. 132.

63 Stapledon, *Die letzten und die ersten Menschen*, S. 191.

64 Ebd., S. 191.

65 »Schwärmen ist dem Anschein nach amorph, aber es ist eine willkürlich strukturierte und koordinierte Strategie, bei der von allen Seiten angegriffen wird«, schreiben Arquilla und Ronfoldt, *Swarming & the Future of Conflict*, S. vii. Übersetzung von mir.

66 Die Wolke als Bild sozialer Organisation ist kaum erforscht, obschon der legendäre Lawrence von Arabien seine aufständischen arabischen Partisanen-Nomaden als gasförmige Gruppe beschreibt (Thomas Edward Lawrence, *Seven Pillars of Wisdom* [Revolt in the Desert, 1926/27], London 1997, S. 182: »We might be a vapour [...] a thing intangible, invulnerable, without front or back, drifting about like a gas«). Stapledon hat Lawrence vermutlich rezipiert. Zumindest tauft er eines seiner Bücher »The Seven Pillars of Peace«. (1944) In dem spannenden kultur-, medien-, wissens- und diskursgeschichtlichen Band »Wolken« des *Archivs für Mediengeschichte* (Weimar 2005) findet sich auf die Sozialdimension der Wolke kein Hinweis. Von der »Wolke« über den »Bienenschwarm« zum »Arbeiter« gelangt Serres, *Nordwest-Passage*, S. 81 f., dessen Passagen zwischen Natur- und Geisteswissenschaften nicht nur Wissensformationen, sondern auch Isomorphien erkunden.

67 Nach der Überschrift des dritten Kapitels von Charles Darwin, *On the origin of species by means of natural selection, or the preservation of favoured races in the struggle for life*, London 1859, S. 60. Charles Darwin, *Die Entstehung der Arten* [1859, 6. Aufl. 1872], übers. von J. Viktor Carus, Hamburg 2008, S. 94. Zu den Grundannahmen dieses Kapitels zählt Konkurrenz der Lebewesen: »Der ältere DeCandolle und Lyell haben des Weiteren und in philosophischer Weise nachgewiesen, dass alle organischen Wesen im Verhältnisse einer harten Konkurrenz zueinander stehen.« (Darwin, *Die Entstehung der Arten*, S. 96)

68 Stapledon, *Last and First Men*, S. 125, 128, 130. Stapledon, *Die letzten und die ersten Menschen*, S. 183.

69 Ohne diese Invasion würde sie sich ihrer »heldenhafte Aufgabe«, einen »idealen Menschen [...] zu schaffen« (remaking of human nature), verschrieben haben, einem biogenetischen Projekt zur Züchtung des Übermenschen. Stapledon, *Last and First Men*, S. 130; Stapledon, *Die letzten und die ersten Menschen*, S. 186. Dieses Projekt liegt auf der Linie von Jünger und Huxley, doch es wird jäh unterbrochen.

70 Vgl. zur Spekulation über Weltgesellschaft und Feinde aus dem All: Schmitt, *Der Begriff des Politischen*, S. 54 f., kursiv im Original.

71 Maeterlinck, *Das Leben der Termiten. Das Leben der Ameisen*, S. 172 f. Den Feind vom Nachbarplaneten beschreibt Stapledon, den aus der unerwarteten Seite: dem Meer zeichnet Frank Schätzing – in beiden Fällen kommt dieser wesensfremde Feind als Schwarm.

72 Zuvor werden alle konkurrierenden Spezies ausgerottet. Zur Evolution nach dem Muster des *survival of the fittest* vgl. Stapledon, *Last and First Men*, S. 145, bzw. Stapledon, *Die letzten und die ersten Menschen*, S. 206. Sie führt auf dem Mars zum totalen Sieg einer einzigen Art.

73 Oder zumindest sein Motto: »Trotz der Möglichkeit *gegenseitiger Hilfe* arbeiteten die beiden Rassen darauf hin, einander auszulöschen.« »In spite of the possibility of *mutual aid*, the two races strove to exterminate each other.« Olaf Stapledon, *Star Maker* [1937], London 1999, S. 95, bzw. Olaf Stapledon, *Sternenmacher*, übers. von Thomas Schlueck, München 1969, S. 101. Kursivierung von mir. Vgl. Kropotkin, *Mutual Aid: A Factor of Evolution*. Schwärmen verwendet Kropotkin übrigens allein in der Bedeutung von Ausbreiten, nicht im Sinne einer Organisationsform. Diesen Schritt macht Stapledon.

74 Stapledon, *Last and First Men*, S. 162, bzw. Stapledon, *Die letzten und die ersten Menschen*, S. 228. Die Tendenzen zur Kooperation setzen sich auf der Handlungsebene nicht durch, sie sind aber in der Sprache des Erzählers manifest; der Erzähler aus der Zukunft ist bekanntlich über den Ausgang des Konfliktes informiert.

75 Stapledon, *Last and First Men*, S. 167, bzw. Stapledon, *Die letzten und die ersten Menschen*, S. 235.

76 Stapledon, *Last and First Men*, S. 138 f., bzw. Stapledon, *Die letzten und die ersten Menschen*, S. 197.

77 Stapledon, *Last and First Men*, S. 136, bzw. Stapledon, *Die letzten und die ersten Menschen*, S. 194.

78 Bertolt Brecht, »Der Rundfunk als Kommunikationsapparat« [1932], in: *Schriften zur Literatur und Kunst*. Bd. 1, Frankfurt am Main 1967, S. 132–140.

79 Stapledon, *Last and First Men*, S. 136, bzw. Stapledon, *Die letzten und die ersten Menschen*, S. 194.

80 Frei nach Latour, *Neue Soziologie*, a. a. O.

81 Nach Fritz Heider, »Ding und Medium«, in: *Symposion. Philosophische Zeitschrift für Forschung und Aussprache*, 2. Jg., Nr. 1 (1926): S. 109–157.

82 Vgl. zu dieser systemtheoretischen Unterscheidung von Medium und Form Niklas Luhmann, »Das Medium der Kunst«, in: *Schriften zur Kunst und Literatur*, hrsg. von Niels Werber, Frankfurt am Main 2008, S. 123–138, sowie Niels Werber, »Medien / Form. Zur Herkunft und Zukunft einer Unterscheidung«, in: *Kritische Berichte. Zeitschrift für Kunst- und Kulturwissenschaften*, 36. Jg., Nr. 4 (2008): S. 67–73.

83 Stapledon, *Last and First Men*, S. 137, bzw. Stapledon, *Die letzten und die ersten Menschen*, S. 195.

84 Stapledon, *Last and First Men*, S. 137, bzw. Stapledon, *Die letzten und die ersten Menschen*, S. 196.

85 Vgl. zum Superorganismus als Agglomeration und Dissoziation Maeterlinck, »The Life of The Ant«, S. 466.

86 Stapledon, *Last and First Men*, S. 137.

87 Der Clou eines Romans: Ferenczy, *Timotheus Thümmel und seine Ameisen* besteht darin, diese Annahme umzukehren. Die Narration führt vor, dass die morphologischen Unterschiede aus sozialen Differenzierungsprozessen hervorgehen. Soziale Ungleichheit führt zu unterschiedlichen Kasten. Solche Gedankenexperimente finden sich in literarischen Texten, nicht in entomologischen.

88 Arquilla, *Swarming & the Future of Conflict*, S. 25. Übersetzung von mir.

89 Mit und gegen Blumenberg, *Metaphorologie*, S. 8.

90 Stapledon, *Last and First Men*, S. 138, bzw. Stapledon, *Die letzten und die ersten Menschen*, S. 197.

91 Stapledon, *Last and First Men*, S. 154, bzw. Stapledon, *Die letzten und die ersten Menschen*, S. 218.

92 Vgl. Koschorke, *Der fiktive Staat. Konstruktionen des politischen Körpers in der Geschichte Europas*, S. 15 f., sowie Joseph Vogl, »Asyl des Politischen. Zur Struktur politischer Antinomien«, in: *Raum. Wissen. Macht*, hrsg. von Rudolf Maresch, Niels Werber, Frankfurt am Main 2002, S. 156–172.

93 Stapledon, *Last and First Men*, S. 139, bzw. Stapledon, *Die letzten und die ersten Menschen*, S. 198.

94 Stapledon, *Last and First Men*, S. 139, bzw. Stapledon, *Die letzten und die ersten Menschen*, S. 198.

95 Stapledon, *Last and First Men*, S. 137, bzw. Stapledon, *Die letzten und die ersten Menschen*, S. 205.

96 Stapledon, *Last and First Men*, S. 136, bzw. Stapledon, *Die letzten und die ersten Menschen*, S. 194, 200.

97 Stapledon, *Last and First Men*, S. 140.

98 Ebd., S. 144.

99 Stapledon, *Die letzten und die ersten Menschen*, S. 193. Vgl. Stapledon, *Last and First Men*, S. 140, S. 144.

100 Stapledon, *Last and First Men*, S. 139, bzw. Stapledon, *Die letzten und die ersten Menschen*, S. 198. Kursiv von mir.

101 Stapledon, *Last and First Men*, S. 136, bzw. Stapledon, *Die letzten und die ersten Menschen*, S. 194.

102 Stapledon, *Last and First Men*, S. 139.

103 Ebd., S. 141. Vgl. Hardt, *Multitude*, S. 373. Die Multitude / der Schwarm ist kein »Modell« für politische Entscheidungsfindung, schreiben Hardt und Negri, sondern sie / er »wird selbst zur politischen Entscheidungsfindung«. Es geht also nicht um Repräsentation.

104 Stapledon, *Last and First Men*, S. 151, bzw. Stapledon, *Die letzten und die ersten Menschen*, S. 214.

105 Haskins, *Of Ants and Men*, S. 34–36. »Die Organisation der Dorylus [...] zeigt ein hohes Maß an Kooperation von simplen Agenten, die eng miteinander verbunden sind [...]« (a highly cooperative organization of rather low-grade individuals) (S. 36). Übersetzung von mir. Die Verknüpfungsfähigkeit wird hier allerdings noch auf »rigide Instinkte« zurückgeführt, also einem steuernden Prinzip zugerechnet, nicht dem Schwarm.

106 Jünger, *Die gläsernen Bienen*, S. 116 f. Hervorhebung von mir.

107 Dass jede Form sozialer Organisation eine qualitativ neue Entwicklungsstufe darstellte als die bloße Summe der Individuen,
sei heute ein Gemeinplatz, schreibt T. C. Schneirla, »Social organization in insects, as related to individual function«, in: *Psychological Review*, 48. Jg., Nr. 6 (1941): S. 465–486, S. 465. (It is
now a truism to say that any social organization represents a
qualitatively new emergent level not equivalent to that which
might be attained through a mere summation of the properties
of ist constituent individuals.)

108 Ebd., S. 465. Vgl. William Morton Wheeler, *Emergent Evolution
and the Social*, in: *Psyche Miniature*, hrsg. von Charles Kay Odgen, London 1927. Wie Wheeler zitiert auch Schneirla Maeterlinck. Die wissenschaftliche Fruchtbarkeit der Metapher des
›hive minds‹ ist nicht zu unterschätzen.

109 Schneirla, »Social organization in insects, as related to individual function«, S. 465.

110 Ebd., S. 465.

111 Stapledon, *Last and First Men*, S. 144, bzw. Stapledon, *Die letzten
und die ersten Menschen*, S. 205, spricht vom »Martian superin-
dividual« und von der Bildung eines »Gruppenbewußtsein[s]«
(S. 200).

112 Schneirla, »Social organization in insects, as related to individual function«, S. 474.

113 »Who reigns and who governs in the State? Wer regiert und wer
gouverniert im Staat?«, fragt Maeterlinck, »The Life of The Ant«,
S. 446. Übersetzung von mir. Die Unterscheidung zwischen Regieren und Gouvernieren ist hochinteressant, Foucault hat auf
ihr eine umfassende biopolitische Studie aufgebaut. Vgl. Foucault, *Geschichte der Gouvernementalität I*. Michel Foucault,
*Geschichte der Gouvernementalität II. Die Geburt der Biopolitik.
Vorlesungen am Collège de France 1977–1978*, Frankfurt am
Main 2004.

114 Schneirla, »Social organization in insects, as related to individual function«, S. 478.

115 Ebd., S. 480. Allein schon diese ANT-kompatible Wortwahl
Schneirlas mag dazu beigetragen haben, dass entomologische
Modellierungen eine gewisse *sexiness* erlangt haben.

116 Ebd., S. 478, S. 480, S. 482.

117 Ebd., S. 483. Meine Übersetzung.

118 Ebd., S. 478.
119 Stapledon, *Last and First Men*, S. 152 f.
120 Ebd., S. 156 f.
121 Ebd., S. 193.
122 Ebd., S. 205, bzw. Stapledon, *Die letzten und die ersten Menschen*, S. 283.
123 Stapledon, *Last and First Men*, S. 207, bzw. Stapledon, *Die letzten und die ersten Menschen*, S. 286.
124 Stapledon, *Last and First Men*, S. 280, bzw. Stapledon, *Die letzten und die ersten Menschen*, S. 383.
125 Stapledon, *Last and First Men*, S. 208, bzw. Stapledon, *Die letzten und die ersten Menschen*, S. 287 f.
126 Stapledon, *Last and First Men*, S. 207, S. 268, bzw. Stapledon, *Die letzten und die ersten Menschen*, S. 286, S. 367. Zum Traum eines medial durch neuronale Verschaltung verwirklichten Interaktionsparadieses der Unmittelbarkeit vgl. Norbert Bolz, *Am Ende der Gutenberggalaxis. Die neuen Kommunikationsverhältnisse*, München 1993, S. 223, S. 226, S. 180, S. 118, S. 119. Vgl. dazu Niels Werber, »Neue Medien, alte Hoffnungen«, in: *Merkur*, 534 / 535. Jg. (1993): S. 887–893.
127 Zum hier verwendeten Kommunikationsbegriff vgl. Niklas Luhmann, *Soziale Systeme. Grundriß einer allgemeinen Theorie* [1984], Frankfurt am Main 1987.
128 Stapledon, *Last and First Men*, S. 272, bzw. Stapledon, *Die letzten und die ersten Menschen*, S. 372.
129 Stapledon, *Last and First Men*, S. 276.
130 Vgl. Smith, »Diabolical Intelligence and (approximately) Divine Innocence«, S. 97.
131 Stapledon, *Star Maker*, S. 102 f., bzw. Stapledon, *Sternenmacher*, S. 109.
132 Stapledon, *Star Maker*, S. 137, bzw. Stapledon, *Sternenmacher*, S. 142.
133 Stapledon, *Star Maker*, S. 105, bzw. Stapledon, *Sternenmacher*, S. 111.
134 Stapledon, *Star Maker*, S. 124, bzw. Stapledon, *Sternenmacher*, S. 130.
135 Stapledon, *Star Maker*, S. 108 f., bzw. Stapledon, *Sternenmacher*, S. 114 f. Kursivierung von mir.
136 Vgl. Shelton, »The Moral Philosophy of Olaf Stapledon«, S. 15.

137 Stapledon, *Last and First Men*, S. 144, bzw. Stapledon, *Die letzten und die ersten Menschen*, S. 209.

138 Stapledon, *Star Maker*, S. 108 f., bzw. Stapledon, *Sternenmacher*, S. 116 f.

139 Maeterlinck kann sich als Nobelpreisträger der Literatur seine Spekulationen erlauben.

140 Dies ist eine fruchtbare Frage einer an der *Poetologien des Wissens* interessierten Germanistik. Vgl. Joseph Vogl, »Einleitung«, in: *Poetologien des Wissens um 1800*, hrsg. von Joseph Vogl, München 1999, S. 7–16.

141 Schneirla, »Social organization in insects, as related to individual function«, S. 465.

142 Maeterlinck, *Das Leben der Termiten. Das Leben der Ameisen*, S. 201.

143 Maeterlinck, »The Life of The Ant«, S. 460.

144 Maeterlinck, *Das Leben der Termiten. Das Leben der Ameisen*, S. 76.

145 Campe, »Vor Augen Stellen. Über den Rahmen rhetorischer Bildgebung«.

146 Maeterlinck, *Das Leben der Termiten. Das Leben der Ameisen*, S. 161.

147 Ebd., S. 203. Ich erinnere an Norbert Wiener, der dies nicht nur nicht für unmöglich, sondern ausdrücklich für denkbar hielt. Dies gilt auch für Escherichs vor dem Zweiten Weltkrieg publizierte Texte.

148 John Burroughs, »A Sheaf of Nature Notes«, in: *North American Review*, 212. Jg. (1920): S. 328–342, S. 328. Übersetzung und Kursivierung von mir.

149 Ebd., S. 329 f.

150 Heider, »Ding und Medium«, a. a. O.

151 Maurice Maeterlinck, *The Live of the Bee* [1901], übers. von Alfred Sutro, New York 2004, S. 39 f.

152 Vgl. Kevin Kelly, *Out of Control. The Rise of Neo-Biological Civilization*, Reading, Mass. 1994, darin das Kapitel 2: The Hive Mind. Advantages and disadvantages of the swarms (S. 5–28).

153 Burroughs, »A Sheaf of Nature Notes«, S. 331. Übersetzung und Kursivierung von mir.

154 Wheeler, »The ant-colony as an organism«, S. 321.

155 Maeterlinck, *Das Leben der Termiten. Das Leben der Ameisen*, S. 161.

156 Vgl. Hölldobler, *The Ants*. Bonabeau, *Swarm Intelligence: From Natural to Artificial Systems*. Kennedy, *Swarm Intelligence*.

157 ›Erneut‹, denn die Verknüpfung ist alt. Wolken und soziale Insekten bringt bereits Robert Musils *Mann ohne Eigenschaften* in einen Zusammenhang mit Formen der Gesellschaft und der Darstellung. Vgl. dazu Maren Lickhardt, »Postsouveränes Erzählen und eigenmächtiges Geschehen in Musils ›Mann ohne Eigenschaften‹«, in: *LILI. Zeitschrift für Literaturwissenschaft und Linguistik*, 41. Jg., Nr. 1 (2012): S. 10–34.

158 Vgl. die Einleitung der Herausgeberin in Horn, *Schwärme. Kollektive ohne Zentrum. Eine Wissensgeschichte zwischen Leben und Information*, S. 11, Fußnote 5.

159 Deleuze, *Tausend Plateaus*, S. 19.

160 Zitiert wird Kennedy, *Swarm Intelligence*. Vgl. Hardt, *Multitude*, S. 110.

161 Verwiesen wird auf Karl von Frisch, den Entdecker des Schwänzel- und Rundtanzes der Bienen. Hardt, *Multitude*, S. 401.

162 Hardt und Negri (S. 109) zitieren Arquilla, *Swarming & the Future of Conflict*, die wiederum Wilson und Hölldobler (1994) zitieren (S. 25).

163 Hardt, *Multitude*, S. 111.

164 Kelly, *Out of Control. The Rise of Neo-Biological Civilization*, Kapitel 2: »The Hive Mind. Advantages and disadvantages of the swarms«.

165 Stapledon, *Last and First Men*, S. 148, bzw. Stapledon, *Die letzten und die ersten Menschen*, S. 209.

166 Stapledon, *Last and First Men*, S. 139, bzw. Stapledon, *Die letzten und die ersten Menschen*, S. 198.

167 Friedrich Schiller, »Sprache« [1795], in: *Sämtliche Werke*. Bd. I, hrsg. von Gerhard und Herbert G. Göpfert Fricke, München 1987, S. 313.

168 Friedrich Schiller, »Über die ästhetische Erziehung des Menschen in einer Reihe von Briefen« [1795], in: *Sämtliche Werke*. Bd. V, hrsg. von Gerhard und Herbert G. Göpfert Fricke, München 1993, S. 570–669, S. 584.

169 Wenn auch *zweiter Hand*. Vgl. Wheeler, *Emergent Evolution and the Social*, S. 39. Auch Schillers These, dass die Zurichtung des

Individuums durch die Anforderungen der Arbeitsteilung (Spezialisierung) der Gattung als Ganzer nutzt, kehrt bei Wheeler wieder (S. 35 f.). Zum Verhältnis von Gesellschaft und Rolle siehe S. 28 f.

170 Wheeler, *Social Insects*, S. 24. Übersetzung von mir.

171 Kurd Laßwitz, »Aus dem Tagebuch einer Ameise« [1890], in: *Bis zum Nullpunkt des Seins*, hrsg. von Adolf Sckerl, Berlin, DDR 1979, S. 188–214, S. 211.

172 Albert B. Olston, *Mind Power and Privileges* [1902], Whitefish, MT 2003, S. 99.

173 Von einem Professor einer Universität. Dessen These war allerdings, Ameisen verfügten über Sinne im »X-ray«-Spektrum und könnten durch Steine hindurchsehen. Olston plädiert dagegen für Telepathie. Vgl. Ebd., S. 98. Allerdings »galten auch die 1895 entdeckten Röntgenstrahlen zunächst als ein Transfer von Bildern von Geist zu Geist, der ohne die bekannten Übertragungskanäle der Sinnesorgane auskam«. Peter Geimer, »Telepathie«, in: *Science & Fiction. Über Gedankenexperimente in Wissenschaft, Philosophie und Literatur*, hrsg. von Thomas Macho, Annette Wunschel, Frankfurt am Main 2004, S. 287–309, S. 289.

174 Olston, *Mind Power and Privileges*, S. 99.

175 Stapledon, *Last and First Men*, S. 276, bzw. Stapledon, *Die letzten und die ersten Menschen*, S. 377.

176 Vgl. beispielsweise Arnolt Bronnen, [A. H. von Schelle-Noetzel], *Kampf im Aether oder Die Unsichtbaren*, Berlin 1935, oder Rudolf Arnheim, »Rundfunk als Hörfunk« [Radio, London 1936], in: *Rundfunk als Hörfunk und weitere Aufsätze zum Hörfunk*, Frankfurt am Main 2001, S. 13–178. Vgl. Habbo Knoch, »Die Aura des Empfangs. Modernität und Medialität im Rundfunkdiskurs der Weimarer Republik«, in: *Kommunikation als Beobachtung. Medienwandel und Gesellschaftsbilder 1880–1960*, hrsg. von Habbo Knoch, Daniel Morat, München 2003, S. 133–158.

177 Stapledon, *Star Maker*, S. 107. Die Rede ist von einem »overwhelming torrent of radio stimulation«. Und: »Their individuality crumbled away.« Die gleiche Diagnose der Massenmedien kennen wir schon von Döblin und Jünger.

178 Ebd., S. 103.

179 Ebd., S. 166.

180 Ebd., S. 65.

181 Ebd., S. 157.

182 Ebd., S. 157.

183 William McDougall, *The Group Mind: A Sketch of the Principles of Collective Psychology With Some Attempt to Apply Them to the Interpretation of National Life And Character*, New York, London 1920, S. 48 f.

184 Wheeler, *Social Insects*, S. 313. Was in den 1920er Jahren als Massenpsychologie bezeichnet wird: die Untersuchung von Verhaltensregelmäßigkeiten sozialer Gruppen, ließe sich auch angemessen als Soziologie bezeichnen. Beobachtet werden Kommunikationen, nicht das Bewusstsein oder gar das Unbewusste.

185 McDougall, *Group Mind*, S. 12 ff.

186 Ebd., S. 48.

187 Ebd., S. 93.

188 Ebd., S. 92 f. Übersetzung von mir.

189 Ebd., S. 41.

190 Ebd., S. 41.

191 Ebd., S. 43.

192 Ebd., S. 49.

193 Ebd., S. 55.

194 Tarde, *Die Gesetze der Nachahmung*, a. a. O.

195 Zur Differenz von Interaktion unter Anwesenden und raum- und zeitüberbrückender Kommunikation vgl. McDougall, *Group Mind*, S. 185.

196 Ebd., S. 257.

197 Ebd., S. 183. Meine Übersetzung.

198 Ebd., S. 184.

199 Ebd., S. 41.

200 Ebd., S. 41.

201 Ebd., S. 45.

202 Johach, »Andere Kanäle. Insektengesellschaften und die Suche nach den Medien des Sozialen«, S. 71.

203 Sigmund Freud, »Psychoanalyse und Telepathie« [1921], in: *Gesammelte Werke*, hrsg. von Anna Freud et al., Frankfurt am Main ⁴1966, S. 27–44, Sigmund Freud, »Zum Problem der Telepathie«, in: *Almanach der Psychoanalyse*, Wien 1934, S. 9–34.

204 Freud, »Psychoanalyse und Telepathie«, S. 33 ff.; und Freud, »Zum Problem der Telepathie«, S. 27.

205 Freud, »Psychoanalyse und Telepathie«, S. 34.

206 Freud, »Zum Problem der Telepathie«, S. 25.

207 Freud, »Psychoanalyse und Telepathie«, S. 35.

208 Freud, »Zum Problem der Telepathie«, S. 24.

209 Ebd., S. 31.

210 Geimer, »Telepathie«, S. 288, S. 292.

211 Im Sinne von Hugo Münsterberg, *Grundzüge der Psychotechnik*, Leipzig 1914. Zur Rolle Münsterbergs in der Telepathie-Debatte vgl. Geimer, »Telepathie«, S. 292 f.

212 Freud, »Zum Problem der Telepathie«, S. 17. Kursiv von mir.

213 Ebd., S. 32.

214 Ebd., S. 32.

215 Ebd., S. 32 f. Kursiv von mir.

216 Ebd., S. 32 f.

217 Olston, *Mind Power and Privileges*, S. 100. Übersetzung und Kursivierung von mir.

218 Kurt Baschwitz, *Der Massenwahn, seine Wirkung und seine Beherrschung*, München 1923. Kurt Baschwitz, *Du und die Masse: Studien zu einer exakten Massenpsychologie* [1938], Leiden, NL 1951, S. 45.

219 Edward A. Ross, »The mob mind«, in: *Popular Science*, 51. Jg., Nr. 22 (1898): S. 390–398, S. 390. Kursiv im Original.

220 McDougall, *Group Mind*, S. 40 f.

221 Ross, »The mob mind«, S. 395. Übersetzung von mir.

222 Vgl. Matei Candea (Hrsg.), *The Social After Gabriel Tarde: Debates and Assessments*, London: Routledge 2009.

223 Tarde, *Die Gesetze der Nachahmung*, S. 26 f.

224 Ross, »The mob mind«, S. 395. Übersetzungen von mir.

225 Ebd. S. 394.

226 Ebd., S. 394.

227 Gabriel de Tarde, *La logique sociale* [1893], Paris 1904. Sighele, *Psychologie des Auflaufs und der Massenverbrechen*.

228 Tarde, *La logique sociale*, S. ix.

229 Alfred Espinas, *Die thierischen Gesellschaften. Eine vergleichend-psychologische Untersuchung*, übers. von W. Schlösser, Braunschweig ²1879, S. 343 f., 368, 371. Espinas bezieht sich auf Beobachtungen Hubers und Forels. Zur Nachahmung bei Auflaufmassen vgl. S. 175.

230 Es existiere kein allwissender Planer, kein Boss. Ein Bienenstock werde kollektiv von den Arbeitern selbst gouverniert. »There is

no all-knowing central planner, hive is instead governed collectively by the workers themselves«, stellt Seeley, *Honeybee Democracy*, S. 5, fest.

231 Tarde, *La logique sociale*, S. ix. Ein Beispiel für die Imitation eines initialen Verhaltens wäre der berühmte Schwänzeltanz, doch dessen Entdeckung durch Karl von Frisch steht 1895 noch aus. Wenn Entomologen heute von »decision making« sprechen, dann geht es um Nachahmung: immer mehr Bienen tanzen mit, bis der Schwarm zu einer »basisdemokratischen Entscheidung« gefunden hat. Seeley, *Honeybee Democracy*, S. 1, 8 ff., 73. Wie in demokratischen Verfahren effizient Entscheidungen für das Gemeinwohl zu treffen seien, lasse sich von den Bienen lernen, meint der Entomologe Seeley. Seine Monographie wendet sich daher ausdrücklich nicht nur an Biologen, sondern auch an Soziologen (S. 1).

232 Tarde, *La logique sociale*, S. ix.

233 Sighele, *Psychologie des Auflaufs und der Massenverbrechen*, S. 36.

234 Ebd., S. 73.

235 Eugène Marais, *Die Seele der weissen Ameise* [Die Siel van die Mier, 1925], Berlin 1939, S. 28 f.

236 Sighele, *Psychologie des Auflaufs und der Massenverbrechen*, S. 55.

237 Malinowski, *Argonauten des westlichen Pazifik*, S. 364.

238 Tarde, *Die Gesetze der Nachahmung*, S. 228. Kursivierung von mir.

239 Espinas, *Thierische Gesellschaften*, S. 223.

240 Vgl. Tarde, *Monadologie und Soziologie*, S. 41.

241 Tarde, *La logique sociale*, S. 11.

242 Vgl. Sighele, *Psychologie des Auflaufs und der Massenverbrechen*, S. 74.

243 Ebd., S. 105 f. Man möchte fast schreiben: *Verhaltenslehren*. Von der (deskriptiven) Regel zu (präskriptiven) Lehre ist aber gerade der Schritt, der von Autoren wie Jünger erst noch vollzogen werden muss.

244 Ebd., S. 106.

245 Ebd., S. 137.

246 Tarde, *Die Gesetze der Nachahmung*, S. 35.

247 Ebd., S. 228.

248 Sighele, *Psychologie des Auflaufs und der Massenverbrechen*, S. 71, vgl. S. 41.

249 Michelet, *Das Insekt*, S. 139, 167, 244.

250 Ebd., S. 244.
251 Tarde, *Die Gesetze der Nachahmung*, S. 46.
252 Ebd., S. 251.
253 Ebd., S. 251.
254 Sighele, *Psychologie des Auflaufs und der Massenverbrechen*, S. VII.
255 Ich erinnere noch einmal an Johach, »Andere Kanäle. Insekten-gesellschaften und die Suche nach den Medien des Sozialen«, a. a. O.
256 Freud, »Zum Problem der Telepathie«, S. 32 f.
257 Freud, »Psychoanalyse und Telepathie«, S. 35.

V. Die Gesellschaft als Ameisenhaufen 2010

1 Edward Osborne Wilson, *Die Einheit des Wissens*, übers. von Yvonne Badal, Berlin 1998, S. 58. Ein Beispiel für eine solche »Wurzelmetapher« ist die »des Menschen als Maschine« (S. 59). Die des Menschen als Ameise gerät bei Wilson nicht in den Blick, obschon er diese »Wurzelmetapher« ausgiebig verwendet.
2 Edward Osborne Wilson, *Ameisenroman. Raff Codys Abenteuer*, übers. von Elsbeth Ranke, München 2012, S. 312. Vgl. Edward Osborne Wilson, *Anthill. A Novel*, New York 2010, S. 275.
3 R. Keith Sawyer, »Emergenz, Komplexität und die Zukunft der Soziologie«, in: *Emergenz. Zur Analyse und Erklärung komplexer Strukturen*, hrsg. von Jens Greve, Annette Schnabel, Berlin 2011, S. 187–213, S. 188, S. 191. Zum Beitrag der Entomologie für die Entwicklung der Emergenz-These in den 1920er Jahren vgl. Wheeler, *Emergent Evolution and the Social*.
4 So formuliert es Renate Mayntz, »Emergenz in Philosophie und Soziologie«, in: *Emergenz. Zur Analyse und Erklärung komplexer Strukturen*, hrsg. von Jens Greve, Annette Schnabel, Berlin 2011, S. 156–186, S. 161.
5 Aristoteles, *Politik*, S. 49.
6 Luhmann, *Soziale Systeme*, S. 20–22.
7 Wheeler, *Emergent Evolution and the Social*, S. 10 f., S. 46.
8 Ebd., S. 17 f., S. 28 f., S. 19.
9 Edward Osborne Wilson, *The Insect Societies*, Cambridge, Mass., London 1971, S. 324–333.
10 Shavit, »Group Selection Is Dead! Long Live Group Selection«, S. 574.

11 Hubertus Breuer, »Gemeinwohl schlägt Eigennutz. Der berühmte Biologe Edward O. Wilson will es noch einmal wissen – und attackiert die gängige Erklärung sozialer Evolution«, in: *SZ* vom 11. Januar 2012, S. 14. Der Artikel ist mit einer anthropomorphisierenden Abbildung von Ameisen aus dem Computerspiel *World of Ants* illustriert.

12 Vgl. neuerdings auch den Rückblick auf diese Entwicklung bei Wilson, *The Social Conquest of Earth*, S. 166 ff.

13 Im Folgenden werde ich mich auf das schon angeführte Original und auf die ebenfalls bereits zitierte deutsche Ausgabe beziehen, deren Übersetzung gegebenenfalls korrigiert wird.

14 Antonia S. Byatt, *Die Verwandlung des Schmetterlings* [Morpha Eugenia, 1992], Frankfurt am Main 1995, S. 234. Michael Crichton, *Beute/Prey* [New York 2002], München 2004, S. 443 ff.

15 Wichtig bei Wilson ist nur der Onkel mütterlicherseits. Dies verhält sich bei den Trobriandern und Amphetts des westlichen Pazifik ähnlich. Vgl. Malinowski, *Argonauten des westlichen Pazifik*, S. 226, S. 315. Auch Wilson hat Neuguinea besucht. Verwandtschaftsbeziehungen sind für Entomologen im Paradigma der *kin selection*-Theorie und der »Hamilton-Regel« äußerst wichtig.

16 Vgl. Clemens Knobloch, »Neoevolutionistische Kulturkritik – eine Skizze«, in: *LILI. Zeitschrift für Literaturwissenschaft und Linguistik*, 161. Jg., Nr. 1 (2011): S. 13–40.

17 Also nicht nur als Forscher, sondern auch als Enthusiast und Freund der Natur im Sinne von Edward O. Wilson, *Naturalist*, Washington, D. C., 2006. Naturkundler sind eher Laien, Forscher Akademiker.

18 Eigentlich »Professor für Ökologie«. Wilson, *Anthill*, S. 35. Wilson, *Ameisenroman*, S. 29. Dies wäre mit Ökologie schlecht übersetzt. Die Professuren für »Ökologie« (ecology) in den USA sind mit Biologen besetzt und erforschen die Evolution von Arten in bestimmten ökologischen Nischen. Viele haben allerdings einen Schwerpunkt in »Naturschutzbiologie« (conservation biology), beschäftigen sich also mit Problemen der Erhaltung von Arten oder Biotopen. Vgl. zur Selbstbeschreibung des Departments der Florida State: http://www.bio.fsu.edu/ee/. Abgerufen am 30. 7. 2012.

19 Wilson, *Ameisenroman*, S. 187. Wilson, *Anthill*, S. 170.

20 Wilson, *Anthill*, S. 379. Wilson, *Ameisenroman*, S. 432.

21 Wilson, *Die Einheit des Wissens*, S. 58.

22 Zu Analogie und Metapher als »Infrastruktur bildlicher Rede« vgl. Hans Georg Coenen, *Analogie und Metapher: Grundlegung einer Theorie der bildlichen Rede*, Berlin, New York 2002, S. 1. Coenen zeigt, dass jede Metapher eine Analogie voraussetzt (S. 97).

23 Wilson, *Die Einheit des Wissens*, S. 13 f.

24 Dies ist eine Grundannahme der »Poetologie des Wissens«, die ich teile. Hierzu vgl. Vogl, »Einleitung«.

25 Wilson, *Die Einheit des Wissens*, S. 68.

26 Ebd., S. 158.

27 Stanislav Lem, *Der Unbesiegbare* [1964], übers. von Roswitha Dietrich, Frankfurt am Main 1995, S. 222.

28 Wilson, *Die Einheit des Wissens*, S. 169–171, S. 73, S. 78.

29 Winfried Menninghaus, *Wozu Kunst? Ästhetik nach Darwin*, Berlin 2011.

30 Wilson, *Die Einheit des Wissens*, S. 246 f.

31 Niklas Luhmann, »Das Problem der Epochenbildung und die Evolutionstheorie«, in: *Epochenschwellen und Epochenstrukturen im Diskurs der Literatur- und Sprachhistorie*, hrsg. von Hans-Ulrich Gumbrecht, Ursula Link-Heer, Frankfurt am Main 1985, S. 11–33, S. 14.

32 Niklas Luhmann, *Die Gesellschaft der Gesellschaft* (2 Bde.), Frankfurt am Main 1997, S. 413.

33 Herbert Spencer, *First Principles*, London 1862, S. 174. Zu Darwin vgl. S. 186. Spencer behauptet, er selbst wisse aus sicherer Quelle, dass Darwin seine Übertragungen der Evolutionsmechanismen auf die Gesellschaft gutheißen würde (S. 405).

34 Luhmann, *Die Gesellschaft der Gesellschaft*, S. 453.

35 Luhmann, »Das Problem der Epochenbildung und die Evolutionstheorie«, S. 15.

36 Wilson, *Die Einheit des Wissens*, S. 256. »Biophobisch« nennt Wilson die Sozialwissenschaften auf S. 250.

37 Ebd., S. 56–59.

38 Ebd., S. 59 f., S. 63.

39 Ebd., S. 58.

40 Vgl. zum Abstreiten kultureller Einflüsse auf Naturgesetze und für die Gegenargumente einer »Wissenschaftsgeschichte« (history of sciences) am Beispiel der Gravitationslehre Newtons die

Monographie von Betty Jo Teeter Dobbs, *The Janus Faces of Genius: The Role of Alchemy in Newton's Thought* [1991], Cambridge, England 2002, S. 91 ff.

41 Wilson, *Die Einheit des Wissens*, S. 43.

42 Blumenberg, *Metaphorologie.*

43 Wilson, *Naturalist*, S. 285.

44 Ebd., S. 285.

45 Ebd., S. 321.

46 Hölldobler, *The superorganism: the beauty, elegance, and strangeness of insect societies*, S. 383.

47 Aristoteles, *Poetik*, S. 25 f.

48 Wheeler, »The ant-colony as an organism«, S. 308.

49 Ebd., S. 308.

50 Margaret Atwood, »The Homer of the Ants«, in: *The New York Review of Books*, LVII. Jg., Nr. 6 (2010): S. 6–8. Mit Dank an Monika Schausten (Universität zu Köln).

51 Eines der Gründungsdokumente ist sicher Lubbock, *Ameisen, Bienen und Wespen*, ein weiteres Espinas, *Thierische Gesellschaften.*

52 Nowak, »The evolution of eusociality«, S. 1057. Wilson, *Anthill*, S. 276 f. Wilson, *Ameisenroman*, S. 314 f.

53 Nowak, »The evolution of eusociality«, S. 1062.

54 Nowak, *Supercooperators.*

55 Nowak, »The evolution of eusociality«, S. 1059.

56 Ebd. S. 1060.

57 Ebd., S. 1057. »Außerdem ist Eusozialität kein nebensächliches Phänomen. Mehr als die Hälfte der Biomasse aller Insekten ist die von Ameisen, die somit die Masse aller auf der Erde lebenden nichtmenschlichen Säugetiere zusammen übertrifft. Der Mensch, der, grob gesagt, als eusozial bezeichnet werden kann, dominiert alle an Land lebenden Säugetiere.

Moreover, eusociality is not a marginal phenomenon in the living world. The biomass of ants alone composes more than half that of all insects and exceeds that of all terrestrial nonhuman vertebrates combined. Humans, which can be loosely characterized as eusocial, are dominant among the land vertebrates.« Übersetzung von mir.

58 Die Überlegungen zu *Anthill* wurden zuerst vorgestellt in: Niels Werber, »Ameisen und Aliens. Zur Wissensgeschichte von So-

ziologie und Entomologie«, in: *Berichte zur Wissenschaftsgeschichte*, Nr. 3 (2011): S. 1–21.

59 Antonia S. Byatt, *Angels & insects*, New York 1994, S. 116.

60 Vgl die Rezension von Wilsons *Ameisenroman* in der *FAZ* vom 19. März 2012, S. 26. Es ist völlig unstrittig, dass Wilson »prominente« Bücher publiziert hat, wozu eben auch mehrere Monographien zählen. Im wissenschaftlichen Zitationsindex ist er ohnehin ein Champion.

61 Vgl. Rudolf Stichweh, *Die Weltgesellschaft. Soziologische Analysen*, Frankfurt am Main 2000; Rudolf Stichweh, »Evolutionary Theory and the Theory of World Society«, in: *Soziale Systeme*, 13. Jg., Nr. 1+2 (2007): S. 528–542.

62 Schmitt, *Der Leviathan*, S. 9 f., 124.

63 Foucault, *Geschichte der Gouvernementalität I*, S. 184.

64 Schmitt, *Der Leviathan*, S. 9.

65 Wilson, *Ameisenroman*, S. 9.

66 Wheeler, *Social Insects*, S. 303. Übersetzung von mir.

67 Ebd., S. 302.

68 Diane M. Rodgers, *Debugging the Link between Social Theory and Social Insects*, Louisiana 2008, S. 63–90. Der Frage danach, welche Probleme Soziologen mit entomologischen Theorien oder Entomologen mit soziologischem Instrumentarium lösen wollen, geht Rodgers nicht nach. Aus ihrer ideologie- und diskurskritischen Perspektive versteht sich, dass Soziologen ihre Annahmen naturalisieren wollen, um die Gesellschaft, ungleich, wie sie ist, als naturhaft zu legitimieren. Das mag sein, ist aber sicher nicht der einzige Grund für den beschriebenen »link«.

69 Rheinberger, *Experimentalsysteme und epistemische Dinge*.

70 Hölldobler, *Journey to the Ants*, S. 9.

71 Ebd., S. 15.

72 Edward O. Wilson, *Sociobiology. The abridged Edition*, Cambridge, Mass., London 1980, S. 189 ff.

73 Hölldobler, *The superorganism: the beauty, elegance, and strangeness of insect societies*, S. 502. Übersetzung von mir.

74 Latour sieht dagegen, umgekehrt, den Vorteil der Soziologie darin, involviert sein zu können. Vgl. Bruno Latour, »Tarde's idea of quantification«, in: *The Social After Gabriel Tarde: Debates and Assessments*, hrsg. von Matei Candea, London 2009, S. 145–162. Es sei typisch für eine bestimmte, an naturwissenschaftlichen

und vor allem quantitativen Methoden orientierte Soziologie, das Individuelle und seine Verknüpfungen zu vernachlässigen und stattdessen zu versuchen, »die Dinge von weiter weg, von oben zu betrachten«. (S. 149) Gerade Biologen sähen es als Vorteil im Sinne einer Verwissenschaftlichung, die Dinge aus der Entfernung zu sehen, statt, wie im Falle der menschlichen Gesellschaft, »von innen« (S. 146). Die Imagination einer Raumstation durch Wilson, von der aus die Gesellschaften der Erde ›objektiv‹ beobachtet und beschrieben werden, bestätigt Latours Beschreibung geradezu paradigmatisch. Niklas Luhmann wird diesen Blick aus der Ferne aufgreifen und programmatisch umsetzen: als Instrumentenflug »über den Wolken«. Vgl. Luhmann, *Soziale Systeme*, S. 13.

75 Wheeler, *Social Insects*, S. 304.

76 Wilson, *Sociobiology*, S. 271.

77 Hölldobler, *The superorganism: the beauty, elegance, and strangeness of insect societies*, S. XVI, XIX.

78 Vgl. »The Dominance of Ants« in: Hölldobler, *Journey to the Ants*, S. 1–12.

79 Martin Lindauer, »Vergesellschaftung und Verständigung im Tierreich – Fragen an die Soziobiologie«, in: *Chemische Ökologie. Territorialität. Gegenseitige Verständigung*, hrsg. von Thomas Eisner, Bert Hölldobler, Martin Lindauer, Stuttgart, New York 1986, S. 70–91, S. 90.

80 Seeley, *Honeybee Democracy*, S. 1.

81 Lindauer, »Vergesellschaftung und Verständigung im Tierreich«, S. 90, S. 91.

82 Etwa mit Widmungen wie dieser: »Für Martin Lindauer, unseren Kollegen und Freund«. Vgl. Hölldobler, *The Superorganism*, S. vii.

83 So heißt sein Buch *Die Einheit des Wissens* im Original.

84 ›Retroaktiv‹ meint hier, dass die Auswahl und das Design der Datentools immer schon vom erwarteten Ergebnis mitgeprägt wird. Sie erzeugen dann jene Ergebnisse, die die Erwartungen an eine Einheit des Wissens bestätigen. Urs Stäheli, *Sinnzusammenbrüche. Eine dekonstruktive Lektüre von Niklas Luhmanns Systemtheorie*, Weilerswirst 2000, S. 214, nennt dies auch »konstitutive Nachträglichkeit«.

85 Vgl. Edward O. Wilson, *Nature Revealed: Selected Writings: 1949–2006*, Baltimore 2006, S. 657.

86 Bruno Latour, *Wir sind nie modern gewesen. Versuch einer symmetrischen Anthropologie* [1991], Frankfurt am Main 1998, S. 124.

87 Ebd., S. 128.

88 Crichton, *Beute/Prey*, S. 443 ff. Vgl. dazu Niels Werber, »Prey/Beute. Dystopische Insektengesellschaften«, in: *Technik in Dytopien*, hrsg. von Viviana Chilese, Heinz-Peter Preußer, Heidelberg 2013, S. 41–56.

89 Michael Crichton, Richard Preston, *Micro* [2011], übers. von Michael Bayer, München 2012, S. 56 f.

90 Vgl. Bruno Latour, Steve Woolgar, *Laboratory Life: The Construction of Scientific Facts* [1979], Princeton, NJ, 1986, S. 15 ff.

91 Crichton, *Micro*, S. 109.

92 Ebd., S. 246.

93 Ebd., S. 450 ff.

94 Ebd., S. 225. Das liest sich wie eine literarische Umsetzung von Wilson, *The Social Conquest of Earth*. Eine genauere Analyse dieser Monographie beschließt dieses Kapitel.

95 Crichton, *Micro*, S. 314 f., S. 393.

96 Latour, *Laboratory Life*, S. 183.

97 Crichton, *Micro*, S. 109.

98 Die Gegenthese, dass die im Labor gefundene Wahrheit der Fakten niemals außerhalb reproduziert werden könne, findet sich wieder bei Latour, *Laboratory Life*, S. 183.

99 Isabelle Stengers, *Die Erfindung der modernen Wissenschaften* [1993], Frankfurt am Main, New York 1997, S. 148.

100 Man darf gespannt sein, wie sich das neue *Max-Planck-Institut für empirische Ästhetik* in Frankfurt am Main positionieren wird. Angesichts der räumlichen Nähe zu den Instituten für Biophysik und Hirnforschung wäre es nicht überraschend, wenn die *empirische Ästhetik* ebefalls gegen die »Meuterer« Stellung bezöge.

101 Dies gilt selbst für den Fall, wo sie vor Analogien warnt, denn die Semantik der sozialen Insekten ruft stets Gesellschaftsbilder auf, da die diskursive Verschaltung von Entomologie und Soziologie sich als hochsuggestiv, anschlussfähig wie nachhaltig erwiesen hat.

102 Vgl. Latour, *Neue Soziologie*, S. 12 ff.

103 Hölldobler, *The superorganism: the beauty, elegance, and strangeness of insect societies*, S. XVIII. Kursivierung von mir.

104 Siehe beispielsweise Wheelers Monographien *Emergent evolution and the social* und *Emergent evolution and the development of societies* aus den Jahren 1927 und 1928. Vgl. dazu George Howard Parker, »Biographical Memoire of William Morton Wheeler. 1865–1937«, in: *Biographical Memoirs*, XIX. Jg., Nr. 6 (1938): S. 203–241, S. 216. Parker übersieht die Differenz zwischen Hobbes' Modell des Gesellschaftsvertrags und Wheelers Begriff einer emergenten Evolution. Indem Wheeler die Evolution von den Individuen auf die Gesellschaft überträgt, löst er en passant Lamarcks Rätsel der Vererbung erworbener Eigenschaften.

105 Hobbes, *Leviathan*, S. 144.

106 So etwa Rodgers, *Debugging the Link between Social Theory and Social Insects*, S. 9.

107 Ebd., S. 20, 23, 45.

108 Donna Haraway, »Situated Knowledges: The Science Question in Feminism and the Privilege of Partial Perspective«, in: *Feminist Studies*, 14. Jg., Nr. 3 (1988): S. 575–599, S. 581.

109 Vgl. etwa auch Abigail Lustig, »Ants and the Nature of Nature in Auguste Forel, Erich Wasmann, and William Morton Wheeler«, in: *The Moral Authority of Nature*, hrsg. von Lorraine Daston, Fernando Vidal, Chicago, London 2004, S. 282–307.

110 Haraway, »Situated Knowledges: The Science Question in Feminism and the Privilege of Partial Perspective«, S. 577 ff. Vgl. Rheinberger, *Experimentalsysteme und epistemische Dinge*. Haraway ist eine der Wegbereiterinnen der ANT und wird von Latour intensiv rezipiert.

111 Für Anregungen danke ich Andrew Pickering.

112 Max Weber, *Wirtschaft und Gesellschaft* [1922], hrsg. von Edith Hanke, Wolfgang J. Mommsen et al., Tübingen 2005, S. 6.

113 Ebd., S. 7.

114 Ebd., S. 8.

115 Ebd., S. 8, S. 7.

116 Ebd., S. 8.

117 Aus der Perspektive der Systemsoziologie ist »der Mensch« kein Element der Gesellschaft: »der (individuelle!) Mensch ist immer Teil der Umwelt des Systems. Kein Mensch kann derart in soziale Systeme eingefügt werden, daß seine Reproduktion […] eine soziale Operation wird und durch die Gesellschaft oder eines ihrer Subsysteme vollzogen wird.« Niklas Luhmann, »Die Tücke des

Subjekts und die Frage nach dem Menschen«, in: *Der Mensch – das Medium der Gesellschaft*, hrsg. von Peter Fuchs, Andreas Göbel, Frankfurt am Main 1994, S. 40–56, S. 54. Dass diese »Placierung« skandalisiere, liege an den »humanistischen Erblasten« der Kritiker, die »heute schlechterdings unakzeptabel sind«. (S. 55)

118 Eine Rekonstruktion, keine Enthüllung oder Kritik. Es geht mir um die Entstehung und Wanderung einer Denkfigur. Systemtheoretiker reagieren bisweilen allergisch auf derartige Genealogien. Vgl. etwa Peter Fuchs, »Der Mensch – das Medium der Gesellschaft«, in: *Der Mensch – das Medium der Gesellschaft*, hrsg. von Peter Fuchs, Andreas Göbel, Frankfurt am Main 1994, S. 15–39, S. 15: »Daß Systemtheorie den Menschen exkommuniziere, ist bis zum Überdruß gesagt, widerlegt, erneut gesagt und noch einmal widerlegt worden.« Im Übrigen argumentiere ich selbst immer wieder systemtheoretisch. Dies sollte eine Genealogie dieser Theorie nicht ausschließen.

119 Vgl. Wheeler, *Social Insects*, S. 230, und Paul Erich Wasmann, *Die Ameisen, die Termiten und ihre Gäste*, hrsg. von H. Schmitz, Regensburg 1934, S. 17.

120 August Weismann, *Die Allmacht der Naturzüchtung*, in: *Opuscula*. Bd. 1, Jena 1893, S. 22.

121 Paul Erich Wasmann, *Comparative Studies in the Psychology of Ants and of Higher Animals* [1905], in: *Reprint der Authorized English version of the 2d German edition*, St. Louis 2007, S. 184 f.

122 Wheeler, *Social Insects*, S. 306.

123 Ebd., S. 312.

124 Ebd., S. 231. Ähnlich argumentiert Luhmann, dessen Kommunikationsbegriff den Rückgriff auf »Intentionalität« ausdrücklich zurückweist. Luhmann, *Soziale Systeme*, S. 209. Es sind auch nicht Menschen, die kommunizieren, sondern soziale Systeme.

125 Weber, *Wirtschaft und Gesellschaft*, S. 8.

126 Wheeler, *Emergent Evolution and the Social*, S. 7.

127 Ebd., S. 11.

128 Ebd., S. 46.

129 Vilfredo Pareto, *Traité de sociologie générale* [1916], in: *Œuvres complètes*. Bd. 12, hrsg. von Raymond Aron, Genf, Paris 1968, Nr. 1207, S. 649. Vgl. Niklas Luhmann, »Individuum, Individualität, Individualismus«, in: *Gesellschaftsstruktur und Semantik*. Bd. 3, Frankfurt am Main 1989, S. 149–258.

130 Wheeler, *Social Insects*, S. 2. »We are beginning to see that our social as well as individual behaviour is determined by a great background of irrational, subconscious, *physiological* processes. Any doubts in regard to the existence of this *substratum* will be dispelled by a perusal of Pareto's ›Treatise of General Sociology‹ (1917), the first volume of which is devoted to these ›residues‹ *which condition our social activities.*« Übersetzung und Kursivierung von mir.

131 Sleigh, »Brave new worlds«, S. 150. Übersetzung von mir.

132 Pareto, *Traité de sociologie générale*, S. 159, 246, 335, 857. Die Ausgabe der deutschen Übersetzung ist unvollständig.

133 Ebd., S. 857.

134 Ebd., S. 590.

135 Vilfredo Pareto, *Ausgewählte Schriften*, hrsg. von Carlo Mongardini, Wiesbaden 2007, S. 379.

136 Espinas, *Thierische Gesellschaften*. Auch Tarde zitiert Espinas. Er findet hier einen Gewährsmann für seine Theorie der Nachahmung. Tarde, *Die Gesetze der Nachahmung*.

137 Wheeler, *Social Insects*, S. 6. Übersetzung und Kursivierung von mir.

138 Niklas Luhmann, »Einführende Bemerkungen zu einer Theorie symbolisch generalisierter Kommunikationsmedien«, in: *Soziologische Aufklärung*. Bd. 2, Opladen 1973, S. 170–192. Man könnte Luhmanns evolutionstheoretische Ausführungen so reformulieren: Kommunikationsmedien stellen die »notwendigen Bedingungen für die Konservierung und Erneuerung der *Gesellschaft*« zur Verfügung. Kursivierung im Original.

139 Wheeler, *Social Insects*, S. 310.

140 Pareto, *Traité de sociologie générale*, S. 858.

141 Gabriel de Tarde, *Die sozialen Gesetze: Skizze einer Soziologie* [1899], hrsg. von Arno Bammé, übers. von Hans Hammer, Marburg 2009.

142 Pareto, *Traité de sociologie générale*, S. 591.

143 Dies wird auch in der deutschen Entomologie rezipiert, etwa von Escherich, den Hölldobler und Wilson auf der Linie von Wheeler zu Hölldobler angesiedelt haben. Escherich, *Biologisches Gleichgewicht*.

144 Pareto, *Traité de sociologie générale*, S. 1308. Nur wenn sich nichts ändert, ist es statisch.

145 Vgl. dazu die Kritik von Joseph Alois Schumpeter, »Vilfredo Pareto (1848–1923)«, in: *The Quarterly Journal of Economics*, 63. Jg., Nr. 2 (1949): S. 147–173, S. 155.

146 Dagegen hält Ernst Jünger im *Arbeiter* die Tage der Eliten für angezählt. »So wird es zum Beispiel gegen Ende des Krieges immer schwieriger, den Offizier zu unterscheiden, weil die Totalität des Arbeitsvorganges die Klassen- und Standesunterschiede verwischt.« Je weiter der Arbeitscharakter voranschreitet, desto weniger ist mit Eliten zu rechnen. An ihre Stelle treten die »Leistungen unbekannter Begabungen«. Jünger, *Der Arbeiter*, S. 113. Auch hier lösen funktionale Spezifikationen die soziale Stratifikation ab: wie in Wheelers Ameisengesellschaft.

147 Vilfredo Pareto, *Statistique et économie mathématique* [1916], in: *Œuvres complètes*. Bd. 8, hrsg. von Giovanni Busino, Genf, Paris 1981, S. 18. Übersetzung von mir. »The social equilibrium becames unstable, any shock – either from inside or outside – destroys it. A conquest, or a revolution, changes everything, gives the power to a new elite, and establishes a new equilibrium, which will stay stable for a more or less long time.«

148 Wheeler, *Social Insects*, S. 230 f. Übersetzung und Kursivierung von mir.

149 Huber, *Recherches sur les Mœurs des Fourmis indigène*, S. 139.

150 Ebd., S. 51.

151 Ebd. S. 41: »C'est surtout lorsque les fourmis commencent quelque entreprise, que l'on croiroit voir une idee naître dans leur esprit, et se réaliser par l'exécution.«

152 Escherich, *Die Ameise*. Wasmann, *Vergleichende Studien über das Seelenleben der Ameisen und der höheren Thiere*.

153 Vgl. Hölldobler, *The Ants*, S. 358. Diese Sicht wird in der zweiten Hälfte des 20. Jahrhunderts unpopulär, wird dann aber zusehends rehabilitiert. Vgl. Wilson, »Reviving the Superorganism«, S. 346.

154 Was nicht heißt, dass keine Morphologie oder Taxonomie mehr betrieben wird, doch zählt dies nicht zur Spitzenforschung.

155 Wheeler, *Social Insects*, S. 230 f.

156 Ebd., S. 225.

157 Ebd., S. 311. Vor allem Trophallaxis, aber auch chemischer Signalaustausch.

158 Ebd., S. 313.

159 Talcott Parsons, *Social Structure and Personality* [1964], New York 1970, S. 126.
160 Talcott Parsons, *The Social System* [1951], London 1991, S. 2.
161 Ebd., S. 4.
162 Ebd., S. 4.
163 Talcott Parsons, *Aktor, Situation und normative Muster. Ein Essay zur Theorie des sozialen Handelns* [1939], Frankfurt am Main 1994, S. 160. Kursiv im Original.
164 Vgl. Schumpeter, »Vilfredo Pareto (1848–1923)«, S. 147 f.
165 Clark A. Elliott, Margaret W. Rossiter (Hrsg.), *Science at Harvard University: Historical Perspectives*, New York, London, Mississauga: Associated University Presses 1992, S. 176, 182.
166 Barbara S. Heyl, »The Harvard ›Pareto Circle‹«, in: *Journal of the History of the Behavioral Sciences*, 4. Jg., Nr. 4 (1968): S. 316–334.
167 Heinz von Foerster (Hrsg.), *Cybernetics – Kybernetik. The Macy-Conferences 1946–1953. Transactions*, hrsg. von Claus Pias, Zürich, Berlin: 2003. Aufzeichnungen über die Treffen des Pareto-Zirkels sind offenbar nicht erhalten. Falls sich doch etwas finden sollte, wäre eine Veröffentlichung eine vordringliche Aufgabe.
168 Talcott Parsons, *Essays in sociological theory* [1949], New York 1954, S. 225.
169 Parsons, *Aktor, Situation und normative Muster*, S. 160. Kursiv im Original.
170 Luhmann, *Soziale Systeme*, S. 533, Fußnote 67. Luhmanns Interesse an Henderson mag auch von seiner Studie zur »Fitness of the Environment« geweckt worden sein. Vgl. Luhmann, *Soziale Systeme*, S. 56, Fußnote 54.
171 Luhmann, *Soziale Systeme*, S. 57.
172 Parsons, *Essays in sociological theory*, S. 233.
173 Parsons, *Aktor, Situation und normative Muster*, S. 60 f. Kursivierung von mir.
174 Ebd., S. 62.
175 Ebd., S. 62.
176 Talcott Parsons, *The Evolution of Societies*, hrsg. von Jackson Toby, Englewood Cliffs 1977, S. 25.
177 Parsons, *Aktor, Situation und normative Muster*, S. 61 ff.
178 Ebd., S. 160. Die Theorie der Homöostase hatte übrigens Wheelers und Parsons Kollege in Harvard, der Physiologe Walter

Bradford Cannon, just 1932 in Buchform vorgelegt *(The Wisdom of the Body)*.

179 Vgl. Talcott Parsons, Edward A. Shils, *Toward a General Theory of Action: Theoretical Foundations for the Social Sciences* [1951], New Brunswick, London 2001, S. 167 f. sowie Vorwort, S. xvii.

180 Parsons, *Aktor, Situation und normative Muster*, S. 70.

181 Wheeler, *Social Insects*, S. 230.

182 Parsons, *Aktor, Situation und normative Muster*, S. 160.

183 Fritz Morstein Marx, »Einführung«, in: Niklas Luhmann, *Funktionen und Folgen formaler Organisation* [1964], Berlin 1999, S. 7–14, S. 13.

184 Ebd., S. 396.

185 Ebd. S. 382.

186 Luhmann, *Soziale Systeme*, S. 11.

187 Luhmann, *Funktionen und Folgen formaler Organisation*, S. 401.

188 Luhmann, *Soziale Systeme*, S. 19.

189 Luhmann, *Funktionen und Folgen formaler Organisation*, S. 401.

190 Foerster (Hrsg.), *Macy-Conferences*, S. 456.

191 Wilson, *Ameisenroman*, S. 32. Wilson, *Anthill*, S. 37. Wilson spielt auf die *nature/nurture*-Unterscheidung an und weist Nokobee die Rolle des Erziehers zu.

192 Wilson, *Anthill*, S. 378. Wilson, *Ameisenroman*, S. 431.

193 Superkolonien sind polygen, haben also mehrere Königinnen. Die Arbeiter können sich frei von Nest zu Nest bewegen (vgl. Hölldobler, *The Ants*, S. 207, 213, 643). Um welche Art es sich handelt, wird im Roman nicht genau spezifiziert. Die Beschreibungen in *Ants* (S. 215) entsprechen exakt den Erläuterungen, die der Roman gibt. Zur Invasionsgeschichte des Romans würde es gut passen, wenn es sich um Argentinische »invasive Ameisen« handeln würde, die ebenfalls Superkolonien bilden (Hölldobler, *The Ants*, S. 214). Diese Art hat sich in der Mobile-Area, der Region der Romanhandlung, ausgebreitet und ist vom jungen Wilson untersucht worden. Edward O. Wilson, »Variation and Adaptation in the Imported Fire Ant«, in: *Evolution*, 5. Jg., Nr. 1 (1951): S. 68–79.

194 Wilson, *Ameisenroman*, S. 245.

195 Ebd., S. 245. »The suppressing agent was a population exlosion of ants.« Wilson, *Anthill*, S. 219.

196 Wilson, *Anthill*, S. 218. Meine Übersetzung.

197 Vgl das Kapitel »Colony Odor and Kin Recognition« in Hölldobler, *The Ants*, S. 197 ff.

198 So bei Alexander Kluge, »10 000 Billionen Ameisen. Die aggressivste Biomasse neben der Menschheit auf der Erde«, in: *10 vor 11*, 2. 12. 1996.

199 Wilson, *Ameisenroman*, S. 245.

200 Ebd., S. 199. Wilson, *Anthill*, S. 179. Eine von zehntausend zum Hochzeitsflug ausgeschwärmten Prinzessinnen gründet erfolgreich eine Kolonie.

201 Wilson, *Ameisenroman*, S. 247.

202 Wilson, *Anthill*, S. 220. Von mir veränderte Übersetzung. Die hier erwähnten Myrmidonen stammen nach Ovid selber von Ameisen (griech. *myrmex*) ab. Geführt von Achilleus, stellen sie die überlegenen Kampfgruppen im Krieg um Troja. Vgl. zur Schöpfung der emsigen wie kriegerischen »Ameisenmänner« durch Zeus Ovid, *Metamorphosen*, übers. aus dem Lateinischen von Erich Rösch, München 1997, S. 192 (VII, 654). Die Übersetzung in »Myridoden« ist falsch. Vgl. Wilson, *Ameisenroman*, S. 248.

203 Hölldobler, *The Ants*, S. 215.

204 Wilson, *Anthill*, S. 224. Wilson, *Ameisenroman*, S. 251 f.

205 Wilson, *Ameisenroman*, S. 255.

206 Wilson, *Anthill*, S. 227. Wilson, *Ameisenroman*, S. 255. Kursivierung von mir.

207 Wilson, *Anthill*, S. 227. Wilson, *Ameisenroman*, S. 256.

208 Wilson, *Anthill*, S. 228. Wilson, *Ameisenroman*, S. 257.

209 Wilson, *Anthill*, S. 228. Wilson, *Ameisenroman*, S. 256.

210 Wilson, *Anthill*, S. 223. Wilson, *Ameisenroman*, S. 250.

211 Das Problem der Allmende wird von Wilsons Kollegen Nowak als »Tragödie der Allmende« (Übersetzung von mir) in seinem Buch über Superkooperatoren diskutiert. Vgl. Nowak, *Supercooperators*, S. 201 ff.

212 Wilson, *Ameisenroman*, S. 257. Wilson, *Anthill*, S. 228.

213 Wilson, *Ameisenroman*, S. 260. Wilson, *Anthill*, S. 231.

214 Robert H. MacArthur, Edward O. Wilson, *The theory of island biogeography*, Princeton, NJ, 1967.

215 Vgl. Wilson, *Naturalist*, S. 270 ff. John L. Capinera, *Encyclopedia of Entomology*, Heidelberg 2006, S. 486. Wen das an *agent orange* erinnert, der hat vollkommen recht, doch gehe ich dieser Refe-

renz hier nicht nach, um im nächsten Kapitel anlässlich der Kampfmittel *blue* und *yellow* im Krieg gegen Ameisen darauf zurückzukommen.

216 Wilson, *Ameisenroman*, S. 267. Wilson, *Anthill*, S. 236.

217 Wilson, *Ameisenroman*, S. 293 f.

218 Ebd., S. 293.

219 Ebd., S. 272 f.

220 Ebd., S. 273.

221 Ja, Wilsons Ameisen glauben an Götter, zumindest die Naiven unter ihnen. Ebd., S. 238, S. 243. Ich erinnere an den Anspruch, aus der Sicht der Ameisen zu erzählen.

222 Ebd., S. 274.

223 Ebd., S. 275.

224 Ebd., S. 275.

225 Kursiv im Original. Ebd., S. 276. Wilson, *Anthill*, S. 243.

226 Anna Dornhaus, Franks, N. R., Hawkins, R. M., Shere, H. N. S., »Ants move to improve: colonies of Leptothorax albipennis emigrate whenever they find a superior nest site«, in: *Animal Behaviour*, 67. Jg., Nr. 5 (2004): S. 959–963.

227 Wilson, *Ameisenroman*, S. 276. Wilson, *Anthill*, S. 244.

228 Wilson, *The Social Conquest of Earth*, S. 143.

229 Wilson, *Ameisenroman*, S. 277. Vgl. Wilson, *Anthill*, S. 244: »Slackers were a problem for the colony as a whole. Ant colonies may have elites to lead them, but they also have layabouts who need strong encouragement.«

230 Vgl. die dem Roman sehr ähnelnden Ausführungen in Wilson, *The Social Conquest of Earth*, S. 250.

231 Wilson, *Ameisenroman*, S. 280.

232 Ebd., S. 431. Wilson, *Anthill*, S. 378.

233 Wilson, *Anthill*, S. 347. In der Übersetzung ist von »Anwesen« die Rede. Wilson, *Ameisenroman*, S. 395.

234 Hölldobler, *The superorganism: the beauty, elegance, and strangeness of insect societies*, S. XVIII. Modern! Es gibt also auch vormoderne Insektengesellschaften: nämlich »primitive« Gesellschaften. Vgl. Hölldobler, *Journey to the Ants*, S. 79, 84.

235 Hölldobler, *The superorganism: the beauty, elegance, and strangeness of insect societies*, S. 502.

236 Ebd., S. 502.

237 So hat Wilson etwa seinen Schüler Mark Moffett, der nicht nur

Entomologe, sondern auch Fotograf geworden ist, zu seinem Buch *Adventures Among Ants: A Global Safari with a Cast of Trillions* inspiriert, das wie Wilson Roman 2010 erscheint.

238 Vgl. dazu Johach, »Termitodoxa. William M. Wheeler und die Aporien eugenischer Sexualpolitik«. Eva Johach führt die Relevanz des eugenischen Diskurses glänzend vor. Welche Soziologien sich bei Wheeler einschreiben, zeigt sie nicht. Der *politischen Zoologie* entgeht so die Konstitution des soziobiologischen Wissens.

239 Wheeler, »The Termitodoxa, or Biology and Society«, S. 114.

240 Wilson, *Anthill*, S. 173–247. Wilson, *Ameisenroman*, S. 191–282.

241 Vgl. zur »krisenhaften« Entwicklung Johach, »Termitodoxa. William M. Wheeler und die Aporien eugenischer Sexualpolitik«, S. 74. Johachs Verweis auf Mandeville erklärt aber nicht alles. Im Zusammenhang mit Gleichgewichtsmodellen scheint mir der Bezug auf Pareto zwingender.

242 Dies ist, freilich ohne Blick auf Pareto, auch das Argument von Lustig, »Ants and the Nature of Nature in Auguste Forel, Erich Wasmann, and William Morton Wheeler«.

243 Wheeler, »The Termitodoxa, or Biology and Society«, S. 114. Übersetzung von mir.

244 Ebd., S. 115.

245 Wilson, *Anthill*, S. 246. Wilson, *Ameisenroman*, S. 280

246 Wheeler, »The Termitodoxa, or Biology and Society«, S. 117.

247 Ebd. S. 117.

248 Ebd., 118. Die Idee zum Film *Soylent Green* (1973) ist damit geboren. Die Romanvorlage *Make Room! Make Room!* von Harry Harrison (1966) dramatisiert die Überbevölkerung. Genau dies ist der Kontext von Wheelers Intervention.

249 Ebd., 119. Übersetzung von mir. Gestempelt wird der Proteinanteil im Körper. Konsumiert wird die Termite dann von der Menge, die den Stempel als »Petition« zur Auflösung liest.

250 Wilson, *Anthill*, S. 189. Wilson, *Ameisenroman*, S. 211.

251 Wilson, *Anthill*, S. 189. Wilson, *Ameisenroman*, S. 211.

252 Wheeler, »The Termitodoxa, or Biology and Society«, S. 119. Als literarisches Vorbild kommt hier Samuel Butler, *Erewhon* [1872], Frankfurt am Main 1981 in Frage. Die Dystopie *(nowhere!)* berichtet von einer vollkommen isolierten Bergbevölkerung, in der alle physiologischen und psychischen Defekte unter Strafe gestellt werden, um die Volksgesundheit zu schützen. Die

wissensgeschichtlichen Referenzen des Romans sind darwinistisch.

253 Wheeler, »The Termidodoxa, or Biology and Society«, S. 121.
254 Ebd., S. 123.
255 Ebd., S. 124. Meine Übersetzung.
256 Ebd., S. 124.
257 Wilson, *Sociobiology*, S. 300.
258 Ebd., S. 301.
259 Wilson, *Ameisenroman*, S. 184. Wilson, *Anthill*, S. 167. Kursivierung von mir.
260 Wilson, *Ameisenroman*, S. 276. Wilson, *Anthill*, S. 244.
261 Wilson, *Anthill*, S. 244. Wilson, *Ameisenroman*, S. 276 f. Kursivierung von mir. «Die Kolonie brauchte die Eliten, um Aktivitätswechsel zu initiieren und die Nestgefährtinnen dann auch bei der Stange zu halten.« S. 276
262 Wilson, *Ameisenroman*, S. 223.
263 Ebd., S. 223. Vgl. die gleichen Verfahren in Wilson, *The Social Conquest of Earth*, S. 19.
264 Wilson, *Ameisenroman*, S. 315. Wilson, *Anthill*, S. 277. Kursivierung von mir.
265 Neben *Ants* vgl.: Wilson, *Sociobiology*. Hölldobler, *The superorganism: the beauty, elegance, and strangeness of insect societies*.
266 Atwood, »The Homer of the Ants«, S. 8.
267 Wilson, *Ameisenroman*, S. 277.
268 Ebd., S. 218.
269 Ebd., S. 218.
270 Vgl. Michael J. B. Krieger, Jean-Bernard Billeter, Laurent Keller, »Ant-like task allocation and recruitment in cooperative robots«, in: *Nature*, Nr. 406 / 6799 (2000): S. 992–995.
271 Wilson, *Ameisenroman*, S. 218.
272 Ebd., S. 273.
273 Ebd., S. 274.
274 Hardt, *Multitude*, S. 371.
275 Ebd., S. 110.
276 Ebd., S. 111.
277 Wilson, *Ameisenroman*, S. 276. Kursivierung von mir.
278 Wilson, *Anthill*, S. 241. Verteilte Intelligenz also. Vgl. Wilson, *Ameisenroman*, S. 273.
279 Wilson, *Ameisenroman*, S. 276. Wilson, *Anthill*, S. 242.

280 Howard Rheingold, *Smart mobs: the next social revolution*, New York 2002, S. 176 f. Meine Übersetzung.

281 Ebd., S. 178.

282 Kelly, *Das Ende der Kontrolle*, S. 11 ff.

283 Ebd., S. 22.

284 Ebd., S. 23.

285 Ebd., S. 25.

286 Ebd., S. 25. Kursivierung und Übersetzung von mir.

287 Ebd., S. 586.

288 Hardt, *Multitude*, S. 110.

289 Ebd., S. 111.

290 Ebd., S. 110.

291 Kelly, *Das Ende der Kontrolle*, S. 16.

292 Ebd., S. 45.

293 Wilson, *Anthill. A Novel*, S. 378.

294 Wilson, *Ameisenroman*, S. 431. Wilson, *Anthill*, S. 378.

295 »Das Netz ist ein Emblem der Vielheiten. Aus ihm entsteht das Dasein des Schwarmes – des verstreuten Seins, der das Selbst über das ganze Netz hinweg verteilt«, meint Kelly, *Das Ende der Kontrolle*, S. 44 f. Das Netz scheint das Medium der Form des Schwarms zu sein.

296 Hölldobler, *The Superorganism*, S. 481.

297 »The colony ›as a whole‹ compares the different opportunities and chooses the best nest site whereas a very small number of ants actually visited all the alternatives«: »Die Kolonie ›als Ganze‹ wägt verschiedene Möglichkeiten gegeneinander ab und wählt den besten Standort, wobei nur eine kleine Anzahl an Ameisen alle in Frage kommenden Orte wirklich besucht.« Diese Beobachtung versucht die Schwarmintelligenzforschung zu erklären. Simon Garnier, Jacques Gautrais, Guy Theraulaz, »The biological principles of swarm intelligence«, in: *Swarm Intelligence*, 1. Jg., Nr. 1 (2007): S. 3–31, S. 18. Der Beitrag von Dornhaus et al. wird hier zitiert. Übersetzung von mir.

298 Hölldobler, *The Superorganism*, S. 486.

299 Ebd., S. 487.

300 Seeley, *Honeybee Democracy*, S. 124.

301 Arnaud Lioni, Jean-Louis Deneubourg, »Collective decision through self-assembling«, in: *Naturwissenschaften*, 91. Jg., Nr. 5 (2004): S. 237–241.

302 Hölldobler, *The Superorganism*, S. 486.
303 Seeley, *Honeybee Democracy*, S. 19. Übersetzung und Kursivierung von mir. Hölldobler ist im Übrigen der Doktorvater Seeleys.
304 Markus Metz, Georg Seeßlen, *Blödmaschinen. Die Fabrikation der Stupidität*, Berlin 2011, S. 193. Diesen Hinweis verdanke ich Clemens Knobloch.
305 Ebd., S. 9.
306 Francis Heylighen, »Collective Intelligence and its Implementation on the Web: Algorithms to Develop a Collective Mental Map«, in: *Computational & Mathematical Organization Theory*, 5. Jg., Nr. 3 (1999): S. 253–280, S. 263. Übersetzung von mir.
307 Die Formulierung »they follow …«: »sie folgen …« lässt sich hundertmal nachweisen in Hölldobler, *The Ants*, a. a. O.
308 Theodore Christian Schneirla, »A unique case of circular milling in ants«, in: *American Museum Novitates*, Nr. 1253 (1944): S. 1–26, S. 5. Übersetzung von mir.
309 Vgl. neuerdings Eva Johach, »Ameise«, in: *Zoologicon. Ein kulturhistorisches Wörterbuch der Tiere*, hrsg. von Christian Kassung, Jasmin Mersmann, Olaf B. Rader, München 2012, S. 20–25.
310 Janet T. Landa, »Bioeconomics of some nonhuman and human societies: new institutional economics approach«, in: *Journal of Bioeconomics*, 1. Jg., Nr. 1 (1999): S. 95–113.
311 Ebd., S. 98.
312 Normalismus im Sinne von Jürgen Link, *Versuch über den Normalismus. Wie Normalität produziert wird*, Opladen 1997.
313 Heylighen, »Collective Intelligence and its Implementation on the Web: Algorithms to Develop a Collective Mental Map«, S. 268. Übersetzung von mir.
314 Johnson, *Emergence*, S. 215.
315 http://www.amazon.de/reviews/top-reviewers. Abgefragt am 10. 12. 2012.
316 Landa, »Bioeconomics of some nonhuman and human societies: new institutional economics approach«, S. 96 f.
317 Metz, *Blödmaschinen*, S. 596, S. 600 f.
318 Ebd., S. 10.
319 Kelly, *Das Ende der Kontrolle*, S. 44 f. Hardt, *Multitude*, S. 371.
320 So die Kapitelüberschrift bei Hardt, *Multitude*, S. 370 ff.

321 Ebd., S. 110. Hier wird der klassische Text zitiert von Kennedy, *Swarm Intelligence*.

322 Tarde, *Die Gesetze der Nachahmung*, S. 28. Englisch und kursiv im Original.

323 Metz, *Blödmaschinen*, S. 610. Die angeführte Studie von Jens Krause zur Steuerung von Fischschwärmen mit einem Robofisch ist mehrfach im Fernsehen reinszeniert worden.

324 Hölldobler, *The Superorganism*, S. 486.

325 Seeley, *Honeybee Democracy*, S. 172. Es geht hier um die Diskussion um Quorum oder Konsensus – von »quorum sensing« und »consensus sensing«. Das von der Evolution getestete Ergebnis lautet: Quorum (S. 173f).

326 Diese Kolonie wird von der Superkolonie ausgelöscht. Lachender Dritter nach der Vergasungskampagne ist schließlich die *Woodland-Kolonie*.

327 Wilson, *Anthill*, S. 189. Vgl. Wilson, *Ameisenroman*, S. 210.

328 Wilson, *Anthill*, S 189. Wilson, *Ameisenroman*, S. 210f. Kursivierung von mir.

329 Wilson, *The Insect Societies*, S. 269. Vgl. Wilson, *Anthill*, S. 243, und Wilson, *Ameisenroman*, S. 276f. Hier ist vom »Wahlvolk« der Ameisen die Rede.

330 Wilson, *Ameisenroman*, S. 211. Wilson, *Anthill*, S. 187.

331 Wilson, *Ameisenroman*, S. 219. Wilson, *Anthill*, S. 196.

332 Hölldobler, *The Ants*, S. 189.

333 Ebd., S. 190.

334 Ebd., S. 190.

335 Ebd., S. 189.

336 Die vollständige, aus *Nature* importierte Quellenangabe lautet: Patrick Abbot, Jun Abe, John Alcock, Samuel Alizon, Joao A. C. Alpedrinha, Malte Andersson, Jean-Baptiste Andre, Minus van Baalen, François Balloux, Sigal Balshine, Nick Barton, Leo W. Beukeboom, Jay M. Biernaskie, Trine Bilde, Gerald Borgia, Michael Breed, Sam Brown, Redouan Bshary, Angus Buckling, Nancy T. Burley, Max N. Burton-Chellew, Michael A. Cant, Michel Chapuisat, Eric L. Charnov, Tim Clutton-Brock, Andrew Cockburn, Blaine J. Cole, Nick Colegrave, Leda Cosmides, Iain D. Couzin, Jerry A. Coyne, Scott Creel, Bernard Crespi, Robert L. Curry, Sasha R. X. Dall, Troy Day, Janis L. Dickinson, Lee Alan Dugatkin, Claire El Mouden, Ste-

phen T. Emlen, Jay Evans, Regis Ferriere, Jeremy Field, Susanne Foitzik, Kevin Foster, William A. Foster, Charles W. Fox, Juergen Gadau, Sylvain Gandon, Andy Gardner, Michael G. Gardner, Thomas Getty, Michael A. D. Goodisman, Alan Grafen, Rick Grosberg, Christina M. Grozinger, Pierre-Henri Gouyon, Darryl Gwynne, Paul H. Harvey, Ben J. Hatchwell, Jurgen Heinze, Heikki Helantera, Ken R. Helms, Kim Hill, Natalie Jiricny, Rufus A. Johnstone, Alex Kacelnik, E. Toby Kiers, Hanna Kokko, Jan Komdeur, Judith Korb, Daniel Kronauer, Rolf Kummerli, Laurent Lehmann, Timothy A. Linksvayer, Sebastien Lion, Bruce Lyon, James A. R. Marshall, Richard McElreath, Yannis Michalakis, Richard E. Michod, Douglas Mock, Thibaud Monnin, Robert Montgomerie, Allen J. Moore, Ulrich G. Mueller, Ronald Noe, Samir Okasha, Pekka Pamilo, Geoff A. Parker, Jes S. Pedersen, Ido Pen, David Pfennig, David C. Queller, Daniel J. Rankin, Sarah E. Reece, Hudson K. Reeve, Max Reuter, Gilbert Roberts, Simon K. A. Robson, Denis Roze, François Rousset, Olav Rueppell, Joel L. Sachs, Lorenzo Santorelli, Paul Schmid-Hempel, Michael P. Schwarz, Tom Scott-Phillips, Janet Shellmann-Sherman, Paul W. Sherman, David M. Shuker, Jeff Smith, Joseph C. Spagna, Beverly Strassmann, Andrew V. Suarez, Liselotte Sundstrom, Michael Taborsky, Peter Taylor, Graham Thompson, John Tooby, Neil D. Tsutsui, Kazuki Tsuji, Stefano Turillazzi, Francisco Ubeda, Edward L. Vargo, Bernard Voelkl, Tom Wenseleers, Stuart A. West, Mary Jane West-Eberhard, David F. Westneat, Diane C. Wiernasz, Geoff Wild, Richard Wrangham, Andrew J. Young, David W. Zeh, Jeanne A. Zeh, Andrew Zink, »Inclusive fitness theory and eusociality«, in: *Nature*, Nr. 471/7339 (2011): S. E1–E4. Die Menge der Autoren macht es beinahe zu einer Petition für die Beibehaltung der *inclusive fitness*-Theorie. Sie alle (unter)schreiben: »we believe that their arguments are based upon a misunderstanding of evolutionary theory and a misrepresentation of the empirical literature« (S. E1).

337 Vgl. Shavit, »Group Selection Is Dead! Long Live Group Selection«, S. 575. Für die Anhänger Hamiltons vgl. die Replik auf den Artikel von Nowak, Tarnita und Wilson in *Nature* 471, E5–E6 (24. März 2011) von Joan E. Strassmann, Robert E. Page Jr., Gene E. Robinson und Thomas D. Seeley.

338 Luhmann, »Gesellschaftsstruktur und Semantik«, S. 282.

339 Ebd., S. 274.

340 Vgl. W. D. Hamilton, »The genetical evolution of social behaviour. II«, in: *Journal of theoretical Biology*, 7. Jg., Nr. 1 (1964): S. 17–52, S. 28 f.

341 Wilson, *Anthill*, S. 246. Wilson, *Ameisenroman*, S. 280.

342 Genau so sehen einige Evolutionsbiologen auf den angeblichen Zusammenhang von Homosexualität und Hedonismus. Ich werde darauf zurückkommen.

343 Wilson, *The Insect Societies*, S. 320.

344 Darwin, *Die Entstehung der Arten*, S. 328. Die Übersetzung ist problematisch, daher greife ich gelegentlich auf das 1859 zuerst bei Murray erschienene Original zurück.

345 Ebd., S. 329. Kursivierung von mir.

346 Dies ist umstritten. Aus der Sicht von Richard Dawkins, *Das egoistische Gen* [1976], Heidelberg 2006, S. 175, ist die einzige Einheit, die für die Evolution zählt, das »egoistische Gen«, also weder eine Gruppe noch eine Familie.

347 Darwin, *Die Entstehung der Arten*, S. 330 f.

348 Darwin, *Origin of species*, S. 236. Darwin, *Die Entstehung der Arten*, S. 330. Die Übersetzung von *community* mit »Gemeinde« klingt unangemessen religiös. Gemeinschaft wäre treffender.

349 Darwin, *Die Entstehung der Arten*, S. 334. Kursiviert von mir.

350 Darwin, *Origin of species*, S. 242. Darwin, *Die Entstehung der Arten*, S. 334.

351 Wilson, *Die Einheit des Wissens*, S. 355. Und nicht etwa zwei, einen natur- und einen sozialwissenschaftlichen, erst recht nicht drei (plus Geisteswissenschaft bzw. *humanities*) oder gar unzählbare (Postmoderne).

352 McCook, *Ant Communities and how they are governed. A study in natural civics*, S. 165.

353 Wheeler, *Social Insects*, S. 233. Dies ist eine Alternative zur Unterstellung eines entsprechenden »Instinktes«, eines »Brutpflegeinstinktes« etwa, wie Wasmann ihn nennt. Wasmann, *Kolonien der Ameisen*, S. 199. Dass Ameisen auch Puppen anderer Spezies ernähren und pflegen, wird dann mit einem »Adoptionsinstincte« erklärt. Wasmann, *Vergleichende Studien über das Seelenleben der Ameisen und der höheren Thiere*, S. 107. Dass die Puppen und Larven mit ihren Sekreten an der Trophallaxis teilnehmen, sym-

metrisiert das Verhältnis, insofern sie nicht nur gefüttert werden, sondern auch selbst Nahrung einspeisen. Wheeler hat entsprechend für Wasmanns Instinkte nur Spott übrig. Wheeler, *Social Insects*, S. 230.

354 Hamilton, »The genetical evolution of social behaviour. II«, S. 28 ff.

355 Wilson, *The Insect Societies*, S. 321.

356 Robert Axelrod, Hamilton, William D., »The Evolution of Cooperation«, in: *Science*, 211. Jg., Nr. 4489 (1981): S. 1390–1396, S. 1390.

357 Ebd., S. 1390: »A gene, in effect, looks beyond its mortal bearer to interests of the potentially immortal set of replicas existing in other related individuals.« Meine Übersetzung: »Faktisch schaut ein Gen über seine sterblichen Träger hinaus, hin zu potentiellen unsterblichen existenten Repliken bei anderen, verwandten Individuen.« Die Formulierung ist interessant: Das Gen wird hier zu einem Akteur mit eigenen Interessen anthropomorphisiert.

358 Bruce Shaw, Van Ikin, *The Animal Fable in Science Fiction and Fantasy*, Jefferson, NC, 2010, S. 107.

359 Nowak, *Supercooperators*, S. 96 f.

360 Dawkins, *Das egoistische Gen*, S. 173.

361 Hamilton, »The genetical evolution of social behaviour. II«, S. 20.

362 Nowak, »The evolution of eusociality«, S. 1057.

363 Axelrod, »The Evolution of Cooperation«, S. 1391. Simuliert wird am berühmtesten Beispiel der Spieltheorie, dem Gefangenendilemma.

364 Hamilton, »The genetical evolution of social behaviour. II«, S. 28.

365 Nowak, »The evolution of eusociality«, S. 1057.

366 W. D. Hamilton, »Geometry for the selfish herd«, in: *Journal of theoretical Biology*, 31. Jg., Nr. 2 (1971): S. 295–311.

367 Vgl. Francis Galton, *Inquiries Into Human Faculty And Its Development* [1883], Whitefish, MT, 2004, S. 49–57.

368 Aldo Poiani, *Animal Homosexuality: A Biosocial Perspective*, Cambridge, UK, 2010, S. 409.

369 Vgl. die Zusammenfassung der Argumentation bei Mildred Dickemann, »Wilson's Panchreston: The Inclusive Fitness Hypothesis of Sociobiology Re-Examined«, in: *Sex, cells, and same-*

sex desire: the biology of sexual preference, hrsg. von John P. de Cecco, Parker, David Allen, Binghampton, NY 1995, S. 147–184, S. 155.

370 Ebd., S. 153 f.

371 Edward Osborne Wilson, *Sociobiology. The New Synthesis* [1975], Cambridge, Mass., London ²2000, S. 343 f.

372 Ebd., S. 344.

373 http://www.wired.com/wiredscience/2008/01/is-homosexualit/

374 Vgl. Rebecca Basile, »Emergenz im Bienenstock – über die Ressourcenverteilung und die Heizaktivitäten der Honigbienen«, in: *Emergenz. Zur Analyse und Erklärung komplexer Strukturen*, hrsg. von Jens Greve, Annette Schnabel, Berlin 2011, S. 372–394, S. 381.

375 James T. Costa, *The Other Insect Societies*, Cambridge, Mass., London 2006.

376 Nowak, »The evolution of eusociality«, S. 1057.

377 Judith Korb, »Termites: An Alternative Road to Eusociality and the Inportance of Group Benefits in Social Insects«, in: *Organization of insect societies: from genome to sociocomplexity*, hrsg. von Jürgen Gadau, Jennifer Fewell, Edward O. Wilson, Cambridge, Mass. 2009, S. 128–147, S. 131.

378 Basile, »Emergenz im Bienenstock«, S. 381 f. Für den Fall sklavenhaltender Ameisen vgl. Ants S. 458 ff.

379 Nowak, »The evolution of eusociality«, S. 1059 f.

380 Ebd., S. 1060.

381 Aristoteles, *Politik*, S. 47. Vgl. auch Hölldobler, *The Ants*, S. 27, wo es heißt: »the most primitive colony is an extended family«.

382 So auch für Termiten Korb, »Termites: An Alternative Road to Eusociality and the Importance of Group Benefits in Social Insects«, S. 130. »Kostspielige altruistische Hilfe« trete mutmaßlich dann auf, wenn die Termiten bereits in »erweiterten familiären Gruppen« zusammenlebten und so vom gemeinsamen Schutz gegen Räuber oder Arbeitsteilung profitierten. Dies lässt sich nicht nach der Hamilton-Formel ausrechnen, sondern nur beobachten, etwa am »Nestbau« und an »Gewohnheiten des Sammelns«. Übersetzung von mir.

383 Nowak, »The evolution of eusociality«, S. 1061 f.

384 »The division of labour appears to be the result of a pre-existing behavioural ground plan, in which solitary individuals tend to

move from one task to another only after the first is completed. In eusocial species, the algorithm is readily transferred to the avoidance of a job already being filled by another colony member. It is evident that bees, and also wasps, are spring-loaded, that is, strongly predisposed with a trigger, for a rapid shift to eusociality, once natural selection favours the change.« »Arbeitsteilung scheint das Ergebnis eines bereits existierenden Planes zu sein, in dem einzelne Individuen erst nach dem Abschluss der einen Aufgabe zu der anderen übergehen. Bei eusozialen Arten wird der Algorithmus so übertragen, dass eine Aufgabe, die bereits vergeben ist, vermieden wird. Es ist offensichtlich, dass Bienen und auch Wespen gefedert werden, mit einem Auslöser für einen schnellen Wechsel zur Eusozialität, wenn die Zuchtwahl diesem Wechsel zustimmt.« Ebd., S. 1060. Übersetzung von mir.

385 Ebd., S. 1060.
386 So Espinas, *Thierische Gesellschaften*, S. 27.
387 Ebd., S. 34.
388 Ebd., S. 148.
389 Ebd., S. 196.
390 Luhmann, *Die Gesellschaft der Gesellschaft*, S. 413, S. 512. Zitiert wird Haldanes *Causes of Evolution* von 1932.
391 Ebd., S. 417.
392 Im Sinne von Hamilton, »Geometry for the selfish herd«, a. a. O.
393 Luhmann, *Die Gesellschaft der Gesellschaft*, S. 512.
394 »Therefore, the model explains why it is hard to evolve eusociality, but easier to maintain it once it has been established. In our model relatedness does not drive the evolution of eusociality. But once eusociality has evolved, colonies consist of related individuals, because daughters stay with their mother to raise further offspring. »Das Modell erklärt somit, warum es so schwer ist, Eusozialität auszubilden, aber einfacher, sie am Leben zu erhalten, wenn sie sich einmal gebildet hat. In unserem Modell wird die Entwicklung der Eusozialität nicht durch Verwandtschaft angetrieben. Aber wenn Eusozialität vorhanden ist, entstehen Kolonien aus miteinander verwandten Individuen, weil Töchter bei ihren Müttern bleiben, um den weiteren Nachwuchs zu sichern.« Nowak, »The evolution of eusociality«, S. 1061. Übersetzung und Kursivierung von mir.

395 Wilson, *The Insect Societies*, S. 333. Wilson nennt die Theorie hier »konsistent« und »evident«.

396 Ebd., S. 331: »Schwestern teilen so viel wie ¾ ihrer Gene, aber ein Weibchen nur ⅜ ihrer Gene mit ihren Nichten und ¼ mit ihren Brüdern.« Übersetzung von mir.

397 »Der erste Schritt hin zur Entstehung von Eusozialität bei Tieren ist die Formation von Gruppen mit einer sich frei untereinander mischenden Population.« Nowak, »The evolution of eusociality«, S. 1060. Übersetzung von mir.

398 Luhmann, *Die Gesellschaft der Gesellschaft*, S. 414.

399 Philipp Sarasin, *Darwin und Foucault. Genealogie und Geschichte im Zeitalter der Biologie*, Frankfurt am Main 2009, S. 334.

400 Stephan S. W. Müller, *Theorien sozialer Evolution. Zur Plausibilität darwinistischer Erklärungen sozialen Wandels*, Bielefeld 2010, S. 11.

401 Wilson, *Die Einheit des Wissens*, S. 10 f.

402 André Kieserling, »Die Soziologie der Selbstbeschreibung«, in: *Rezeption und Reflexion. Zur Resonanz der Systemtheorie Niklas Luhmanns außerhalb der Soziologie*, hrsg. von Henk de Berg und Johannes Schmidt, Frankfurt am Main 2000, S. 38–92.

403 Ebd., S. 866.

404 Niklas Luhmann, »Gesellschaftliche Struktur und semantische Tradition«, in: *Gesellschaftsstruktur und Semantik. Studien zur Wissenssoziologie der modernen Gesellschaft*. Bd. 1, Frankfurt am Main 1980, S. 9–71, hier S. 47.

405 Luhmann: Gesellschaft. Bd. 2, S. 1095.

406 Urs Stäheli: Die Sichtbarkeit sozialer Systeme: »Zur Visualität von Selbst- und Fremdbeschreibungen«. In: *Soziale Systeme* 13 (2007), H. 1–2, S. 70–85, hier: S. 70. Stäheli hat diese Fragen in seinem Forschungsprojekt am Institut für Soziologie der Universität Basel »Die visuelle Semantik der globalen Finanzökonomie. Zu einer Soziologie ökonomischer Bildlichkeit« (Laufzeit 2003–2007) untersucht.

407 Lorraine Daston, Peter Gallison, *Objektivität*, Frankfurt am Main 2007, S. 23. Die Autoren sprechen von »epistemischen Tugenden«, die »sich in Bildern ausprägen«, S. 45. Dies klingt mir zu moralisch und intentional.

408 Nowak, »The evolution of eusociality«, S. 1057.

409 Abbildungen: Ebd., S. 1058, und Wheeler, *Ants*, S. 88.

410 Wheeler, *Ants*, S. 6. Kursiv im Original.

411 Ebd., S. 4.

412 Ebd., S. 4.

413 Deborah Gordon, *Ants at Work. How an Insect Society Is Organized*, New York, London 1999.

414 William Kirby, William Spence, *An introduction to entomology, or, Elements of the natural history of insects*. Bd. 2, London 1817, S. 27. Übersetzung und Kursivierung von mir.

415 Forel, *The Social World of the Ants*, S. 450. Vgl. die Abbildungen auf den Seiten 450–459.

416 Escherich, *Die Ameise*, S. 99. Die Abbildung wird häufiger verwendet. Etwa auch von Forel, *The Social World of the Ants*, S. 451.

417 Wilson, *Anthill*, S. 15. Wilson, *Ameisenroman*, S. 9.

418 Dietmar Peil, *Untersuchungen zur Staats- und Herrschaftsmetaphorik in literarischen Zeugnissen von der Antike bis zur Gegenwart*, in: *Münsterische Mittelalter-Schriften*, München 1983, S. 162.

419 Daston, *Objektivität*, S. 438.

420 Peil, *Untersuchungen zur Staats- und Herrschaftsmetaphorik in literarischen Zeugnissen von der Antike bis zur Gegenwart*, S. 24 ff.

421 Sleigh, *Six Legs Better*, S. 14 f.

422 Jussi Parikka, *Insectmedia. An Archeology of Animals and Technology*, Minneapolis 2010, S. 82.

423 Ebd., S. 205.

424 Ebd., S. 177 ff.

425 Ebd., S. 102 f.

426 Ebd., S. 90 f.

427 Ebd., S. 94f, S. 177 f.

428 Ebd., S. 173.

429 Ebd., S. 203, S. 205.

430 Ebd., S. xxi.

431 Ebd., S. 82.

432 Jean-Marc Drouin, »Ant and Bees between the French and the Darwinian Revolution«, in: *Ludus Vitalis*, 24. Jg., Nr. XIII (2005): S. 3–14. Lustig, »Ants and the Nature of Nature in Auguste Forel, Erich Wasmann, and William Morton Wheeler«. Sleigh, *Six Legs Better*.

433 Rodgers, *Debugging the Link between Social Theory and Social Insects*, S. 93.

434 Blumenberg, *Metaphorologie*, S. 8.

435 Wilson, *Die Einheit des Wissens*, S. 251.

436 Heinrich Zschokke, *Des Schweizerlands Geschichten für das Schweizervolk*, Aarau 1822, S. 51. Carl A. von Purkart, *Kriegserinnerungen für Bayern: mit besonderer Beziehung auf die Kriegsepoche von 1790 bis 1815*, Kempten 1829, S. XX.

437 James H. Winchester, »Samson of the Insect World«, in: *Scouting*, 62. Jg., Nr. 6 (1974): S. 18–21, S. 18. Kursivierung und Übersetzung von mir.

438 So, nach statistischer Auswertung, zum Durchschnittsroman um 1800 Franco Moretti, »Style, Inc. Reflections on Seven Thousand Titles (British Novels, 1740–1850)«, in: *Critical Inquiry*, 36. Jg., Nr. 1 (2009): S. 134–158, S. 151.

439 Die moralische Orientierung des Verhaltens an einem festen »Kodex« schärft Ainesley Cody seinem Sohn Raff ein. Wilson, *Anthill*, S. 56 f. Wilson, *Ameisenroman*, S. 54.

440 Harvard ist »a human anthill«, ein »menschlicher Ameisenhügel«. Wilson, *Ameisenroman*, S. 312. Wilson, *Anthill*, S. 275.

441 Wilson, *Ameisenroman*, S. 431. Wilson, *Anthill*, 378.

442 Wilson, *Anthill*, S. 246. Wilson, *Ameisenroman*, S. 280.

443 Wilson, *The Social Conquest of Earth*, S. 16 f.

444 Im Sinne von Kropotkin, *Gegenseitige Hilfe in der Entwicklung*.

445 Wilson, *The Social Conquest of Earth*, S. 31. Übersetzung und Kursivierung von mir.

446 Der Begriff »nest« wird von Wilson zur Bezeichnung eines Ameisenhügels über lange Passagen des Romans hinweg auf jeder Seite mehrfach verwendet. Vgl. etwa Wilson, *Anthill*, S. 229–238. An Vogelnester ist hier nicht zu denken.

447 Wilson, *The Social Conquest of Earth*, S. 16. Vgl. auch S. 219. Übersetzung von mir.

448 Ebd., S. 224.

449 Ebd., S. 17.

450 Ebd., S. 16.

451 Ebd., S. 143. Übersetzung und Kursivierung von mir.

452 Ebd., S. 143.

453 Hamilton, »The genetical evolution of social behaviour. II«, S. 20.

454 Wilson, *The Social Conquest of Earth*, S. 143.

455 Ebd., S. xiiif. Die Fragen geben den Kapiteln II, V und VI des Buches ihren Titel.

456 Ernst Bloch, *Das Prinzip Hoffnung* [1959] (3 Bde.), Frankfurt am Main 1973, Bd. 1, S. 1; Bloch stellt noch zwei weitere Fragen.

457 Wilson, *The Social Conquest of Earth*, S. 166.

458 Ebd., S. 166.

459 Ebd., S. 166.

460 Dawkins, *Das egoistische Gen*, S. 63.

461 Ebd., S. 291.

462 Ebd., S. 293.

463 Ebd., S. 63.

464 Ebd., S. 45.

465 Wilson, *The Social Conquest of Earth*, S. 143.

466 Ebd., S. 175.

467 Martin A. Nowak, Corina E. Tarnita, Edward O. Wilson, »Nowak et al. reply«, in: *Nature*, Nr. 471/7339 (2011): S. E9–E10, S. E9.

468 Knobloch, »Neoevolutionistische Kulturkritik – eine Skizze«, S. 20.

469 Jacobus J. Boomsma, Madeleine Beekman, Charlie K. Cornwallis, Ashleigh S. Griffin, Luke Holman, William O. H. Hughes, Laurent Keller, Benjamin P. Oldroyd, Francis L. W. Ratnieks, »Only full-sibling families evolved eusociality«, in: *Nature*, 471/7339. Jg. (2011): S. E4–E5, S. E1. Kursivierung von mir.

470 Dawkins, *Das egoistische Gen*, S. 177.

471 Und nicht die Gruppe wie bei Wilson.

472 Dawkins, *Das egoistische Gen*, S. 177.

473 Ebd., S. 309.

474 Ebd., S. 147.

475 »Für unsere Zwecke ist das Wort Allele gleichbedeutend mit Rivale.« Ebd., S. 71. Allele sind unterschiedliche Ausprägungsformen einer DNA-Sequenz aufgrund leichter Variation.

476 Charles Darwin, *The descent of man, and selection in relation to sex* (2 Bde.), London 1871, Band 2, S. 109. »Birds sometimes exhibit benevolent feelings; they will feed the deserted young even of distinct species, but this perhaps ought to be considered as a mistaken instinct. They will also feed, as shown in an earlier part of this work, adult birds of their own species which have become blind. Mr. Buxton gives a curious account of a parrot which took care of a frost-bitten and crippled bird of a distinct species, cleansed her feathers and defended her from the attacks of the other parrots which roamed freely about his garden. It is a still

more curious fact that these birds apparently evince some sympathy for the pleasures of their fellows.« Übersetzung v. J. V. Carus, Stuttgart 1871, Bd. 2, S. 95: »Vögel zeigen zuweilen wohlwollende Gefühle; sie füttern die verlassenen Jungen selbst verschiedener Arten. Dies könnte man aber vielleicht für einen Missgriff ihres Instincts halten. Sie füttern auch, wie in einem früheren Theile dieses Buches gezeigt wurde, erwachsene Vögel ihrer eigenen Species, welche blind geworden sind. MR. BUXTON gibt eine merkwürdige Schilderung eines Papageien, welcher die Sorge um einen vom Frost getroffenen und verkrüppelten Vogels einer verschiedenen Species auf sich nahm, seine Federn reinigte und ihn gegen die Angriffe der anderen Papageien vertheidigte, welche zahlreich in seinem Garten herumschwärmten. Es ist eine noch merkwürdigere Thatsache, dass diese Vögel, wie es scheint, eine gewisse Sympathie mit den Freuden ihrer Genossen empfinden.«

477 Catherine Wilson, »Darwinian Morality«, in: *Evolution: Education and Outreach*, 3. Jg., Nr. 2 (2010): S. 275–287, S. 278.

478 Vgl. Ebd., S. 277.

479 Dawkins, *Das egoistische Gen*, S. 413.

480 Die Bezeichnungen werden abwechselnd und austauschbar verwendet. Ebd., S. 413.

481 Ebd., S. 413.

482 Ebd., S. 461.

483 Wilson, *Anthill*, S. 143–149. Wilson, *Ameisenroman*, S. 155–164.

484 Vgl. Anja Hirschs Rezension von Wilsons *Ameisenroman* in der *FAZ* vom 19. März 2012, S. 26: »Weniger erfüllend sind die rahmenden Romanteile, in denen Raffs Entwicklung aus der Sicht des Onkels beschrieben wird.« Aus literaturkritischer Sicht kann man dem nur zustimmen.

485 Wilson, *Anthill*, S. 124. Wilson, *Ameisenroman*, S. 133. Die deutsche Übersetzung weicht hier ab.

486 Wilson, *Anthill*, S. 124.

487 Ebd., S. 125. Wilson, *Ameisenroman*, S. 135.

488 Wilson, *Anthill*, S. 126. Wilson, *Ameisenroman*, S. 136. Zu einem »echten Biologen« sei er geworden.

489 Wilson, *Anthill*, S. 277.

490 Ebd., S. 277. Wilson, *Ameisenroman*, S. 315.

491 Wilson, *Anthill* S. 290 ff. Wilson, *Ameisenroman*, S. 331 ff.

492 Wilson, *Anthill*, S. 318. Wilson, *Ameisenroman*, S. 363.

493 Ebd, S. 322. Wilson, *Ameisenroman*, S. 367.

494 Wilson, *Anthill*, S. 347. Wilson, *Ameisenroman*, S. 395.

495 Wilson, *Anthill*, S. 354.

496 Ebd., S. 365. Wilson, *Ameisenroman*, S. 415 f.

497 Wilson, *Anthill*, S. 372. Wilson, *Ameisenroman*, S. 424.

498 Wilson, *The Social Conquest of Earth*, S. 287 ff.

499 Ebd., S. 289: »group selection as the driving force«.

500 Ebd., S. 290.

501 Ebd., S. 290.

502 Ebd., S. 193.

503 Ebd., S. 194.

504 Ebd., S. 195.

505 Ebd., S. 194.

506 Ebd., S. 192.

507 Ebd., S. 192.

508 Ebd., S. 275.

509 Ebd., S. 288.

510 Ebd., S. 195.

511 Ebd., S. 293.

512 Ebd., S. 293.

513 Ebd., S. 191, 212, 225, 236, 241, 255, 268.

514 Ebd., S. 294 f.

515 Ebd., S. 293.

516 Ebd., S. 295.

517 Ebd. S. 254.

518 Ebd., S. 253: »the logic of *Humanae Vitae* is wrong«, schreibt Wilson, sie ignoriere wichtige biologische Fakten.

519 Ebd., S. 252.

520 Wilson, *Anthill*, S. 326f, S. 356 f. Wilson, *Ameisenroman*, S. 371ff, S. 405 ff.

521 Wilson, *The Social Conquest of Earth*, S. 193 ff.

522 Ebd., S. 258.

523 Ebd., S. 287.

524 Ebd., S. 295. Kursivierung von mir.

525 Ebd., S. 288.

526 Ebd., S. 109.

527 Ebd., S. 131.

528 Ebd., S. 256.
529 Wheeler, »The Termitodoxa, or Biology and Society«, S. 123 f.
530 Ebd. S. 124.

VI. Expeditionen und Invasionen

1 In: Luhmann, *Funktionen und Folgen formaler Organisation*, S. 13.

2 Wilson, *Anthill*, S. 170. Wilson, *Ameisenroman*, S. 187.

3 Vgl. Wilson, *Anthill*, S. 170, S. 379. Wilson, *Ameisenroman*, 187, S. 432. »Voice« hat im angloamerikanischen Theoriekontext auch den Sinn der Artikulation eigener politischer Interessen. Zugleich ist »Stimme« aber auch eine narratologische Kategorie, die den textinternen Akt des Erzählens in seinem Verhältnis von erzählender Instanz und Erzähltem erfasst. Wer hier aber erzählt, Norville, sein Kollge Needham, beide gemeinsam, Raff, die Ameisen oder ein heterodiegetischer Erzähler ist nie durchgängig klar.

4 Wilson, *Anthill*, S. 175–247.

5 Ferenczy, *Timotheus Thümmel und seine Ameisen*, S. VI, S. 12 f.

6 Philip Grove, *Consider her ways* [1947], Toronto 2001, S. 12 f.

7 Luhmann, *Soziale Systeme*, S. 13.

8 Vgl. Henrika Kuklick, *The Savage within: The Social History of British Anthropology. 1885–1945*, Cambridge, New York, Melbourne 1991, S. 13, 17, 23f, 31, 92.

9 Sleigh, *Six Legs Better*, S. 90. Sleigh geht so weit zu behaupten, die Ethnographen hätten mit ihrer Theorie des Potlasch Wheelers Modell der Trophallaxis inspiriert. Die Analogie ist bestrickend, mir ist es aber nicht gelungen, im Kontext einer Ausführung Wheelers zur Trophallaxis eine Referenz auf Malinowski oder Mauss nachzuweisen.

10 In Charles Kay Odgens *Psyche* und seiner Buchreihe.

11 In: Luhmann, *Funktionen und Folgen formaler Organisation*, S. 13.

12 Ein typisch ethnographisches Projekt. Vgl. Erhard Schüttpelz, *Die Moderne im Spiegel des Primitiven. Weltliteratur und Ethnologie (1870–1960)*, München 2005.

13 Grove, *Consider her ways*, S. 25.

14 Ebd., S. 27.

15 »Individuality is our true enemy«, heißt es in Bernard Werber, *Empire of the Ants* [1991], New York, Toronto 1999, S. 43.

16 Grove, *Consider her ways*, S. 24. Vgl. dazu Salvatore Proietti, »Frederick Philip Grove's Version of Pastoral Utopianism«, in: *Science Fiction Studies*, 19. Jg., Nr. 3 (1992): S. 361–377, S. 369. Kursivierung von mir.

17 Herbert George Wells, *The first men in the moon* [1901], New York 2001, S. 69. Herbert George Wells, *Die ersten Menschen auf dem Mond* [1901], übers. von Felix Paul Greve, Minden 1905, S. 143. Proietti, »Frederick Philip Grove's Version of Pastoral Utopianism«, S. 361. Groves alias ist Felix Paul Greve.

18 Wells, *The first men in the moon*, S. 72 f. Wells, *Die ersten Menschen auf dem Mond*, S. 148.

19 Wells, *Die ersten Menschen auf dem Mond*, S. 132.

20 Ebd., S. 135. Wells, *The first men in the moon*, S. 64: »He was a blank figure to us, but instinctively our imaginations supplied features to his very human outline.« Und: »Only the human features I had attributed to him were not there at all.«

21 Wells, *The first men in the moon*, S. 154.

22 Werber, *Empire of the Ants*, S. 284.

23 Ebd., S. 284.

24 In der Romantrilogie Bernard Werbers dagegen führt eine Reise zu den Ameisen zum folkloristisch wirkenden Versuch einer ameisenhaften Lebensführung mit Pilzzucht und Aphidenhonig. Im ersten Band leben die Probanden wie Ameisen in einem Nest und kopieren ihre Ernährungsweise. In den beiden nachfolgenden Romanen werden Organisationsformen übernommen. Vgl. Bernard Werber, *Der Tag der Ameisen* [1992], München 1994, Bernard Werber, *Die Revolution der Ameisen* [1996], München 1998.

25 Wells, *The first men in the moon*, S. 161. Wells, *Die ersten Menschen auf dem Mond*, S. 326.

26 Wells, *The first men in the moon*, S. 60.

27 Ebd., S. 68.

28 Vgl. dazu Edward W. Said, *Culture & Imperialism* [1993], London 1994, S. 194.

29 Rudyard Kipling, *Kim* [1901], London 2000, S. 161. Rudyard Kipling, *Kim*, übers. von Hans Reisiger, München [3]1985, S. 128: »Als Ethnologe, sehen Sie, ist mir die Sache höchst interessant. Ich möchte gern eine Notiz darüber machen in einer Arbeit, die ich für die Regierung schreibe …«

30 Kipling, *Kim*, S. 177. Kipling, *Kim*, S. 81.

31 Wells, *The first men in the moon*, S. 81, 96 f. Wells, *Die ersten Menschen auf dem Mond*, S. 167, 196 f.

32 Said, *Culture & Imperialism*, S. 190.

33 Wells, *The first men in the moon*, S. 116.

34 Conrad und Wells waren bereits 1898 so gut miteinander bekannt, um lange Briefe zu wechseln. Vgl. Edward W. Said, *Joseph Conrad and the Fiction of Autobiography* [1966], New York, Chichester, West Sussex 2007, S. 41, 54, 91–93. Wells und auch Doyle sind Kipling-Leser, Wells meint sogar, er sei in einer Epoche des »Kiplingism« groß geworden. Vgl. Roger Lancelyn Green, *Rudyard Kipling: the critical heritage* [1971], London, New York 1997, S. 302f, S. 305 f.

35 Vgl. Joseph Conrad, *Herz der Finsternis* [1899], übers. von Daniel Göske, Stuttgart 1991, S. 123.

36 Wells, *The first men in the moon*, S: 28, S. 64, S. 153. Wells, *Die ersten Menschen auf dem Mond*, S. 63, S. 135, S. 310. Von »Grauen« (horror) spricht der Erzähler Bedford stets mit Bezug auf das Fremde und Andere.

37 Conrad, *Herz der Finsternis*, S. 23.

38 Ebd., S. 120.

39 Ebd., S. 63.

40 Ebd., S. 25.

41 Herbert George Wells, »Empire of the Ants« [1905], in: *Empire of the Ants and 8 Science Fiction Stories*, New York 1972, S. 1–19.

42 Benjamin Constant, *Correspondance générale: 1810–1812*, in: *Œuvres complètes*. Bd. 8, hrsg. von Kurt Koocke et al., Berlin 2010, S. 441.

43 Rodgers, *Debugging the Link between Social Theory and Social Insects*, S. 52 f. Da Rodgers sich auf Berichte aus Indonesien bezieht, ist vermutlich die Gattung *Dorylus* gemeint, die allerdings nicht »army ant« genannt wird, sondern »driver« oder »safari ant«. Nach Charlotte Sleigh, *Ant*, London 2003, S. 93, träfe Rodgers' These nicht zu, da in Nicaragua die einheimische Bevölkerung den Ameisen ihren Namen, »army ants«, gegeben hätte.

44 Ernst Ludwig Taschenberg, *Brehms Thierleben. Allgemeine Kunde des Tierreichs. Vierte Abteilung: Wirbellose Thiere. Mit 277 Abbildungen und 21 Tafeln von Emil Schmidt.* Bd. 1, Leipzig 1877, S. 270.

45 Hölldobler, *The Ants*, S. 573. Wheeler, *Ants*, S. 256.

46 Wheeler, *Ants*, S. 256.

47 Taschenberg, *Brehms Thierleben*, S. 271.

48 Charles Waterton, *Wanderings in South America, the North-west of the United States, and the Antilles, in the years 1812, 1816, & 1824*, London 1828, S. 182. Kursiv von mir.

49 Rodgers, *Debugging the Link between Social Theory and Social Insects*, S. 53.

50 Wheeler, *Ants*, S. 256. Hölldobler, *The Ants*, S. 573.

51 Henry Walter Bates, *The naturalist on the River Amazons: a record of adventures, habits of animals, sketches of Brazilian and Indian life and aspects of nature under the Equator during eleven years of travel*. Bd. 2, London 1863, S. 96.

52 Ebd., S. 97.

53 Vgl. Joshua Blu Buhs, *The fire ant wars: nature, science, and public policy in twentieth-century*, Chicago, London 2004.

54 Bates, *The naturalist on the River Amazons*, S. 97.

55 Wells, »Empire of the Ants«, S. 4. Die Schreibweise »entomologie« im Original.

56 Ebd., S. 7.

57 Robert E. Park, »Human Nature and Collective Behavior«, in: *American Journal of Sociology*, 32. Jg., Nr. 5 (1927): S. 733–741, S. 734.

58 Wells, »Empire of the Ants«, S. 7.

59 Espinas, *Thierische Gesellschaften*, S. 77.

60 Wells, »Empire of the Ants«, S. 7.

61 Wheeler, *Ants*, S. 257.

62 Vgl. den Forschungsbericht in *The Quarterly Review of Biology*, Vol. 47, No. 1 (1972), S. 137 f. Eine Superkolonie besteht demnach aus mehreren Nestern mit mehreren Königen. Die Arbeiter bewegen sich frei von einem Nest zum anderen.

63 Buhs, *The fire ant wars*, S. 5.

64 Wells, »Empire of the Ants«, S. 12. Kursivierung von mir.

65 Ebd., S. 6, 8, 14, 15, 17.

66 Harold Adams Innis, *Empire and Communications* [Oxford 1950], hrsg. von Alexander John Watson, Toronto 2007.

67 Wells, »Empire of the Ants«, S. 7.

68 Ebd., S. 7.

69 Ebd., S. 7.

70 Ebd., S. 17.

71 Conrad, *Herz der Finsternis*, S. 23. Wells, »Empire of the Ants«, S. 17.

72 Wells, »Empire of the Ants«, S. 17.

73 Ebd., S. 18.

74 Charlotte Sleigh, »Empire Of The Ants: H. G. Wells and Tropical Entomology«, in: *Science as Culture*, 10. Jg., Nr. 1 (2001): S. 33–71, S. 38–40.

75 Karl Escherich, *Die angewandte Entomologie in den Vereinigten Staaten: Eine Einführung in die biologische Bekämpfungsmethode. Zugleich mit Vorschlägen zu einer Reform der Entomologie in Deutschland*, Berlin 1913, S. 27.

76 Ebd., S. 131. Kursivierung von mir.

77 Ebd., S. 137.

78 Sleigh, *Ant*, S. 86.

79 Sarah Jansen, »Chemical-warfare techniques for insect control: insect ›pests‹ in Germany before and after World War I«, in: *Endeavour*, 24. Jg., Nr. 1 (2000): S. 28–33, S. 29, S. 30 f.

80 Ebd., S. 33; nahezu wortgleich Sleigh, *Ant*, S. 86.

81 Wheeler, »The Termitodoxa, or Biology and Society«, S. 123.

82 Escherich, *Einführung in die biologische Bekämpfungsmethode*, S. 162.

83 Ebd., S. 164.

84 Ebd.

85 Andreas Sprecher von Bernegg, *Tropische und subtropische Weltwirtschaftspflanzen*, Stuttgart 1938, S. 124.

86 Carl Stephenson, *Leiningens Kampf mit den Ameisen* [1937], Husum 2007, S. 15, S. 26.

87 Petra Lange-Berndt, »Vom Bienenschwarm zum Mottenlicht. Insekten im Spiel- und Experimentalfilm«, in: *Tiere im Film*, hrsg. von Maren Möhring, Massimo Perinelli, Olaf Stieglitz, Köln, Weimar 2009, S. 207–219, S. 211.

88 Wells, »Empire of the Ants«, S. 4. Die Schreibweise »entomologie« im Original.

89 Dies kann man nachhören: http://ia600808.us.archive.org/25/items/OTRR_Escape_Singles/Escape_48–01–14_–023–_Leiningen_vs_the_Ants_-national_broadcast-.mp3. Abgerufen 28. 7. 2012.

90 Maeterlinck, *Das Leben der Termiten. Das Leben der Ameisen*, S. 172.

91 Wheeler, »The Termitodoxa, or Biology and Society«, S. 120. Aus der Feindschaft entspringt aller Fortschritt: »After a recent review of the army and an inspection of the fortifications of my termitarium I agree with several of the kings of the present dynasty who believed that we ought really to be very grateful to our archenemies for their undying animosity.« »Nachdem ich sowohl die Armee als auch die Befestigung meines Termitenbaus inspiziert habe, stimme ich mit mehreren Königen unserer Dynastie überein, dass wir dankbar sein sollten für unsere Urfeinde und ihre unermüdliche Feindschaft.« Übersetzung von mir.

92 Wells, »Empire of the Ants«, S. 17.

93 Ebd., S. 18.

94 Maeterlinck, *Das Leben der Termiten. Das Leben der Ameisen*, S. 173.

95 Herbert George Wells, *The History of Mr. Polly* [1910], Rockville, Maryland 2009, S. 213.

96 Waterton, *Wanderings in South America*, S. 55.

97 Wells, »Empire of the Ants«, S. 15.

98 Henry Walter Bates, *The naturalist on the River Amazons: a record of adventures, habits of animals, sketches of Brazilian and Indian life and aspects of nature under the Equator during eleven years of travel.* Bd. 1, London 1863, S. 23. Bates wurde auf seiner Reise von Alfred Russel Wallace begleitet, dem kongenialen Mitendecker der Evolutionstheorie. Außerdem formuliert Bates als Erster eine biologische Theorie der Mimikry. Die Frage wäre interessant, ob Ameisen im Sinne von Bates Mimikry betreiben, wenn sie Straßen errichten oder in Reih und Glied marschieren.

99 Taschenberg, *Brehms Thierleben*, S. 270.

100 Bates, *The naturalist on the River Amazons*, S. 23.

101 Von diesen Bauten, »covered ways«, »Geheimwegen«, berichtet auch Waterton, *Wanderings in South America*, S. 175.

102 Abb. aus Bates, *The naturalist on the River Amazons*, S. 364. Wells, »Empire of the Ants«, S. 16.

103 Conrad, *Herz der Finsternis*, S. 62. Arthur Conan Doyle, *The Lost World & other Stories*, Ware, Hertfordshire 1995, S. 117.

104 Charles Lyell, *The geological evidences of the antiquity of man, with an outline of glacial and post-tertiary geology, and remarks on the origin of species with special reference to man's first appearance on the earth*, London 1873, S. 544.

105 Charles Darwin, *Die Reise mit der Beagle* [1839, 2. Aufl. 1845], Frankfurt am Main 2008.

106 Waterton, *Wanderings in South America*, S. 306 f. Die Abbildung des menschenähnlichen Primaten findet sich auf dem Frontispiz des Bandes, ist also sehr prominent platziert.

107 Wells, »Empire of the Ants«, S. 7.

108 Waterton, *Wanderings in South America*, S. 175.

109 Wilson, *Die Einheit des Wissens*, S. 10. Wilson spricht hier allerdings nicht über den Roman, sondern über das »grandiose Drama« der Evolutionsgeschichte, das vor seinem Auge alle Epochen und Regionen nach Wunsch auf seiner »Bühne« präsentiert.

110 Wilson, *Naturalist*, S 139.

111 Hölldobler, *Journey to the Ants*, S. 80.

112 Charles Darwin, *Origin of Species*, London ²1860, S. 312. Darwin, *Die Entstehung der Arten*, S. 408.

113 Darwin, *Origin of Species*, S. 321. Darwin, *Die Entstehung der Arten*, S. 416.

114 Darwin, *Die Entstehung der Arten*, S. 447.

115 Ebd., S. 138 f.

116 Ebd., S. 470.

117 Ebd., S. 482. Mit dieser Unterscheidung von Stellen und Gattungen, die alle in einem funktionalen Zusammenhang stehen, ließe sich auch Soziologie betreiben. Man müsste nur Gattungen durch soziale Schichten, Stände, Gruppen oder Klassen ersetzen.

118 John Milton, *The Paradise Lost* [1674], London 1838, S. 97.

119 Ebd., S. 5.

120 Sie »sterben direkt vor unseren Augen aus«, klagt Malinowski, denn sobald der Europäer sie erreichen kann, hat ihr Ende begonnen. Malinowski, *Argonauten des westlichen Pazifik*, S. 15.

121 Darwin, *Die Entstehung der Arten*, S. 473 f.

122 Doyle, *The Lost World & other Stories*, S. 135.

123 Ebd., S. 138–141.

124 Darwin, *Die Entstehung der Arten*, S. 108.

125 Darwin, *Die Reise mit der Beagle*, S. 569, 584.

126 Waterton, *Wanderings in South America*, S. 306 f.

127 Darwin, *Die Entstehung der Arten*, S. 109. Kursivierung von mir.

128 Wells, »Empire of the Ants«, S. 13.

129 Ebd., S. 17.

130 Ebd., S. 18.

131 Stephenson, *Leiningens Kampf mit den Ameisen*. In Brasilien bedroht ein Multimilliardenheer von intelligenten Treiberameisen die Pflanzungen eines deutschen Aussiedlers. Das Hauptheer umfasst 20 Quadratkilometer. Dennoch ist es gut geordnet und organisiert, anpassungsfähig, aufopfernd und taktisch innovativ. Die Heeresgruppen kommunizieren lichtschnell, vermutlich telepathisch. Flussarme überqueren sie mit Blättern, die als Flöße dienen. Wenn die Schätzungen zur Ausbreitung des *Empire of Ants* in Wells' Erzählung zutreffen, dann könnte es sich hier um die gleiche Superkolonie handeln.

132 Wells, »Empire of the Ants«, S. 19.

133 Bernhard Kegel, *Die Ameise als Tramp. Von biologischen Invasionen* [1999], München 2001, S. 13.

134 Ebd., S. 246 ff. Der Gaskrieg der USA gegen die Unbesiegte sei als »Vietnam der Insektenkunde« in die Annalen eingegangen (S. 247). Die Feuerameise wurde also nicht vertilgt.

135 Wilson, *Sociobiology*, S. 269.

136 Ähnlich funktioniert Karel Čapek, *Krieg mit den Molchen* [1936], Berlin 1956.

137 Wells, »Empire of the Ants«, S. 18.

138 Arthur Conan Doyle, *The Sign of Four* [1890], London 1995, S. 116. Arthur Conan Doyle, *Das Zeichen der Vier*, übers. von Leslie Giger, Zürich 2005, S. 131 f.

139 William Forbes-Mitchell, *Reminiscences of the Great Mutiny 1857–59* [1893], Fairford 2010, S. 138. Übersetzung von mir.

140 Sleigh, *Ant*, S. 97. Übersetzung von mir.

141 Ich erinnere an die Diskussion von Tarde, *Die Gesetze der Nachahmung*. Die andere Regel war die der Elite.

142 Wheeler, *Ants*, S. 246. Hölldobler, *The Ants*, S. 573.

143 Hölldobler, *Journey to the Ants*, S. 2.

144 Kluge, »Billionen Ameisen«.

145 Lange-Berndt, »Vom Bienenschwarm zum Mottenlicht«, S. 213 f., vgl. S. 210.

146 Deleuze, *Tausend Plateaus*, S. 324.

147 Ebd., S. 19.

148 Lange-Berndt, »Vom Bienenschwarm zum Mottenlicht«, S. 215, S. 217.

149 In der Verfilmung sind es dann tatsächlich Riesenameisen von der Größe eines Ponys.

435

150 Maeterlinck, *Das Leben der Termiten. Das Leben der Ameisen*, S. 172.

151 Vgl. Wilson, *The Social Conquest of Earth* sowie die ausführliche Analyse im vorigen Kapitel.

152 Rückumschlag von Wells, »Empire of the Ants«.

153 http://news.bbc.co.uk/earth/hi/earth_news/newsid_8127000/ 8127519.stm. Abgefragt am 5. 10. 2011.

154 E. Sunamura, X. Espadaler, H. Sakamoto, S. Suzuki, M. Terayama, S. Tatsuki, »Intercontinental union of Argentine ants: behavioral relationships among introduced populations in Europe, North America, and Asia«, in: *Insectes Sociaux*, 56. Jg., Nr. 2 (2009): S. 143–147.

155 Wilson, »Variation and Adaptation in the Imported Fire Ant«, S. 68.

156 Vgl. Wilson, *Anthill*, S. 378. Wilson, *Ameisenroman*, S. 431: »Er war an den Nokobee zurückgekehrt, um diese kleine Welt zu sehen, die sich vollkommen erhalten konnte, während rundum menschliche Kräfte wüteten. [...] Der Nokobee war da, jetzt und für immer, er lebte, unversehrt und heiter, so, wie er ihn seit Kindertagen kannte.«

157 MacArthur, *The theory of island biogeography*.

158 Ich folge hier Birk Sproxton, »Grove's Unpublished *MAN* and it's Relation to *The Master of the Mill*«, in: *The Grove symposium*, hrsg. von John Nause, Ottawa, Canada 1974, S. 35–54.

159 Laßwitz, »Aus dem Tagebuch einer Ameise«, S. 189.

160 Sproxton, »Grove's Unpublished *MAN* and it's Relation to *The Master of the Mill*«, S. 36 f.

161 Escherich, *Die Ameise*, S. 317 ff. Wheeler, *Ants*, S. 573 ff.

162 Sproxton, »Grove's Unpublished *MAN* and it's Relation to *The Master of the Mill*«, S. 36.

163 Ebd., S. 37.

164 Ebd., S. 38.

165 Ebd., S. 43.

166 Laßwitz, »Aus dem Tagebuch einer Ameise«, S. 195.

167 Eine Ausnahme schildert Ferenczy, *Timotheus Thümmel und seine Ameisen*, a. a. O.

168 Sproxton, »Grove's Unpublished *MAN* and it's Relation to *The Master of the Mill*«, S. 45. Ebenso Laßwitz, »Aus dem Tagebuch einer Ameise«, S. 194 f.

169 Vgl. Proietti, »Frederick Philip Grove's Version of Pastoral Uto-pianism«.

170 Nachweis bei Schüttpelz, *Moderne im Spiegel des Primitiven*, S. 331. Zur »fremden Fremderfahrung« vgl. hier auch S. 329. Im Unterschied zur Tradition der Kulturkritik, die bis hin zu ihren dekonstruktivistischen Spielarten eine Selbstkritik ist, erschließt die Ethnographie die Fremderfahrung einer fremden Kultur, es geht darum, wie dort »Moderne« wahrgenommen und thematisiert wird. Vgl. Julius Lips, *The Savage hits back. The White Man through Native Eyes*, London 1937.

171 Im Sinne von Clifford Geertz.

172 Grove, *Consider her ways*, S. 132.

173 Ebd., S. 45.

174 Ebd., S. 80.

175 Wheeler, *Ants*, S. 8.

176 Ebd., S. 8. Wheeler führt die deutschen Entomologen Ratzeburg und Taschenberg als Zeugen für die Nützlichkeit der Ameisen an. Beide Forscher, nicht aber die Nützlichkeit der Ameisen, spielen eine Hauptrolle in der in dieser Hinsicht etwas einseitigen Monographie von Sarah Jansen, *»Schädlinge«: Geschichte eines wissenschaftlichen und politischen Konstrukts, 1840–1920*, Frankfurt am Main 2003.

177 Hölldobler, *Journey to the Ants*, S. 206. Vgl. S. 205. Der Titel des Epilogs lautet: *Who will survive?*

178 Vgl. Grove, *Consider her ways*, S. 73f, S. 41.

179 Ebd., S. 100 f.

180 Zitiert wird aus Wheelers *Ants*. Ebd., S. 208 f.

181 Ebd., S. 132–138.

182 Ebd., S. 184.

183 James E. Lovelock, Lynn Margulis, »Homeostatic tendencies of the Earth's atmosphere«, in: *Origins of Life and Evolution of Biospheres*, 5. Jg., Nr. 1 (1974): S. 93–103, S. 101 f.

184 Ebd., S. 93.

185 Ebd., S. 99, 102.

186 Wilson, *The Insect Societies*, S. 229.

187 Lovelock, »Homeostatic tendencies of the Earth's atmosphere«, S. 102. Sie sind optimistisch, dass das Leben selbst in der Zukunft diese Gase (zumal CO_2) abbauen wird – »on a geological time scale«, die mit Äoen rechnet.

188 Malinowski, *Argonauten des westlichen Pazifik*, S. 117.

189 Lips, *The Savage hits back. The White Man through Native Eyes*. Für den Hinweis auf Lips danke ich Erhard Schüttpelz.

190 Lange-Berndt, »Vom Bienenschwarm zum Mottenlicht«, S. 217.

191 http://blogs.indiewire.com / theplaylist / saul-bass-lost-original-ending-for-phase-iv-discovered-in-los-angeles-20120626. Vgl. auch http://www.hollywoodreporter.com / heat-vision / saul-bass-phase-iv-original-ending-cinefamily-paramount-341449. Abgerufen am 26. Juli 2012.

192 Niklas Luhmann, *Die Wirtschaft der Gesellschaft*, Frankfurt am Main 1988, S. 246.

193 Vgl. etwa Claudia Breger, Tobias Döring (Hrsg.), *Figuren der / des Dritten. Erkundungen kultureller Zwischenräume*, Amsterdam et al.: Rodopi 1998 und Eva Esslinger, Tobias Schlechtriemen, Doris Schweitzer, Alexander Zons (Hrsg.), *Die Figur des Dritten: Ein kulturwissenschaftliches Paradigma*, Berlin: Suhrkamp 2010.

194 Michel Serres, *Der Parasit* [1980], Frankfurt am Main 1987, S. 282.

195 Lynn Margulis, *Symbiotic Planet: A New Look At Evolution* [1998], New York 1999, S. 6. Zum Parasiten vgl. S. 8. Vgl. zu dieser Theorie als »alternativem Evolutionsmodell« Ulrike Bergermann, »›Fortpflanzungsbewegungen‹. Digitale Dinosaurier und die Evolution von Wissensarten«, in: *Medienbewegungen. Praktiken der Bezugnahme*, hrsg. von Ludwig Jäger, Gisela Fehrmann, Meike Adam, München 2012, S. 175–191, S. 181 f.

196 Margulis, *Symbiotic Planet: A New Look At Evolution*, S. 81.

197 Ebd., S. 98.

198 Ebd., S. 89.

199 Ebd., S. 72.

200 Ebd., S. 64.

201 Bergermann, »›Fortpflanzungsbewegungen‹. Digitale Dinosaurier und die Evolution von Wissensarten«, S. 182.

202 Vgl. Florian Kappeler, Sophia Könemann, »Jenseits von Mensch und Tier. Science, Fiction und Gender in Dietmar Daths Roman ›Die Abschaffung der Arten‹«, in: *Zeitschrift für Medienwissenschaft*, 4. Jg., Nr. 1 (2011): S. 38–47.

203 Dietmar Dath, *Die Abschaffung der Arten*, Frankfurt am Main 2008, S. 16 f.

204 Vgl. Stäheli, *Sinnzusammenbrüche*, S. 216.

205 Dath, *Die Abschaffung der Arten*, S. 315.

206 Ebd., S. 315.

207 Ebd., S. 316.

208 Margulis, *Symbiotic Planet: A New Look At Evolution*, S. 85.

209 Dath, *Die Abschaffung der Arten*, S. 40.

210 Ebd., S. 24.

211 Ebd., S. 18.

212 »Nature, red in tooth and claw«, »Natur: blutige Zähne und Klauen« heißt es im Gedichtband *In Memoriam A. H. H.* aus dem Jahre 1849. Die Zeile wird gerne Darwin in den Mund gelegt.

213 Dath, *Die Abschaffung der Arten*, S. 18.

214 Ebd., S. 34.

215 Ebd., S. 18.

216 Ebd., S. 34.

217 Ebd., S., 547 f.

218 Ebd., S. 552.

219 Ebd., S. 34.

220 Ebd., S. 24.

221 Ebd., S. 133.

222 Kappeler, »Jenseits von Mensch und Tier«, S. 41.

223 Werber, *Empire of the Ants*, S. 74.

224 Dath, *Die Abschaffung der Arten*, S. 464.

225 Die auch kein vollkommenes Paradies ist. Vgl. Kappeler, »Jenseits von Mensch und Tier«, S. 40.

226 Dath, *Die Abschaffung der Arten*, S. 34.

227 Mit der »Geburt der Gente« kommt das Leben an das »Ende der Naturgeschichte«. Ebd., S. 316. Erstens geschieht ja nichts mehr von Natur aus, sondern alles im Belieben jedes einzelnen Geschöpfes. Zweitens könnte man gar nicht mehr sagen, was sich nach der Abschaffung der Arten noch ereignen soll, das als Naturgeschichte zu erzählen wäre.

228 Die Begriffsprägung mit Verweis auf Lynn Margulis bei Bergermann, »›Fortpflanzungsbewegungen‹. Digitale Dinosaurier und die Evolution von Wissensarten«, S. 181.

229 Vgl. Dath, *Die Abschaffung der Arten*, S. 404 f.

230 Ebd., S. 122.

VII. Schluss

1 Hölldobler, *Journey to the Ants*, S. 1.
2 Das erste Kapitel des Buches ist überschrieben: *The Dominance of Ants*. Ebd., S. 1.
3 Ebd.
4 Crichton, *Beute/Prey*, a. a. O. Daniel Suarez, *Kill Decision*, New York 2012.
5 Read more: http://www.dailymail.co.uk/sciencetech/article-2187411/Boeing-showcase-drones-behave-like-swarm-insects.html#ixzz2KU1XuHxu.

Literaturverzeichnis

Patrick Abbot, Jun Abe, John Alcock, Samuel Alizon, Joao A. C. Alpe-drinha, Malte Andersson, Jean-Baptiste Andre, Minus van Baa-len, François Balloux, Sigal Balshine, Nick Barton, Leo W. Beuke-boom, Jay M. Biernaskie, Trine Bilde, Gerald Borgia, Michael Breed, Sam Brown, Redouan Bshary, Angus Buckling, Nancy T. Burley, Max N. Burton-Chellew, Michael A. Cant, Michel Chapuisat, Eric L. Charnov, Tim Clutton-Brock, Andrew Cockburn, Blaine J. Cole, Nick Colegrave, Leda Cosmides, Iain D. Couzin, Jerry A. Coyne, Scott Creel, Bernard Crespi, Robert L. Curry, Sasha R. X. Dall, Troy Day, Janis L. Dickinson, Lee Alan Dugatkin, Claire El Mouden, Stephen T. Emlen, Jay Evans, Regis Ferriere, Jeremy Field, Susanne Foitzik, Kevin Foster, William A. Foster, Charles W. Fox, Juergen Gadau, Sylvain Gandon, Andy Gardner, Michael G. Gardner, Thomas Getty, Michael A. D. Goodisman, Alan Grafen, Rick Grosberg, Christina M. Grozinger, Pierre-Henri Gouyon, Darryl Gwynne, Paul H. Harvey, Ben J. Hatchwell, Jurgen Heinze, Heikki Helantera, Ken R. Helms, Kim Hill, Natalie Jiricny, Rufus A. Johnstone, Alex Kacelnik, E. Toby Kiers, Hanna Kokko, Jan Komdeur, Judith Korb, Daniel Kronauer, Rolf Kummerli, Laurent Lehmann, Timothy A. Linksvayer, Sebastien Lion, Bruce Lyon, James A. R. Marshall, Richard McElreath, Yannis Michalakis, Richard E. Michod, Douglas Mock, Thibaud Monnin, Robert Montgomerie, Allen J. Moore, Ulrich G. Mueller, Ronald Noe, Samir Okasha, Pekka Pamilo, Geoff A. Parker, Jes S. Pedersen, Ido Pen, David Pfennig, David C. Queller, Daniel J. Rankin, Sarah E. Reece, Hudson K. Reeve, Max Reuter, Gilbert Roberts, Simon K. A. Robson, Denis Roze, François Rousset, Olav Rueppell, Joel L. Sachs, Lorenzo Santorelli, Paul Schmid-Hempel, Michael P. Schwarz, Tom Scott-Phillips, Janet Shellmann-Sherman, Paul W. Sherman, David M. Shuker, Jeff Smith, Joseph C. Spagna, Beverly Strassmann, Andrew V. Suarez, Liselotte Sundstrom, Michael Taborsky,

441

Peter Taylor, Graham Thompson, John Tooby, Neil D. Tsutsui, Kazuki Tsuji, Stefano Turillazzi, Francisco Ubeda, Edward L. Vargo,
Bernard Voelkl, Tom Wenseleers, Stuart A. West, Mary Jane West-
Eberhard, David F. Westneat, Diane C. Wiernasz, Geoff Wild, Richard Wrangham, Andrew J. Young, David W. Zeh, Jeanne A. Zeh,
and Andrew Zink, »Inclusive fitness theory and eusociality«, in:
Nature, Nr. 471/7339 (2011): S. E1–E4.

Mark B. Adams, »Last Judgment: The Visionary Biology of J. B. S. Haldane«, in: *Journal of the History of Biology*, 33. Jg., Nr. 3 (2000):
S. 457–491.

Claudius Aelian: *On the characteristics of animals. De natura animalium*. Bd. 3, übers. von Alwyn Faber Scholfiled, Cambridge, Mass.:
Harvard University Press 1972.

Danielle Allen, »Burning *The Fable of the Bees*. The Incendiary Authority of Nature«, in: *The Moral Authority of Nature*, hrsg. von Lorraine Daston, Fernando Vidal, Chicago, London: 2004, S. 74–99.

Aristoteles: *Naturgeschichte der Thiere*, Stuttgart: Metzler 1866.

–: *Poetik*, hrsg. von Manfred Fuhrmann, Stuttgart: Reclam 2002.

–: *Politik*, hrsg. von Olof Gigon, München: dtv 1973.

Rudolf Arnheim, »Rundfunk als Hörfunk« (Radio, London 1936), in:
Rundfunk als Hörfunk und weitere Aufsätze zum Hörfunk, Frankfurt
am Main: Suhrkamp 2001, S. 13–178.

John Arquilla, David Ronfeldt: *Swarming & the Future of Conflict*,
hrsg. von RAND Corporation, Santa Monica, Cal., 2000.

Margaret Atwood, »The Homer of the Ants«, in: *The New York Review
of Books*, LVII. Jg., Nr. 6 (2010): S. 6–8.

Robert Axelrod, Hamilton, William D., »The Evolution of Cooperation«, in: *Science*, 211. Jg., Nr. 4489 (1981): S. 1390–1396.

Dirk Baecker: *Studien zur nächsten Gesellschaft*, Frankfurt am Main:
Suhrkamp 2007.

Friedrich Balke: *Figuren der Souveränität*, München: Fink 2009.

Kurt Baschwitz: *Der Massenwahn, seine Wirkung und seine Beherrschung*, München: Beck-Verlag 1923.

–: *Du und die Masse: Studien zu einer exakten Massenpsychologie*
[1938], Leiden, NL: Brill 1951.

Rebecca Basile, »Emergenz im Bienenstock – über die Ressourcenver-
teilung und die Heizaktivitäten der Honigbienen«, in: *Emergenz.
Zur Analyse und Erklärung komplexer Strukturen*, hrsg. von Jens
Greve, Annette Schnabel, Berlin: Suhrkamp 2011, S. 372–394.

442

Henry Walter Bates: *The naturalist on the River Amazons: a record of adventures, habits of animals, sketches of Brazilian and Indian life and aspects of nature under the Equator during eleven years of travel.* Bd. 1 und 2, London: Murray 1863.

Alice Berend: *Der Glückspilz*, München: Albert Langen 1919.

Ulrike Bergermann, »›Fortpflanzungsbewegungen‹. Digitale Dinosaurier und die Evolution von Wissensarten«, in: *Medienbewegungen. Praktiken der Bezugnahme*, hrsg. von Ludwig Jäger, Gisela Fehrmann, Meike Adam, München: Fink 2012, S. 175–191.

Andreas Sprecher von Bernegg: *Tropische und subtropische Weltwirtschaftspflanzen*, Stuttgart: Enke 1938.

Ernst Bloch: *Das Prinzip Hoffnung* [1959], Frankfurt am Main: Suhrkamp 1973.

Hans Blumenberg: *Paradigmen zu einer Metaphorologie* [1960], Frankfurt am Main: Suhrkamp 1998.

Steven Blythe, »Von den Ameisen lernen«, in: *Brand Eins*, 6. Jg. (2002): S. 122–125.

Wilhelm Bölsche: *Der Termitenstaat*, Stuttgart: Kosmos 1931.

Norbert Bolz: *Am Ende der Gutenberggalaxis. Die neuen Kommunikationsverhältnisse*, München: Fink 1993.

Eric Bonabeau, Marco Dorigo, Guy Theraulaz: *Swarm Intelligence: From Natural to Artificial Systems*, Oxford: Oxford University Press 1999.

Waldemar Bonsels: *Die Biene Maja und ihre Abenteuer*, Stuttgart, Berlin: DVA 1912.

Jacobus J. Boomsma, Madeleine Beekman, Charlie K. Cornwallis, Ashleigh S. Griffin, Luke Holman, William O. H. Hughes, Laurent Keller, Benjamin P. Oldroyd, and Francis L. W. Ratnieks, »Only full-sibling families evolved eusociality«, in: *Nature*, 471/7339. Jg. (2011): S. E4–E5.

Bertolt Brecht, »Der Rundfunk als Kommunikationsapparat« (1932), in: *Schriften zur Literatur und Kunst*. Bd. 1, Frankfurt am Main: Suhrkamp 1967, S. 132–140.

Horst Bredekamp: *Thomas Hobbes: Der Leviathan. Das Urbild des modernen Staates und seine Gegenbilder. 1651–2001* [Thomas Hobbes Visuelle Strategien], Berlin: Akademie Verlag 2003.

Claudia Breger, Tobias Döring (Hrsg.), *Figuren der/des Dritten. Erkundungen kultureller Zwischenräume*, Amsterdam et al.: Rodopi 1998.

443

Arnolt Bronnen, [A. H. von Schelle-Noetzel]: *Kampf im Aether oder Die Unsichtbaren*, Berlin: Rowohlt 1935.

Ferdinand Bucholtz, Ernst Jünger (Hrsg.), *Der gefährliche Augenblick. Eine Sammlung von Bildern und Berichten*, Berlin: Junker & Dünnhaupt 1931.

Benjamin Bühler, Stefan Rieger: *Vom Übertier. Ein Bestiarium des Wissens*, Frankfurt am Main: Suhrkamp 2006.

Joshua Blu Buhs: *The fire ant wars: nature, science, and public policy in twentieth-century*, Chicago, London: University of Chicago Press 2004.

John Burroughs, »A Sheaf of Nature Notes«, in: *North American Review*, 212. Jg. (1920): S. 328–342.

Samuel Butler: *Erewhon* [1872], Frankfurt am Main: Eichborn 1981.

Antonia S. Byatt: *Angels & insects*, New York: Vintag Books 1994.

–: *Die Verwandlung des Schmetterlings* [Morpha Eugenia, 1992], Franfurt am Main: Suhrkamp 1995.

Rüdiger Campe, »Vor Augen Stellen. Über den Rahmen rhetorischer Bildgebung«, in: *Poststrukturalismus. Herausforderung an die Literaturwissenschaft. DFG-Symposion 1995*, hrsg. von Gerhard Neumann, Stuttgart, Weimar: Metzler 1997, S. 208–225.

Mike Campos, Eric Bonabeau, Guy Théraulaz, Jean-Louis Deneubourg, »Dynamic Scheduling and Division of Labor in Social Insects«, in: *Adaptive Behavior*, 8. Jg., Nr. 2 (2000): S. 83–95.

Matei Candea (Hrsg.), *The Social After Gabriel Tarde: Debates and Assessments*, London: Routledge 2009.

Karel Čapek: *Krieg mit den Molchen* [1936], Berlin: Aufbau 1956.

John L. Capinera: *Encyclopedia of Entomology*, Heidelberg: Springer 2006.

Hans Georg Coenen: *Analogie und Metapher: Grundlegung einer Theorie der bildlichen Rede*, Berlin, New York: de Gruyter 2002.

Joseph Conrad: *Herz der Finsternis* [1899], übers. von Daniel Göske, Stuttgart: Reclam 1991.

Benjamin Constant: *Correspondance générale: 1810–1812*, in: Œuvres complètes. Bd. 8, hrsg. von Kurt Koocke et al., Berlin: de Gruyter 2010.

James T. Costa: *The Other Insect Societies*, Cambridge, Mass., London: Belknap, HUP 2006.

Michael Crichton: *Beute / Prey* [New York 2002], München: 2004.

Michael Crichton, Richard Preston: *Micro* [2011], übers. von Michael
Bayer, München: Blessing 2012.

Stephen J. Cross, William R. Albury, »Walter B. Cannon, L. J. Henderson, and the Organic Analogy«, in: *Osiris*, 3. Jg. (1987): S. 165–192.

Charles Darwin: *Die Entstehung der Arten* [1859, 6. Aufl. 1872], übers.
von J. Viktor Carus, Hamburg: Nikol 2008.

–: *Die Reise mit der Beagle* [1839, 2. Aufl. 1845], Frankfurt am Main:
Fischer 2008.

–: *On the origin of species by means of natural selection, or the preservation of favoured races in the struggle for life*, London: Murray
1859.

–: *Origin of Species*, 2. Aufl., London: Murray 1860.

–: *The descent of man, and selection in relation to sex*, London: Murray
1871.

Lorraine Daston, Fernando Vidal (Hrsg.), *The Moral Authority of Nature*, Chicago, London: 2004.

Lorraine Daston, Peter Gallison: *Objektivität*, Frankfurt am Main:
Suhrkamp 2007.

Dietmar Dath: *Die Abschaffung der Arten*, Frankfurt am Main: Suhrkamp 2008.

Richard Dawkins: *Das egoistische Gen* [1976], Heidelberg: Spektrum
2006.

–: *The selfish gene* [1976], Oxford: Oxford University Press 2006.

Gilles Deleuze, Félix Guattari: *Tausend Plateaus* [1980], übers. von
Gabriele Ricke und Ronald Voullié, Berlin: Merve 1997.

Jean-Louis Deneubourg, Simon Goss, Jacques M. Pasteels, Dominique Fresneau, Jean-Paul Lachaud, »Self-Organisation in Ant Societies: Learning in Foraging and Division of Labor«, in: *From individual to collective behavior in social Insects. Les Treilles Workshop*,
hrsg. von Jacques M. Pasteels, Jean-Louis Deneubourg, Basel, Boston: Birkhäuser 1987, S. 177–196.

Jacques Derrida, »»Fourmis‹. Lectures de la différence sexuelle«,
in: *Rottprints. Memory and Life Writing*, hrsg. von Helene Cixous,
Mireille Calle-Gruber, London, New York: 1997, S. 119–127.

–: *Schurken*, übers. von Horst Brühmann, Frankfurt am Main: Suhrkamp 2003.

–, »The Animal That Therefore I Am (More to Follow)«, in: *Critical
Inquiry*, 28. Jg., Nr. 2 (Winter, 2002): S. 369–418.

Mildred Dickemann, »Wilson's Panchreston: The Inclusive Fitness

Hypothesis of Sociobiology Re-Examined«, in: *Sex, cells, and same-sex desire: the biology of sexual preference*, hrsg. von John P. de Cecco, Parker, David Allen, Binghampton, NY: Haworth Press 1995, S. 147–184.

Betty Jo Teeter Dobbs: *The Janus Faces of Genius: The Role of Alchemy in Newton's Thought* [1991], Cambridge, England: Cambridge University Press 2002.

Alfred Döblin: *Berge, Meere und Giganten*, Berlin: Fischer 1924.

Susanne Donner: »Blutiger Machtwechsel. Von wegen sozial: In vielen Ameisen-, Termiten- und Bienenvölkern regieren Mord und Totschlag.« *Die Zeit*, 15. 3. 2012.

Anna Dornhaus, Franks, N. R., Hawkins, R. M., Shere, H. N. S., »Ants move to improve: colonies of Leptothorax albipennis emigrate whenever they find a superior nest site«, in: *Animal Behaviour*, 67. Jg., Nr. 5 (2004): S. 959–963.

Arthur Conan Doyle: *Das Zeichen der Vier*, übers. von Leslie Giger, Zürich: Kein und Aber 2005.

–: *The Lost World & other Stories*, Ware, Hertfordshire: Wordsworth 1995.

–: *The Sign of Four* [1890], London: Penguin 1995.

Hans Driesch: *Der Vitalismus als Geschichte und als Lehre*, Leipzig: Barth 1905.

Jean-Marc Drouin, »Ant and Bees between the French and the Darwinian Revolution«, in: *Ludus Vitalis*, 24. Jg., Nr. XIII (2005): S. 3–14.

Ralph Dutli: *Das Lied vom Honig. Eine Kulturgeschichte der Biene*, Göttingen: Wallstein 2012.

Mircea Eliade, Ernst Jünger: *Antaios. Zeitschrift für eine freie Welt*. Bd. 1, Stuttgart: Klett 1960.

Clark A. Elliott, Margaret W. Rossiter (Hrsg.), *Science at Harvard University: Historical Perspectives*, New York, London, Mississauga: Associated University Presses 1992.

Alfred E. Emerson, »Populations of Social Insects«, in: *Ecological Monographs*, 9. Jg., Nr. 3 (1939): S. 287–300.

Karl Escherich: *Biologisches Gleichgewicht. Zweite Münchener Rektoratsrede über die Erziehung zum politischen Menschen*, München: Langen & Müller 1935.

–: *Die Ameise*, Braunschweig: Vieweg 1906.

–: *Die Ameise. Schilderung ihrer Lebensweise*, Braunschweig: Vieweg 1917.

446

–: *Die angewandte Entomologie in den Vereinigten Staaten: Eine Einführung in die biologische Bekämpfungsmethode. Zugleich mit Vorschlägen zu einer Reform der Entomologie in Deutschland*, Berlin: Paul Parey 1913.

–: *Termitenwahn. Eine Münchener Rektoratsrede über die Erziehung zum politischen Menschen*, München: Langen & Müller 1934.

Alfred Espinas: *Die thierischen Gesellschaften. Eine vergleichend-psychologische Untersuchung*, 2. Aufl., übers. von W. Schlösser, Braunschweig: Vieweg 1879.

Elena Esposito: *Die Fiktion der wahrscheinlichen Realität*, Frankfurt am Main: Suhrkamp 2007.

Eva Esslinger, Tobias Schlechtriemen, Doris Schweitzer, Alexander Zons (Hrsg.), *Die Figur des Dritten: Ein kulturwissenschaftliches Paradigma*, Berlin: Suhrkamp 2010.

Hanns Heinz Ewers: *Ameisen*, München: Georg Müller 1925.

Jean Henri Fabre: *Aus der Wunderwelt der Instinkte* [Souvenirs entomologiques, 1879–1907], Meisenheim/Glan: Westkulturverlag 1950.

Arpad Ferenczy: *Timotheus Thümmel und seine Ameisen*, Berlin: Hermann Klemm 1923.

Gustave Flaubert: *Bouvard und Pécuchet* [1881], übers. von Caroline Vollmann, Frankfurt am Main: Fischer 2009.

Heinz von Foerster (Hrsg.), *Cybernetics – Kybernetik. The Macy-Conferences 1946–1953. Transactions*, hrsg. von Claus Pias, Zürich, Berlin 2003.

William Forbes-Mitchell: *Reminiscences of the Great Mutiny 1857–59* [1893], Fairford: Echo Library 2010.

Auguste Forel: *The Social World of the Ants* [1921–23], New York: Albert & Charles Boni 1929.

Michel Foucault: *Die Ordnung des Diskurses* [1970], Frankfurt am Main: Fischer 1977.

–: *Geschichte der Gouvernementalität I. Sicherheit, Territorium, Bevölkerung. Vorlesungen am Collège de France 1977–1978*, übers. von Jürgen Schröder, Claudia Brede-Konersmann, Frankfurt am Main: Suhrkamp 2004.

–: *Geschichte der Gouvernementalität II. Die Geburt der Biopolitik. Vorlesungen am Collège de France 1977–1978*, Frankfurt am Main: Suhrkamp 2004.

Nigel R. Franks, Philippa J. Norris, »Constraints on the division of

447

labour in ants: D'Arcy Thompson's Cartesian transformations apllied to worker polymorphism«, in: *From individual to collective behavior in social Insects. Les Treilles Workshop*, hrsg. von Jacques M. Pasteels, Jean-Louis Deneubourg, Basel, Boston: Birkhäuser 1987, S. 253–275.

Ellis Freeman: *Conquering the Man in the Street. A Psychological Analysis of Propaganda in War, Fascism and Politics. A Study of the Group Mind*, New York: Vanguard Press 1940.

Sigmund Freud, »Psychoanalyse und Telepathie« (1921), in: *Gesammelte Werke*, hrsg. von Anna Freud et al., Frankfurt am Main: Fischer 1966, S. 27–44.

–, »Zum Problem der Telepathie«, in: *Almanach der Psychoanalyse*, Wien: Internationaler Psychoanalytischer Verlag 1934, S. 9–34.

Peter Fuchs, »Der Mensch – das Medium der Gesellschaft«, in: *Der Mensch – das Medium der Gesellschaft*, hrsg. von Peter Fuchs, Andreas Göbel, Frankfurt am Main: Suhrkamp 1994, S. 15–39.

Francis Galton: *Inquiries Into Human Faculty And Its Development* [1883], Whitefish, MT: Kessinger 2004.

Simon Garnier, Jacques Gautrais, Guy Theraulaz, »The biological principles of swarm intelligence«, in: *Swarm Intelligence*, 1. Jg., Nr. 1 (2007): S. 3–31.

Arnold Gehlen: *Zeit-Bilder. Zur Soziologie und Ästhetik der Modernen Malerei* [1960], 3. Aufl., Frankfurt am Main: Athenäum 1986.

Peter Geimer, »Telepathie«, in: *Science & Fiction. Über Gedankenexperimente in Wissenschaft, Philosophie und Literatur*, hrsg. von Thomas Macho, Annette Wunschel, Frankfurt am Main: Fischer 2004, S. 287–309.

Friedrich Wilhelm Genthe: *Reineke Vos, Reinaert, Reinhart Fuchs im verhältniss zu einander: Beitrag zur Fuchsdichtung*, Eisleben: Reichardt 1866.

Deborah Gordon: *Ants at Work. How an Insect Society Is Organized*, New York, London: Norton 1999.

Johann Jacob Grasser: *Epithetorum opus perfectissimum*, Basel: Ludovicus Rex 1617.

Roger Lancelyn Green: *Rudyard Kipling: the critical heritage* [1971], London, New York: Routledge 1997.

Philip Grove: *Consider her ways* [1947], Toronto: Bakka Books 2001.

Hans Ulrich Gumbrecht: *1926. Ein Jahr am Rand der Zeit*, Frankfurt am Main: Suhrkamp 2001.

W. D. Hamilton, »Geometry for the selfish herd«, in: *Journal of theoretical Biology*, 31. Jg., Nr. 2 (1971): S. 295–311.

–, »The genetical evolution of social behaviour. II«, in: *Journal of theoretical Biology*, 7. Jg., Nr. 1 (1964): S. 17–52.

Donna Haraway, »Situated Knowledges: The Science Question in Feminism and the Privilege of Partial Perspective«, in: *Feminist Studies*, 14. Jg., Nr. 3 (1988): S. 575–599.

Michael Hardt, Antonio Negri: *Multitude. Krieg und Demokratie im Empire* [Multitude, New York 2004], Frankfurt am Main / New York: Campus 2004.

Caryl P. Haskins: *Of Ants and Men*, New York: Prentice-Hall 1939.

Friedrich August von Hayek: *Grundsätze einer liberalen Gesellschaftsordnung: Aufsätze zur Politischen Philosophie und Theorie*, in: Gesammelte Schriften in deutscher Sprache. Bd. 5, hrsg. von Alfred Bosch, Tübingen: Mohr Siebeck 2002.

–: *Rechtsordnung und Handelsordnung: Aufsätze zur Ordnungsökonomik*, in: Gesammelte Schriften in deutscher Sprache. Bd. 1, hrsg. von Alfred Bosch, Tübingen: Mohr Siebeck 2003.

Fritz Heider, »Ding und Medium«, in: *Symposion. Philosophische Zeitschrift für Forschung und Aussprache*, 2. Jg., Nr. 1 (1926): S. 109–157.

Barbara S. Heyl, »The Harvard ›Pareto Circle‹«, in: *Journal of the History of the Behavioral Sciences*, 4. Jg., Nr. 4 (1968): S. 316–334.

Francis Heylighen, »Collective Intelligence and its Implementation on the Web: Algorithms to Develop a Collective Mental Map«, in: *Computational & Mathematical Organization Theory*, 5. Jg., Nr. 3 (1999): S. 253–280.

Thomas Hobbes: *Grundzüge der Philosophie. Zweiter und dritter Teil: Lehre vom Menschen und Bürger* [1642–58], Leipzig: 1918.

–: *Leviathan* [1651], Stuttgart: Reclam 2000.

–: *Leviathan* [1651], Hamburg: Meiner 2005.

Bert Hölldobler, Edward O. Wilson: *Journey to the Ants. A Story of Scientific Exploration*, Cambridge, Mass., London: Belknap / Harvard Univers. Press 1994.

–: *The Ants*, Berlin, Heidelberg et al.: Springer 1990.

–: *The Superorganism. The Beauty, Elegance, and Strangeness of Insect Societies*, New York: Norton 2009.

Eva Horn, Lucas Marco Gisi: *Schwärme. Kollektive ohne Zentrum. Eine Wissensgeschichte zwischen Leben und Information*, Bielefeld: transcript 2009.

449

Pierre Huber: *Recherches sur les Mœurs des Fourmis indigène*, Paris, Genève: Paschoud 1810.

–: *The Natural History of Ants* [1810], übers. von James Rawlins Johnson, London: Longman, Hurst, Rees, Orme, and Brown 1820.

Rembert Hüser, »Ameisen sind müßig«, in: *Die Schrift an der Wand. Alexander Kluge: Rohstoffe und Materialien*, hrsg. von Christian Schulte, Osnabrück: Universitätsverlag Rasch 2000, S. 293–315.

Aldous Huxley: *Brave New World* [1932], London: 1994.

–: *Brave New World Revisited* [1958], New York: Harper. First Perennial Classic Edition 2000.

–: *Schöne Neue Welt* [1932], übers. von Herberth H. Herlitschka, Frankfurt am Main: Fischer 2012.

Julian Huxley: *Ants*, Ernest Benn: 1930.

Harold Adams Innis: *Empire and Communications* [Oxford 1950], hrsg. von Alexander John Watson, Toronto: Dundurn Press 2007.

Johannes Irmscher (Hrsg.), *Sämtliche Fabeln der Antike*, Köln: Anaconda 2006.

Bernd Isemann: *Die Ameisenstadt. Ein Tier-Roman*, Strassburg: Hünenburg 1943.

Sarah Jansen, »Chemical-warfare techniques for insect control: insect ›pests‹ in Germany before and after World War I«, in: *Endeavour*, 24. Jg., Nr. 1 (2000): S. 28–33.

–: »*Schädlinge«: Geschichte eines wissenschaftlichen und politischen Konstrukts, 1840–1920*, Frankfurt am Main: Campus 2003.

Eva Johach, »Ameise«, in: *Zoologicon. Ein kulturhistorisches Wörterbuch der Tiere*, hrsg. von Christian Kassung, Jasmin Mersmann, Olaf B. Rader, München: Fink 2012, S. 20–25.

–, »Andere Kanäle. Insektengesellschaften und die Suche nach den Medien des Sozialen«, in: *Zeitschrift für Medienwissenschaft*, 4. Jg., Nr. 1 (2011): S. 71–82.

–, »Der Bienenstaat. Geschichte eines politisch-moralischen Exempels«, in: *Politische Zoologie*, hrsg. von Anne von der Heiden, Joseph Vogl, Berlin: diaphanes 2007, S. 219–233.

–, »Termitodoxa. William M. Wheeler und die Aporien eugenischer Sexualpolitik«, in: *Nach Feierabend. Züricher Jahrbuch für Wissenschaftsgeschichte*, Nr. 4 (2008): S. 69–86.

Steven Johnson: *Emergence. The connected lives of ants, brains, cities and software*, London: Pinguin 2001.

Ernst Jünger: *Der Arbeiter. Herrschaft und Gestalt* [1932], Stuttgart: Klett-Cotta 1982.

–: *Der Waldgang* [1950]. Bd. 3, Frankfurt am Main: Klostermann 1952.

–: *Die gläsernen Bienen*, Stuttgart: Klett 1957.

–, »Die totale Mobilmachung« (1930), in: *Sämtliche Werke. Essay I. Betrachtungen zur Zeit.* Bd. 7, Stuttgart: Klett-Cotta 1980, S. 119–142.

–: *In Stahlgewittern* [1920/1978] 31. Aufl., Stuttgart: Klett Cotta 1988.

–: *Kriegstagebuch 1914–1918*, hrsg. von Helmuth Kiesel, Stuttgart: Klett-Cotta 2010.

–: *Strahlungen*, Tübingen: Heliopolis 1949.

–: *Sturm* [1923], Stuttgart: Klett-Cotta 1979.

–, »Subtile Jagden« (1967), in: *Sämtliche Werke. Essay IV.* Bd. 10, Stuttgart: Klett-Cotta 1980

– (Hrsg.), *Das Anlitz des Weltkrieges. Fronterlebnisse deutscher Soldaten*, Berlin: Neufeld & Henius 1930.

Ernst Jünger, Gerhard Nebel: *Briefe. 1938–1974*, hrsg. von Ulrich Fröschle, Michael Neumann, Stuttgart: Klett-Cotta 2003.

Immanuel Kant: *Kritik der praktischen Vernunft* [1788], in: Werke in 12 Bänden. Bd. VII, hrsg. von Wilhelm Weischedel, Frankfurt am Main: Suhrkamp1974.

Florian Kappeler, Sophia Könemann, »Jenseits von Mensch und Tier. Science, Fiction und Gender in Dietmar Daths Roman ›Die Abschaffung der Arten‹«, in: *Zeitschrift für Medienwissenschaft*, 4. Jg., Nr. 1 (2011): S. 38–47.

Bernhard Kegel: *Die Ameise als Tramp. Von biologischen Invasionen* [1999], München: Heyne 2001.

Kevin Kelly: *Das Ende der Kontrolle. Die biologische Wende in Wirtschaft, Technik und Gesellschaft* [1994], Regensburg: Bollmann 1997.

–: *Out of Control. The Rise of Neo-Biological Civilization*, Reading, Mass.: Addison Wesley 1994.

James Kennedy, Russel C. Eberhart: *Swarm Intelligence*, San Francisco: Morgan Kaufman 2001.

John Maynard Keynes: *How to pay for the war. A radical plan for the chancellor of the exchequer*, London: Macmillan 1940.

André Kieserling, »Die Soziologie der Selbstbeschreibung«, in: *Rezep-*

tion und Reflexion. Zur Resonanz der Systemtheorie Niklas Luh-manns außerhalb der Soziologie, hrsg. von Henk de Berg und Johannes Schmidt, Frankfurt am Main: Suhrkamp 2000, S. 38–92.

Rudyard Kipling: *Kim*, 3. Aufl., übers. von Hans Reisiger, München: List 1985.

–: *Kim* [1901], London: Pinguin 2000.

William Kirby, William Spence: *An introduction to entomology, or, Elements of the natural history of insects*. Bd. 2, London: Longman, Hurst, Rees, Orme, and Brown 1817.

Alexander Kluge, »10 000 Billionen Ameisen. Die aggressivste Biomasse neben der Menschheit auf der Erde«, in: *10 vor 11*, RTL 2. 12. 1996

Clemens Knobloch, »Neoevolutionistische Kulturkritik – eine Skizze«, in: *LILI. Zeitschrift für Literaturwissenschaft und Linguistik*, 161. Jg., Nr. 1 (2011): S. 13–40.

Habbo Knoch, »Die Aura des Empfangs. Modernität und Medialität im Rundfunkdiskurs der Weimarer Republik«, in: *Kommunikation als Beobachtung. Medienwandel und Gesellschaftsbilder 1880–1960*, hrsg. von Habbo Knoch, Daniel Morat, München: Fink 2003, S. 133–158.

Lars Koch: *Der Erste Weltkrieg als Medium der Gegenmoderne. Zu den Werken von Walter Flex und Ernst Jünger*, Würzburg: Königshausen & Neumann 2006.

Judith Korb, »Termites: An Alternative Road to Eusociality and the Importance of Group Benefits in Social Insects«, in: *Organization of insect societies: from genome to sociocomplexity*, hrsg. von Jürgen Gadau, Jennifer Fewell, Edward O. Wilson, Cambridge, Mass.: Harvard University Press 2009, S. 128–147.

Albrecht Koschorke, Susanne Lüdemann, Thomas Frank, Ethel Matala de Mazza: *Der fiktive Staat. Konstruktionen des politischen Körpers in der Geschichte Europas*, Frankfurt am Main: Fischer 2007.

Michael J. B. Krieger, Jean-Bernard Billeter, Laurent Keller, »Ant-like task allocation and recruitment in cooperative robots«, in: *Nature*, Nr. 406 / 6799 (2000): S. 992–995.

Peter Kropotkin: *Gegenseitige Hilfe in der Entwicklung*, übers. von Gustav Landauer, Leipzig: Theod. Thomas 1904.

–: *Mutual Aid: A Factor of Evolution*, London: Heinemann 1904.

Jean de La Fontaine: *Fabeln. Französisch / Deutsch*, hrsg. von Jürgen Grimm, Stuttgart: Reclam 2003.

Jean-Paul Lachaud, Dominique Freeneau, »Social Regulation in Ponerine Ants«, in: *From individual to collective behavior in social Insects. Les Treilles Workshop*, hrsg. von Jacques M. Pasteels, Jean-Louis Deneubourg, Basel, Boston: Birkhäuser 1987, S. 197–217.

Janet T. Landa, »Bioeconomics of some nonhuman and human societies: new institutional economics approach«, in: *Journal of Bioeconomics*, 1. Jg., Nr. 1 (1999): S. 95–113.

–, »The political economy of swarming in honeybees: Voting-with-the-wings, decision-making costs, and the unanimity rule«, in: *Public Choice*, 51. Jg. (1986): S. 25–38.

Petra Lange-Berndt, »Vom Bienenschwarm zum Mottenlicht. Insekten im Spiel- und Experimentalfilm«, in: *Tiere im Film*, hrsg. von Maren Möhring, Massimo Perinelli, Olaf Stieglitz, Köln, Weimar: Böhlau 2009, S. 207–219.

Kurd Laßwitz, »Aus dem Tagebuch einer Ameise« (1890), in: *Bis zum Nullpunkt des Seins*, hrsg. von Adolf Sckerl, Berlin, DDR: Verlag Das Neue Berlin 1979, S. 188–214.

Bruno Latour: *Die Hoffnung der Pandora. Untersuchungen zur Wirklichkeit der Wissenschaft*, übers. von Gustav Roßler, Frankfurt am Main: Suhrkamp 2000.

–: *Eine neue Soziologie für eine neue Gesellschaft. Einführung in die Akteur-Netzwerk-Theorie* [2005], Frankfurt am Main: Suhrkamp 2007.

–, »Tarde's idea of quantification«, in: *The Social After Gabriel Tarde: Debates and Assessments*, hrsg. von Matei Candea, London: Routledge 2009, S. 145–162.

–: *Wir sind nie modern gewesen. Versuch einer symmetrischen Anthropologie* [1991], Frankfurt am Main: Fischer 1998.

Bruno Latour, Steve Woolgar: *Laboratory Life: The Construction of Scientific Facts* [1979], Princeton, NJ: Princeton UP 1986.

Thomas Edward Lawrence: *Seven Pillars of Wisdom* [Revolt in the Desert, 1926/27], Fordingbridge: Castle Hill Press 1997.

Gustave Le Bon: *Psychologie der Massen* [Psychologie des Foules, 1895], Stuttgart: Kröner 1973.

Joseph Lehrer, »Kin and Kind. A fight about the genetics of altruism«, in: *The New Yorker*, March 5. Jg. (2012): S. 36–42.

Stanislav Lem: *Der Unbesiegbare* [1964], übers. von Roswitha Dietrich, Frankfurt am Main: Suhrkamp 1995.

Gotthold Ephraim Lessing, »Abhandlungen (über die Fabel)« (1759), in: *Werke in 8 Bänden*. Bd. 5, hrsg. von Herbert G. Göpfert, München: Hanser 1970, S. 355–419.

–, »Ernst und Falk« (entstanden 1776–1778), in: *Werke in 8 Bänden*. Bd. 8, hrsg. von Herbert G. Göpfert, München: Hanser 1970, S. 451–488.

Helmut Lethen: *Verhaltenslehren der Kälte. Lebensversuche zwischen den Kriegen*, Frankfurt am Main: Suhrkamp 1994.

Maren Lickhardt, »Postsouveränes Erzählen und eigenmächtiges Geschehen in Musils ›Mann ohne Eigenschaften‹«, in: *LILI. Zeitschrift für Literaturwissenschaft und Linguistik*, 41. Jg., Nr. 1 (2012): S. 10–34.

Martin Lindauer, »Vergesellschaftung und Verständigung im Tierreich – Fragen an die Soziobiologie«, in: *Chemische Ökologie. Territorialität. Gegenseitige Verständigung*, hrsg. von Thomas Eisner, Bert Hölldobler, Martin Lindauer, Stuttgart, New York: Gustav Fischer 1986, S. 70–91.

Jürgen Link: *Versuch über den Normalismus. Wie Normalität produziert wird*, Opladen: Westdeutscher Verlag 1997.

Arnaud Lioni, Jean-Louis Deneubourg, »Collective decision through self-assembling«, in: *Naturwissenschaften*, 91. Jg., Nr. 5 (2004): S. 237–241.

Julius Lips: *The Savage hits back. The White Man through Native Eyes*, London: Dickson 1937.

Christoph Lotz: *Ernst Jüngers Lektüre bis zum Ende des Ersten Weltkriegs*, Marburg: Tectum 2002.

James E. Lovelock, Lynn Margulis, »Homeostatic tendencies of the Earth's atmosphere«, in: *Origins of Life and Evolution of Biospheres*, 5. Jg., Nr. 1 (1974): S. 93–103.

John Lubbock: *Ameisen, Bienen und Wespen. Beobachtungen über die Lebensweise der geselligen Hymenopteren*, Leipzig: Brockhaus 1883.

Niklas Luhmann, »Das Medium der Kunst«, in: *Schriften zur Kunst und Literatur*, hrsg. von Niels Werber, Frankfurt am Main: Suhrkamp 2008, S. 123–138.

–, »Das Problem der Epochenbildung und die Evolutionstheorie«, in: *Epochenschwellen und Epochenstrukturen im Diskurs der Literatur- und Sprachhistorie*, hrsg. von Hans-Ulrich Gumbrecht, Ursula Link-Heer, Frankfurt am Main: Suhrkamp 1985, S. 11–33.

–: *Die Gesellschaft der Gesellschaft*, Frankfurt am Main: Suhrkamp 1997.

–, »Die Tücke des Subjekts und die Frage nach dem Menschen«, in: *Der Mensch – das Medium der Gesellschaft*, hrsg. von Peter Fuchs, Andreas Göbel, Frankfurt am Main: Suhrkamp 1994, S. 40–56.

–: *Die Wirtschaft der Gesellschaft*, Frankfurt am Main: Suhrkamp 1988.

–, »Einführende Bemerkungen zu einer Theorie symbolisch generalisierter Kommunikationsmedien«, in: *Soziologische Aufklärung*. Bd. 2, Opladen: Westdeutscher Verlag 1973, S. 170–192.

–: *Funktionen und Folgen formaler Organisation* [1964], Berlin: Duncker & Humblot 1999.

–, »Gesellschaftliche Struktur und semantische Tradition«, in: *Gesellschaftsstruktur und Semantik. Studien zur Wissenssoziologie der modernen Gesellschaft*. Bd. 1, Frankfurt am Main: Suhrkamp 1980, S. 9–71.

–, »Individuum, Individualität, Individualismus«, in: *Gesellschaftsstruktur und Semantik*. Bd. 3, Frankfurt am Main: Suhrkamp 1989, S. 149–258.

–, »Literatur als fiktionale Realität«, in: *Schriften zu Kunst und Literatur*, hrsg. von Niels Werber, Frankfurt am Main: Suhrkamp 2008, S. 276–291.

–, »Lob der Routine«, in: *Verwaltungsarchiv. Zeitschrift für Verwaltungslehre, Verwaltungsrecht und Verwaltungspolitik*, 55. Jg., Nr. 1 (1964): S. 1–53.

–: *Soziale Systeme. Grundriß einer allgemeinen Theorie* [1984], Frankfurt am Main: Suhrkamp 1987.

–, »Wie ist soziale Ordnung möglich?«, in: *Gesellschaftsstruktur und Semantik. Studien zur Wissenssoziologie der Gesellschaft*. Bd. 2, Frankfurt am Main: Suhrkamp 1981, S. 195–285.

– (Hrsg.), *Gesellschaftsstruktur und Semantik. Studien zur Wissenssoziologie der Gesellschaft* (4 Bde.), Frankfurt am Main: Suhrkamp 1980 ff.

Abigail J. Lustig, »Ants and the Nature of Nature in Auguste Forel, Erich Wasmann, and William Morton Wheeler«, in: *The Moral Authority of Nature*, hrsg. von Lorraine Daston, Fernando Vidal, Chicago, London: University of Chicago Press 2004, S. 282–307.

Charles Lyell: *The geological evidences of the antiquity of man, with an outline of glacial and post-tertiary geology, and remarks on the origin of species with special reference to man's first appearance on the earth*, London: John Murray 1873.

Robert H. MacArthur, Edward O. Wilson: *The theory of island biogeography*, Princeton, NJ: Princeton University Press, 1967.

Maurice Maeterlinck: *Das Leben der Termiten. Das Leben der Ameisen* [1926/1930], hrsg. von dem Kreis der Nobelpreisfreunde, Zürich: o. J.

–, »The Life of The Ant«, in: *Fortnightly review,* 128. Jg. (Okt. 1930): S. 445–461.

–: *The Live of the Bee* [1901], übers. von Alfred Sutro, New York: Cosimo Classics 2004.

Bronislaw Malinowski: *Argonauten des westlichen Pazifik. Ein Bericht über Unternehmungen und Abenteuer der Eingeborenen in den Inselwelten von Melanesisch-Neuguinea* [1922], hrsg. von Fritz Kramer, übers. von Heinrich Ludwig Herdt, Frankfurt am Main: Syndikat 1979.

Bernard de Mandeville: *The Fable of the Bees, or Private Vices, Publick Benefits* [1714], 3. Aufl., London: Tonson 1724.

Bernhard Mandeville: *Die Bienenfabel* [1714], hrsg. von Friedrich Bassenge, übers. von Otto Bobertag et al., Berlin: Aufbau 1957.

Eugène Marais: *Die Seele der weissen Ameise* [Die Siel van die Mier, 1925], Berlin: F. A. Herbig 1939.

Lynn Margulis, »Symbiogenesis. A new principle of evolution rediscovery of Boris Mikhaylovich Kozo-Polyansky (1890–1957)«, in: *Paleontological Journal,* 44. Jg., Nr. 12 (2010): S. 1525–1539.

–: *Symbiotic Planet: A New Look At Evolution* [1998], New York: Basic Books/Perseus 1999.

Vergil (Publius Virgilius Maro): *Landbau/Georgica,* übers. von Johann Heinrich Voss, Hamburg: Bohn 1789.

Friedrich Heinrich Wilhelm Martini: *Allgemeine Geschichte der Natur in Alphabetischer Ordnung mit vielen Kupfern.* Bd. 2, Berlin, Stettin: Pauli 1775.

Renate Mayntz, »Emergenz in Philosophie und Soziologie«, in: *Emergenz. Zur Analyse und Erklärung komplexer Strukturen,* hrsg. von Jens Greve, Annette Schnabel, Berlin: Suhrkamp 2011, S. 156–186.

Henry Christopher McCook: *Ant Communities and how they are governed. A study in natural civics,* New York, London: Harper 1909.

William McDougall: *The Group Mind: A Sketch of the Principles of Collective Psychology With Some Attempt to Apply Them to the Interpretation of National Life And Character,* New York, London: Putnam's Sons 1920.

Herman Melville, »Benito Cereno« (1855), in: *Billy Budd, Sailor and other Stories,* London: Penguin 1985, S. 217–317.

–: *Moby-Dick* [1851], übers. von Matthias Jendis, München: Hanser 2001.

Winfried Menninghaus: *Wozu Kunst? Ästhetik nach Darwin*, Berlin: Suhrkamp 2011.

Markus Metz, Georg Seeßlen: *Blödmaschinen. Die Fabrikation der Stupidität*, Berlin: Suhrkamp 2011.

Jules Michelet: *Das Insekt. Naturwissenschaftliche Betrachtungen und Reflexionen über das Wesen und Treiben der Insektenwelt* [1857], Braunschweig: Vieweg 1858.

–: *L'Insectes* [1857] 5. Aufl., Paris: Hachette 1863.

John Milton: *The Paradise Lost* [1674], London: Charles Tilt 1838.

Mark Moffet: *Adventures among Ants. A Global Safari with a Cast or Trillions*, Berkeley, Los Angeles, London: University of California Press 2010.

Franco Moretti, »Style, Inc. Reflections on Seven Thousand Titles (British Novels, 1740–1850)«, in: *Critical Inquiry*, 36. Jg., Nr. 1 (2009): S. 134–158.

Toni Morrison, Sloan Morrison: *Who's Got Game? The Ant or the Grasshopper*, New York: Scribner 2003.

Stephan S. W. Müller: *Theorien sozialer Evolution. Zur Plausibilität darwinistischer Erklärungen sozialen Wandels*, Bielefeld: transcript 2010.

Hugo Münsterberg: *Grundzüge der Psychotechnik*, Leipzig: J. A. Barth 1914.

Friedrich Nietzsche: *Also sprach Zarathustra*, in: Werke in drei Bänden. Bd. 2, hrsg. von Karl Schlechta, München: Hanser 1954.

–: *Nachgelassene Fragmente 1875–1879*, in: Kritische Studienausgabe. Bd. 8, hrsg. von Giorgio Colli, Mazzino Montinari, Berlin: de Gruyter 1988.

Martin A. Nowak, Corina E. Tarnita, Edward O. Wilson, »Nowak et al. reply«, in: *Nature*, Nr. 471 / 7339 (2011): S. E9-E10.

–, »The evolution of eusociality«, in: *Nature*, 466. Jg., Nr. 8 (2010): S. 1057–1062.

Martin A. Nowak, with Roger Highfield: *Supercooperators. Altruism, Evolution, and Why we need each other to succeed*, New York, London: Free Press 2011.

Albert B. Olston: *Mind Power and Privileges* [1902], Whitefish, MT: Kessinger 2003.

Ovid: *Metamorphosen*, übers. von Erich Rösch, München: dtv 1997.

457

Vilfredo Pareto: *Ausgewählte Schriften*, hrsg. von Carlo Mongardini, Wiesbaden: VS Verlag 2007.

–: *Statistique et économie mathématique* [1916], in: Œuvres complètes. Bd. 8, hrsg. von Giovanni Busino, Genf, Paris: Librairie Droz 1981.

–: *Traité de sociologie générale* [1916], in:Œuvres complètes. Bd. 12, hrsg. von Raymond Aron, Genf, Paris: Librairie Droz 1968.

Jussi Parikka: *Insectmedia. An Archeology of Animals and Technology*, Minneapolis: UMP 2010.

Robert E. Park, »Human Nature and Collective Behavior«, in: *American Journal of Sociology*, 32. Jg., Nr. 5 (1927): S. 733–741.

George Howard Parker, »Biographical Memoire of William Morton Wheeler. 1865–1937«, in: *Biographical Memoirs*, XIX. Jg., Nr. 6 (1938): S. 203–241.

Talcott Parsons: *Aktor, Situation und normative Muster. Ein Essay zur Theorie des sozialen Handelns* [1939], Frankfurt am Main: Suhrkamp 1994.

–: *Essays in sociological theory* [1949], New York: Free Press / Macmillan 1954.

–: *Social Structure and Personality* [1964], New York: Free Press / Macmillan 1970.

–: *The Evolution of Societies*, hrsg. von Jackson Toby, Englewood Cliffs: Prentice-Hall 1977.

–: *The Social System* [1951], London: Routledge 1991.

Talcott Parsons, Edward A. Shils: *Toward a General Theory of Action: Theoretical Foundations for the Social Sciences* [1951], New Brunswick, London: 2001.

Jacques M. Pasteels, Jean-Louis Deneubourg (Hrsg.), *From individual to collective behavior in social Insects. Les Treilles Workshop*, Basel, Boston: Birkhäuser 1987.

R. Pearl, Gold, S. A., »World Population Growth«, in: *Human Biology*, Nr. 8 (1936): S. 399–419.

Dietmar Peil: *Untersuchungen zur Staats- und Herrschaftsmetaphorik in literarischen Zeugnissen von der Antike bis zur Gegenwart*, in: Münsterische Mittelalter-Schriften, München: Fink 1983.

Helmuth Plessner: *Grenzen der Gemeinschaft. Eine Kritik des sozialen Radikalismus* [1924], Frankfurt am Main: Suhrkamp 2002.

Aldo Poiani: *Animal Homosexuality: A Biosocial Perspective*, Cambridge, UK: Cambridge University Press 2010.

Alexandre Pope: *Essay sur l'Homme – en cinque langues* [1734], Strasbourg: A. König 1772.

Salvatore Proietti, »Frederick Philip Grove's Version of Pastoral Utopianism«, in: *Science Fiction Studies*, 19. Jg., Nr. 3 (1992): S. 361–377.

Carl A. von Purkart: *Kriegserinnerungen für Bayern: mit besonderer Beziehung auf die Kriegsepoche von 1790 bis 1815*, Kempten: Tobias Dannheimer 1829.

Edmund Ramsden, Adams, Jon, »Escaping the laboratory: the rodent experiments of John B. Calhoun and their cultural influence«, in: *Journal of Social History*, 42. Jg., Nr. 3 (2009): S. 761–792.

Hans-Jörg Rheinberger: *Experimentalsysteme und epistemische Dinge* [2001], Frankfurt am Main: Suhrkamp 2006.

Howard Rheingold: *Smart mobs: the next social revolution*, New York: Perseus Publishing 2002.

Peter Riede: *Im Spiegel der Tiere. Studien zum Verhältnis von Mensch und Tier im alten Israel*, in: Orbis Biblicus et Orientalis. Bd. 187, Freiburg (CH): Universitätsverlag / Göttingen: Vandenhoeck & Ruprecht 2002.

Lea Ritter-Santini, »Translatio Domestica oder Vom übersetzten Europa«, in: *Die europäische République des lettres in der Zeit der Weimarer Klassik*, hrsg. von Michael Knoche, Lea Ritter-Santini, Göttingen: Wallstein 2007, S. 211–253.

Diane M. Rodgers: *Debugging the Link between Social Theory and Social Insects*, Louisiana: State University of Louisiana Press 2008.

Edward A. Ross, »The mob mind«, in: *Popular Science*, 51. Jg., Nr. 22 (1898): S. 390–398.

Edward W. Said: *Culture & Imperialism* [1993], London: Vintage 1994.

–: *Joseph Conrad and the Fiction of Autobiography* [1966], New York, Chichester, West Sussex: Columbia University Press 2007.

Johannes Sambucus: *Emblemata*, Antwerpen: Plantin 1564.

Philipp Sarasin: *Darwin und Foucault. Genealogie und Geschichte im Zeitalter der Biologie*, Frankfurt am Main: Suhrkamp 2009.

Ferdinand de Saussure: *Grundfragen der allgemeinen Sprachwissenschaft* [1916], Berlin: de Gruyter 1967.

R. Keith Sawyer, »Emergenz, Komplexität und die Zukunft der Soziologie«, in: *Emergenz. Zur Analyse und Erklärung komplexer Strukturen*, hrsg. von Jens Greve, Annette Schnabel, Berlin: Suhrkamp 2011, S. 187–213.

Friedrich Schiller, »Sprache« (1795), in: *Sämtliche Werke*. Bd. I, hrsg. von Gerhard und Herbert G. Göpfert Fricke, München: Hanser für Wissenschaftliche Buchgesellschaft 1987, S. 313.

–, »Über die ästhetische Erziehung des Menschen in einer Reihe von Briefen« (1795), in: *Sämtliche Werke*. Bd. V, hrsg. von Gerhard und Herbert G. Göpfert Fricke, München: Hanser für Wissenschaftliche Buchgesellschaft 1993, S. 570–669.

Carl Schmitt: *Der Begriff des Politischen* [1932], 3. Aufl., Berlin: Duncker & Humblot 1991.

–, »Der Führer schützt das Recht« (1934), in: *Positionen und Begriffe im Kampf mit Weimar – Genf – Versailles. 1923–1939*, Berlin: Duncker & Humblot 1994, S. 227–232.

–: *Der Hüter der Verfassung* [1931], Berlin: Duncker & Humblot 1985.

–: *Der Leviathan in der Staatslehre des Thomas Hobbes. Sinn und Fehlschlag eines politischen Symbols* [Hamburg 1938], Stuttgart: Klett-Cotta 1982.

–: *Der Nomos der Erde* [1950], Berlin: Duncker & Humblot 1997.

–, »Der Reichsbegriff im Völkerrecht« (1939), in: *Positionen und Begriffe im Kampf mit Weimar – Genf – Versailles. 1923–1939*, Berlin: Duncker & Humblot 1994, S. 344–354.

–: *Der Wert des Staates und die Bedeutung des Einzelnen* [1914], Berlin: Duncker & Humblot 2004.

–: *Die Militärzeit 1915 bis 1919. Tagebuch Februar bis Dezember 1915. Aufsätze und Materialien*, hrsg. von Ernst Hüsmert, Gerd Giesler, Berlin: Akademie 2005.

–, »Die Wendung zum totalen Staat« (1931), in: *Positionen und Begriffe im Kampf mit Weimar – Genf – Versailles. 1923–1939*, Berlin: Duncker & Humblot 1994, S. 166–178.

–: *Gespräch über die Macht und den Zugang zum Machthaber. Gespräch über den neuen Raum* [1954], Berlin: Akademie 1994.

–: *Glossarium. Aufzeichnungen der Jahre 1947–1951*, Stuttgart: Klett-Cotta 1991.

–: *Land und Meer* [1942], Stuttgart: Klett-Cotta 1993.

–, »Nehmen / Teilen / Weiden. Ein Versuch, die Grundfragen jeder Sozial- und Wirtschaftsordnung vom Nomos her richtig zu stellen« (1953), in: *Verfassungsrechtliche Aufsätze aus den Jahren 1924–1954. Materialien zu einer Verfassungslehre*, Berlin: Duncker & Humblot 1973, S. 489–504.

–: *Politische Theologie* [2. Auflage 1934], Berlin: Duncker & Humblot 1996.

–: *Völkerrechtliche Großraumordnung mit Interventionsverbot für raumfremde Mächte* [1941], Berlin: Duncker & Humblot 1991.

T. C. Schneirla, »Social organization in insects, as related to individual function«, in: *Psychological Review*, 48. Jg., Nr. 6 (1941): S. 465–486.

–,: »A unique case of circular milling in ants«, in: *American Museum Novitates*, Nr. 1253 (1944): S. 1–26.

Joseph Alois Schumpeter, »Vilfredo Pareto (1848–1923)«, in: *The Quarterly Journal of Economics*, 63. Jg., Nr. 2 (1949): S. 147–173.

Erhard Schüttpelz: *Die Moderne im Spiegel des Primitiven. Weltliteratur und Ethnologie (1870–1960)*, München: Fink 2005.

Heimo Schwilk: *Ernst Jünger. Ein Jahrhundertleben. Die Biografie*, München, Zürich: Piper 2007.

Gaius Plinius Secundus: *Naturalis historiae libri XXXVII*, hrsg. von Carolus Mayhof, Lipsiae: Treubner 1892–1909.

Thomas D. Seeley: *Honeybee Democracy*, Princeton, Oxford: PUP 2010.

Michel Serres: *Der Parasit* [1980], Frankfurt am Main: Suhrkamp 1987.

–: *Hermes V. Die Nordwest-Passage* [1980], Berlin: Merve 1994.

Ayelet Shavit, Millstein, Roberta L., »Group Selection Is Dead! Long Live Group Selection«, in: *BioScience*, 58. Jg., Nr. 7 (2008): S. 574–575.

Bruce Shaw, Van Ikin: *The Animal Fable in Science Fiction and Fantasy*, Jefferson, NC: McFarland 2010.

Robert Shelton, »The Moral Philosophy of Olaf Stapledon«, in: *The Legacy of Olaf Stapledon*, hrsg. von Patrick A. McCarthy, Charles Elkins, Martin Harry Greenblatt, New York, Westport, London: Greenwood Press 1989, S. 5–22.

Scipio Sighele: *Psychologie des Auflaufs und der Massenverbrechen*, Dresden, Leipzig: Reissner 1897.

Charlotte Sleigh: *Ant*, London: Reaktion Books 2003.

–, »Brave new worlds: Trophallaxis and the origin of society in the early twentieth century«, in: *Journal of the History of the Behavioral Sciences*, 38. Jg., Nr. 2 (2002): S. 133–156.

–, »Empire Of The Ants: H. G. Wells and Tropical Entomology«, in: *Science as Culture*, 10. Jg., Nr. 1 (2001): S. 33–71.

–: *Six Legs Better. A Cultural History of Myrmecology*, Baltimore: Johns Hopkins University Press 2007.

461

Curtis C. Smith, »Diabolical Intelligence and (approximately) Divine Innocence«, in: *The Legacy of Olaf Stapledon*, hrsg. von Patrick A. McCarthy, Charles Elkins, Martin Harry Greenblatt, New York, Westport, London: Greenwood Press 1989, S. 87–98.

Werner Sombart: *Händler und Helden. Patriotische Besinnungen*, München, Leipzig: Duncker & Humblot 1915.

Herbert Spencer: *First Principles*, London: Williams & Norgate 1862.

Birk Sproxton, »Grove's Unpublished *MAN* and it's Relation to *The Master of the Mill*«, in: *The Grove symposium*, hrsg. von John Nause, Ottawa, Canada: University of Ottawa Press 1974, S. 35–54.

Urs Stäheli, »Fatal Attraction? Popular Modes of Inclusion in the Economic System«, in: *Soziale Systeme. Zeitschrift für soziologische Theorie*, 1. Jg. (2002): S. 110–123.

–: *Sinnzusammenbrüche. Eine dekonstruktive Lektüre von Niklas Luhmanns Systemtheorie*, Weilerswirst: Velbrück 2000.

Olaf Stapledon: *Die letzten und die ersten Menschen. Eine Geschichte der nahen und fernen Zukunft*, übers. von Kurt Spangenberg, München: Heyne 1983.

–: *Last and First Men* [1930], London: Orion Publishing Group 2004.

–: *Star Maker* [1937], London: Gollancz 1999.

–: *Sternenmacher*, übers. von Thomas Schlueck, München: Heyne 1969.

Isabelle Stengers: *Die Erfindung der modernen Wissenschaften* [1993], Frankfurt am Main, New York: Campus 1997.

Carl Stephenson: *Leiningens Kampf mit den Ameisen* [1937], Husum: Hamburger Lesehefte 2007.

Frank Stevens: *Ausflüge ins Ameisenreich*, Linz: Verlag des Lehrerhausvereins für Oberösterreich 1910.

Rudolf Stichweh: *Die Weltgesellschaft. Soziologische Analysen*, Frankfurt am Main: Suhrkamp 2000.

–, »Evolutionary Theory and the Theory of World Society«, in: *Soziale Systeme*, 13. Jg., Nr. 1+2 (2007): S. 528–542.

Daniel Suarez: *Kill Decision*, New York: Dutton 2012.

E. Sunamura, X. Espadaler, H. Sakamoto, S. Suzuki, M. Terayama, and S. Tatsuki, »Intercontinental union of Argentine ants: behavioral relationships among introduced populations in Europe, North America, and Asia«, in: *Insectes Sociaux*, 56. Jg., Nr. 2 (2009): S. 143–147.

Johann Swammerdam: *Bibel der Natur: worinnen die Insekten in gewisse Classen vertheilt, sorgfältig beschrieben, zergliedert … und zum*

Beweis der Allmacht und Weisheit des Schöpfers angewendet werden [1675], Leipzig: Gleditsch 1752.

Gabriel de Tarde: *Die Gesetze der Nachahmung* [1890], Frankfurt am Main: Suhrkamp 2003.

–: *Die sozialen Gesetze: Skizze einer Soziologie* [1899], hrsg. von Arno Bammé, übers. von Hans Hammer, Marburg: Metropolis 2009.

–: *La logique sociale* [1893], Paris: Félix Alcan 1904.

–: *Monadologie und Soziologie* [1893], Frankfurt am Main: Suhrkamp 2009.

Ernst Ludwig Taschenberg: *Brehms Thierleben. Allgemeine Kunde des Tierreichs. Vierte Abteilung: Wirbellose Thiere. Mit 277 Abbildungen und 21 Tafeln von Emil Schmidt.* Bd. 1, Leipzig: Verlag des Bibliographischen Instituts 1877.

Matthaeus Tympius: *Predigtbuch oder Deutliche Anweisung wie die Seelsorger aus der heiligen Schrift austeilen sollen samt sehr notwendigen Regeln des Lebens*, Münster: Lambert Raßfeldt 1618.

Jakob von Uexküll: *Staatsbiologie* [1920], Hamburg: Hanseatische Verlagsanstalt 1933.

Thorstein Veblen: *Theory of the Leisure Class* [1899], Bremen: outlook Verlag 2011.

Joseph Vogl, »Asyl des Politischen. Zur Struktur politischer Antinomien«, in: *Raum. Wissen. Macht*, hrsg. von Rudolf Maresch, Niels Werber, Frankfurt am Main: Suhrkamp 2002, S. 156–172.

–, »Einleitung«, in: *Poetologien des Wissens um 1800*, hrsg. von Joseph Vogl, München: Fink 1999, S. 7–16.

Joseph Vogl, Anne von der Heiden, »Vorwort«, in: *Politische Zoologie*, hrsg. von Joseph Vogl, Anne von der Heiden, Berlin: diaphanes 2007, S. 7–12.

– (Hrsg.), *Politische Zoologie*, Berlin: diaphanes 2007.

François Marie Arouet Voltaire: *Dictionnaire Philosophique portatif* [Genf 1764], 2. Aufl. Bd. 2 (G-V), London 1767.

Kurt Vonnegut, »Die versteinerten Ameisen«, in: *Ein dreifach Hoch auf die Milchstraße*, Zürich: Kein & Aber 2010, S. 207–228.

Paul Erich Wasmann: *Comparative Studies in the Psychology of Ants and of Higher Animals* [1905], in: Reprint der Authorized English version of the 2d German edition, St. Louis: READ BOOKS 2007.

–: *Die Ameisen, die Termiten und ihre Gäste*, hrsg. von H. Schmitz, Regensburg: G. J. Manz 1934.

–: *Die zusammengesetzten Nester und gemischten Kolonien der Amei-sen*, Münster: Aschendorffsche Druckerei 1891.

–: *Vergleichende Studien über das Seelenleben der Ameisen und der höheren Thiere*, Freiburg im Breisgau: Herder'sche Verlagsbuchhandlung 1897.

Charles Waterton: *Wanderings in South America, the North-west of the United States, and the Antilles, in the years 1812, 1816, & 1824*, London: B. Fellowes 1828.

Max Weber: *Wirtschaft und Gesellschaft* [1922], hrsg. von Edith Hanke, Wolfgang J. Mommsen et al., Tübingen: Mohr 2005.

August Weismann: *Die Allmacht der Naturzüchtung*, in: Opuscula. Bd. 1, Jena: 1893.

Herbert George Wells: *Die ersten Menschen auf dem Mond* [1901], übers. von Felix Paul Greve, Minden: Bruns 1905.

–, »Empire of the Ants« (1905), in: *Empire of the Ants and 8 Science Fiction Stories*, New York: Tempo Books 1972, S. 1–19.

–: *The first men in the moon* [1901], New York: Dover 2001.

–: *The History of Mr. Polly* [1910], Rockville, Maryland: Wildside Press 2009.

Bernard Werber: *Der Tag der Ameisen* [1992], München: Heise 1994.

–: *Die Revolution der Ameisen* [1996], München: Heise 1998.

–: *Empire of the Ants* [1991], New York, Toronto: Bantam 1999.

Niels Werber, »Ameisen und Aliens. Zur Wissensgeschichte von Soziologie und Entomologie«, in: *Berichte zur Wissenschaftsgeschichte*, Nr. 3 (2011): S. 1–21.

–, »Archive und Geschichten des ›Deutschen Ostens‹. Zur narrativen Organisation von Archiven durch die Literatur«, in: *Gewalt der Archive. Studien zur Kulturgeschichte der Wissensspeicherung*, hrsg. von Thomas Weitin, Burkhardt Wolf, Paderborn: Konstanz University Press 2012, S. 89–111.

–: *Die Geopolitik der Literatur. Eine Vermessung der medialen Weltraumordnung*, München: Hanser 2007.

–, »Formen des Schwärmens. Zur Poetik der Selbstbeschreibungen von Gesellschaft«, in: *Berichte zur Wissenschaftsgeschichte*, Nr. 3 (2011): S. 242–263.

–, »Jüngers Bienen«, in: *Deutsche Zeitschrift für Philologie*, Nr. 2 (2011): S. 245–260.

–, »Kleiner Grenzverkehr. Das Bild der sozialen Insekten in der

Selbstbeschreibung der Gesellschaft«, in: *Bildwelten des Wissens. Kunsthistorisches Jahrbuch für Bildkritik*, 6. Jg., Nr. 2 (2008): S. 9–20.

–, »Medien/Form. Zur Herkunft und Zukunft einer Unterscheidung«, in: *Kritische Berichte. Zeitschrift für Kunst- und Kulturwissenschaften*, 36. Jg., Nr. 4 (2008): S. 67–73.

–, »Neue Medien, alte Hoffnungen«, in: *Merkur*, 534/535. Jg. (1993): S. 887–893.

–, »Prey/Beute. Dystopische Insektengesellschaften«, in: *Technik in Dystopien*, hrsg. von Viviana Chilese, Heinz-Peter Preußer, Heidelberg: Winter 2013, S. 41–56.

–, »Schwärme, soziale Insekten, Selbstbeschreibungen der Gesellschaft. Eine Ameisenfabel«, in: *Schwärme. Kollektive ohne Zentrum. Eine Wissensgeschichte zwischen Leben und Information*, hrsg. von Eva Horn, Lucas Marco Gisi, Bielefeld: transcript 2009, S. 183–202.

William Morton Wheeler: *Ants*, New York: 1910.

–: *Emergent Evolution and the Social*, in: Psyche Miniature, hrsg. von Charles Kay Odgen, London: Kegan, Trench, Trubner 1927.

–: *Social Insects*, New York: Harcourt, Brace and Company 1928.

–, »The ant-colony as an organism«, in: *Journal of Morphology*, 22. Jg., Nr. 2 (1911): S. 307–325.

–, »The Termitodoxa, or Biology and Society«, in: *The Scientific Monthly*, 10. Jg., Nr. 2 (1920): S. 113–124.

Tony White: *Expert Assessment of Stigmergy. A Report for the Department of National Defence*, Ottawa, Ontario: Carlton University 2005.

Norbert Wiener: *Kybernetik. Regelung und Nachrichtenübertraung in Lebewesen und Maschine* [1948, 1961], 2. Aufl., Reinbek: rororo 1968.

–: *Mensch und Menschmaschine*, Frankfurt am Main, Berlin: Ullstein 1958.

Catherine Wilson, »Darwinian Morality«, in: *Evolution: Education and Outreach*, 3. Jg., Nr. 2 (2010): S. 275–287.

David Sloan Wilson, Elliot Sober, »Reviving the Superorganism«, in: *Journal of theoretical Biology*, 136. Jg. (1989): S. 337–356.

Edward Osborne Wilson: *Naturalist*, Washington, D. C.: Island Press 2006.

–: *Nature Revealed: Selected Writings: 1949–2006*, Baltimore: Johns Hopkins University Press 2006.

465

–: *Sociobiology. The abridged Edition*, Cambridge, Mass., London: Harvard University Press, Belknap 1980.

–, »Variation and Adaptation in the Imported Fire Ant«, in: *Evolution*, 5. Jg., Nr. 1 (1951): S. 68–79.

–, *Ameisenroman. Raff Codys Abenteuer*, übers. von Elsbeth Ranke, München: Beck 2012.

–: *Anthill. A Novel*, New York: Norton 2010.

–: *Die Einheit des Wissens*, übers. von Yvonne Badal, Berlin: Siedler 1998.

–: *Sociobiology. The New Synthesis* [1975], 2. Aufl., Cambridge, Mass., London: Harvard University Press 2000.

–: *The Insect Societies*, Cambridge, Mass., London: Harvard UP 1971.

–: *The Social Conquest of Earth*, New York, London: Liveright Publ. / Norton 2012.

James H. Winchester, »Samson of the Insect World«, in: *Scouting*, 62. Jg., Nr. 6 (1974): S. 18–21.

Annette Wunschel, Thomas Macho, »Mentale Versuchsanordnungen«, in: *Science & Fiction. Über Gedankenexperimente in Wissenschaft, Philosophie und Literatur*, hrsg. von Thomas Macho, Annette Wunschel, Frankfurt am Main: Fischer 2004, S. 9–14.

Heinrich Zschokke: *Des Schweizerlands Geschichten für das Schweizervolk*, Aarau: Sauerländer 1822.

466

Sachregister

467

Namenregister

471

Markus Krajewski
Der Diener
Mediengeschichte einer Figur
zwischen König und Klient
720 Seiten. Gebunden

Diener sind weitestgehend verschwunden, zumindest in menschlicher Gestalt. Längst sind die Funktionen von Kammerdienern und Faktoten, von Domestiken wie Gehilfen aller Art größtenteils an die Dinge übertragen: sei es im Haushalt, sei es im Virtuellen.

Anhand von einzelnen Fallgeschichten – etwa zur barocken Palastarchitektur, zu den Laboren der Experimentalwissenschaften, an Beispielen aus der Literatur wie dem digitalen Alltag – zeichnet Markus Krajewski die spannende Transformation des Dieners nach. Er legt damit zum ersten Mal eine systematische, historische Epochen wie disziplinäre Grenzen übergreifende Kulturgeschichte der Subalternen vor, die ebenso eingängig wie unterhaltsam geschrieben ist.

»Krajewski bietet eine anregende und
informative Lektüre, die ihren wissenschaftlichen Anspruch
immer wieder selbstironisch unterläuft.«
Mitteldeutsche Zeitung

»ebenso üppig wie bestechend«
Die Zeit

fi 1-038198 / 1

Gerhard Schulze
Krisen
Das Alarmdilemma
256 Seiten. Gebunden

Kein Tag ohne Krise. Und immer geht es um alles, um den
Untergang der Welt, das Ende der Menschheit. Gerhard
Schulze kehrt in seinem schwungvollen und leidenschaftli-
chen Essay den Blick um: von der Krise auf das Reden über
sie. Unter welchen Voraussetzungen sprechen wir von einer
Krise? Welche Denkoperationen setzt das voraus? Worauf
einigen wir uns, nachdem wir das Für und Wider erwogen ha-
ben? Und schließlich: Was ist überhaupt das Normale?
Glänzend formuliert, öffnet seine kritische Analyse die
Augen für unsere Gegenwart zwischen Expertentum, Risiko,
Alarmdilemma und Dialektik der Vorsicht. Damit uns Krisen
nicht überfordern, brauchen wir den Blick auf uns selbst.
Eine Dosis Skepsis, zeigt Gerhard Schulze, könnte helfen.

»… ein Plädoyer für
Selbstironie als Bürgerpflicht.«
Focus

S. Fischer

fi 1-073607 / 1